高压架空输电线路设计与维护

张晓东　覃　飞　张艳丽
唐亚南　王永瑞　张世隆　编著

U0179193

西北工业大学出版社
西安

【内容简介】 本书共分十六章,主要内容包括架空输电线路的组成、输电线路所经地区的气象条件、导地线的荷载和机械物理特性、导地线的振动和防振、导地线的机械计算、地线最大使用应力的计算、应力弧垂及架线弧垂、不等高悬挂点档距中导地线的计算、特殊档距中导地线的计算、线路在施工与运行中的计算、不平衡张力计算、输电线路的防雷保护、杆塔的外形尺寸、输电线路杆塔的定位及定位校验、架空输电线路路径选线、架空输电线路设计内容简介。为便于读者掌握计算方法,书中给出了大量例题。

本书可作为高等学校及职业学校电力工程专业的教材,也可作为从事输电设计、运行维护有关专业工程技术人员、技术工人的参考用书。

图书在版编目(CIP)数据

高压架空输电线路设计与维护 / 张晓东等编著. —
西安：西北工业大学出版社，2023.2
ISBN 978 - 7 - 5612 - 8607 - 4

Ⅰ.①高… Ⅱ.①张… Ⅲ.①高压输电线路-架空线
路-电路设计 ②高压输电线路-架空线路-维修 Ⅳ.
①TM726.1

中国国家版本馆 CIP 数据核字(2023)第 036023 号

GAOYA JIAKONG SHUDIAN XIANLU SHEJI YU WEIHU
高 压 架 空 输 电 线 路 设 计 与 维 护
张晓东　覃飞　张艳丽　唐亚南　王永瑞　张世隆　编著

责任编辑：胡莉巾	策划编辑：黄　佩
责任校对：王玉玲	装帧设计：董晓伟

出版发行：西北工业大学出版社
通信地址：西安市友谊西路 127 号　　　邮编：710072
电　　话：(029)88493844,88491757
网　　址：www.nwpup.com
印 刷 者：西安五星印刷有限公司
开　　本：787 mm×1 092 mm　　　1/16
印　　张：27.375
字　　数：683 千字
版　　次：2023 年 2 月第 1 版　　　2023 年 2 月第 1 次印刷
书　　号：ISBN 978 - 7 - 5612 - 8607 - 4
定　　价：98.00 元

前 言

进入 21 世纪,我国输电线路工程发展迅速,1 000 kV 特高压交流和±1 100 kV 特高压直流输电线路已经投入运行,且数量持续增加。同时,输电线路方面的科学研究取得了丰硕成果,架空输电线路设计的有关技术规范标准也得到了修订。笔者希望这些技术、标准等能得到迅速传播,为更多的专业人员所掌握。因此本书紧扣最新输电线路的设计、运行、维护标准、规程、规范,从理论和实践结合的角度进行编写,介绍这些新的技术及其变化。笔者根据自身多年在输电线路设计过程中遇到的一些实际问题,分章展开讲述,目的是便于读者理解。

本书第十六章和各章习题由海南电力设计研究院的王永瑞编写,第二、三、七、十二、十三章由贵阳电力设计院有限公司的覃飞编写,其余内容由成都工业学院的张晓东编写。各章例题由成都工业学院的张艳丽校核计算,全书由海南电力设计研究院的张世隆校核,由贵阳电力设计院有限公司的覃飞审核。全书由唐亚南统稿。

在编写本书的过程中,成都工业学院的王鹏飞、陈园园、王艺凯、罗龙翔和广东惠州电力勘察设计院的周启波给予了坚定支持和热情帮助,同时笔者参考了相关文献,在此一并表示感谢。

由于水平有限,书中难免存在不足之处,恳请广大读者批评指正。

编著者
2022 年 8 月

目　录

第一章　架空输电线路的组成 ………………………………………………………… 1

　　第一节　概述 …………………………………………………………………………… 1

　　第二节　杆塔 …………………………………………………………………………… 4

　　第三节　杆塔基础 ……………………………………………………………………… 13

　　第四节　导线和地线 …………………………………………………………………… 16

　　第五节　绝缘子和绝缘子串 …………………………………………………………… 45

　　第六节　常用线路金具 ………………………………………………………………… 60

　　第七节　接地装置及接地要求 ………………………………………………………… 76

　　习题 …………………………………………………………………………………… 77

第二章　输电线路所经地区的气象条件 …………………………………………… 78

　　第一节　输电线路气象参数 …………………………………………………………… 78

　　第二节　基本设计风速的确定 ………………………………………………………… 80

　　第三节　覆冰厚度的选取 ……………………………………………………………… 88

　　第四节　设计用气象条件的组合及典型气象区 ……………………………………… 98

　　习题 …………………………………………………………………………………… 102

第三章　导地线的荷载和机械物理特性 …………………………………………… 104

　　第一节　概述 …………………………………………………………………………… 104

　　第二节　比载计算 ……………………………………………………………………… 105

　　第三节　导线和地线的机械物理特性及许用应力 …………………………………… 114

　　习题 …………………………………………………………………………………… 119

第四章　导地线的振动和防振 ……………………………………………………… 120

　　第一节　概述 …………………………………………………………………………… 120

　　第二节　风振动的特性与影响因素 …………………………………………………… 122

　　第三节　防振措施 ……………………………………………………………………… 126

第四节　减少次档距严重振荡的防护措施 ……………………………………… 133

第五节　导地线防舞动 ………………………………………………………… 135

习题 ……………………………………………………………………………… 140

第五章　导地线的机械计算 …………………………………………………… 141

第一节　概述 …………………………………………………………………… 141

第二节　导地线悬链线方程的积分普遍形式 ………………………………… 141

第三节　等高悬点导地线的弧垂和线长 ……………………………………… 142

第四节　导地线各点应力间的关系 …………………………………………… 146

第五节　导地线状态方程式 …………………………………………………… 147

第六节　代表档距 ……………………………………………………………… 148

第七节　临界档距 ……………………………………………………………… 149

第八节　导地线机械计算的一般步骤 ………………………………………… 151

第九节　最大弧垂 ……………………………………………………………… 156

习题 ……………………………………………………………………………… 158

第六章　地线最大使用应力的计算 …………………………………………… 159

习题 ……………………………………………………………………………… 164

第七章　应力弧垂及架线弧垂 ………………………………………………… 165

第一节　应力弧垂曲线 ………………………………………………………… 165

第二节　架线弧垂曲线 ………………………………………………………… 169

第三节　架线弧垂初伸长及其处理 …………………………………………… 172

第四节　观测档架线弧垂计算 ………………………………………………… 174

习题 ……………………………………………………………………………… 180

第八章　不等高悬点档距中导地线的计算 …………………………………… 181

第一节　小高差档距中导地线的计算 ………………………………………… 181

第二节　小高差档距中水平和垂直档距的计算 ……………………………… 182

第三节　上拔计算 ……………………………………………………………… 183

第四节　小高差档距的弧垂用平抛物线法计算的特点 ……………………… 184

第五节　大高差大档距中架空线的计算 ……………………………………… 186

第六节　架空导地线的允许档距计算 ………………………………………… 192

习题 ……………………………………………………………………………… 193

第九章 特殊档距中导地线的计算·· 195

第一节 概述·· 195

第二节 孤立档中导地线的计算·· 195

第三节 具有单个集中荷载的导地线的计算·································· 200

第四节 交叉跨越档距中限距的校验·· 203

第五节 连续倾斜档距中导地线的计算··· 206

习题·· 213

第十章 线路在施工与运行中的计算·· 214

第一节 架空输电线路弧垂观测与调整··· 214

第二节 运行线路的弧垂调整计算·· 238

第三节 导地线的过牵引计算··· 240

第四节 连续档的架线施工计算·· 244

第五节 导地线的地面划印法施工计算··· 245

第六节 跳线安装长度计算··· 248

第七节 架空输电线路的改建··· 252

习题·· 256

第十一章 不平衡张力计算··· 258

第一节 概述·· 258

第二节 固定横担固定线夹断线张力的计算·································· 260

第三节 分裂导线的断线张力··· 268

第四节 线路正常运行中的不平衡张力··· 269

第五节 地线的支持力··· 278

习题·· 282

第十二章 输电线路的防雷保护··· 283

第一节 概述·· 283

第二节 输电线路的雷电参数··· 285

第三节 输电线路的感应雷过电压·· 288

第四节 输电线路的防雷保护计算·· 291

第五节 输电线路的防雷措施··· 306

习题·· 311

第十三章　杆塔的外形尺寸···312

　　第一节　概述···312

　　第二节　杆塔呼称高度与设计档距···313

　　第三节　杆塔头部尺寸的确定···314

　　习题··324

第十四章　输电线路杆塔的定位及定位校验·····································326

　　第一节　杆塔定位准备工作··326

　　第二节　杆塔定位··332

　　第三节　杆塔定位校验···336

　　第四节　杆塔中心位移及施工基面··349

　　习题··355

第十五章　架空输电线路路径选线···356

　　第一节　概述···356

　　第二节　路径选择及初勘选线···356

　　第三节　终勘选线··364

　　习题··388

第十六章　架空输电线路设计内容简介···389

　　第一节　概述···389

　　第二节　可行性研究···390

　　第三节　初步设计···393

　　第四节　施工图设计···406

参考文献···430

第一章 架空输电线路的组成

第一节 概 述

我国煤炭、水能及风能等资源丰富,石油和天然气相对较少,是世界上少数几个以煤炭为主要能源的国家之一。我国能源资源分布极不均衡,总体上来说西部煤炭资源丰富,水利资源主要集中在云南、四川、西藏等水位落差较大的西南省份,风能资源则主要集中在东南沿海及附近岛屿以及北部(东北、华北、西北)地区。全国电力负荷中心主要集中在工业及农业生产基地和人口密度较大的华东地区及珠江三角洲地区等。大型电厂除非特殊原因一般都建设在能源基地,因此就产生了能源输送问题,而"西电东输"就是实现电能输送的主要方式。

发电厂、变电站、输电线路、配电线路、配电设备及用电设置构成了电力系统,如图 1-1-1 所示。输电线路是指由发电厂(包括水电站、火电站、核电站、风电场及光伏电站等)向电力负荷中心输送电能以及电力系统之间联络的电力线路。架空输电线路机械部分的计算内容包括架空输电线路的导线和地线的机械计算、杆塔计算和基础计算、线路的选线与杆塔定位以及施工计算。计算的目的是保证架空输电线路运行的可靠性和建设的经济性。

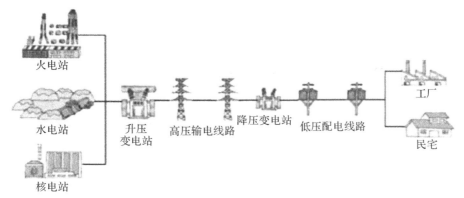

图 1-1-1 电力系统

架空输电线路的基本结构主要有杆塔、杆塔基础、导线和地线、绝缘子及金具串、接地装置及防雷设备等,如图 1-1-2 所示。它们的作用如下:

1)导线用来传导电流,输送电能;

2)地线用来把雷电流引入大地,以保护线路绝缘免遭大气过电压的破坏,同时可以用于

通信以及继电保护;

3)杆塔用来支持导线和地线,并使导线和导线间,导线和地线间,导线和杆塔间,以及导线和大地、公路、铁轨、水面、通信线等被跨越物之间,保持一定的安全距离;

4)绝缘子用来使导线和杆塔之间保持绝缘状态;

5)金具是用来连接导线或地线,将导线固定在绝缘子上,以及将绝缘子固定在杆塔上的金属元件等。

一般 110 kV 电压等级以上系统与系统间的联络线路采用输电线路,如图 1-1-3 所示;由负荷中心向各电力用户分配电能的电力线路称为配电线路,如图 1-1-4 所示。

图 1-1-2　架空输电线路的基本结构

图 1-1-3　架空输电线路

图 1-1-4　架空配电线路

输电线路按电流性质可分为交流输电线路和直流输电线路,国内常见的输电线路主要是交流输电线路。与交流输电线路相比,在输送相同功率的情况下,直流输电线路主要材料消耗少,线路走廊宽度也较小,所以投资较少;直流输电线路作为两个电力系统的联络线,改变传送方向迅速、方便,可以实现相同频率交流系统间的不同步联系,能降低主干线及电力系统间的短路电流。此外,直流输电无感抗、电抗、相位移和电压波动问题,输电线路的调压也优于交流输电,对通信线路的干扰也较小,因此在一些大功率远距离输电工程中得到应用。

目前我国已投运交流输电的最高电压为 1 000 kV,如图 1-1-5 所示;直流输电的最高电压是±1 100 kV,如图 1-1-6 所示;中国电力科学研究院于 2018 年在西藏进行±1 300 kV 直流输电相关试验,如图 1-1-7 所示,该项目代表了当今世界输电线路的最高水平。

图 1-1-5　1 000 kV 交流输电线路

(浙北—福州 1 000 kV 高压交流输变电工程)

图 1-1-6　±1 100 kV 直流输电线路

(昌吉—古泉±1 100 kV 高压直流输电工程)

图 1-1-7　±1 300 kV 直流输电线路试验

　　输电线路按电压等级可分为高压、超高压、特高压线路。在我国,对交流输电线路,通常将 35～220 kV 的称为高压(HV)输电线路,330～750 kV 的称为超高压(EHV)输电线路,750 kV 以上的称为特高压(UHV)输电线路。对直流输电线路,将±400 kV、±500 kV 的称为高压(HVDC)输电线路,±800 kV 及以上的称为特高压(UHVDC)输电线路。

　　目前我国常用的输电线路的电压等级有 35 kV、66 kV、110 kV、220 kV、330 kV、500 kV、750 kV、1 000 kV、±500 kV、±660 kV、±800 kV、±1 100 kV。

　　一般来说,输送电能容量越大,线路采用的电压等级就越高。采用特高压输电可有效地减少线路损耗,降低线路单位输送容量的造价,少占耕地,绿色环保,使输电走廊得到充分利用,具有良好的经济效益和社会效益。

　　输电线路按结构形式可分为电力电缆线路和架空输电线路。电力电缆线路分为陆上地埋电力电缆线路和海底(水中)电力电缆线路,前者多用于人口密集的大中城市,后者主要用于难以跨越的海峡等特殊路径。

　　架空输电线路按导线间的距离可分为常规型架空输电线路(见图 1-1-8)和紧凑型架空输电线路(见图 1-1-9);按杆塔上导线的回路数,可分为单回路、双回路和多回路架空输电线路。

图 1-1-8　常规型输电线路

图 1-1-9　紧凑型输电线路

第二节　杆　　塔

杆塔是支承架空输电线路导线和架空地线并使它们之间以及它们与大地之间保持一定安全距离的杆型或塔型构筑物。世界各国线路杆塔多采用木结构、钢筋混凝土结构和钢结构。通常将木、钢筋混凝土及钢管型的杆型结构称为杆,将塔型的钢结构和钢筋混凝土烟囱形结构称为塔。所以输电线路杆塔结构主要包括杆和塔,简称"杆塔"。它们的结构型式是多种多样的,具体采用什么样的杆塔结构型式主要取决于线路的电压等级、回路数、地形地质、气象条件(环境)和使用条件等,最后还要通过经济、技术的比较择优选择。

输电线路杆塔分类方法较多,下面介绍常用的杆塔分类。

一、按材料不同分类

(一)钢筋混凝土电杆

钢筋混凝土电杆是用混凝土与钢筋或钢丝制成的电杆,人们常说的电杆线路主要由主杆、抱箍、穿钉、叉梁、横隔梁、吊杆、拉线棒等组成,如图 1-2-1 所示。钢筋混凝土电杆的主杆截面形式有方形、八角形、工字形、环形或其他一些异型截面。在输电线路中常采用的是环形钢筋混凝土电杆。环形钢筋混凝土电杆是由钢筋和混凝土在离心滚杆机中浇制而成的,这种电杆的优点是使用年限长(一般寿命不少于 30 年),主杆维护工作量小,比铁塔节省钢材,投资也少。其缺点是单件比较重,施工及运输不方便。

根据电杆的纵向受力钢筋不同,环形钢筋混凝土电杆分为钢筋混凝土电杆(代号为 G)、预应力混凝土电杆(代号为 Y)和部分预应力混凝土电杆(代号为 BY)三种。根据电杆的外部形状划分,环形钢筋混凝土电杆分为锥形杆和等径杆两种。

锥形杆的梢径一般为 100～230 mm,锥度为 1:75,如图 1-2-2 所示;等径杆的直径为 300～550 mm,如图 1-2-3 所示;两者壁厚均为 30～60 mm。考虑到人力运输道路复杂和运输重量大,长度短的、梢径小的电杆整根制造,其他电杆分段制造,$\phi300$ mm 和 $\phi400$ mm 等径杆的长度一般不大于 9 m,运到现场后再焊接(或通过法兰连接)。过去 110 kV 及以下电压等级的线路工程中一般采用等径杆 $\phi300$ mm,220 kV 采用 $\phi400$ mm,电压越高,等径杆直径越大。在 20 世纪 80 年代,500 kV 线路上也试用了十几基带拉线的预应力混凝土电杆。

图 1-2-1 钢筋混凝土电杆基本组成

图 1-2-2 锥形杆

图 1-2-3 等径杆

在 35 kV 及以上电压等级的线路上,等径杆由于受力需要带拉线,拉线容易被盗以致危及安全运行,占地较多(特别是农田保护区禁止采用,跨越林区经济作物,占地大,赔偿费用高),因此,等径杆在发达地区和高电压等级线路上有减少使用的趋势。

根据《国家能源局关于印发〈防止电力生产事故的二十五项重点要求〉的通知》(国能安全〔2014〕161号)第15.1.7条规定,新建35 kV及以上线路不应选用混凝土电杆。现在国家电网与南方电网新建线路,基本不在35 kV及以上线路选用混凝土电杆,部分经济欠发达的省份风电场集电线路在35 kV输电线路中仍然采用环形钢筋混凝土电杆。

(二)铁塔

铁塔是采用型钢制成的钢架结构件。铁塔具有强度高、制造方便的优点。国内外铁塔大多采用热轧等边角钢制造,用螺栓连接组成空间桁架结构。制造铁塔的型材主要有等边角钢、钢管及复合材料等,组成的铁塔分别为角钢铁塔(见图1-2-4)、钢管铁塔(见图1-2-5)和复合型铁塔(见图1-2-6)。钢管铁塔的空气动力性能好,截面力学特性及承载能力优于角钢铁塔,但工艺复杂,因而造价高于角钢铁塔。复合型铁塔又分复合塔身(塔身表面喷涂氟碳漆)、复合横担(复合材料表面带有伞裙)及全部采用复合型材料等3种。

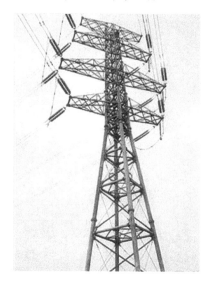

图1-2-4 双回路直线角钢铁塔　　　　图1-2-5 双回路转角钢管铁塔

铁塔主要由塔头、塔身和塔腿三大部分组成(见图1-2-7),如果是拉线铁塔,还包含拉线部分。导线呈三角排列的铁塔,下横担以上部分称为塔头;导线呈水平排列的铁塔,平口以上部分称为塔头。酒杯形和猫头形塔头由平口到横担部分称为塔颈,两侧称为曲臂。位于基础上面的第一段桁架称为塔腿,除塔头和塔腿外的桁架结构都称为塔身。

铁塔主柱桁架四角的构件称为主材,在主材的每一平面上用斜材连接,是为了保证铁塔形状不变,提高杆件的稳定性及断线时的扭矩。有的还要在主材的某些断面中设置水平隔材。为了减小构件的长细比,有的铁塔还在隔材或斜材上设置辅材。

斜材与主材连接处或斜材连接处称为节点,构件中心线在节点上的交点称为中心,相邻两节点之间的部分称为节间,两节点中心之间的距离称为节点长度,相邻两塔腿中心轴线的水平距离称为铁塔根开。

图 1-2-6　复合型铁塔

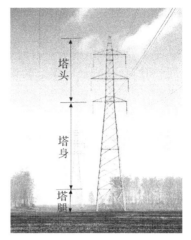

图 1-2-7　铁塔基本组成

(三)钢管杆

近年来受到城市环境、线路通道、线路荷载等因素的影响,钢筋混凝土电杆已不能满足城市发展需求,故城区线路中广泛采用钢管杆。钢管杆是由单根或多根钢管构件刚性连接组成的钢管结构。钢管杆具有结构简单、强度高、耐外力冲击、易实现双回路[见图 1-2-8(a)]和多回路输电[见图 1-2-8(b)]、施工安装方便、挺拔美观等优点。

(a)　　　　　　　　　　　　　　　(b)

图 1-2-8　钢管杆

(a)双回路钢管杆;(b)四回路钢管杆

二、按受力不同分类

按在输配电线路中杆塔的受力分类,杆塔一般分为悬垂型杆塔与耐张型杆塔。

(一)悬垂型杆塔

悬垂型杆塔[见图 1-2-4 和图 1-2-8(a)]是承受导线、架空地线的重力以及作用于它们上面的风力,而在施工和正常运行时不承受线条张力的杆塔。导线和架空地线在悬垂型杆塔处不开断,且被定位于导线和架空地线呈直线的线段中,悬垂型杆塔仅是用作线路中悬挂导线和架空地线的支承结构,保持导线对地距离(处于两基耐张塔之间的杆塔)。

在线路正常运行情况下,悬垂型杆塔基本上不承受顺线路方向的张力,其绝缘子串是垂直悬挂的(见图 1-2-9 中的 Z1、Z2、Z3),称之为悬垂串;只有在杆塔两侧档距大小相差悬殊或一侧发生断线时,悬垂型杆塔才承受相邻两档导线的不平衡张力。由于悬垂型杆塔的强度设计裕度小,当发生意外事故时这种杆塔将首先被破坏。悬垂型杆塔一般不承受角度力,因此,为降低线路造价应尽可能多地采用悬垂型杆塔。悬垂型杆塔使用数量多,线路耐张段会较长,但为了方便施工展放、紧线,并使安装方便、运行可靠,还需对耐张段长度加以限制。《架空输电线路电气设计规程》(DL/T 5582—2020)规定,轻、中、重冰区的耐张段长度分别不宜大于 10 km、5 km、3 km,且单导线线路不宜大于 5 km,无冰区可参照轻冰区的取值。现在人口增多,工业发展,城区面积扩大,能达到规定的许可值的情况是较少的。同时规程要求,在高差或档距相差非常悬殊的地区或重冰区等运行条件较差的地段,耐张段长度应适当缩小,目的在于限制事故范围。从前述内容可以看出,悬垂型杆塔在架空线路中使用最多,约占杆塔总数的 80%～85%,但在工业发达地区,由于线路路径受限的原因,情况可能不尽相同。

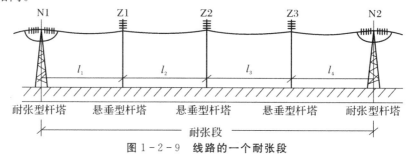

图 1-2-9　线路的一个耐张段

悬垂型杆塔又分悬垂直线杆塔与悬垂转角杆塔两种。对于悬垂直线杆塔,当需要较小角度转角,且不增加杆塔头部尺寸时,其转角度数不宜大于 3°。悬垂转角杆塔的转角度数,对于 330 kV 及以下线路不宜大于 10°,对于 500 kV 及以上的线路不宜大于 20°。

(二)耐张型杆塔

耐张型杆塔[见图 1-2-5 和图 1-2-8(b)]除支承导线和架空地线的重力和风力外,还承受这些线的张力。导线和架空地线在耐张型杆塔处开断,且被定位于导线和架空地线呈直线(或转角)的线段中,用来减小线路沿纵向的连续档的长度,以便于线路施工和维修,并用以控制线路沿纵向杆塔可能发生串倒的范围。耐张型杆塔分为耐张直线杆塔、耐张转角杆塔及终端杆塔(在后面详细介绍)。

对于换位杆塔、跨越杆塔以及其他特殊(如分歧、T 接)杆塔,可以按绝缘子与杆塔的连接方式分别纳入悬垂型或耐张型杆塔类别。

三、按用途不同分类

(一)直线杆塔

这里的直线杆塔就是按受力分类的悬垂型直线杆塔,它仅是线路中悬挂导线和架空地线的支承结构。

（二）耐张杆塔

导线和架空地线在耐张杆塔处开断,且被定位于导线和架空地线呈直线(或转角)的线段中,用来减小线路沿纵向的连续档的长度,以便于线路施工和维修,并控制线路沿纵向杆塔可能发生串倒的范围,使其在事故情况下承受断线拉力而不致把事故扩展到另一个耐张段(见图1-2-10)。这里的耐张杆塔就是按受力分类的耐张直线杆塔(见图1-2-11),其除支承导线和架空地线的重力和风力外,还承受这些线条的张力。所以耐张杆塔又叫锚型杆塔。

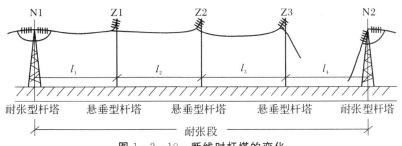

图1-2-10　断线时杆塔的变化

（三）转角杆塔

因在线路走向上受到某些地形地物的影响,需要在适当的地方将线路向合适的方向偏转,在线路的偏转处即转角处设立的杆塔就是转角杆塔(见图1-2-5)。线路转向内角的补角称为"线路转角"(见图1-2-12),转角杆塔两侧导线的张力不在一条直线上,因而承受角度力(见图1-2-12)。转角杆塔除承受导地线、金具绝缘子的垂直和水平荷载外,还应能承受较大的角度力,角度力取决于转角的大小、导地线的水平张力大小,以及顺线路方向的不平衡张力(该张力大小取决于塔两侧导线的张力差)。转角杆塔又分直线转角杆塔和耐张转角杆塔,这里的直线转角杆塔就是按受力分类中的悬垂转角杆塔,耐张转角杆塔就是按受力分类中的耐张转角杆塔。

图1-2-11　耐张直线杆塔

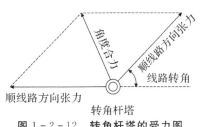

图1-2-12　转角杆塔的受力图

现在设计的定型系列转角杆塔中将其转角的度数分为四档,即 $0°\sim20°$、$20°\sim40°$、$40°\sim$ $60°$及$60°\sim90°$。

(四)终端杆塔

终端杆塔为线路起始或终止的杆塔(见图 1-2-13)。终端杆塔定位于变电站变配电装置门型构架前,线路一侧的导线和架空地线直接张拉于终端杆塔上,而另一侧以很小的张力与门型构架相连。终端杆塔一般还兼作转角杆塔,因此承受较大的荷载,材料消耗量和造价也就较大。

图 1-2-13 终端杆塔　　　　　　　　　　图 1-2-14 换位杆塔

(五)换位杆塔

用来改变线路中三相导线排列位置的杆塔称为换位杆塔(见图 1-2-14)。导线在换位杆塔上不开断时称为直线换位杆塔,反之称为耐张或转角换位杆塔。换位相关内容具体见本章第四节。

(六)跨越杆塔

跨越杆塔指用来支承导线和架空地线跨越江河、湖泊及海峡的杆塔。导线和架空地线不直接张拉于杆塔上时称为直线跨越杆塔(见图 1-2-15),直接张拉于杆塔上时称为耐张或转角跨越杆塔。为满足航运要求,跨越杆一般都比较高。

图 1-2-15 跨越杆塔

为了节省材料和降低工程造价,大跨越一般多采用直线跨越杆塔。我国在长江中下游成功地建设了多座高度在 100 m 及以上的直线跨越杆塔,在珠江上建有总高度为 235.75 m

的钢结构跨越杆塔,在南京长江段上建有目前世界上最高的烟囱式钢筋混凝土跨越杆塔(塔总高达 257 m),在浙江舟山建设了 380 m 高的跨海输电跨越铁塔,在江苏泰州与无锡之间的长江段上建设了世界最高(385 m)的跨江输电跨越铁塔。

架空输电线路所经地区一般或多或少都会遇到交叉跨越的通信线、电力线、公路、高速公路、铁路、高速铁路、通航河道等。一般跨越在线路设计、施工中无需剔除。对于重要交叉跨越,一般要求采用独立耐张段进行跨越。而对于特大跨越,跨越档一般在 1 000 m 以上,塔的高度一般在 100 m 以上,导地线选型或塔的设计需要特殊考虑则为大跨越,自成一个耐张段。大档距和大跨越的本质区别就是导线底下是否有重要的人工建筑物或穿越物,如果有就是大跨越,如果没有就是大档距,大档距一般在 1 000 m 以上。

对于重要跨越应在选线初期同权属方签署跨越协议并编制安全措施费用表。

(七)分歧杆塔

在实际工程中经常遇到变电站出线段通道紧张的情况,故采用双回路或多回路出线,因为线路至不同的变电站,出线至通道条件稍好的情况下将原双回路(或多回路)共杆塔线路分至两条(或多条)单回路(多回路)线路分别走线。这种双回路(或多回路)转角杆塔共塔的两条(或多条)线路分别至单回路(多回路)线路分别走线,使该双回路(或多回路)转角杆塔出现两个或多个转角的杆塔(称之为分歧杆塔)。即分歧杆塔功能是将双回路线路分解为两个单回路线路,将多回路线路分解为两个及以上的单回路或者多回路线的杆塔,分解后回路是不变的。分歧塔可能是一侧同向,另一侧线路分歧,也可能是两侧都是线路分歧。

(八)T 接杆塔

当原有的线路需要再向另一变电站供电时,用于线路分支点的杆塔,叫作 T 接杆塔。T接杆塔可以是悬垂型直线杆塔与终端杆塔的组合型杆塔,也可以是转角杆塔与终端杆塔的组合杆塔。

四、按线路回路数分类

按照回路数分类,杆塔可分为单回路杆塔(见图 1-1-6)、双回路杆塔(见图 1-2-11)、多回路杆塔[见图 1-2-8(b)]。只有一个回路的线路的杆塔为单回路杆塔;同一杆塔上安装有不一定为相同电压与频率的两个回路的线路的杆塔为双回路杆塔;同一杆塔上安装有不一定为相同电压与频率的两个以上回路的线路的杆塔为多回路杆塔。

五、按组立方式分类

目前,杆塔按组立方式可以分为两大类,即自立式杆塔与拉线式杆塔。拉线式杆塔比自立式杆塔节省大量钢材(大约可以节约 30%),但拉线式杆塔不宜在城市电网中采用,原因是占地面积大。

1.拉线式杆塔分类

拉线式杆塔大致可以分为:单柱式拉线杆塔[见图 1-2-16(a)]、拉线 V 型杆塔[见图1-2-16(b)]和拉线门型杆塔[见图 1-2-16(c)]。

拉线式杆塔由头部、立柱和拉线组成。头部、立柱一般采用由角钢组成的空间桁架构成,它的立柱能承受较大的轴向压力,拉线一般由单根或双根高强度钢绞线组成,拉线能承受很大的拉力,以抵抗水平荷载。拉线系统应绝对可靠。拉线式杆塔能充分利用材料的强度特征,从而减少材料的消耗量。近年发展起来用钢索和绝缘子串来悬挂导线代替横担,支承结构采用两根打拉线的钢柱,改善塔头电气间隙的布置,特别适合 500 kV 及以上的超高压和特高压线路。它比一般拉线式杆塔节省钢材,但占地多,故只适合空旷地带,同时使用绝缘子多,运行维护比较复杂。这种拉线式杆塔的缺点就是拉线容易受到人或物的破坏,运行不安全,很多地方限用或禁用。

(a)   (b)   (c)

图 1-2-16　拉线式杆铁塔

(a)单柱式拉线杆塔;(b)拉线 V 型杆塔;(c)拉线门型杆塔

2.自立式杆塔分类

自立式悬垂型杆塔常用的塔型有上字型、猫头型、酒杯型,双回路杆塔采用六角型布置的鼓型及上、下层布置的蝴蝶型。自立式耐张型杆塔常用的有酒杯型、干字型。由于干字型杆塔的中相导线直接挂在杆塔身上,下横担的长度比酒杯型的短,结构也比较简单,是目前输电工程中应用最为广泛的。

六、输电杆塔的表示方法

1.杆塔用途分类的代号

Z——悬垂型杆塔;ZJ——悬垂型转角杆塔;N——耐张杆塔;J——转角杆塔;D——终端杆塔(DJ——终端转角杆塔);F——分歧杆塔(FJ——分歧转角杆塔);K——跨越杆塔;H——换位杆塔(ZH——直线换位杆塔,JH——耐张换位杆塔)。

2.杆塔的塔材和结构(即种类)的代号

G——钢筋混凝土杆;X——拉线式铁塔(不带 X 者为无拉线);自立式铁塔一般不用字母表示。

3.杆塔外形或导线、地线布置型式的代号

S——上字型杆塔；M——猫头型杆塔；Yu——鱼叉型杆塔；V——V字型杆塔；J——三角型杆塔；G——干字型杆塔；Y——羊角型杆塔；C——叉骨型杆塔；Q——桥型杆塔；B——酒杯型杆塔；Me——门型杆塔；Gu——鼓型杆塔；Sz——正伞型杆塔；S_D——倒伞型杆塔；T——田字型杆塔；W——王字型杆塔；A——A字型杆塔；T——T字型杆塔；S——同塔双回路；SS——同塔四回路；ZG——窄基钢管塔；G——钢管杆；C——长短腿。

第三节　杆塔基础

输电线路杆塔地下部分除接地装置外总体统称为杆塔基础（简称"基础"）。基础的作用是支承杆塔，承受所有上部结构的荷载，并传递杆塔所受荷载至大地。基础一般受到下压力、上拔力、倾覆力等作用。

杆塔基础的型式很多，应根据所用的杆塔型式、沿线地形、工程地质、水文和施工运输等条件综合考虑确定。有条件时，优先采用原状土基础；运输或浇筑困难地区可采用预制装配式基础或金属基础；岩石地区可采用锚筋基础或岩石嵌固基础；软土地区可采用大板基础、筏板基础、桩基础或沉井基础等；电杆及拉线宜采用预制装配式基础；山区线路应将全方位长短腿铁塔和不等高基础配合使用。

根据支承杆塔的类型，基础分为钢筋混凝土电杆基础、铁塔基础及钢管杆（塔）基础。钢管杆（塔）基础与铁塔基础基本一致，故不单独介绍。

一、钢筋混凝土电杆基础

钢筋混凝土电杆基础主要采用装配式预制基础，分为本体基础[见图1-3-1(a)]、卡盘[见图1-3-1(b)]和拉线基础[见图1-3-1(c)]，又有部分钢筋混凝土电杆基础采用（钢筋）混凝土现浇基础。本体基础即底盘，用于承受电杆本体传递的下压力。卡盘承受倾覆力，起稳定电杆的作用。拉线基础承受上拔力的作用，可分为拉盘基础、重力式拉线基础、锚杆拉线基础。一般使用拉盘基础；当土质较差，最大一级拉盘基础也满足不了上拔力的要求时，使用重量式拉线基础；当遇到微风化或中风化的岩石地质时，可以将拉线棒用水泥砂浆或细石混凝土直接锚在岩孔内，构成锚杆拉线基础。

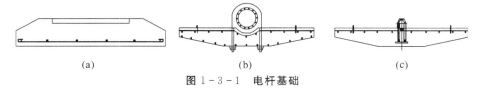

(a)　　　　　　　　　(b)　　　　　　　　　(c)

图1-3-1　电杆基础

二、铁塔基础

铁塔基础根据材料施工方式分为现浇钢筋混凝土基础与预制基础，根据基础开挖形式分为扩展基础与原状土基础。下面以开挖形式介绍铁塔常用的几种基础。

(一)扩展基础

扩展基础由底板和主柱组成,是承担上部结构荷载的开挖回填基础,通常指混凝土台阶基础、钢筋混凝土板柱基础、重力式基础等。扩展基础一般分为柔性基础(见图1-3-2)、刚性基础(见图1-3-3)和联合基础(见图1-3-4)。

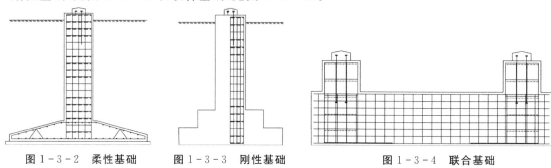

图1-3-2 柔性基础　　图1-3-3 刚性基础　　　　图1-3-4 联合基础

1.柔性基础

柔性基础包括斜柱板式基础(简称"斜柱基础")、直柱板式基础、斜柱台阶基础和直柱台阶基础。其中,斜柱基础在线路中常用。

2.刚性基础

刚性基础一般用于地基承载力好、压缩性较小或需要利用基础重力来抵消结构上拔力的塔位。刚性基础包括直柱刚性台阶基础和斜柱刚性台阶基础。

3.联合基础

联合基础埋深浅,底板宽,方便施工,当用于流沙、软弱土以及采动影响区塔位基础时,能利用底板宽度来满足上拔稳定、地基强度及不均匀沉降等要求。

(二)原状土基础

原状土基础指利用机械(或人工)在天然土(岩)中直接钻(挖)成所需要的基坑,将钢筋骨架和混凝土直接浇注于基坑内而成的基础。根据基础形式,原状土基础分为掏挖基础(见图1-3-5)、桩基础[见图1-3-6(单桩)、图1-3-7(承台桩)(复合桩基)]和岩石基础(见图1-3-8)。

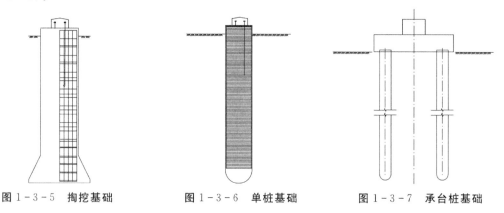

图1-3-5 掏挖基础　　　　图1-3-6 单桩基础　　　　图1-3-7 承台桩基础

1. 掏挖基础

掏挖基础以土代模,施工时直接将基础的钢筋骨架和混凝土浇入掏挖成型的土胎内。由于减少了对原状土的扰动,能充分发挥地基土的承载性能,大幅度节约基础施工费用、缩短施工周期。掏挖基础包括斜柱掏挖基础和直柱掏挖基础,这两种基础中又分为全掏挖基础与半掏挖基础。

2. 桩基础

桩基础是一种深基础型式,包括钻孔灌注桩和人工挖孔桩两种基本型式。

钻孔灌注桩后期质量稳定、承载力大,但施工工艺要求高、施工难度大,桩径一般为0.6～1.8 m。(如果)单桩难以适应较大的基础作用力,一般需要做承台灌注桩,混凝土消耗较大。

人工挖孔桩最大桩径一般可以做到2.0 m以上,避免了出现多桩承台型式,同时成孔不需要大型的机械,受地形限制较小。其一般在地形复杂、场地狭窄、高差较大、基础外露较高、基础负荷较大的塔位广泛使用,但不适用于地下水位较高及软弱地质条件的情况。

3. 岩石基础

岩石基础是利用整块岩石将锚筋直接锚固于灌浆的岩石孔中,依靠岩石本身、岩石与砂浆(或细石混凝土)间和砂浆与钢筋间的黏结力来抵抗杆塔传(递)的外力,以保证杆塔结构的稳定性的一种基础形式。岩石基础适用于基岩顶部覆盖层较浅、基岩本身风化程度较低、完整性较好的塔位。岩石基础主要有岩石锚杆基础[见图1-3-8(a)(b)]和岩石嵌固式基础[见图1-3-8(c)]。

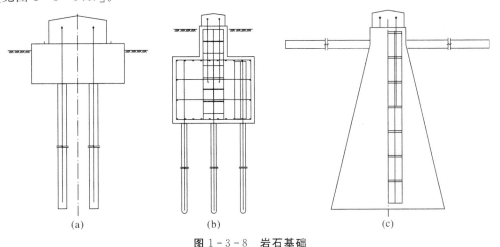

(a)　　　　　　　　(b)　　　　　　　　(c)

图1-3-8 岩石基础

(a)直锚式;(b)承台式;(b)嵌固式

通过水泥砂浆或细石混凝土在岩孔内的胶结,使锚筋与岩体结成整体的岩石基础,称为岩石锚杆基础。岩石锚杆基础包括直锚式和承台式基础。岩石锚杆基础采用锚杆机钻孔,施工基面小,充分利用了岩石自身的抗剪强度,基础承载力好,在降低基础材料耗量的同时,减少了弃渣和土石方开方量,降低了对山区原始地貌的破坏,有利于植被及生态环境保护。

利用机械(或人工)在岩石地基中直接钻(挖)成所需要的基坑,将钢筋骨架和混凝土直接浇注于岩石基坑内而成的岩石基础叫岩石嵌固式基础。

岩石嵌固式基础充分利用岩石的抗剪能力,使地基与基础更好地协同工作,因而承载力好,可大幅度地减少材料用量,同时减少基坑土石方量,且混凝土浇制不需模板,便于施工,费用较低。

除以上基础外,对于运输困难、地质较好、无地下水的直线塔也采用装配式基础。装配式基础一般采用两个及两个以上金属构件或混凝土预制构件拼装组成。施工时,基础底层浇制混凝土垫层,装配式构件布于垫层上,回填土夯实即成装配式基础。

为满足更高电压等级的要求,现在新型输电线路杆塔基础使用较多的主要有带翼板的掏挖基础和人工挖孔桩基础、空心掏挖基础和空心人工挖孔桩基础、大直径钢筋混凝土管桩基础、板式中型桩复合基础、预制微型桩基础、挤扩支盘灌注桩基础、预应力混凝土管桩基础及带斜柱掏挖基础等。

第四节 导线和地线

导线是架空输电线路的主要元件之一,导线除了要满足传输电能的要求外,还要满足电磁环境要求、机械安全特性要求;地线架设在导线的上方,其作用主要是防止输电线路遭受雷击以及兼作通信设施,要求机械强度高,具有一定的导电性能和足够的热容量。导线和地线都架设于空中,在输电线路中一般通称为架空线。

一、导线

(一)导线的材料及种类

根据《电工术语 架空线路》(GB/T 2900.51—1998)中的术语定义,通过电流的单股线或不相互绝缘的多股线组成的绞线称为导线(conductor)。导线是架空线路的主体之一,担负着传输电能的作用,导线架设在杆塔上通常承受自重、风雨及冰雪和空气温度变化,同时还会受到周围空气所含的化学物质的侵蚀。因此,架空输电线路的导线不仅要有良好的导电性能,还要有足够的机械强度和一定抗腐性能,质韧耐折、坚硬耐磨,并且要质量轻、价格低。这些要求根据线路的不同情况而有所不同。一般导线采用铜、铝、钢或铝合金材料制成。其中铜是理想的导电材料,但由于铜相对于其他金属(铝)来说用途广、产量少而价格高,因此,架空线路的导线除特殊需要外,一般不采用铜线;铝的电导率仅次于铜,居第二位,并且是地球上存在较多的元素之一,仅次于氧、硅,居第三位。19世纪60年代以来,基本是采用铝来代替铜做导线。导线材料的物理特性见表1-4-1。

从表1-4-1可以看出:铝的密度小,采用铝线时杆塔受力较小,但是它机械强度最低,允许使用应力小,导线的弧垂较大,导致杆塔高度增加。因此,铝导线只用在档距较小的

10 kV及以下线路。此外,铝的抗酸、碱、盐的能力较差,故沿海地区和化工厂附近不宜采用。钢的电导率最低,但其机械强度很高,且价格较有色金属低,在线路机械强度要求较高的线路中,如跨越山谷、江河等特大档距中有时采用钢导线。钢绞线需要热镀锌防腐蚀。

表 1-4-1 导线材料的物理特性

材料	20℃时的电阻率 $\Omega \cdot mm^2/m$	密 度 g/cm^3	抗拉强度 kN/mm^2	抗化学腐蚀能力及其他
铜	0.018 2	8.9	382	表面易形成氧化膜,抗腐能力强
铝	0.029	2.7	157	表面氧化膜可防继续氧化,但易受酸碱盐的腐蚀
钢	0.103	7.85	176	在空气中易锈蚀,需镀锌
铝合金	0.033 9	2.7	294	抗化学腐蚀性能好,受振动时易损坏

铝合金绞线的电导率比铝约低10%,机械强度比铝高1倍,与铜相近,价格比铜低,抗化学性能好,然而铝合金线受振动而断股的现象却很严重,但近些年来的研究有很大进展。

铝包钢绞线用于线路大跨越及其他特殊用途,以单股钢线为芯,外面包以铝层,做成多股绞线。

钢芯铝绞线由内部的钢芯和外部的铝绞线绞制而成,即把铝绞线绞制在单股或多股钢线外面,机械荷载则由钢芯和铝线共同承担,机械强度提高。由于交流电的集肤效应,绞制在单股或多股钢线外面的铝绞线作主要载流部分,使铝截面载流作用得到充分发挥,导电性能好,避免了钢绞线导电性差而铝绞线强度差的缺点,相得益彰。

按导线截面结构分类(见图1-4-1),导线依次可以分为:①钢芯铝绞线;②铝包钢芯铝绞线;③铝合金芯铝绞线;④中强度铝合金绞线;⑤殷钢耐热铝合金绞线;⑥钢芯成型铝绞线;⑦铝合金芯成型铝绞线;⑧光纤复合相线。

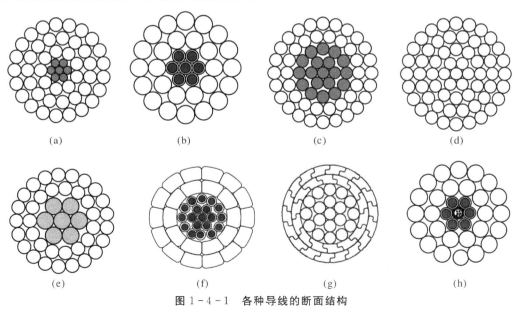

(a)　　　　　(b)　　　　　(c)　　　　　(d)

(e)　　　　　(f)　　　　　(g)　　　　　(h)

图 1-4-1 各种导线的断面结构

在 35 kV 及以上架空线路中一般都采用钢芯铝绞线、铝包钢芯铝绞线、铝合金芯铝绞线、中强度铝合金绞线、钢芯高电导率铝绞线、高强度耐热铝合金绞线、光纤复合相线(简称"OPPC 光缆")等。当其他条件相同时,一般采用铝层为偶数的导线。导线具体型号见表1-4-2。

表 1-4-2 架空输电线路中常用导线型号

名 称	型 号	执行标准
铝绞线	JL	
铝合金绞线	JLHA1、JLHA2、JLHA3、JLHA4	
钢芯铝绞线	JL/G1A、JL/G2A、JL/G3A JL1/G1A、JL1/G2A、JL1/G3A JL2/G1A、JL2/G2A、JL2/G3A JL3/G1A、JL3/G2A、JL3/G3A	
防腐型钢芯铝绞线	JL/G1AF、JL/G2AF、JL/G3AF JL1/G1AF、JL1/G2AF、JL1/G3AF JL2/G1AF、JL2/G2AF、JL2/G3AF JL3/G1AF、JL3/G2AF、JL3/G3AF	
钢芯铝合金绞线	JLHA1/G1A、JLHA1/G2A、JLHA1/G3A JLHA2/G1A、JLHA2/G2A、JLHA2/G3A JLHA3/G1A、JLHA3/G2A、JLHA3/G3A JLHA4/G1A、JLHA4/G2A、JLHA4/G3A	GB 1179-2017
防腐型钢芯铝合金绞线	JLHA1/G1AF、JLHA1/G2AF、JLHA1/G3AF JLHA2/G1AF、JLHA2/G2AF、JLHA2/G3AF JLHA3/G1AF、JLHA3/G2AF、JLHA3/G3AF JLHA4/G1AF、JLHA4/G2AF、JLHA4/G3AF	
铝合金芯铝绞线	JL/LHA1、JL1/LHA1、JL2/LHA1、JL3/LHA1 JL/LHA2、JL1/LHA2、JL2/LHA2、JL3/LHA2	
铝包钢芯铝绞线	JL/LB14、JL1/LB14、JL2/LB14、JL3/LB14 JL/LB20A、JL1/LB20A、JL2/LB20A、JL3/LB20A	
铝包钢芯铝合金绞线	JLHA1/LB14、JLHA2/LB14 JLHA1/LB20A、JLHA2/LB20A	
防腐型铝包钢芯铝合金绞线	JLHA1/LB14F、JLHA2/LB14F JLHA1/LB20AF、JLHA2/LB20AF	
钢绞线	JG1A、JG2A、JG3A、JG4A、JG5A	GB 1179-2017、 YB/T 5004-2012
铝包钢绞线	JLB14、JLB20A、JLB27、JLB35、JLB40	GB 1179-2017、 YB/T 124-2017
扩径导线	JLK/G1A、JLK/G2A、JLK/G3A JLX1K/G1A、JLX1K/G2A、JLX1K/G3A	NB/T 42062-2015

续表

名　称	型　号	执行标准
复合材料芯导线	JLRX1/F1A、JLRX2/F1A、JLRX1/F2A、JLRX2/F2A JLRX1/F1B、JLRX2/F1B、JLRX1/F2B、JLRX2/F2B JNRLH1/F1A、JNRLH1/F2A JNRLH1/F1B、JNRLH1/F2B JNRLH1X1/F1A、JNRLH1X1/F2A JNRLH1X1/F1B、JNRLH1X1/F2B	GB/T 32502—2016
成型铝绞线	JLX	
成型铝合金绞线	JLHA1X、JLHA2X	
钢芯 成型铝绞线	JLX/G1A、JLX/G1B JLX/G2A、JLX/G2B	
钢芯成型 铝合金绞线	JLHA1X/G1A、JLHA1X/G2A JLHA1X/G1B、JLHA1X/G2B JLHA2X/G1A、JLHA2X/G2A JLHA2X/G1B、JLHA2X/G2B	GB/T 20141—2018
铝芯成型铝绞线	JLX/L	
铝合金芯 成型铝绞线	JLX/LHA1、JLX/LHA2	
铝包钢芯 成型铝绞线	JLX/LB	
铝包钢芯成型 铝合金绞线	JLHA1X/LB、JLHA2X/LB	
钢芯耐热 铝合金绞线	JNRLH1/G1A、NRLH1/G2A、NRLH1/G3A	
铝包钢芯耐热 铝合金绞线	JNRLH1/LB14、JNRLH1/LB20A	
钢芯耐热铝 合金型线绞线	JNRLH1X1/G1A、JNRLH1X1/G2A、JNRLH1X1/G3A	NB/T 42060—2015
铝包钢芯耐热 铝合金型线绞线	JNRLH1X1/LB14、JNRLH1X1/LB20A	
钢芯高强度 耐热铝合金绞线	JNRLH2/G3A、JJNRLH2/G4A、JNRLH2/G5A	
光纤复合 架空相线	OPPC—■□ 注：■—纤芯数，□—光纤类别	DL/T 1613—2016
含有一个或多个 间隙的同心绞 架空导线	J□/■(JX◆) 注：□—同心绞导电层类型，■—加强芯类型， 　　◆—环形间隙数	GB/T 30550—2014

　　钢芯铝绞线中铝线部分与钢线部分截面积的比值不同,机械强度也不同,比值越小,强度越高。但是钢铝截面比小于 4.29 的钢芯铝绞线耐振性能差,使用时应根据当地运行经验进行处理。防振、初伸长的处理可采用厂家提供的技术资料,必要时通过试验确定。如果导

线铝截面小钢截面大(在施工上有个俗语叫"脱裙衣"),导线受力到一定程度铝绞线就会在绞线面上滑脱。在重冰区一般采用铝钢截面比为 4:1 的加强型钢绞线,且最终还是要经过导线力学计算,当然大跨越、大档距有时也采用。在外荷载较轻的条件下,通常采用铝钢截面比为 8:1 和 6:1 的导线。

用铝作导电材料的导线的种类及用途参见表 1-4-3。

表 1-4-3　导线的种类及用途

用途		类　别	强度	载流量	防腐	允许运行温度	耐振能力	相同载流量单价
特殊线路	大跨越导线	钢芯铝绞线(大钢比)	较高	较高	一般	一般	一般	较高
		高强度钢芯铝合金绞线	高	较高	一般	一般	一般	高
		铝包钢芯铝合金绞线	高	较高	高	一般	一般	高
		防腐型高强度钢芯铝合金绞线	高	较高	高	一般	一般	高
		高强度钢芯耐热铝合金绞线	高	高	一般	高	一般	高
		防腐型高强度钢芯耐热铝合金绞线	高	高	高	高	一般	高
		铝包钢绞线(高电导率)	高	一般	高	一般	一般	较高
	重覆冰线路	钢芯铝绞线(中钢比)	较高	较高	一般	一般	一般	一般
		钢芯铝合金绞线	较高	较高	一般	一般	一般	较高
	重污染线路	防腐型钢芯铝绞线	较高	较高	高	一般	一般	一般
		铝包钢芯铝绞线	一般	较高	高	一般	一般	一般
	增容改造线路	铝合金绞线	一般	高	高	一般	一般	一般
		钢芯耐热铝合金绞线	一般	高	一般	高	一般	较高
普通线路		铝合金绞线	一般	高	高	一般	一般	一般
		钢芯铝绞线	一般	较高	一般	一般	一般	一般
		防腐型钢芯铝绞线	一般	较高	高	一般	一般	一般
		铝包钢芯铝绞线	一般	较高	高	一般	一般	一般
		铝合金芯铝绞线	一般	高	高	一般	一般	一般

除以上常规导线外,还有具有相线和通信的双重功能的导线,即光纤复合相线(OPPC 光缆)。OPPC 光缆主要用于 66 kV 及以下可不架设地线,因此不可能安装 OPGW 光纤复合架空地线的线路,尤其在 35 kV 新建设线路中使用较多,也可以使用于 110～220 kV 线路上。OPPC 光缆线路是用 OPPC 光缆替代三相电力系统中的一相,形成由两根导线和一根 OPPC 光缆组合而成的输电线路。设计中主要考虑 OPPC 光缆机械特性、电气特性与相邻两导线匹配,其他与线路设计中的普通线路设计无较大的区别。

(二)导线型号及其意义

输电线路常用的导线有钢芯铝绞线、钢芯铝合金绞线和钢芯铝包钢导线(包括铝包钢绞线)、铝包钢芯铝绞线、铝合金芯铝绞线、中强度铝合金绞线、钢芯高电导率铝绞线、高强度耐热铝合金绞线等。

导线型号由导线的材料(型号)、标称截面、绞线结构和执行标准四部分组成。一般前一部分用汉语拼音第一个字母表示,如:T表示铜;L表示铝;J表示同芯绞线;H表示合金;G表示钢;B表示包;F表示防腐型或复合芯型;K表示扩径;JX表示间隙;NR表示耐热;X表示型线。

如标称截面为 400 mm² 的铝合金绞线型号为 JLHA1-400-37 GB 1179—2017,表示由 37 根 LHA1 型铝合金绞制成的铝合金绞线,其标称面积为 400 mm²,执行标准为 GB 1179—2017。

如铝绞线标称截面为 630 mm²、钢绞线标称截面为 45 mm² 钢芯铝绞线型号为 JL/G1A-630/45-45/7 GB 1179—2017,表示由 45 根 L 型硬铝线和 7 根 A 级镀层 1 级强度镀锌钢线绞制成的钢芯铝绞线,硬铝线的标称面积为 630 mm²,钢线的标称面积为 45 mm²,执行标准为 GB 1179—2017。

导线的规格是按导线的材料(型号)及标称截面积来区分的。我国架空输电线路中常用的标称截面积系列主要有 50 mm²、70 mm²、95 mm²、20 mm²、150 mm²、185 mm²、210 mm²、240 mm²、300 mm²、400 mm²、500 mm²、630 mm²、800 mm²、900 mm²、1 000 mm²、1 120 mm²、1 250 mm² 等。

不同电网使用导线有差异,国家电网在新建项目中主要使用钢芯铝绞线、中强度铝合金绞线、钢芯高电导率铝绞线、高强度耐热铝合金绞线等。南方电网在新建设项目中主要使用铝包钢芯铝绞线、钢芯铝合金绞线,因为 35 kV 架线输电线路一般不会全线架设地线,如贵州电网在 35 kV 所有的新建线路上有采用具有通信和相线的光纤复合相线。

(三)导线截面的选择

对不同电压等级的导线截面选择,使用的判据不同,最终还是要归到技术和经济两个方面。

技术方面:一般要求所选用的导线能满足线路电压、导线发热、无线电干扰、电视干扰、可听噪声干扰的要求,并具备适应线路气象条件和地形条件的机械要求的强度。

经济方面:高压或超高压一般按允许载流量选择几个导线截面,用年费用最小法进行综合技术比较后最终确定导线截面。

1.按经济电流密度选择

架空输电线路的导线截面一般按经济电流密度来选择,按经济电流密度选择导线截面所用的输送容量,应考虑线路投入运行后 5～10 年电力系统的发展规划,通过必要的负荷预测和潮流计算确定。导线的截面公式如下:

$$A = \frac{P}{\sqrt{3}\,UJ\cos\varphi} \times 10^3 \qquad\qquad (1-4-1)$$

式中:A——导线截面面积,mm²;

P——输送容量,MW;

U——线路额度电压,kV;

J——经济电流密度,A/mm²,一般按 $J = \sqrt{\dfrac{a(1+nb)}{3n\rho\tau C}}$ 计算,也可以参考表 1-4-4 中我国 1956 年电力部颁布的经济电流密度,其中,a 为导线截面相关的线路单位长度截面的费用,n 为投资回收年限,b 为线路运行费占总投资费用的百分比,ρ

为导线的电阻率,τ 为年最大负荷损失小时数,根据年最大负荷利用小时数和功率因素查表 1-4-5 得到,C 为单位电价;

$\cos\varphi$——功率因素。

表 1-4-4　经济电流密度　　　　　　　　　　单位:A/ mm²

导线材料	年最大负荷利用小时数 T_{max}		
	3 000 h 以下	3 000~5 000 h	5 000 h 以上
铝线	1.65	1.15	0.9

表 1-4-5　年最大负荷损失小时数与损失小时数的关系表

T_{max}/h	$\cos\varphi$				
	0.80	0.85	0.90	0.95	1.00
2 000	1 500	1 200	1 000	800	700
2 500	1 700	1 500	1 250	1 100	950
3 000	2 000	1 800	1 600	1 400	1 250
3 500	2 350	2 150	2 000	1 800	1 600
4 000	2 650	2 600	2 400	2 200	2 000
4 500	3 150	3 000	2 900	2 700	2 500
5 000	3 600	3 500	3 400	3 200	3 000
5 500	4 100	4 000	3 950	3 750	3 600
6 000	4 650	4 600	4 500	4 350	4 200
6 500	5 250	5 200	5 100	5 000	4 850
7 000	5 950	5 900	5 800	5 700	5 600
7 500	6 650	6 600	6 550	6 500	6 400
8 000	7 400	—	7 350	—	7 250

2.按容许发热条件的持续极限输送容量校验

允许载流量是根据热平衡条件确定的导线长期允许通过的电流。选定的架空输电线路的导线截面积,必须根据不同的运行方式和事故情况下的传输容量进行发热校验,即在设计中不应使预期的输送容量超过导线发热所能容许的值。

按容许发热条件的持续极限输送容量的计算如下:

$$W_{max}=\sqrt{3}UI_{max} \qquad (1-4-2)$$

式中:W_{max}——极限输送容量,MVA;

$\quad\quad U$——线路额定电压,kV;

$\quad\quad I_{max}$——导线持续容许电流,kA。

3.按允许载流量校验导线截面积

控制导线允许载流量的主要依据是导线的最高允许温度。相关规程规定,钢芯铝绞线的允许温度一般取 70℃,铝包钢芯铝绞线的允许温度一般取 80℃,此时导线周围环境温度为最热月平均最高气温 25℃。需要说明的是,在一定环境温度下(如 40℃)进行极限容量的传输的线路,其导线温度必须超过环境温度(如 70℃)。

因此,严格地讲,输电线路导线的最大弧垂应按导线在极限容量运行时的本身温度来考虑,但我国现行的线路设计规程都是按最高环境温度(或覆冰情况)来设计最大弧垂的,因为这一规定已考虑了前述因素,并兼顾了导线对地的距离与交叉跨越的标准,实践证明是适宜的。

需要再次说明的是,控制导线允许载流量的主要依据是导线的最高允许温度,它主要由导线长期运行后的强度损失和持续金具的发热而定。按运行 30 年、强度损失不超过 7%～10% 来规定导线最高允许温度。根据这个原则确定导线的最高允许温度是:钢绞线 125℃,钢芯铝绞线、铝合金绞线 80℃,钢芯铝包钢绞线 100℃,耐热铝合金绞线 150～200℃。一般认为,当工作温度越高,运行时间越长时,导线强度损失越大,金具也越容易老化。

最热月平均最高温度,是指最热月每日最高温度的月平均值,取多年平均值。如果最高气温月的平均最高气温不是 25℃,则需要换成 25℃时的载流量,即对 25℃时的载流量应乘以修整系数,见表 1-4-6。

表 1-4-6　不同周围环境温度(℃)下的修正系数

环境温度/℃	-5	0	5	10	15	20	25	30	35	40	45	50
修正系数	1.29	1.24	1.20	1.15	1.11	1.05	1.00	0.94	0.88	0.81	0.74	0.67

按经济电流密度选择的导线截面积一般较正常运行情况下的允许载流量计算的截面积大,所以不必再作校验。

大跨越按允许载流量选择导线截面,还应考虑尽可能地降低杆塔荷载和减少事故后检修工作量,所以一般采用高强芯导线。

导线最高温度下的允许载流量可采用下式计算:

$$I = \sqrt{(W_R + W_F - W_S)/R_t} \qquad (1-4-3)$$

式中:　I——允许载流量,A;

W_R——单位长度导线的辐射散热功率,W/m;

W_F——单位长度导线的对流散热功率,W/m;

W_S——单位长度导线的日照吸热功率,W/m;

R_t——允许温度时导线的交流电阻,Ω/m。

辐射散热功率 W_R 的计算如下:

$$W_R = \pi D E_1 S_1 \left[(t + t_a + 273)^4 - (t_a + 273)^4 \right] \qquad (1-4-4)$$

式中:D——导线外径,m;

E_1——导线表面的辐射散热系数,光亮的新线为 0.23～0.43,旧线或涂黑色防腐剂的线为 0.90～0.95;

S_1——斯特凡-包尔茨曼常数,为 $5.67 \times 10^{-8} \mathrm{W/m^2}$;

t——导线表面的平均温升,℃;

t_a——环境温度,℃。

对流散热功率 W_F 的计算如下：

$$W_F = 0.57\pi\lambda_f t Re^{0.485} \tag{1-4-5}$$

式中：λ_f——导线表面空气层的传热系数，$\lambda_f = 2.42 \times 10^{-2} + 7(t_a + t/2) \times 10^{-5}$，W/(m·℃$^{-1}$)；

Re——雷诺数，$Re = VD/\upsilon$，其中，V 为垂直于导线的风速，m/s，υ 为导线表面空气层的运动黏度，m^2/s。

日照吸热功率 W_S 的计算为

$$W_S = \alpha_S J_S D \tag{1-4-6}$$

式中：α_S——导线表面的吸热系数，光亮的新线为 0.35～0.46，旧线或涂黑色防腐剂的线为 0.9～0.95；

J_S——日光对导线的日照强度，W/m^2，当天晴、日光直射导线时，可采用 1 000 W/m^2。

4. 按导线的电磁环境限制校验

随着电网运行电压不断提高，输电线路的导线、绝缘子及金具零件发生电晕和放电的概率亦相应增加，其电磁环境问题应引起重视。当导线表面的电场强度 E 超过电晕起始电场强度 E_0 时，在输电线路导线表面就形成电晕放电，导线表面电晕放电会引起无线电干扰、电场效应（包括直流线路中离子流）和可听噪声等，对环境产生影响。因此，《架空输电线路电气设计规程》（DL/T 5582—2020）要求，导线表面电场强度 E 不宜大于全面电晕电场强度 E_0 的 80%～85%。同时要求年平均电晕损失不宜大于线路电阻有功损失的 20%。按此标准建设的输电线路，既可保证导线的电晕放电不致过分严重，以避免对无线电设施的干扰，同时也尽量降低了能损，提高了电能传输效率。

导线的电晕起始电场强度与导线直径、表面状况及大气条件等有关。试验证明，导线的电晕起始电场强度与极性的关系很小，可以采用根据试验数据确定的皮克（Peek）公式计算各种导线的电晕起始电场强度。导线可见电晕的电晕起始电场强度（峰值）的计算公式如下：

$$E_0 = 30.3 m_1 m_2 \left(1 + \frac{0.298}{\sqrt{r\delta}}\right) \tag{1-4-7}$$

$$\delta = 289 \times 10^{-5} \times \frac{p}{273+t} \tag{1-4-8}$$

式中：m_1——导线表面粗糙系数，对于表面平滑的非绞合导线，$m_1 = 1$，否则 $m_1 < 1$；对于绞线，m_1 一般可取 0.82；

m_2——气象系数，对于不同气象情况，m_2 一般可取 0.8～1.0；

δ——设计用相对空气密度；

p——年平均大气压，Pa；

t——年平均气温，℃；

r——子导线的半径，cm。

根据《架空输电线路电气设计规程》（DL/T 5582—2020）规定，海拔不超 1000 m 的地区，钢芯铝绞线外径和分裂根数不小于表 1-4-7 所列数值，可不必验算电晕。

表 1-4-7　可不必验算电晕的导线最小外径和分裂根数

标称电压/kV	110	220	330		500		750	1 000
分裂数×导线外径/mm	9.60	21.6	33.8	2×21.6	2×36.2	4×21.6	6×23.9	8×30.0(单) 8×33.8(双)
标称电压/kV	±500		±600		±800			±1 100
分裂数×导线外径/mm	2×44.5	4×23.8	4×36.2	6×30.0	6×33.8	8×27.6	8×44.5	10×30.8

从前述知道,当导线表面电晕放电时,会产生无线电干扰、可听噪声和电场效应(包括直流线路中离子流)等,对环境产生影响。

(1)无线电干扰。导线无线电干扰到测点的距离示意图如图 1-4-2 所示。

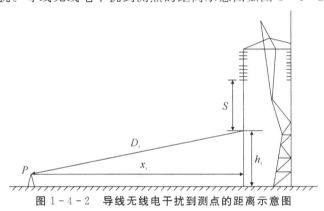

图 1-4-2　导线无线电干扰到测点的距离示意图

图 1-4-2 中:P 为计算参考点,S 为导线弧垂,D_i 为第 i 相导线到参考点 P 处的直线距离,x_i 为 P 点到第 i 相导线的对地投影距离,h_i 为导线对地最小高度。

国家标准《高压交流架空输电线无线电干扰限值》(GB/T 15707—2017)中规定,交流线路海拔不超过 1 000 m 时,距输电线路边相导线投影外 20 m 处且离地 2 m 高处,80%时间、80%置信度、频率为 0.5 MHz 时的无线电干扰限值应满足表 1-4-8 的要求。直流线路在海拔高度不超过 1 000 m 时,距正极性导线水平投影外 20 m 处,80%时间、80%置信度、频率为 0.5 MHz 时的无线电干扰不应大于 58 dB(μV/m)。

表 1-4-8　无线电干扰限值

标称电压/kV	110	220~330	500	750~1 000
限值/[dB(μV/m)]	46	53	55	58

注:750 kV 和 1 000 kV 交流输电线路,好天气下的无线电干扰不应大于 55 dB(μV/m)。

《高压架空输电线路无线电干扰计算方法》(DL/T 691—2019)中规定,单回路输电线路各相导线水平投影 20 m 且离地 2 m 高处,频率为 0.5 MHz、晴天、50%基准无线电干扰限值按下式计算,且当计算值小于表 1-4-8 时满足要求,否则不满足要求。

$$E_i = 3.5E_{\max i} + 12r_i - 33\lg\frac{D_i}{20} - 30 \qquad (1-4-9)$$

$$E_{avi} = \frac{Q_i}{2n\pi\varepsilon_0 r_i} \tag{1-4-10}$$

$$E_{maxi} = E_{avi}\left[1 + (n-1)\frac{r_i}{R_0}\right] \tag{1-4-11}$$

$$\begin{bmatrix} U_1 \\ U_2 \\ \vdots \\ U_m \end{bmatrix} = \begin{bmatrix} p_{1,1} & p_{1,2} & \cdots & p_{1,m} \\ p_{2,1} & p_{2,2} & \cdots & p_{2,m} \\ \vdots & \vdots & & \vdots \\ p_{m,1} & p_{m,2} & \cdots & p_{m,m} \end{bmatrix} \times \begin{bmatrix} Q_1 \\ Q_2 \\ \vdots \\ Q_m \end{bmatrix} \tag{1-4-12}$$

$$p_{ii} = \frac{1}{2\pi\varepsilon_0}\ln\frac{2h_{ii}}{r_{ii}}, \quad p_{ij} = \frac{1}{2\pi\varepsilon_0}\ln\frac{D'_{ij}}{D_{ij}} \tag{1-4-13}$$

式中： E_i ——距第 i 相导线直接距离 D_i 处的无线电干扰限值，dB(μV/m)；

$\quad\quad E_{avi}$ ——第 i 相导线的平均表面电场强度，kV/cm；

$\quad\quad E_{maxi}$ ——第 i 相导线的表面最大电场强度，kV/cm；

$\quad\quad D_i$ ——第 i 相导线到参考点 P（离地面 2 m 高）处的直线距离（见图 1-4-2），m，有

$\quad\quad\quad D_i = \sqrt{x_i^2 + (h_i-2)^2}$，$x_i$ 为 P 点到第 i 相导线的投影距离，m，h_i 为导线对地

$\quad\quad\quad$ 最小高度，m；

$\quad\quad r_i$ ——第 i 相导线子导线半径，cm；

$\quad\quad R_0$ —— 分裂圆的半径，cm；

$\quad\quad n$ ——子导线数量；

$\quad\quad Q_i$ ——第 i 相导线的等效电荷，kV/cm；

$\quad\quad \varepsilon_0$ ——空气介电常数，为 $\dfrac{10^{-9}}{36\pi}$ F/m。

$\quad\quad U$ ——导地线对地电压，kV；

$\quad\quad p$ ——各导地线电位系数；

$\quad\quad D'_{ij}$ ——导地线 i 与导地线 j 的镜像间的距离，m；

$\quad\quad D_{ij}$ ——导地线 i 与导地线 j 的距离，m。

如果某一相的场强比其余两相至少大 3 dB，那么后者可以忽略，三相线路的无线电干扰场强值可以认为等于最大一相的无线电干扰限值，否则按下式计算：

$$E = \frac{E_a + E_b}{2} + 1.5 \tag{1-4-14}$$

式中：E_a、E_b ——三相中两相较大的无线电干扰限值，dB(μV/m)。

对于同塔多回输电线路，多根导线中每根导线产生的无线电干扰，可按式（1-4-9）进行计算，将同名相产生的无线电干扰值几何相加得多回的无线电干扰限值，即

$$E_i = 20\lg\sqrt{(10^{\frac{E_{1i}}{20}})^2 + (10^{\frac{E_{2i}}{20}})^2 + \cdots + (10^{\frac{E_{ni}}{20}})^2} \tag{1-4-15}$$

式中：E_{1i}、E_{2i}、$\cdots$、E_{ni} ——第 1 回、第 2 回、$\cdots\cdots$、第 n 回的第 i 相导线在参考点处的无线电
$\quad\quad\quad\quad\quad\quad\quad\quad\quad$ 扰场强值，dB(μV/m)。

按照单回路三相线路的无线电干扰场强的方法计算得到同塔多回输电线路的无线电干

扰场强。分裂数大于 4 的导线采用激发函数计算无线电干扰,计算值减少 10～15 后可代表 80%时间、80%置信度的值。

以上是交流输电线路无线电干扰场强值计算,根据相关规程,直流线路电晕无线电干扰 场强按下式计算:

$$E_i = 35 + 1.6(E'_{\max i} - 24) + 5\lg n + 46\lg r_i + 33\lg\frac{20}{D} \tag{1-4-16}$$

$$E'_{avi} = \frac{1 + (n+1)\dfrac{r}{n}}{nr\ln\left[\dfrac{2h_D}{nrR_0^{n-1}\sqrt{\dfrac{4h_D^2}{S}+1}}\right]} \tag{1-4-17}$$

$$E'_{\max i} = UE'_{avi} \tag{1-4-18}$$

式中:E'_{avi}——梯度因子,kV/(cm·kV);

　　$E'_{\max i}$——双极直流线路导线表面最大电场强度,kV/cm;

　　　U——极导线对地电压,kV;

　　　h_D——导线的平均高度(导线对地最小高度加 1/3 弧垂),cm。

(2)可听噪声。输电线路的可听噪声主要发生在坏天气下。在干燥条件下,导线电场强 度通常是在电晕起始水平以下运行,只有很少的电晕源。然而,在潮湿条件下,因为水滴碰 撞或聚集在导线上而产生大量的电晕放电,每次放电都发生爆裂声。相关规程规定,海拔不 超过 1 000 m 时,交流线路距边相导线水平投影外 20 m 处,雨天条件下的可听噪声不应超 过 55 dB(A);直流线路距正极性导线水平投影外 20 m 处,晴天时由电晕产生的可听噪声 (L50)不应超过 45 dB(A);当线路海拔高度大于 1 000 m 且经过人烟稀少地区时,由电晕产 生的可听噪声应控制在 50 dB(A)以下。

根据规程规定,交流线路电晕可听噪声 SLA 可按下式进行计算:

$$SLA = 10\lg\sum_{i=1}^{Z}\lg^{-1}\left[\frac{PWL(i) - 11.4\lg D_i - 5.8}{10}\right] \tag{1-4-19}$$

式中:SLA——A 计权声级,dB(A);

　　　D_i——测点至被测 i 相导线的距离,m;

　　　Z——总相数;

　　PWL(i)——i 相导线的声功率级,dB(A),有

$$PWL(i) = -164.6 + 120\lg E_{av} + 55\lg R_i \tag{1-4-20}$$

$$R_i = R_0\sqrt[n]{\frac{nr}{R_0}} \tag{1-4-21}$$

式中:R_i——分裂导线等效导体半径,mm;

　　　r——子导线半径,mm。

直流线路电晕可听噪声 AN 春秋季节好天气的 L_{50} 值计算公式采用下式计算[对夏、冬 季节相应增加或减少 2 dB(A)]:

$$AN = -133.4 + 86\lg E'_{\max i} + 40\lg R_i - 11.4\lg D_r \tag{1-4-22}$$

直流线路的可听噪声也可按下式计算:

$$AN = 56.9 + 124 \lg(E'_{maxi}/25) + 25 \lg(r/8.9) + 18 \lg(n/2) -$$
$$10 \lg(D_r) - 0.02 D_r + K_n \qquad (1-4-23)$$

式中:D_r——计算点至正极导线的距离,m。

K_n——与分裂根数有关。当 $n \geqslant 3$ 时,$K_n = 0$;当 $n-2$ 时,$K_n = 2.6$;当 $n = 1$ 时,$K_n = 7.5$。

(3)电场效应。在输电线路附近以及在变电站内存在工频电场和磁场时,由此引起的静电效应和电磁影响是电力系统和其他有关部门所关心的问题。随着线路电压等级的提高,静电效应变得越来越突出。当世界上出现 500 kV 及以上电压的超高压输电线路后,静电效应已成为人们关注的问题。因此,选择输电线路和附近物体之间的净距,除考虑电气强度因素外,还必须考虑静电效应这一重要因素。各种"静电效应"是用静电耦合电流、感应电压和感应能量来表征的。研究表明,对于各种情况(如输电线邻近房屋、车辆等),这些物理量取决于该物体的几何形状和参数,同时也取决于地面电场强度。由于静电效应与电场强度密切相关,因而把电场强度当作静电效应的一个设计参考。根据规程规定,交流输电线路主要需要对工频电场与工频磁场进行校验计算,直流线路需要对合成电场进行校验计算。

高压交流架空输电线路下空间工频电场强度按下式计算:

$$E = (E_{xR} + E_{yR}) + j(E_{xI} + E_{yI}) \qquad (1-4-24)$$

$$E_x = E_{xR} + jE_{xI} = \frac{1}{2\pi\varepsilon_0} \sum_{i=0}^{m} Q_i \left(\frac{x - x_i}{D_i^2} - \frac{x - x_i}{D_i'^2} \right) \qquad (1-4-25)$$

$$E_y = E_{yR} + jE_{yI} = \frac{1}{2\pi\varepsilon_0} \sum_{i=0}^{m} Q_i \left(\frac{y - y_i}{D_i^2} - \frac{y - y_i}{D_i'^2} \right) \qquad (1-4-26)$$

式中:

E_{xR}、E_{xI}——导线的实部电荷及虚部电荷在该点产生场强的水平分量;

E_{yR}、E_{yI}——导线的实部电荷及虚部电荷在该点产生场强的垂直分量;

(x,y)、(x_i,y_i)——计算点及导线 i($i = 1,2,\cdots,m$)的坐标;

D_i、D_i'——导线 i 及其镜像至计算点的距离,m;

m——导线数目。

输电线路的工频磁场是一个旋转的椭圆场,随着与线路距离的增大,工频磁场强度迅速降低,与电场强度相比下降得更快。只有磁性材料的引入,才能改变磁场的分布,树木、房子等几乎没有屏蔽作用。工频磁场强度随电流变化而变化,线路最大磁感应强度出现在线路中央,在距离相导线 1.0~1.5 m 处磁场强度为 150~200 A/m 时,磁场才会产生有害影响,也就是说仅当带电作业情况下才会产生危险。

对于交流架空输电线路下空间工频磁场强度的计算,在很多情况下,只考虑处于空间的实际导线,忽略它的镜像进行计算,其结果已足够符合实际。如图 1-4-3 所示,不考虑导线 i 的镜像时,在 A 点其产生的磁场强度可按下式计算:

$$H = \frac{I}{2\pi \sqrt{h^2 + L^2}} \qquad (1-4-27)$$

式中:I——导线 i 中的电流值,A;

h——导线与预测点的高差,m;

L——导线与预测点的水平距离,m。

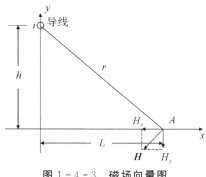

图 1-4-3 磁场向量图

直流输电线路的电场强度的限值通常用两种方式表示:一种是在一定数量空间电荷下合成场强的限值;另一种是标称场强和离子流密度的限值。目前,对直流输电线路下电场强度的限值一般根据人体感受试验确定。对于直流线路,线路下晴天时地面合成场强和离子流密度限值应满足表 1-4-9 的规定。

表 1-4-9 地面合成场强和离子流密度限值

区 域	合成场强/$(kV \cdot m^{-1})$	离子流密度限值/$(nA \cdot m^{-2})$
居民区	25	80
一般非居民区	30	100

直流线路地面合成场强可按照下列公式计算:

$$E_s = AE \qquad (1-4-28)$$

$$A^2 = A_e^2 + \frac{2\rho_e A_e}{\varepsilon_0} \int_0^U \frac{d\varphi}{E^2} \qquad (1-4-29)$$

$$A_e = U_0/U \qquad (1-4-30)$$

$$\frac{1}{\rho^2} = \frac{1}{\rho_e^2} + \frac{2}{\varepsilon_0 \rho_e A_e} \int_\varphi^U \frac{d\varphi}{E^2} \qquad (1-4-31)$$

式中:E_s——合成场强,kV/m;

A——标量函数;

A_e——导线表面的标量函数,m;

ρ_e——导线表面的电荷密度,nC/m^3,可用迭代法求出;

ρ——空间电荷密度,nC/m^3;

φ——无空间电荷时空间某点的电位,kV;

U——线对地电位,kV;

U_0——电晕后导线表面电位保持在起晕电压值,kV;

E——标称电场强度,kV/m。

当在地面时,标称电场强度按下式计算,否则取空间工频电场强度,其参数意义与工频计算公式一致：

$$E_x = 0, \quad E_y = \frac{-1}{\pi\varepsilon_0} \sum_{i=0}^{m} \frac{Q_i y_i}{D_i^2} \qquad (1-4-32)$$

直流线路空间某点的离子流密度按下式计算：

$$J_s = K\rho E_s \qquad (1-4-33)$$

式中：J_s——空间某点的离子流密度，nA/m^2；

$\quad K$——离子迁移率，$cm^2/(V \cdot s)$。

5. 按电压损耗校验

在不考虑线路电压损耗的横分量时，线路电压、输送功率、功率因数、电压损耗百分数、导线电阻率以及线路长度与导线截面的关系，可用下式表示：

$$\delta = \frac{P_m L}{U_N^2}(R + X_0 \tan\varphi) \qquad (1-4-34)$$

式中：$\quad \delta$——线路允许的电压损耗百分比；

$\quad P_m$——线路输送的最大功率，MW；

$\quad U_N$——线路额定电压，kV；

$\quad L$——线路长度，m；

$\quad R$——单位长度导线电阻，Ω/m；

$\quad X_0$——单位长度线路电抗，可取 0.4×10^{-3} Ω/m；

$\tan\varphi$——功率因数角的正切。

6. 年费用最小法

线路工程一般采用年费用最小法进行动态分析、比较，即将初投资费用、运行维护检修费用、设备更新改造费用以及事故损失费用都按规定的设备年限（或整个线路工程的服务年限）考虑，并将利息、年偿债基金率等折算为现值，或折算为等额年费用，选用费用最小者为经济方案。年费用最小法按下列公式进行计算：

$$NF = Z\left[\frac{r_0 (1+r_0)^n}{(1+r_0)^n - 1}\right] + \mu \qquad (1-4-35)$$

$$Z = \sum_{i=1}^{m} Z_t (Hr_0)^{m+1-t} \qquad (1-4-36)$$

$$\mu = \frac{r_0 (1+r_0)^n}{(1+r_0)^n - 1}\left[\sum_{t=1}^{m} \mu_t (1+r_0)^{m-t} + \sum_{t=m+1}^{m+n} \mu_t \frac{1}{(1+r_0)^{t-m}}\right] \qquad (1-4-37)$$

式中：NF——年费用（平均分布在 $m+1$ 到 $m+n$ 期间的 n 年内）；

$\quad Z$——折算到第 m 年的总投资；

$\quad \mu$——折算年运行费用；

$\quad m$——施工期年数；

$\quad n$——经济使用年数；

$\quad t$——从工程开工这一年起的年份；

t'——工程部分投产的年份；

r_0——电力工程投资的回收率；

Z_t——施工期第 t 年投资；

μ_t——第 t 年运行费用。

二、地线

(一)地线的作用

架空地线架设在导线上方，其主要功能是防止导线直接被雷击，要求机械强度高、耐振、耐腐蚀，具有一定的导电性和足够热稳定性，地线仅作防雷用时一般可采用镀锌钢绞线。近年来，采用良导体越来越多。由于通信的需要，地线也采用光纤复合架空地线，即把光纤放置在架空输电线的地线中，用以构成输电线路上的光纤通信网，这种结构形式兼具地线与通信双重功能，一般称作 OPGW 光缆，OPGW 其实就是良导体。现在的电网规模容量越来越大，联系越来越紧密，使得单相短路电流变大，当采用双地线需要选用 OPGW 与钢绞线配合时，往往是 OPGW 分流较大，校验热稳定不够，故另一根地线也采用良导体，以减少 OPGW 光纤复合架空地线的分流量。良导体地线在高压线路输送功率较大且单相接地故障点位于送端或受端时，有利于减小潜供电流的感性分量，同时良导体具有良好的耐振、耐腐蚀等性能。

地线一般都是通过杆塔逐基直接接地的，但有时也采用"绝缘地线"，即采用带有放电间隙的绝缘子把地线与杆塔绝缘起来。雷击时，利用间隙放电引雷电流入地，这样做对防雷作用影响不大；可以利用"绝缘地线"作载流线，用于融冰，作为载波通道；在线路检修时，"绝缘地线"还可以作为电动机电源；"绝缘地线"还可以减少地线中由感应电流而引起的附加电能损耗。

对超高压输电线路，为了减小其对邻近的通信线路的危险和干扰影响，以及减小超高压线路的潜供电流，也常采用铝包钢绞线或其他良导体地线。

(二)地线截面选择

根据 2008 年初我国南方地区大面积冰灾的情况可知，受灾线路的地线不通电，致使地线覆冰严重，引起地线拉断及地线支架折断。因此，在覆冰区加大地线截面及加强支架强度是提高线路抗冰能力的有效措施。参考原有线路地线截面的选择情况，进行覆冰过载能力计算并结合导地线配合情况，《架空输电线路电气设计规程》(DL/T 5582—2020)要求，地线采用镀锌钢绞线与导线的配合，并应符合表 1-4-10 的要求。

根据线路的重要性以及线路通过地区的雷电活动情况，每条线路可在杆塔上架设一根或两根地线。35 kV 架空电力线路宜在变电站(所)进、出线段架设地线，加挂地线长度一般宜为 1.0~1.5 km；66 kV 架空电力线路年平均雷暴日数为 30 d 以上的地区，宜沿全线架设地线；110 kV 输电线路宜沿全线架设地线，在年平均雷暴日数不超过 15 d 或运行经验证明雷电活动轻微的地区,可不架设地线。无地线的输电线路,宜在变电站或发电厂的进线段架设 1～2 km 的地线;220～330 kV 输电线路应沿全线架设地线,年平均雷暴日数不超过 15 d 的地区或运行经验证明雷电活动轻微的地区,可架设单地线,山区宜架设双地线;500 kV 及以上输电线路和直流线路应沿全线架设双地线。

表 1-4-10　地线采用镀锌钢绞线地线时最小截面要求

电压等级/kV		110	220	330	500～750	1 000	±500～±660	±800 及以上
镀锌钢绞线最小标称截面面积/mm²	无冰区	35	50	80	80	170	80	150
	有冰区	50	80	100	100	170	100	150

分裂导线按子导线截面来选择地线型号,地线应满足电气和机械使用条件要求,可选用热镀锌钢绞线或良导体绞线。验算短路热稳定时,地线允许温度如下:钢芯铝绞线和钢芯铝合金线可采用 200 ℃,钢芯铝包绞线(包括铝包钢绞线)可采用 300 ℃,镀锌钢绞线可采用 400 ℃。计算时间和相应短路电流值根据系统确定。

(三)地线型号及其意义

输电线路常用的地线为镀锌钢绞线、铝包钢绞线和光纤复合架空地线等。

1. 镀锌钢绞线

《圆线同心绞架空导线》(GB/T 1179 - 2017)中镀锌钢绞线命名方法与导线命名方法一致,但实际工程中采用冶金行业标准[《镀锌钢绞线》(YB/T 5004-2012)]中的命名方式,具体为:结构-直径-抗拉强度-镀锌层级别 标准号。镀锌钢绞线按断面结构《圆线同心绞架空导线》(GB/T 1179-2017)分三种,即 7 股(1×7)、19 股(1×19)和 37 股(1×37),按其强度分为 5 级绞线,GB/T 1179-2017 中架空线地线一般采用 7 股 1 级,即 JG1A 绞线;行业标准《镀锌钢绞线》(YB/T 5004-2012)将镀锌钢绞线按断面结构分为分四种,即 3 股(1×3)、7 股(1×7)、19 股(1×19)和 37 股(1×37),公称抗拉强度分为 1 175 MPa、1 270 MPa、1 370 MPa、1 470 MPa 和 1 570 MPa 五个等级,YB/T 5004 中架空地线一般采用 7 股公称抗拉强度为 1 270 N/ mm² 的镀锌钢绞线。

行业标准中钢绞线标记示例:

结构 1×7、公称直径 7.8 mm、抗拉强度 1 270 MPa、B 级锌层的镀锌钢绞线标记为:1×7 -7.8 - 1270 - B - YB/T 5004-2012。在习惯上,有时把 YB/T 5004-2012 略去,如 1×7 -7.8 - 1270(对锌层无要求)。

2. 铝包钢绞线

铝包钢绞线在输电线路中一般采用《圆线同心绞架空导线》(GB/T 1179-2017)命名方式及型号,具体为:型号-标称截面-绞线结构 GB/ T 1179-2017。如 20.3% IACS[①] 电导

---

① IACS 代表国际退火标准。

率 150 mm² 的铝包钢绞线命名为：JLB20A－150－19 GB/T 1179－2017。其表示的意义为：由 19 根 20.3％ IACS 电导率 A 型铝包钢线绞制成的铝包钢绞线，铝包钢线的标称面积为 150 mm²，执行标准为 GB/T 1179－2017。

3.光纤复合架空地线

OPGW 光缆是将光纤置于架空地线中，防雷和通信功能合二为一的复合地线，所以叫作光纤复合架空地线。OPGW 光缆具有传统架空地线功能和光纤通信能力。OPGW 由含光纤的缆芯（光单元）和绞合的金属线材（铝包钢线 ACS 或铝合金线 AA）组成。其中，光纤提供了传输通道，钢成分主要提供机械强度，铝成分则主要承载短路电流。OPGW 的外层为铝包钢或铝合金线，要求单股直径不小于 3.0 mm，以减少雷击断股。OPGW 最外层绞向采用右旋。另外，OPGW 根据光单元的结构划分，有层绞式、中心束管式、单管、双管等。可知 OPGW 光缆线具有地线及光纤通信双重功能，所以在线路设计上与一般的地线设计是一样的。

OPGW 主要由光单元（光纤、保护管）与地线单元（铝包钢线、铝合金线）构成，其最重要的三个基本参数为光缆的直径、额定抗拉强度和短路电流容量。OPGW 型号由 OPGW 的型式代号和规格代号两部分组成，两者之间用短横线隔开。表示方法及各参数的具体意义如图 1－4－4 所示。

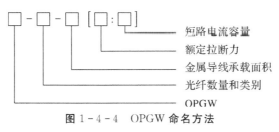

图 1－4－4　OPGW 命名方法

如 OPGW－24B1－80[100：32.8] 光缆，参数具体意义是：24 表示缆芯 24 芯，B1 表示非零色散位移单模光纤，80 表示光缆总截面 80 mm²，100 表示额定拉断力 100 kN，32.8 表示短路电流容量 32.8 kA²·s。

(四)地线的电磁感应及静电感应

架空线路两根地线中，一般一根为普通地线，另外一根为 OPGW 光缆。通常情况下，为了确保通信功能的可靠性以及 OPGW 光缆在线路单相接地故障情况或雷击时的分流能力，需要保持其电气上的连通性。因此，OPGW 不宜设置过多的断开点，一般采用逐塔接地的方式。而普通地线则通常采用逐塔接地和分段绝缘单点接地的方式。

采用逐塔接地时，架空地线与输电线路之间存在电磁耦合和静电耦合，在正常情况下三相导线上的负荷电流是不完全平衡的，且地线至各相导线的距离不相等，因此地线上会有两种电量，即电磁感应分量和静电感应分量。如果地线逐塔直接接地，则两根地线之间可通过大地形成回路，形成两地线的线间环流回路。此外，每根地线又分别以大地为回路，形成感应电流回路。下面分别对地线的电磁感应及静电感应进行介绍。

1. 电磁感应

地线的电磁感应电压大小取决于负荷电流、线路长度和导地线布置方式,而与输电电压无关。因此,电压等级相同的不同线路,其电磁感应电压也可能相差甚远;即使是相同线路,也会随着系统运行方式变更而发生较大变化。

电磁感应电压、电流的计算建立在导地线全阻抗的基础上。以单回路为例,设 U 为电压矩阵,I 为导线负荷电流及地线感应电流矩阵,Z 为导地线全阻抗矩阵,根据电磁感应理论,电磁感应矩阵方程如下:

$$\begin{bmatrix} U_1 \\ U_2 \\ U_a \\ U_b \\ U_c \end{bmatrix} = \begin{bmatrix} Z_{1,1} & Z_{1,2} & Z_{1,a} & Z_{1,b} & Z_{1,c} \\ Z_{2,1} & Z_{2,2} & Z_{2,a} & Z_{2,b} & Z_{2,c} \\ Z_{a,1} & Z_{a,2} & Z_{a,a} & Z_{a,b} & Z_{a,c} \\ Z_{b,1} & Z_{b,2} & Z_{b,a} & Z_{b,b} & Z_{b,c} \\ Z_{c,1} & Z_{c,2} & Z_{c,a} & Z_{c,b} & Z_{c,c} \end{bmatrix} \times \begin{bmatrix} I_1 \\ I_2 \\ I_a \\ I_b \\ I_c \end{bmatrix} \qquad (1-4-38)$$

正常时,式(1-4-38)两地线间、地线与输电线间互阻抗和自阻抗分别按下列两式计算:

$$Z_{mn} = 0.05 + j0.145 \lg \frac{D_e}{d_{mn}} \qquad (1-4-39)$$

$$Z_{mn} = R_t + 0.05 + j0.145 \lg \frac{D_e}{r} \qquad (1-4-40)$$

式中:D_e—— 地中电流的等价深度,m,有 $D_e = 660 \sqrt{\dfrac{\rho}{f}}$;

ρ—— 地电阻率,$\Omega \cdot m$;

f—— 频率,Hz;

d_{mn}—— 地线之间、导线之间或地线与导线之间的距离,m,下标 m、n 为任意导地线;

R_t—— 地线的直流电阻,Ω;

r—— 导线或地线半径,m。

1、2 为两根地线,计算时,可分别令 $I_1 = I_2 = 0$,或 $U_1 = U_2 = 0$,而转求 U_1、U_2 或 I_1、I_2。

在正常情况下,a、b、c 三相电流平衡,即

$$I_a = \alpha^2 I_b = \alpha I_c \quad (\alpha = \angle 120°) \qquad (1-4-41)$$

通常对称布置的情况下,即 $d_{1a} = d_{2c}$,$d_{1b} = d_{2b}$,$d_{1c} = d_{2a}$,对单回路的线路的地线电磁感应电动势按下式计算:

$$E_1 = j0.145 I_a \left(\alpha \lg \frac{d_{1a}}{d_{1b}} + \alpha^2 \lg \frac{d_{1a}}{d_{1c}} \right) \qquad (1-4-42)$$

$$E_2 = j0.145 I_a \left(\alpha \lg \frac{d_{1c}}{d_{1b}} + \alpha^2 \lg \frac{d_{1c}}{d_{1a}} \right) \qquad (1-4-43)$$

式中:d_{1a}——地线 1 和导线 a 之间的距离,其余类推。

绝缘地线两端经排流线圈接地,则在上述纵电动势的作用下就会产生电流,如在正常情况下,对于地线 1 的电流为

$$I_1 = \frac{(Z_{11} + Z_t/L)E_1 - Z_{mn}E_2}{(Z_{11} + Z_t/L)^2 - Z_{mn}^2} \times K \qquad (1-4-44)$$

式中:Z_t——两端排流线圈之工频阻抗;

    Z_{11}——地线以大地为回路的自阻抗;

    Z_{mn}——两地线间或地线与导线间的互阻抗;

    L——线路总长;

    K——系数。

当导线不换位时,$K=1$;当导线换位时,$K = (l_a + l_b \angle 120° + l_c \angle 240°)/L$,$l_a$、$l_b$ 和 l_c 为导线 a 依次占据 a、b、c 位置时的累计长度。又若地线也换位,则式(1-4-44)中的 E_1 和 E_2 都应代之以它们的纵分量 $E_L = (E_1 + E_2)/2$。

在导线不换位的情况下,这个电磁感应电流可以达到接近 10 A 的水平(对于 220 km 线路),它通过地线入地就增加了电能损失,因此当绝缘地线用作高频通道时,因一般在两端要装排流线圈,故导线还是换位为好。

为降低架空地线逐基接地引起的电磁感应电流及电能损耗,地线宜安装地线绝缘子绝缘。当感应电压未超 1 000 V 时。采用单点接地方式接地;当感应电压超过 1 000 V 时,为降低地线端部感应电压,宜采用地线分段接地或地线换位、导地线配合换位等方式。架空地线的感应电压限值 U_0 见表 1-4-11。

表 1-4-11　线路正常运行与"N-1"运行时近似对应关系

线路运行方式	导线电流	地线感应电压	工频熄弧电压/V	感应电压限制/V	计算裕度
正常运行	I	U_0	≤1 250	1 000	25%
"N-1"	2I	2U_0	≤2 500	2 000	

2. 静电感应

静电感应主要是由导线和地线之间的耦合电容引起的。静电感应电压的大小,与线路电压等级及导线的布置密切相关,与线路长度及负荷电流的大小基本无关。当地线一点接地或经排流线圈接地时,地线上静电感应电压接近于零。

静电感应电压、电流的计算方法建立在麦克斯韦方程的基础上。根据麦克斯韦方程,平行多导体系统的电位和电荷关系 $\boldsymbol{\varphi} = \boldsymbol{p} \cdot \boldsymbol{q}$。具体到双地线的单回线路,则为

$$\begin{bmatrix} \varphi_1 \\ \varphi_2 \\ \varphi_a \\ \varphi_b \\ \varphi_c \end{bmatrix} = \begin{bmatrix} p_{1.1} & p_{1.2} & p_{1.a} & p_{1.b} & p_{1.c} \\ p_{2.1} & p_{2.2} & p_{2.a} & p_{2.b} & p_{2.c} \\ p_{a.1} & p_{a.2} & p_{a.a} & p_{a.b} & p_{a.c} \\ p_{b.1} & p_{b.2} & p_{b.a} & p_{b.b} & p_{b.c} \\ p_{c.1} & p_{c.2} & p_{c.a} & p_{c.b} & p_{c.c} \end{bmatrix} \times \begin{bmatrix} q_1 \\ q_2 \\ q_a \\ q_b \\ q_c \end{bmatrix} \qquad (1-4-45)$$

式中：φ——导地线对地电位；

　　　p——电位系数，按式（1-4-13）计算；

　　　q——导地线上的电荷。

计算时，可令 $q_1 = q_2 = 0$ 转求 φ_1、φ_2；或令 $\varphi_1 = \varphi_2 = 0$ 而转求 q_1、q_2，进而导出 i_1、i_2。若地线接地，则在求出地线的电荷以后，进一步算出从该地线流入大地的电流。如地线 1 接地，则 $I_1 = dq_1/dt = j\omega q_1$，即为自地线 1 流入大地的静感应电流（A/km）。

（五）地线的绝缘

1. 地线的绝缘水平

地线装地线绝缘子使其地线绝缘时，地线的绝缘水平要求为：在线路正常运行情况下，能有良好的绝缘性能，在雷电先驱放电阶段的强烈电场作用下，能使原来绝缘的地线呈完全接地状态，以及满足线路事故情况下的特殊要求等。

正常情况下的感应电压与线路是否换位和是否采用排流线圈有密切关系。若线路换位对称，则正常情况下的静感应电压可以基本上得到消除。即使线路不换位，地线上的静感应电压也可通过排流线圈而得到消除。仅当线路不换位而且又不能安装排流线圈时，也就是仅当利用绝缘地线抽能时，静感应电压才可能达到较高的水平，如对 220 kV 线路可达 10 kV 或略多一点。正常情况下电磁感应纵电动势也要使绝缘地线出现一个对地电压。对于一般的 220 kV 线路，其纵电动势约每千米十几伏，500 kV 线路约每千米 50～60 V。导线正常换位的线路，若每一换位节距不超过 30～50 km，则对 220 kV 线路来讲，其对地电压约有几百伏，而 500 kV 线路约有 1 500～3 000 V。因此，一般说来，除非想利用绝缘地线抽能或输电，否则对于 220 kV 线路，只要地线的绝缘能有 2～3 kV 以上的耐压水平，对于 500 kV 线路能有约 5～8 kV 的耐压水平就认为足够。

当采用双地线时，为了降低地线上的电磁感应纵电动势，应在导线的每个换位节距内将地线换位。地线换位应尽可能做到对称，即在一个导线换位节距内地线在线路中心线左侧和右侧的位置尽可能相等，这样才能大大降低地线上的感应电动势。地线换位次数愈多，感应电动势愈小。为了方便起见，地线换位一般在耐张塔上进行，如图 1-4-5 所示。但这样就难以使地线换位对称。不过，略有不对称时，地线上的感应电动势不会很高。

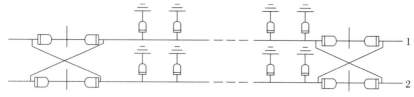

图 1-4-5　双地线全绝缘图

从防雷角度看，当雷电先驱逐步向线路逼近时，最后究竟是导向地线还是导向导线（也就是是否会绕过地线而击中导线），主要取决于"先驱-地线-导线"这一系统的电场图形。

若绝缘地线很长(如数十千米的线路沿全线绝缘),则在先驱逐步发展的过程中不可能在绝缘地线上感应出明显的对地电位,故而上述的电场图形应与地线接地时基本相同。若绝缘地线很短(如只在全线中绝缘一小段供抽能用),则可通过限制地线绝缘水平的办法,保证在雷电先驱最后定向以前,先驱在地线上所感应出的电压即足以使绝缘闪络,从而及时转化为接地状态,这样也就可以保证先驱的正确定向,也就是保证了绝缘地线的正常防雷功能。从这一角度出发,绝缘地线的绝缘水平一般不宜超过 40～50 mm 空气间隙的绝缘水平。绝缘地线的放电间隙,应根据地线上感应电压的续流熄弧条件和继电保护的动作条件确定。一般对无地线融冰的地线绝缘子,放电间隙宜取 20～30 mm;有地线融冰需求的地线绝缘子,应根据融冰需求确定绝缘子型式、结构尺寸及绝缘水平,一般情况下放电间隙宜取 50～100 mm,在海拔 1 000 m 以上的地区,间隙应相应增大。

在线路故障情况下的特殊要求,主要是指采用单相重合闸的系统中性点直接接地的线路,这时各主保护都要通过选相元件来跳闸,故选相元件能否正确动作影响很大,而选相元件能否正确动作又与线路的等效塔脚电阻有关,如果后者过大就可能不正确动作。为了保证等效塔脚电阻足够低,就需要适当压低地线的绝缘水平。这样才能在单相故障时有较多塔杆的绝缘地线放电间隙被击穿,从而使这些塔脚的接地电阻通过地线并联成一个低的等效接地电阻。等效塔脚电阻 Z_f 可按下列公式计算:

若两地线均绝缘,则有

$$Z_f = \left| \frac{Z_{11} - Z_{mn}}{Z_{11} + Z_{mn}} \right| \times \sqrt{\left(\frac{U_b}{I_f}\right)^2 + \frac{R}{8} \left| \frac{(Z_{11} - Z_{mn})^2}{Z_{11} + Z_{mn}} \right|} \tag{1-4-46}$$

若只有一根地线而且是绝缘的,则有

$$Z_f = \left| \frac{Z_{11} - Z_{mn}}{Z_{11}} \right| \times \sqrt{\left(\frac{U_b}{I_f}\right)^2 + \frac{R}{4} \left| \frac{(Z_{11} - Z_{mn})^2}{Z_{11}} \right|} \tag{1-4-47}$$

式中:R——基塔的接地电阻(按最大值考虑),Ω;

I_f——单相故障电流,A;

U_b——地线绝缘的工频击穿电压,V。

2. 地线的绝缘结构

通常为了保护绝缘子,并使地线的耐压水平基本保持稳定,地线的绝缘结构采用无裙绝缘子并联火花间隙。之所以叫无裙绝缘子,是由于这种绝缘子的造型与普通悬式绝缘子一样,只不过裙缘非常小而已。为了使地线绝缘具有一定的机械和电气可靠性,相关 规程规定,地线绝缘时不宜使用单联单片悬式绝缘子串。

当地线全绝缘时,其绝缘方式如图 1-4-5 所示。若用作载波通信,则两端尚需装设结合设备(包括排流线圈及放电器等)。

若地线绝缘仅为减少电能量时,其绝缘方式可如图 1-4-6 所示。这样,地线上感应电压较低,运行维护较安全。其中,图 1-4-6(a)用于耐张段较短的线路,图 1-4-6(b)用于耐张段较长的线路。

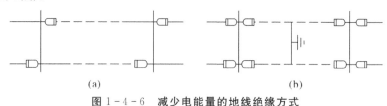

(a)   (b)

图 1-4-6 减少电能量的地线绝缘方式

(六)地线(含 OPGW)分流及热稳定计算

1.分流计算

规程规定,地线选型需要满足其热稳定要求,地线(含 OPGW,下同)的热稳定校验是地线选型的重要内容之一。对于双地线线路,当线路发生单相接地故障时,地线组合形成如图 1-4-7 所示的网络。图中每一个网孔的电阻(R_i,$i=1,2,\cdots,n$)、电抗和电势可用图 1-4-8 的参数表示。

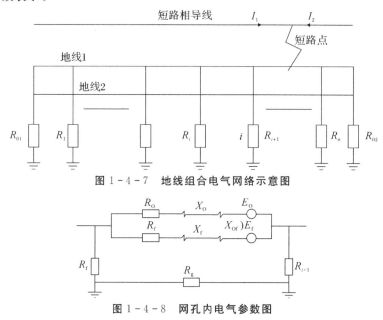

图 1-4-7 地线组合电气网络示意图

图 1-4-8 网孔内电气参数图

线路中一般一根地线采用 OPGW,另一根地线用镀锌钢绞线、铝包钢绞线、钢芯铝绞线或其他良导体绞线,也有两根都采用 OPGW 或者采用其他型号的地线的。若两根地线型号不一致,两根地线的阻抗及感应电势按下式计算:

$$Z_O = R_O + R_g + j(X_O - X_{Of}) \tag{1-4-48}$$

$$Z_f = R_f + R_g + j(X_f - X_{Of}) \tag{1-4-49}$$

$$E_O = \pm j\omega M_O I \quad (I = I_1 \ 为 +, I = I_2 \ 为 -) \tag{1-4-50}$$

$$E_f = \pm j\omega M_f I \quad (I = I_1 \ 为 +, I = I_2 \ 为 -) \tag{1-4-51}$$

式中:R_O、R_f——OPGW 及分流地线的电阻,Ω/档;

E_O、E_f——OPGW 及分流地线的感应电势,V;

X_O、X_f——OPGW 及分流地线的自感抗，Ω/档，按下式计算[其中 l 为每档的档距（km），γ_{Of} 为地线（OPGW）半径（m）]：

$$Z_{O(f)} = j0.145\lg\frac{D_e}{r_{Of}} \times l \qquad (1-4-52)$$

X_{Of}——OPGW 和分流地线间的互感抗，Ω/档，按下式计算[其中 d_{Of} 为地线之间的距离（m），γ_{Of} 为地线（OPGW）半径（m）]：

$$X_{Of} = j0.145\lg\frac{D_e}{d_{Of}} \times l \qquad (1-4-53)$$

R_g——地线与大地每档的等效电阻，$R_g = 0.05 \times l$，Ω/档；

ωM_O、ωM_f——短路相导线对 OPGW 及分流地线的互感抗，Ω/档，按下式计算[其中 d_{dO}、d_{df} 为短路相导线分别与 OPGW 及分流地线的距离（m）]：

$$\omega M_O = 0.145\lg\frac{D_e}{d_{dO}} \times l \qquad (1-4-54)$$

$$\omega M_f = 0.145\lg\frac{D_e}{d_{df}} \times l \qquad (1-4-55)$$

计算地线电流时，按电路原理，可以将网孔内电气图进一步简化。如图 1-4-9 所示，把两个阻抗合并成一个阻抗 Z_i，则有

$$Z_i = \frac{Z_O Z_f}{Z_O + Z_f} + X_{Of} \qquad (1-4-56)$$

故障时，导线对地线的互感作用将产生一个互感电动势 E_i，其按下式计算：

$$E_i = \frac{E_O Z_f + E_f Z_O}{Z_O + Z_f} \qquad (1-4-57)$$

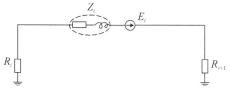

图 1-4-9　网孔内电气参数简化图

假设线路在第 i 号塔发生短路，电流的分布如图 1-4-10 所示，利用网孔法可列方程式如下：

$$\left.\begin{aligned}
&(R_0 + Z_1 + R_1)I_1 - R_1 I_2 = E_1 \\
&-R_1 I_1 + (R_1 + Z_2 + R_2)I_2 - R_2 I_3 = E_2 \\
&\qquad\qquad\qquad\vdots \\
&-R_{i-1}I_{i-1} + (R_{i-1} + Z_i + R_i)I_i - R_i I_{i+1} = E_i - R_i I_0 \\
&-R_i I_i + (R_i + Z_{i+1} + R_{i+1})I_{i+1} - R_{i+1}I_{i+2} = E_{i+1} + R_{i+1}I_0 \\
&\qquad\qquad\qquad\vdots \\
&-R_{n-1}I_{n-1} + (R_{n-1} + Z_n + R_n)I_n = E_n
\end{aligned}\right\} \qquad (1-4-58)$$

式中：　　　　I_0——故障点短路总电流，A，$I_0 = I_{10} + I_{20}$；

I_{10}、I_{20}——两端变电站流向故障点的短路电流，A；

I_i——地线各网孔的电流，A；

R_0、R_n——首末两端变电站流的等效电阻，Ω；

R_1、R_2、$\cdots$、R_{n-1}——线路杆塔的接地电阻，Ω；

Z_1、Z_2、$\cdots$、Z_n——合并后每网孔的电抗，Ω；

E_1、E_2、$\cdots$、E_n—— 感应电动势，V。

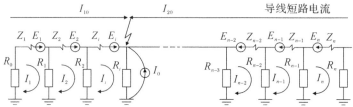

图 1 - 4 - 10 单相短路地线网络电路图

求解该 n 阶复数方程，再按照地线上的等效阻抗进行分配，可以求出 OPGW 及另一根地线上的电流。如另一根地线不是 OPGW 而是普通地线，则将式(1 - 4 - 58)中 OPGW 的相应参数改为普通地线的参数即可。

2.地线的热稳定计算

电力系统发生单相接地故障时，地线要承受通过的返回电流，由此产生的温升不应超过其允许值，以免机械强度明显下降。一般当短路发生在终端杆塔附近时，返回电流最大。地线验算短路热稳定时，环境温度采用最高气温月的日最高气温的月平均值；短路时间和相应的短路电流值应根据系统情况决定；地线验算短路热稳定的允许温度；钢芯铝绞线和钢芯铝合金绞线可采用 200 ℃，钢芯铝包钢绞线和铝包钢绞线可采用 300 ℃，镀锌钢绞线可采用 400 ℃。地线验算短路热稳定允许电流 I 按下式进行：

$$I=\sqrt{\frac{C}{0.24 a_0 R_0 T}\ln\frac{a_0(t_2-20)+1}{a_0(t_1-20)+1}} \qquad (1-4-59)$$

式中：I——地线验算短路热稳定允许电流，A；

C——载流部分的热容量，cal/(℃ • cm)$^{-1}$(1 cal＝4.184 J)；

a_0——载流部分 20℃时的电阻温度系数，1/℃；

R_0——载流部分 20℃时的电阻，Ω/cm；

T——计算短路热稳定的时间，s；

t_1——环境温度，℃，一般取年均温；

t_2——地线短路热稳定允许温度，℃。

以上计算热稳定允许电流 I 大于导线短路的地线分流电流时，地线(OPGW)满足热稳定要求，否则不满足热稳定要求，重新选择地线。

(七)地线表面电场强度要求

一般 500 kV 及以下线路，地线表面电场强度不会成为地线选择的控制条件，但对 750 kV 及 1 000 kV 线路，由于地线处于导线的强电场环境中，有可能在地线上产生很大的表面电场强度，当其超过地线起始电晕电场强度时，亦会产生电晕损失、无线电干扰和可听噪声等,因此,必须予以限制。

根据以上情况,并考虑到我国超高压线路导线表面场强与起始电晕电场强度之比为 0.8~0.85,故《架空输电线路电气设计规程》(DL/T 5582—2020)规定:"地线应按照电晕起晕条件进行校验。交流线路地线表面最大场强与起晕场强之比不宜大于 0.8,直流线路地线表面最大场强不宜大于 18 kV/cm。"

三、导线排列方式

导线的排列方式主要取决于线路的回路数、线路运行的可靠性、杆塔荷载分布的合理性以及施工安装、带电作业方便等因素,并应使塔头部分结构简单、尺寸小。单回线路的导线常呈三角形、上字形和水平排列,双回线路的导线有伞形、倒伞形、六角形和双三角形排列,如图 1-4-11 所示。在特殊地段线路导线还有垂直排列等形式。

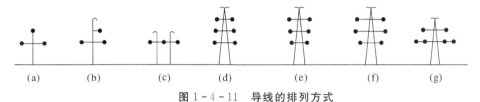

| (a) | (b) | (c) | (d) | (e) | (f) | (g) |

图 1-4-11 导线的排列方式

(a)三角形;(b)上字形;(c)水平排列;(d)伞形;(e)倒伞形;(f)六角形;(g)双三角形

运行经验表明,单回线路采用水平排列的运行可靠性比三角形排列好,特别是在重冰区、多雷区和电晕严重的地区更是如此。这是因为:水平排列的线路杆塔高度较低,雷击机会少;三角形排列的下层导线因故(如小均匀脱冰时)向上跃起时,易发生相间闪络和导线间相碰事故。但导线水平排列的杆塔比三角形排列的杆塔复杂、造价高,并且所需线路走廊也较宽。一般地,普通地区可结合具体情况选择水平排列或三角形排列,重冰区、多雷区宜采用水平排列,电压在 220 kV 以下导线截面积不太大的线路采用三角形排列则比较经济。

由于伞形排列不便于维护检修,倒伞形排列防雷性比较差,因此目前双回线路同杆架设时多采用六角形排列。这样可以缩短横担长度,减少塔身扭力,获得比较满意的防雷保护角,提高耐雷水平。

四、导地线(导线与地线的合称)换位线

(一)线路换位的作用

线路换位的作用是减小电力系统正常运行时电流和电压的不对称,并限制输电线路对通信线路的影响。一般来说,只要电力线路与通信线路保持足够的距离,这种影响就很小。根据有关资料,只要二者保持几百米(如 200 m 以上)的距离,这种影响就不大,现在通信线路许多采用光纤通信,那就基本没影响了。因此目前考虑导线换位问题是为了限制电力系统中的不对称电流和不对称电压,因为不换位线路的每相阻抗和导纳是不相等的,这将产生负序和零序电流。过大的负序电流将会引起系统内电机的过热,而零序电流超过一定数值时,在中性点不接地系统中,有可能引起灵敏度较高的接地继电器的误动作。但考虑这些问

题应从整个电力系统着手,不能仅单纯地考虑某一条输电线路。因为电力系统总是要发展的,如果某一条输电线路引起的不平衡电流或不平衡电压就已接近电机的允许过热或零序继电器的误差范围,那就势必会给以后的线路设计带来困难。基于这样的观点,在线路设计中完全不考虑换位是不合适的,但换位本身又是整个线路绝缘的薄弱环节,过多的换位也不合适。

DL/T 5582—2020 规定:"对 110～750 kV 线路,长度超过 100 km 的输电线路宜换位。换位循环长度不宜大于 200 km。一个变电站的某级电压的每回出线虽小于 100 km,但其总长度超过 200 km,可采用换位或变换各回路输电线路的相序排列的措施来平衡不对称电流。对 1 000 kV 线路,单回线路采用水平排列方式时,线路长度大于 120 km 应换位;单回线路采用三角形排列及同塔双回线路按逆相序排列时,其换位长度可适当延长。一个变电站的每回出线小于 120 km,但其总长度大于 200 km,可采用换位或变换各回输电线路的相序排列的措施来平衡不对称电流。单回路紧凑型线路可不考虑换位,同塔双回紧凑型线路应根据系统运行特性确定是否换位及换位方式。对于 π 接线路,应校核不平衡度,必要时设置换位。对于中性点非直接接地电力网,为降低中性点长期运行中的电位,可用换位或变换输电线路相序排列的方法来平衡不对称电容电流。"《电能质量三相电压不平衡度》(GB/T 15543—2008)规定:"电力系统公共连接点电压不平衡度限值,电网正常运行时,负序电压不平衡度不超过 2%,短时不得超过 4%。"

(二)换位方式

1.换位循环典型图

图 1-4-12 所示为全线路采取一个和两个整循环换位的布置情况。图 1-4-12(a)为换位一个整循环,或称一个全换位,达到首端和末端相序一致。图 1-4-12(b)为两个全换位,达到首端末端相序一致(图中 l 意义为线路长度)。

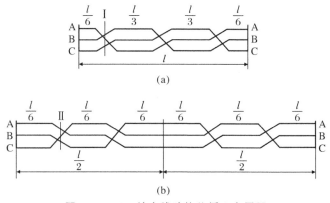

图 1-4-12　输电线路换位循环布置图

(a)一个全换位;(b)两个全换位

2.直线杆(塔)换位(又称滚式换位)

利用三角排列的直线杆(塔)换位如图 1-4-13 所示。该图为图 1-4-12(a)Ⅰ处的透视情况。一般适宜用在冰厚不超过 10 mm 的轻冰区。在重冰区,由于直线换位时导线在换位处有交叉现象,易于在交叉点因覆冰不平衡造成短路,因而宜改用其他换位方法。

直线杆(塔)换位,在换位处导线因改变了排列方式,将使换位杆的绝缘子串产生偏移。为减小此种影响,在设计中往往采用换位杆中心偏离线路中心线的措施(即位移)。位移方向和位移值见第十四章第四节。

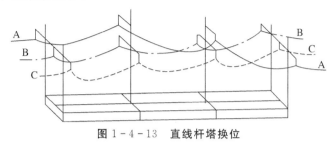

图 1 - 4 - 13　直线杆塔换位

3.耐张塔换位

利用一个特殊的耐张塔来完成换位,如图 1 - 4 - 14 所示,该图为图 1 - 4 - 12(b) Ⅱ 处的透视图。这种换位方式也适宜在重冰区的线路上使用。

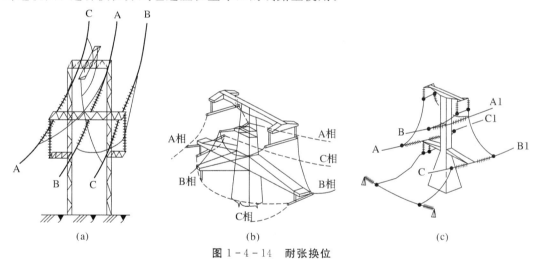

(a)	(b)	(c)

图 1 - 4 - 14　耐张换位

4.悬空换位

悬空换位不需要设计特殊的换位杆塔,如图 1 - 4 - 15 所示,即在每相导线上另外再单独串接一组绝缘子串,并通过两根短跳线和一根长跳线直接进行交叉跳接来完成。

这种换位方法在我国辽宁的 154 kV 升压为 220 kV 的线路以及山西的一些 110 kV 线路上采用过;在国外,欧洲一些国家也曾采用。其设计的关键在于合理选择该单独串接绝缘子串的绝缘强度,因为它承受的是线路的线电压,根据运行经验,其应为一般相对地绝缘的 1.3～1.5 倍。

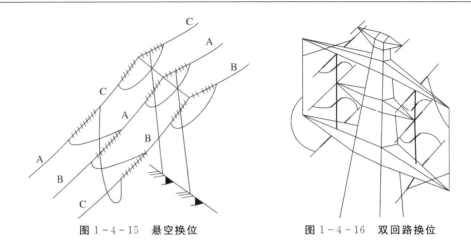

图 1-4-15　悬空换位　　　　图 1-4-16　双回路换位

5.双回路换位

双回路换位有两种方式:一是将两个回路利用耐张塔分成两个单回路,按上述单回路耐张的方式换位;二是采用双回路耐张塔的换位,如图 1-4-16 所示,这种方式常用于220～500 kV 双回路换位。

6.单柱组合耐张塔换位

图 1-4-17 所示为采用单柱式换位方式进行 1 000 kV 交流特高压线同塔双回线路的换位。

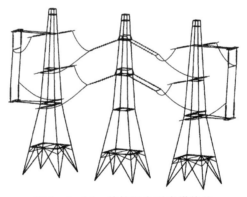

图 1-4-17　单柱组合耐张塔换位

(三)地线换位的作用

由于导线的电磁耦合作用、线路的不完全平衡换位和三相负荷的不对称性,两根架空地线之间或地线与大地之间会形成感应电流回路,从而在地线上产生电能损耗。造成架空地线电能损耗的根本原因在于地线中存在应电动势,同时存在电流回路,使地线之间以及地线和大地之间都有电流流过。因此,减小电能损耗可以从两方面来考虑:一是减小地线上的感应电动势;二是减小地线上流过的互感电流。减小地线上流过的互感电流可通过地线分段绝缘单点接地实现,减小地线上的感应电压可通过地线换位实现。

如图 1-4-18 所示，在相导线不换位的地方，应该在同一地线的两个接地点之间的中心位置进行换位，而线路换位次数的增加必然导致换位杆塔的增加，从而造成基建成本的增加，因此，在采用地线换位法的同时也要考虑到系统的综合经济成本。

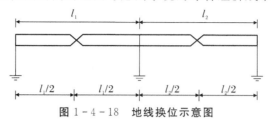

图 1-4-18　地线换位示意图

第五节　绝缘子和绝缘子串

架空线路的绝缘子的作用是支吊导线并使之与杆塔（大地）保持绝缘，同时承受导线、地线、绝缘子串自身的垂直和横向水平荷载，以及导线、地线的纵向水平荷载，因此它应具有良好的绝缘性和足够的机械强度，同时对化学杂质的侵蚀具有足够的抗御能力和抗老化能力，并能适应周围大气条件的变化，如温度、盐度和湿度变化对它本身的影响等。

一、绝缘子

（一）绝缘子的种类

绝缘子主绝缘由瓷件构成的绝缘子称为瓷绝缘子，主绝缘由玻璃件构成的绝缘子称为玻璃绝缘子，主绝缘由有机材料件构成的绝缘子称为有机材料绝缘子。架空线路上所使用的绝缘子按安装方式划分有针式、棒式、悬式和横担等数种。

1. 针式绝缘子

针式绝缘子如图 1-5-1 所示，多用于电压较低（35 kV 及以下）和导线张力不大的配电线路上，导线用金属绑扎在绝缘子顶部的槽中固定，不用金具。因此，其具有简单价廉及能有效利用杆高等优点。

35 kV 线路自从采用水泥铁横担后（特别是在工业比较发达的地区），污秽严重，采用针式绝缘子绝缘水平偏低，因此，大多数改用悬式盘型绝缘子。

图 1-5-1　针式绝缘子

2.棒式绝缘子

由实心的圆柱形或圆锥形绝缘件和两端的连接金具组成的支持绝缘子称为棒式绝缘子。

原来棒式绝缘子是一个瓷质整体,可以代替悬垂绝缘子串。它的优点是重量轻,长度短,省钢材,且降低了杆塔的高度;缺点是制造工艺较复杂,成本较高,且运行中易于因振动而断裂,因此瓷质棒式绝缘子没有得到推广使用。

现在的棒式绝缘子主要是采用有机材料件构成的棒形复合绝缘子,如图 1-5-2 所示。棒形悬式复合绝缘子是由伞套、芯棒及两端金具组成的。对于 110 kV 及以下产品,可不配均压环,220 kV 及以上的产品配 1～2 个均压环,也可以根据用户需求配备均压环。

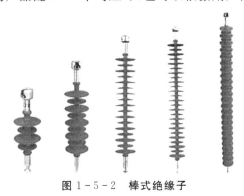

图 1-5-2 棒式绝缘子

3.横担绝缘子

横担绝缘子的材料主要有电瓷和复合材料两大类。复合材料的横担绝缘子如图 1-5-3 所示。其实质是棒式绝缘子的另一种型式,它代替针式和悬式绝缘子串且省去杆塔横担。运行经验证明,瓷横担有以下优点:运行安全可靠,绝缘水平高,节省钢材,有效利用杆塔高度,降低线路造价且安装方便,加速了施工进度。目前,瓷横担已在我国 10～35 kV 配电线路上广泛采用,也曾在 110～220 kV 线路上推广使用过,但由于瓷横担机械强度低,不适用于大导线(或重冰区)使用,因此没有得到推广使用。

图 1-5-3 复合材料横担绝缘子

4.悬式绝缘子

悬式绝缘子制造简单,安装方便,机械强度大,并且可随着电压的等级高低和污秽的严重程度增加或减少片数,使用灵活。导线固定在绝缘子下端连接的金具和线夹上,当线路发生断线事故时,不致像采用针式绝缘子那样绑线折断而使导线多档落地。悬式绝缘子多组成绝缘子串,因此,在 35 kV 及以上线路上得到广泛应用。

目前悬式绝缘子种类较多,按材质分为瓷质绝缘子(盘型)[见图 1-5-4(a)]、玻璃绝缘子(盘型)[见图 1-5-4(b)],以及瓷复合绝缘子[见图 1-5-4(c)];按耐污能力划分为标准型和防污型;按电压波形又可分为直流型和交流型两类;按悬垂绝缘子串片间连接方式可分为球型和槽型两种,其中球型连接应用较广,可以说,目前绝大部分采用球型连接。

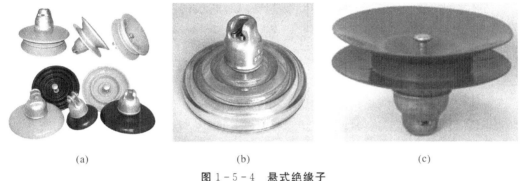

(a)　　　　　　　　　　　(b)　　　　　　　　　　　(c)

图 1-5-4　悬式绝缘子

(a)瓷质绝缘子;(b)玻璃绝缘子;(a)瓷复合绝缘子

瓷质绝缘子具有良好的绝缘性能和耐自然气候变化的性能等优点,使用广泛,具有丰富的生产运行经验。

玻璃绝缘子具有零值自爆、自洁性能好和不易老化的优点。人在地面即可观察,提高了巡视维护功能,并且具有耐振动和耐电弧性能好等优点。

绝缘子按其使用环境和地区,分为标准型和耐污型两类。标准型玻璃绝缘子一般用于空气清洁地区和轻污秽地区,结构一般为单伞结构,构造较为简单,下面沟槽较浅,单片泄漏距离小。耐污型绝缘子一般用于工业粉尘、化工、盐碱、沿海及多雾的中等和重污秽地区,结构一般为伞型结构,并分为双层伞型和钟罩型两种。前者单片泄漏距离大,伞型开放且伞面平滑不易积灰尘及雨,自洁性能好;后者具有较大的伞倾角与较多垂直面,利用内外受潮的不同周期性及伞下高棱的抑制放电作用,可以提高污闪电压与改善防污性能,故防污效果好。钟罩型防污型绝缘子由于裙内容易积灰尘、雨水而自洁性能差,一般不用在悬垂串上,多半用在耐张串上。这是因为耐张绝缘子容易被雨水冲洗。

我国绝缘子常按机械强度(单位为 kN)分级,分别为 70、100、160、210、300。绝缘子机械强度的选择一般根据所选的导线型号及分裂根数和覆冰厚度、风速等综合荷载来定。

一般地讲,110~220 kV 线路常用 70 kN、100 kN、160 kN 三级;330 kV 线路常用 100 kN、160 kN 二级;500 kV 常用 160 kN、210 kN、300 kN 三级。

(二)绝缘子性能及参数

绝缘子的主要功能是实现电气绝缘和机械固定,因此对其有各种电气和机械性能的要求。其电气性能要求:在规定的运行电压、操作过电压及雷电过电压作用下,不发生击穿或沿表面闪络。机械性能要求:在规定的长期和短时的机械负荷作用下,不产生破坏和损坏。

绝缘子的形式如图 1-5-5 所示。

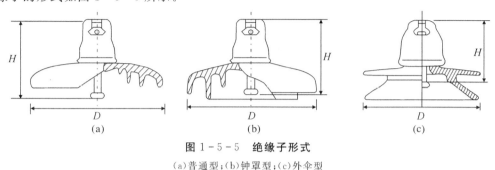

$$(a) \qquad\qquad (b) \qquad\qquad (c)$$

图 1-5-5　绝缘子形式

(a)普通型;(b)钟罩型;(c)外伞型

1.绝缘子主要尺寸

(1)公称结构高度 H,为绝缘子最顶部的钢帽到绝缘子最下端的铁脚的垂直高度。

(2)悬式绝缘子公称盘径 D,为绝缘子成圆形的直径。

(3)连接形式标记 d,为绝缘子脚球和帽窝的尺寸,一般有 11、16、20、24、28、32 等。若绝缘子为槽型连接标号后用 C 表示,球形连接则不表示。

(4)绝缘子表面积,指绝缘子绝缘件外露表面积,是计算绝缘子等值附盐密度一个重要定量参数。

2.绝缘子电气性能

(1)爬电距离。其指在两个导电部分之间,沿绝缘体表面的最短距离;沿绝缘子绝缘表面两端金具之间的最短距离或最短距离之和。水泥和任何其他非绝缘材料的表面不被认为是爬电距离的构成部分。如果绝缘子的绝缘件的某些部分覆盖有高电阻层,则应认为该部分是有效绝缘表面,并且沿其上面的距离应包括在爬电距离内。

(2)50%全波冲击闪络电压(峰值),也叫冲击放电电压。其一般是对试验的绝缘子多次施压,其中半数数据导致绝缘子发生闪络,那么用加权法得到最终数据。它主要用于反映绝缘子受冲击电压的能力。它与绝缘子的放电距离、轮缘、裙边、空气密度及湿度等有关。

(3)工频干(湿)放电电压。工频湿放电电压是指绝缘子在雨量为 3 mm/min,水电阻率为 9 500~10 500 Ω·m,水温为 20 ℃的、均匀的、与水平面成 45°角的雨水作用下,沿绝缘子表面引起火花放电的最小工频电压。绝缘子的工频湿放电电压与绝缘子的形状、绝缘子的放电距离、下雨时间等有关。

工频干放电电压是在标准大气条件下,沿干燥而清洁的绝缘子表面发生火花放电时的最小工频电压。干放电电压与绝缘子的形状和大气条件关系较小,而主要取决于放电距离(指两电极之间绕过裙边的最小距离)。

对于悬式绝缘子,湿闪电压一般为干闪电压的 45%;对于复合绝缘子,湿闪电压一般为干闪电压的 95%。因此复合绝缘子抗污闪电压能力较强。

(4)工频击穿电压。其指引起绝缘子两极间本体绝缘击穿的最小工频电压。一般击穿电压为干放电电压的 1.2~1.5 倍,主要与绝缘子的绝缘强度有关。

(5)闪络。其指在绝缘子表面的破坏性放电现象,取决于绝缘子的表面状态、污染程度、气候条件等。电网中的大多数绝缘事故为闪络事故。

（6）击穿。其指在绝缘子内部的破坏性放电现象。

（7）污秽闪络。电气设备的绝缘表面附着了固体、液体或气体的导电物质,在遇到雾、露、毛毛雨或融冰(雪)等气象条件时,绝缘表面污层受潮,导致电导增大,泄漏电流增加,在运行电压下产生局部电弧而发展为沿面闪络的一种放电现象,称为污秽闪络。

（8）等值附盐密度。其指以绝缘子表面上每平方厘米的面积上有多少毫克 NaCl(氯化钠)来等值绝缘子表面上导电物质的含量,是目前划分污区等级的重要技术指标,单位为 mg/cm^2。

3. 绝缘子机械性能——机电破坏负荷

机电破坏负荷即绝缘子能承受的最大机械负荷,在此负荷下绝缘子不发生破裂、棒心抽丝的现象。

4. 常见绝缘子及其参数

棒形悬式复合绝缘子形式如图 1-5-6 所示,部分棒形悬式复合绝缘子参数见表 1-5-1;悬式绝缘子形式,如图 1-5-7 所示,部分常用悬式绝缘子参数见表 1-5-2;地线绝缘子形式如图 1-5-8 所示,部分常用地线绝缘子参数见表 1-5-3。

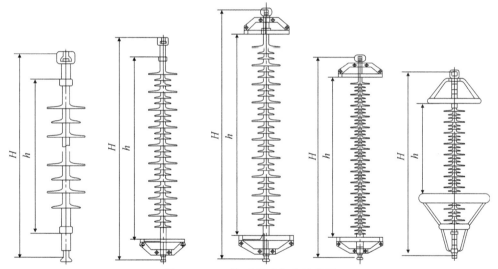

图 1-5-6　棒形悬式复合绝缘子

表 1-5-1　部分常用棒形悬式复合绝缘子参数

型　号	额定电压 kV	结构高度 H mm	绝缘距离 h mm	泄漏距离 mm	额定机械负荷 kN	耐受电压有效值/kV			质量 kg
						干雷电冲击	湿操作冲击	湿工频	
FXBW4-10/70	10	430±15	230	450	70			48	1.8
FXBW4-10/100	10	430±15	230	450	100			48	1.8

续 表

| 型 号 | 额定电压 | 结构高度 H | 绝缘距离 h | 泄漏距离 | 额定机械负荷 | 耐受电压有效值/kV | | | 质量 |
| | | | | | | 干雷电冲击 | 湿操作冲击 | 湿工频 | |
	kV	mm	mm	mm	kN				kg
FXBW4 - 35/70	35	660±15	460	1 015	70	230		95	2.3
FXBW4 - 35/100	35	660±15	460	1 015	100	230		95	2.3
FXBW4 - 35/120	35	660±15	460	1 015	120	230		95	3.1
FXBW4 - 110/70	110	1 440±15	1 200	3 150	70	550		230	4.8
FXBW4 - 110/100	110	1 440±15	1 200	3 150	100	550		230	4.8
FXBW4 - 110/120	110	1 440±15	1 200	3 150	120	550		230	6.5
FXBW4 - 110/160	110	1 440±15	1 200	3 150	160	550		230	7.8
FXBW4 - 220/100	220	2 240±30	1 980	6 340	100	1 000		395	10.0
FXBW4 - 220/120	220	2 240±30	1 940	6 300	120	1 000		395	12.5
FXBW4 - 220/160	220	2 240±30	1 900	6 300	160	1 000		395	13.6
FXBW4 - 220/210	220	2 240±30	1 900	6 300	210	1 000		395	13.6
FXBW4 - 500/100	500	4 450±50	4 110	13 750	100	2 250	1 240	780	27.0
FXBW4 - 500/120	500	4 450±50	4 110	13 750	120	2 250	1 240	780	27.0
FXBW4 - 500/160	500	4 450±50	4 050	13 750	160	2 250	1 240	780	28.0
FXBW4 - 500/210	500	4 450±50	4 050	13 750	210	2 250	1 240	780	28.0
FXBW4 - 500/240	500	4 450±50	4 050	13 750	240	2 250	1 240	780	28.0
FXBW4 - 500/300	500	4 450±50	3 960	13 750	300	2 250	1 240	780	34.0
FXBW4 - 500/400	500	4 580±50	4 050	13 750	400	2 350	1 240	780	37.0

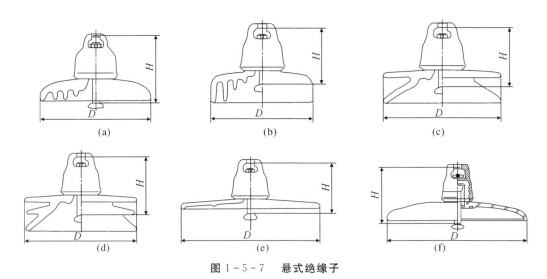

图 1-5-7 悬式绝缘子

(a)普通型盘形绝缘子;(b)钟罩型盘形绝缘子;(c)双伞型盘形绝缘子;

(d)三伞型盘形绝缘子;(e)草帽型盘形绝缘子;(f)空气动力型盘形绝缘子

表 1-5-2 部分常用悬式绝缘子参数

型 号	盘径 mm	高度 mm	泄漏距离 mm	耐受电压有效值/kV			工频击穿电压幅值 kV	额定机电破坏负荷 kN	质量 kg
				干	湿	冲击			
U70B/146	254	146	320	70	40	110	110	70	4.5
U70BP/146D	280	146	450	75	40	110	120	70	7.5
U70BP/1515T	320	155	550	85	45	120	120	70	11.0
U120B/146	254	146	320	70	40	110	120	120	5.5
U120BP/146D	280	146	450	75	40	110	120	120	7.5
U120BP/155T	320	155	550	85	45	120	120	120	11.0
U160B/146	254	146	325	70	40	110	110	160	6.0
U160BP/160D	290	160	450	85	45	120	120	160	8.5
U160BP/160T	325	160	545	85	45	120	120	160	11.0
U210B/170	280	170	405	75	45	115	125	210	8.5
U210BP/170D	300	170	450	85	45	120	120	210	9.5
U210BP/170T	325	170	545	85	45	120	120	210	11.5
U240B/170	280	170	405	75	45	115	125	240	9.0
U240BP/170D	300	170	450	85	45	120	120	240	10.0
U240BP/170T	325	170	545	85	45	120	120	240	12.0
U300B/195	320	195	505	85	50	130	140	300	12.5
U300BP/195D	360	195	550	85	45	130	140	300	14.5
U300BP/195T	400	195	635	100	60	150	140	300	18.0
U400B/205	340	205	550	90	50	130	140	400	16.0
U400BP/205D	375	205	555	100	50	140	140	400	18.0
U400BP/205T	400	205	635	100	60	150	140	400	20.0
U420B/205	340	205	550	90	50	130	140	420	16.0
U420BP/205D	375	205	555	100	50	140	140	420	18.0
U420BP/205T	400	205	635	100	60	150	140	420	20.0

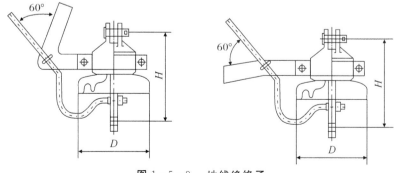

图 1-5-8 地线绝缘子

表 1-5-3　部分常用地线绝缘子参数

型　号	盘径 mm	高度 mm	泄漏距离 mm	20 mm 间隙工频放电电压/kV		15 mm 间隙2 500 V 时熄弧电流/A		电极耐弧能力（不小于）			1 h 机电负荷 kN	工频击穿电压幅值 kV	额定机电破坏负荷 kN	悬挂方式	质量 kg
				上限值	下限值	感性电流	容性电流	工频电流/kA	时间 s	次数					
U70C	160	200	160	30	8	35	20	10	0.2	2	52.5	120	70	悬垂	4.7
U70CN	160	200	160	30	8	35	20	10	0.2	2	52.5	120	70	耐张	4.7
U100C	170	210	170	30	8	35	20	10	0.2	2	75	120	100	悬垂	5.6
U100CN	170	210	170	30	8	35	20	10	0.2	2	75	120	100	耐张	5.6

二、绝缘子串

架空输电线路的电压等级较高,为保证绝缘水平,需将数只悬式绝缘子串接起来,与金具配合组成架空线路的悬挂体系,即绝缘子串。绝缘子串指两个或多个绝缘子元件组合在一起柔性悬挂导线的组件。绝缘子串是带有固定和运行需要的保护装置,用于悬挂导线并使导线与杆塔和大地绝缘。

使用在输电线路中的绝缘子串,由于杆塔结构、绝缘子结构形式、导线大小和每相子导线的根数以及电压等级的不同,组装形式也有所不同,但归纳起来可分为悬垂绝缘子串和耐张绝缘子串两大类。

(一)悬垂绝缘子串

悬垂绝缘子在悬垂型杆塔上组成悬垂串。悬垂绝缘子串一般由绝缘子串、悬垂线夹、连接金具、防护金具组合而成,用于悬挂导(地)线,能承受规定机械负荷和电气负荷。

在正常情况下,悬垂串仅支承导线自重、冰重和风压,即水平荷载和垂直荷载,断线时,还要承受断线张力,一般情况下可采用单联悬垂串[见图 1-5-9(a)(b)]。大跨越档距或重冰区导线荷载很大,超过悬垂串的允许荷载,以及重要跨越,可采用双联或多联悬垂串[见图1-5-9(c)(d)]。为了减小悬垂串的风偏摇摆角,以达到减小杆塔头部尺寸的目的,可采用"V"型、"人"型及人字型悬垂串[见图 1-5-9(e)~(g)]。

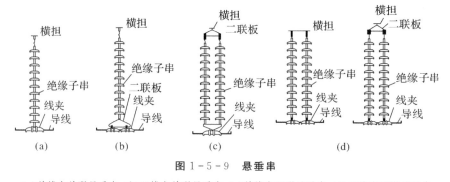

图 1-5-9　悬垂串

(a)单线夹单联悬垂串;(b)双线夹单联悬垂串;(c)单线夹双联悬垂串;(d)双线夹双联悬垂串

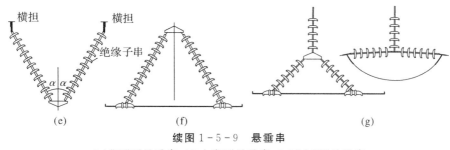

续图 1-5-9　悬垂串

(e)"V"型悬垂串;(f)人字型悬垂串;(g)"人"型悬垂串

(二) 耐张绝缘子串

绝缘子串在耐张杆塔上组成耐张串,耐张绝缘子串一般由绝缘子串、耐张线夹、连接金具、防护金具组合而成,用于张紧导(地)线,能承受规定机械负荷和电气负荷。

耐张串除支承导线自重、冰重和风荷载外,还要承受正常情况和断线情况下顺线路方向导线的不平衡张力。当导线张力不大时,耐张串一般采用单串[见图 1-5-10(a)];当导线张力很大或重要跨越时,可采用双联或多联耐张串[见图 1-5-10(b)~(d)]。耐张串两侧的导线通过跳线(又称引流线)连接,一般重要负荷导线线径较大时用压接型线夹连接[见图 1-5-11(a)],导线线径较小一般用倒装式耐张线夹与耐张串连接[见图 1-5-11(b)],为防止跳线风偏与杆塔电气间隙不够,则在跳线中央用悬垂串限制摇摆[见图 1-5-11(c)]。

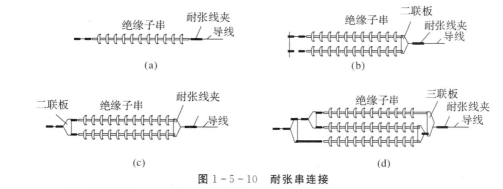

图 1-5-10　耐张串连接

(a)单挂点单联耐张串;(b)双挂点双联耐张串;(c)单挂点双联耐张串;(d)单挂点三联悬垂串耐张

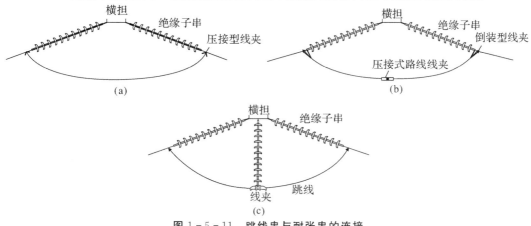

图 1-5-11　跳线串与耐张串的连接

(三)按机械强度计算绝缘子串数

1.悬垂绝缘子串数的计算

绝缘子强度双联或多联悬垂串的串数是根据杆塔导线悬挂点最大使用荷载、常年荷载、断线、断联及验算荷载、绝缘子机械强度的安全系数,求出悬垂、耐张绝缘子需要的最小机械强度。

其绝缘子机械强度是根据最大垂直荷载和断线张力选择的,即

$$n \geqslant \frac{K \sum G}{T_R} \qquad (1-5-1)$$

$$n \geqslant \frac{K' T_D}{T_R} \qquad (1-5-2)$$

式中: n——悬垂串的串(联)数;

K、K'——运行和断线时的绝缘子安全系数(见表 1-5-4);

T_D——断线张力,N;

T_R——悬式绝缘子的额定机械破坏负荷或瓷横担绝缘子的额定弯曲破坏负荷,N;

       1 h 机电负荷是额定机械破坏负荷的 75%;

$\sum G$——悬垂串所承受的最大垂直荷载,N,有

$$\sum G = G_n + G_j$$

$$G_n = \gamma_{(b,V)} A l_v$$

式中:$\gamma_{(b,V)}$——最大使用荷载气象条件下导线综合比载,MPa/m;

l_v——最大垂直档距,m;

A——导线截面,mm²;

G_j——最大使用荷载气象条件下绝缘子串的综合荷载,kN。

表 1-5-4   绝缘子机械强度的安全系数

情 况	最大使用荷载		常年荷载	断线荷载	断联荷载	稀有荷载
	盘型绝缘子	棒型绝缘子				
一般线路	2.7	3.0	4.0	1.8	1.5	1.5
大跨越	3.0	3.3	5.0	2.0	2.0	1.8

2.耐张串串数的计算

耐张串串数是按导线的最大张力计算的,即

$$n = \frac{KT}{T_R} \qquad (1-5-3)$$

式中:T——导线悬挂点最大张力,kN,$T = 0.95 \times$ 额定拉断力/2.25,其中 2.25 为悬挂点的最小安全系数 。

【例 1-5-1】 (1)已知 110 kV 线路导线为 JL/G1A-150/8 GB 1179-2017 型,其额定拉断力为 32.73 kN,采用 U70B/146 型悬式绝缘子;(2)已知 110 kV 线路导线为

JL/G1A-240/40 GB 1179-2017 型,其额定拉断力为 83.76 kN,采用 U70B/146 型悬式绝缘子;(3)已知 110 kV 线路导线为 JL/G1A-240/40 GB 1179-2017 型,其额定拉断力为 83.76 kN,采用 U100B/146 型悬式绝缘子。试确定以上三种情况的一般线路的耐张绝缘子串的串数。

解 (1)查 GB 1179-2017 可知,JL/G1A-150/8 型导线的计算截面面积为 $A = 153$ mm^2,查表 1-5-4 得正常情况下悬式绝缘子最大使用荷载的安全系数 $K = 2.7$,由悬式绝缘子 U70B/146 型号知其额定机械破坏负荷 $T_R = 70$ kN,按式(1-5-3)计算耐张串的串数为

$$n = \frac{KT}{T_R} = \frac{2.7 \times 0.95 \times 32.73/2.25}{70} = 0.53 \approx 1$$

(2)与(1)步骤相同,查得悬式绝缘子最大使用荷载的安全系数 $K = 2.7$,由悬式绝缘子 U70B/146 型号知其额定机械破坏负荷 $T_R = 70$ kN,按式(1-5-3)计算耐张串的串数为

$$n = \frac{KT}{T_R} = \frac{2.7 \times 0.95 \times 83.76/2.25}{70} = 1.36 \approx 2$$

(3)同上述方法,查得悬式绝缘子最大使用荷载的安全系数 $K = 2.7$,由悬式绝缘子 U100B/146 型号知其额定机械破坏负荷 $T_R = 100$ kN,按式(1-5-3)计算耐张串的串数为

$$n = \frac{KT}{T_R} = \frac{2.7 \times 0.95 \times 83.76/2.25}{100} = 0.95 \approx 1$$

由以上计算结果看出,采用 JL/G1A-150/8 型导线,采用 U70B/146 型悬式绝缘子的耐张串单串裕度较大;若采用 JL/G1A-240/40 型导线,采用 U70B/146 型悬式绝缘子的耐张串单串不满足要求,需要采用双串;或采用 U100B/146 型悬式绝缘子(耐张串仍可用单串)。

(四)按工频电压计算每串绝缘子片数

无论悬垂绝缘子串或耐张绝缘子串,都应根据线路电压等级、线路所经过的地区的污秽情况、杆塔高度及海拔高度等,按工频和过电压来确定绝缘配合,计算每串的片数。结合运行经验和工程实际情况,根据其重要程度、路径走向、地形条件、污区等级、雷害风险、所处风区等级等情况,综合衡量,因地制宜,以提高线路绝缘水平和运行可靠性,实现防污、防雷和防风的目标,合理推荐绝缘子形式。一般主要选用玻璃绝缘子、复合绝缘子或瓷绝缘子。

绝缘配合依照《110kV~750 kV 架空输电线路设计规范》(GB 50545-2010)、《污秽条件下使用的高压绝缘子的选择和尺寸确定》(GB/T 26218.1~2-2010)、《架空输电线路外绝缘配置技术导则》(DL/T 1122-2009)和《交流电气装置的过电压保护和绝缘配合设计规范》(GB/T 50064-2014)进行绝缘设计,使线路能在工频电压、操作过电压和雷电过电压等各种情况下安全、可靠地运行。

对于污秽分布,一般根据电网公司最新电网污区图,并根据路径经过沿线等值盐密度、灰度、污湿特征、污染源和运行经验的调查分析,结合污秽发展情况,确定污秽等级及区段划分(爬电比距或统一爬电比距)。

爬电比距是指电力设备外绝缘的爬电距离与设备最高电压之比,单位为 cm/kV;统一爬电比距是指爬电距离与绝缘子两端最高运行电压(对于交流系统,通常为 $U_m/\sqrt{3}$)之比,

单位为 mm/kV。

一般对于海拔高度不超过 1 000 m 的地区,根据高压架空线路污秽等级标准分级,选择合适的绝缘子型式和片数。高压架空线路污秽等级标准见表 1-5-5。确定污秽爬电比距或统一爬电比距后,根据表 1-5-5 确定污秽等级。

表 1-5-5　高压架空线路污秽等级标准

污秽等级	污湿特征	线路爬电比距/(cm/kV)		
		盐密/(mg/cm²)	220 kV 及以下	330 kV 及以上
a	大气清洁地区及离海岸盐场 50 km 以上无明显污染地区	≤0.03	1.39 (1.60)	1.45 (1.60)
b	大气轻度污染地区,工业和人口低密地区,离海岸盐场 10~50 km 地区。在污闪季节中干燥少雾(含毛毛雨)或雨量较多时	>0.03~0.06	1.39~1.74 (1.60~2.00)	1.45~1.82 (1.60~2.00)
c	大气中度污染地区,轻盐碱和炉烟污秽地区,离海岸盐场 3~10 km 地区。在污闪季节中潮湿多雾(含毛毛雨)但雨量较少时	>0.06~0.10	1.74~2.17 (2.00~2.50)	1.82~2.27 (2.00~2.50)
d	大气污染较严重地区,重雾和重盐碱地区,近海岸盐场 1~3 km 地区。工业和人口密度较大地区,离化学污源和炉烟污秽 300~1500 m 的较严重污秽地区时	>0.10~0.25	2.17~2.78 (2.50~3.20)	2.27~2.91 (2.50~3.20)
e	大气污染特别严重污染地区,近海岸盐场 1 km 以内,离化学污源和炉烟污秽 300 m 以内的地区	>0.25~0.35	2.78~3.30 (3.20~3.80)	2.91~3.45 (3.20~3.80)

注:爬电比距计算时取系统最高工作电压。表中括号里的数字为按标称电压计算的值。

爬电比距与统一爬电比距转换对照表见表 1-5-6。

表 1-5-6　爬电比距与统一爬电比距转换对照表

污秽等级	海拔 m	a	b		c		d		e	
		上限	下限	上限	下限	上限	下限	上限	下限	上限
爬电比距 cm	1 000	1.6	1.6	2.0	2.0	2.5	2.5	3.2	3.2	3.8
	1 500	1.64	1.64	2.07	2.07	2.58	2.58	3.30	3.30	3.91
	2 000	1.68	1.68	2.12	2.12	2.65	2.65	3.39	3.39	4.03
统一爬电比距 mm	1 000	25	25	31.5	31.5	39.4	39.4	50.4	50.4	59.8
	1 500	25.75	25.75	32.54	32.54	40.58	40.58	51.91	51.91	61.59
	2 000	26.50	26.50	33.39	33.39	41.76	41.763	53.42	53.42	63.39

1.按工频电压爬电距离选取悬垂绝缘子的片数

工频(或工作)电压推荐采用爬电比距法求绝缘子片数,也可以按污耐压法。计算后所取的片数必须满足表1-5-7的要求。

当采用统一爬电比距时,绝缘子的片数采用下列公式进行计算:

$$n \geqslant \frac{\lambda U_{ph-e}}{K_e L_{01}} \tag{1-5-4}$$

式中:　　n——海拔 1 000 m 时每联绝缘子所需片数;

　　　　　λ——统一爬电比距,mm/kV;

　　U_{ph-e}——相(极)对地最高运行电压,kV;

　　　　L_{01}——单片悬式绝缘子的几何爬电距离,mm;

　　　　　K_e——绝缘子爬电距离有效系数。

绝缘子爬电距离有效系数取值:普通型、草帽型、双伞型、三伞型绝缘子,K_e取 1.0。钟罩型、深棱型绝缘子,a、b、c 级污区 K_e 取 0.9,d、e 级污区 K_e 取 0.8。

当采用耐污压法计算时,绝缘子的片数采用下列公式进行计算:

$$n \geqslant \frac{U_{ph-e}}{U_w} \tag{1-5-5}$$

式中:U_w——单片绝缘子污耐受电压,kV。

表 1-5-7　操作过电压及雷电过电压要求悬垂绝缘子串的最少片数

标称电压/kV	35	110	220	330	500	750	1 000
单片绝缘子高度/mm			146		155	170	195
每串绝缘子最少片数/片	3	7	13	17	25	32	43

标称电压/kV	±500		±660		±800	±1 100
	"Ⅰ"型	"Ⅴ"型	"Ⅰ"型	"Ⅴ"型	"Ⅴ"型	"Ⅴ"型
单片绝缘子高度/mm	545		545(635)			
每串绝缘子最少片数/片	40	38	53(46)	51(44)	60(56)	83(77)

在海拔高度 1 000 m 以下地区,操作过电压及雷电过电压要求的悬垂绝缘子串的绝缘子最少片数,应符合表 1-5-7 的规定;耐张绝缘子串的绝缘子片数应在表 1-5-7 的基础上增加,对 110~330 kV 输电线路应增加 1 片,对 500 kV 输电线路应增加 2 片,对 750 kV 输电线路不需增加片数。当根据式(1-5-4)或式(1-5-5)计算每联绝缘子所需片数小于表 1-5-7 中的数值时,按表 1-5-7 取值,否则按计算的每联绝缘子所需片数取值。通过污秽区的线路,耐张绝缘子的片数已满足以上所述要求时,可不再比悬垂绝缘子串增加。

2.杆塔高度修正

为保持高杆塔的耐雷性能,全高超过 40 m 但小于 100 m,且有地线的杆塔,高度每增加 10 m,应比表 1-5-7 所列值增加 1 片同型绝缘子;全高超过 100 m 的杆塔,绝缘子片数应根据运行经验结合计算确定。

3. 海拔高度修正

当海拔高于 1 000 m 时,需要对爬电距离计算的值进行海拔高度修正。注意 110 kV 及以下与 66 kV 及以下校正方法的差异性。110 kV 及以上采用以下公式进行海拔修正:

$$n_H \geqslant n e^{m_1(H-1\,000)/8\,150} \tag{1-5-6}$$

式中:n_H——高海拔地区每联绝缘子所需片数;

    H——海拔高度,m;

  m_1——特性指数,它反映气压对污闪电压的影响程度,由实验确定。

66 kV 及以下采用以下公式进行海拔修正:

$$n_H \geqslant n[1+0.1(H-1\,000)/1\,000] \tag{1-5-7}$$

使用复合绝缘子时,复合绝缘子的爬电距离应满足相应污秽条件下工频(工作)电压的要求,复合绝缘子有效绝缘长度需满足雷电过电压和操作过电压的要求。对于交流线路,在 c 级及以下污区复合绝缘子的爬电距离不宜小于盘型绝缘子;在 d 级及以上污区,110~750 kV 线路复合绝缘子的爬电距离不应小于盘型绝缘子最小要求值的 3/4,且不小于 44(46) mm/kV,1 000 kV 线路爬电距离应根据污秽闪络试验结果确定;用于 220 kV 及以上输电线路复合绝缘子时,两端都应加均压环,1 000 kV 线路导线侧应安装大、小双均压环;相间复合绝缘间隔棒的爬电距离,取相对地复合绝缘子爬电距离的 $\sqrt{3}$ 倍。对于直流线路,复合绝缘子爬电距离不宜小于盘型绝缘子最小要求值的 3/4 并且两端均应加装均压环。

(五)按操作过电压计算悬垂片数

电压较低的线路,当绝缘子串缺乏合适的操作冲击闪络电压数据时,可以工频湿闪络电压数据作为选择依据。此时,绝缘子串的工频 50% 湿闪络电压峰值 U_{Nh} 应满足下式要求:

$$U_{Nh} = KK_0\sqrt{2}U_{up-e} \tag{1-5-8}$$

式中:K_0——操作过电压倍数,可按规程或线路实测数据选取;

    K——由工频与操作冲击电压差别等因素引入的湿闪络电压综合校正系数,在海拔 1 000 m 及以下,$K=1.1$。

按绝缘子串的操作冲击闪络电压数据选择绝缘子片数。操作过电压要求的线路绝缘子串正极性操作冲击电压波 50% 放电电压 $U_{50\%}$ 应符合下式要求:

$$U_{50\%} = K_1 U_s \tag{1-5-9}$$

式中:U_s——220kV 以上线路相对地统计操作过电压,kV;

    K_1——操作过电压配合系数,一般取 1.27。

(六)按雷电过电压校验绝缘子片数

一般不按雷电过电压要求选择绝缘子,但需要对根据前面两种方法选择的绝缘子片数进行耐雷水平的计算,有地线线路的反击耐雷水平不宜低于表 1-5-8 所列数值。

表 1-5-8 反击耐雷水平过电压要求

系统标称电压/kV	35	66	110	220	330	500	750
单回线路/kA	24~36	31~47	56~68	87~96	120~151	158~177	208~232
同塔双回路线路/kA	—	—	50~61	79~92	108~137	142~162	192~224

表 1-5-8 中反击耐雷水平的较高值和较低值分别对应线路杆塔冲击接地电阻 7 Ω 和 15 Ω；雷击时刻工作电压为峰值且与雷击电流极性相反；发电厂、变电站进线保护段杆塔耐雷水平不宜低于表 1-5-8 中的较高数值。

(七)重覆冰区覆冰后的污耐压强度校核

重覆冰区输电线路的绝缘配合应使线路能在工频(工作)电压、操作过电压、雷电过电压等各种条件下安全可靠运行,重覆冰线路还应按绝缘子串覆冰后的工频(工作)污耐压强度进行校核。覆冰条件下校验应按下式进行:

$$n_b = \frac{U_{ph-e}}{(k_h \times V_w) \times h} \qquad (1-5-10)$$

式中:n_b——覆冰条件下需要的绝缘子片数,片;

V_w——工频(工作)电压下覆冰绝缘子的耐压梯度,kV/m;

k_h——海拔为 H 处的修正系数;

h——单片绝缘子的高度,m。

【例 1-5-2】 220 kV 线路采用 U70BP/146D 型悬式绝缘子,单片泄漏距离为 450 mm,根据高压架空线路污秽等级标准确定经过 c 级污区(按上限取值),杆塔全高 65 m,路过的海拔高程为 3 000 m,按系统最高工作电压,则 λ 取中限 39.4mm/kV。分别按直线悬垂串和耐张串计算在工频电压时每联需要的绝缘子片数。

解 根据 c 级污秽区,查表 1-5-5 知 λ=39.4 mm/kV,根据悬式绝缘子型号知绝缘子为双伞型,故 K_c=1.0,m_1=0.36。按统一爬电比距,满足工频电压,绝缘子数按式(1-5-4)计算,有

$$n \geqslant \frac{\lambda U_{ph-e}}{K_e L_{01}} = \frac{39.4 \times 220 \times 1.1/\sqrt{3}}{1 \times 450} = 12.23 \approx 13$$

杆塔全高 65 m,每增加 10 m 需增加 1 片绝缘子,故绝缘子片数初选 15 片。

该线路经过的海拔高程为 3 000 m,根据式(1-5-6)计算 3 000 m 地区每联需要的绝缘子片数为

$$n_H = n e^{m_1(H-1\,000)/8\,150} = 15 \times e^{0.36(3\,000-1\,000)/8\,150} = 16.39 \approx 17$$

故每联需要悬垂绝缘子 17 片,因 220 kV 绝缘子串耐张每联比悬垂串增加 1 片,故需要 18 片。但实际按 1 000 m 海拔时悬垂需要 15 片,已经大于按表 1-5-7 中规定的 13 片多 1 片,即大于 14 片,耐张绝缘子串的片数不需要再增加,所以在工频电压时耐张绝缘子串每联需要悬式绝缘子也可以只采用 17 片。

第六节　常用线路金具

电力线路广泛使用的铁制、铝制或铝合金制等金属附件,将升压变电站和降压变电站配电装置中的设备与导体、导体与导线、输电线路导线自身的连接及绝缘子连接成串的金属附件,以及用于导线、绝缘子自身保护等所用的金属(铁制、铝制或铝合金制)附件称为电力金具。电力金具主要是连接和组合电力系统中的各类装置,起到传递机械负荷、电气负荷及某种保护作用的金属附件。其中用于架空输电线路的电力金具称为线路金具,线路金具是在架空输电线路上用于导线间连接、绝缘子间连接、绝缘子与杆塔以及绝缘子与导线间连接的。它必须具有足够的机械强度、组装以及运行的灵活性。

输电线路金具种类繁多,用途各异,按金具的主要性能和用途,线路金具大致可以分为悬垂线夹、耐张线夹、连接金具、防护金具、接续金具等。

金具的强度与绝缘子机械强度计算方法一样,采用式(1-5-1)计算,其中金具最大使用荷载情况下,安全系数不应小于2.5,断线、段联、验算情况下不应小1.5。

一、悬垂线夹

在架空输电线路中,用于将导线、地线悬挂至悬垂绝缘子上或将地线悬挂至杆塔上的金具为悬垂线夹。

悬垂线夹根据线夹型式分为预绞式悬垂线夹(见图1-6-1)及船式悬垂线夹(见图1-6-2)两种。其中船式悬垂线夹(以下简称"悬垂线夹")根据可转动点位置的不同分为中心回转式、下垂式及上扛式三种。

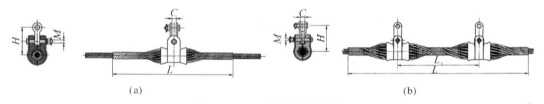

(a)　　　　　　　　　　　　　　　　　　　(b)

图1-6-1　预绞式悬垂线夹

(a)单挂点预绞式悬垂线夹;(b)双挂点预绞式悬垂线夹

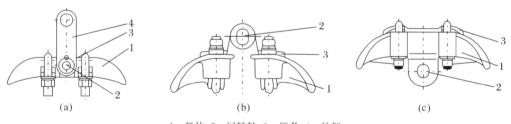

(a)　　　　　　　　　(b)　　　　　　　　　(c)

1—船体;2—回转轴;3—压条;4—挂架

图1-6-2　按回转轴划分的三类悬垂线夹典型结构型式

(a)中心回转式;(b)下垂式;(c)上扛式

根据悬垂线夹对导、地线握力值的要求,悬垂线夹可划分为固定型、滑动(释放)型及有限握力型三类。

(一)技术要求

1)船式悬垂线夹,其船体线槽的曲率半径应不小于导线、地线直径的 8 倍。

2)悬垂线夹应具有一个能允许船体回转的水平轴。悬垂线夹应明确使用的限定范围,如最大出口角、最小出口角和允许回转角等。

3)固定型悬垂线夹对导线、地线的握力,与其导线、地线计算拉断力之比应不低于表 1-6-1 的规定。

4)悬垂线夹船体单侧的最大出口角一般不小于 25°,最小出口角一般不大于 3°(大跨越除外)。

表 1-6-1 **悬垂线夹握力与导线、地线计算拉断力比值百分比**

绞线类别	铝钢截面比 α	百分比/(%)
钢绞线、铝包钢绞线、钢芯铝包钢绞线	—	14
钢芯铝绞线	$\alpha \leqslant 2.3$	14
钢芯铝合金绞线	$3.9 < \alpha \leqslant 4.9$	18
铝包钢芯铝绞线	$2.3 < \alpha \leqslant 3.9$	16
钢芯耐热铝合金绞线	$4.9 < \alpha \leqslant 6.8$	20
铝包钢芯铝合金绞线	$6.8 < \alpha \leqslant 11.0$	22
铝包钢芯耐热铝合金绞线	$\alpha \geqslant 6.8$	24
铝绞线、铝合金绞线、铝合金芯铝绞线	—	24
铜绞线	—	28

(二)悬垂线夹的机械强度

定型的悬垂线夹的机械强度均按金具强度等级系列化了,且裕度较大,除特大重冰区需要验算外,其他一般地区均能满足要求。故在工程选用时,一般只需验算线夹的允许最大垂直档距 l_v,其应满足以下计算式:

$$l_v = \frac{P}{p_7 K} \tag{1-6-1}$$

式中:p_7——导线覆冰时综合荷载,N/m;

K——安全系数,取 2.5;

P——金具强度。

悬垂线夹按结构型式和使用导线的不同共分为若干系列、多种型号,必须根据导线或地线直径及其荷载大小挑选合适的线夹型号。

二、耐张线夹

在架空输电线路中,用于将导线或地线挂至耐张绝缘子串或杆塔并承受导线或地线张力的金具为耐张线夹。

耐张线夹按结构和安装条件的不同,大致可分为螺栓型、压缩型、楔型和预绞式耐张线夹4种。

耐张线夹要承受导线或地线(拉线)的全部拉力,线夹握力应不小于被安装导线或地线额定抗拉力的90%,但因为不作为导电体,有一类线夹在导线安装后还可以拆下,用作他用。这类线夹有螺栓型耐张线夹(见图1-6-3)和楔型耐张线夹(见图1-6-7)。

(一)螺栓型耐张线夹

螺栓型耐张线夹(见图1-6-3)由压块和U型螺栓等构成,线夹握力来自两个方面:
1)线夹后面部分由压块压力所产生的摩擦力和由许多小波浪形所产生的弧面摩擦力;
2)线夹前部弧形所产生的摩擦力。

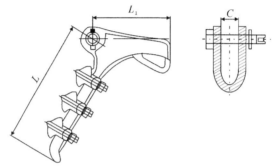

图1-6-3 螺栓型耐张线夹

螺栓型耐张线夹一般多用可锻铸铁制造,由于磁性材料的电磁损耗较大,已逐渐被铝合金代替。

螺栓型耐张线夹只承受导线全部拉力,而不导通电流。

螺栓型耐张线夹适合于安装中小截面的导线。其主要优点是:施工安装方便,并对导线有足够的握力,重量也较轻,多年来在输电线路上应用广泛。

螺栓型耐张线夹分正装和倒装两种,倒装式螺栓型耐张线夹的本体和压板由可锻铸铁制造,适用于安装中小截面铝绞线和钢芯铝绞线。该类线夹的受力侧(档距侧)没有U型螺栓固定。所有的U型螺栓均安装在跳线侧,不能反装(见图1-6-4),否则会降低线夹的机械强度。

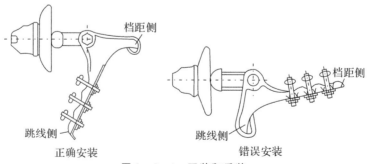

图1-6-4 正装和反装

冲压式螺栓型耐张线夹是螺栓型耐张线夹的一种,该线夹以钢板冲压制造而成,其U型螺栓向上安装,适用于安装小截面的铝绞线和钢芯铝绞线(见图1-6-5)。

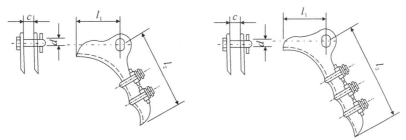

图1-6-5 冲压式螺栓型耐张线夹

(二)压缩型耐张线夹

用于导线的压缩型耐张线夹,一般由铝(铝合金)管与钢锚组成,钢锚用来接续和锚固导线的钢芯,铝(铝合金)管用来接续导线的铝(铝合金)线部分,以压力使铝(铝合金)管及钢锚产生塑性变形,从而使线夹与导线结合为一整体。必要时,在铝(铝合金)管内可增加铝(铝合金)套管,以满足电气性能要求。

压缩型耐张线夹的安装一般分液压[见图1-6-6(a)]和爆压[见图1-6-6(b)]两种方式,其连接形式有环型连接与槽型连接两种。

用于地线的压缩型耐张线夹[见图1-6-6(c)],一般由钢锚直接构成,根据要求,则可以加铝保护套。

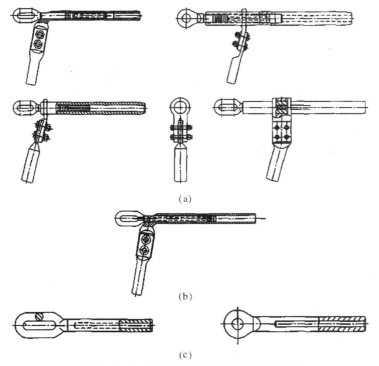

(a)

(b)

(c)

图1-6-6 压缩型耐张线夹典型结构型式

(a)导线用液压型耐张线夹;(b)导线用爆压型耐张线夹;(c)地线用液压型耐张线夹

导线压缩型耐张线夹命名规则:NY(或B)-A/B。其中N——耐张线夹,Y——液压型,B——爆压型,A/B——铝截面/钢截面。

压缩型耐张线夹除承受导线、地线的全部拉力外，又是导电体。该类线夹一旦安装后，就不能再拆卸。

现新建架空输电线路导线、地线除光缆线路外都采用压缩型耐张线夹。

(三)楔型耐张线夹

楔型耐张线夹利用模型结构将导线、地线锁紧在线夹内。楔形耐张线夹有以下两类。

1. NE 型地线用楔型耐张线夹

楔型 NE 型耐张线夹由楔舌和楔套等部分组成，其结构如图 1-6-7 所示。当所夹的地线拉紧时，带动楔舌越挤越紧，对楔套产生正压力，从而产生摩擦力将地线固定。楔型耐张线夹一般用在小截面钢绞线上。钢绞线截面积为 150 mm^2 以下的楔型耐张线夹，用可锻铸铁或钢板制造。

楔型线夹可用于地线的耐张、终端，也可用于固定杆塔的拉线。由于楔型线夹具有施工方便和运行可靠等优点，所以被广泛地应用到输电线路上。但是楔型线夹在施工安装时必须把所安装的钢绞线弯曲成圆弧状，才能使其紧密地贴在线夹楔子上。

2. UT 型拉线用耐张线夹

楔型 UT 型耐张线夹(见图 1-6-8)主要用于拉线杆塔，调整拉线受力，平衡结构。

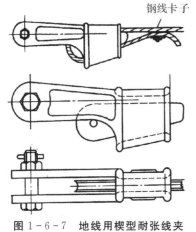

图 1-6-7　地线用楔型耐张线夹

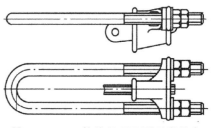

图 1-6-8　拉线用 UT 型耐张线夹

(四)预绞式耐张线夹

预绞式耐张线夹(见图 1-6-9)由金属预绞丝及配套附件组成，将导线、地线张拉在耐张杆塔上。

导线预绞型耐张线夹用于安装钢芯铝绞线或铝包钢芯铝绞线等导线，有绞合式和非绞合式两种类型。

地线预绞型耐张线夹用于安装钢绞线、铝包钢绞线及 OPGW 复合架空地线等，有绞合式和非绞合式两种类型。

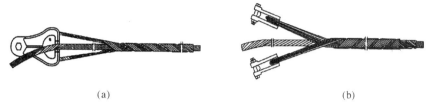

(a)　　　　　　　　　　　　　　　　　　　(b)

图 1-6-9　预绞式耐张线夹典型结构型式

(a)单挂点耐张线夹;(b)双挂点耐张线夹

(五)技术要求

(1)承受电气负荷的耐张线夹不应降低导线的导电能力,其电气性能应满足如下要求:

1)导线接续处两端点之间的电阻,对于压缩型耐张线夹,不应大于同样长度导线的电阻;对于非压缩型耐张线夹,不应大于同样长度导线电阻的 1.1 倍。

2)导线接续处的温升不应大于被接续导线的温升。

3)耐张线夹的载流量不应小于被安装导线的载流量。

(2)耐张线夹握力强度应满足表 1-6-2 的要求,其与导线、地线计算拉断力之比不应小于表 1-6-2 中的规定。

表 1-6-2　耐张线夹握力与导线、地线计算拉断力比值(百分比)

金具类别	百分比/(%)
压缩型耐张线夹	95
预绞式耐张线夹	95
螺栓型耐张线夹	90
楔型耐张线夹	90

(3)非压缩型耐张线夹的弯曲延伸部分,与承受张力的导线、地线相互接触时,此弯曲延伸部分出口处的曲率半径不应小于被安装导线、地线直径的 8 倍。

(4)压缩型耐张线夹钢锚非压缩部分的强度不应小于导线、地线计算拉断力的 105%。螺栓型耐张线夹强度不应小于导线计算拉断力的 105%。

(5)预绞式耐张线夹的预绞丝有效长度不宜小于 5 倍节距。预绞丝表面应光洁,无裂纹、折叠和结疤等缺陷。预绞式金具外层预绞丝应与绞线的外层旋向一致(一般为右旋)。OPGW 用耐张线夹内层预绞丝的旋向应与 OPGW 的外层旋向相反。预绞丝的铝合金丝材料的抗拉强度不应低于 340 MPa,铝包钢丝的抗拉强度不应低于 1 100 MPa。

三、接续金具

导线、地线的制造长度是有限的,需要采用电力金具将其连接起来,接续金具就是用来连接导线或地线的,主要为导线各种接续方式(钳压、液压、爆压、预交式等)所用的接续管及补修管、并沟线夹、预绞丝等。

导线的接续方法主要采用钳压[见图 1-6-10(a)]和液压[见图 1-6-10(b)]两种方式。当导线截面小于 240 mm² 时,可以采用钳接管钳压连接;当导线截面大于等于

240 mm² 时,采用压接液压或爆压管连接。爆压存在质量不易检查的问题,除交通不便地区仍采用外,一般都采用液压方法连接。地线均采用压接管液压连接。

钳压接续属于搭接接续,即将导线端头搭接在薄壁的椭圆形管内,以液压钳或机动钳进行钳压。液压接续属于对接接续,即将导线钢芯在薄壁的钢管对接内,然后套上铝管以液压机进行液压。预绞式修补仅能用于断股 7% 及以下损伤范围不大的线股上,以使断股范围不致扩大,但达不到补强的效果。

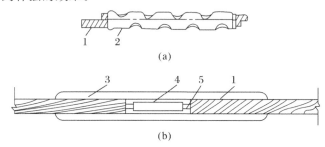

(a)

(b)

1—导线;2—钳压接续管;3—铝管;4—钢管;5—钢绞线(钢芯)

图 1-6-10　导线的连接方法

(a)钳压;(b)液压

四、连接金具

将绝缘子、悬垂线夹、耐张线夹及防护金具等连接组合成悬垂或耐张串(组)的金具称为连接金具。连接金具是架空输电线路金具中最为庞杂的一种电力金具。根据其使用条件和结构特点,连接金具可分为球-窝系列连接金具、环-链系列连接金具、板-板系列连接金具。

(一)球-窝系列连接金具

球-窝系列连接金具是专用金具,是根据与绝缘子连接的结构特点设计出来的,用于直接与绝缘子相连接。其优点是没有方向性,挠性大,可转动,装卸均方便,有利于带电作业。球-窝系列连接金具的窝配有锁紧销。

球-窝系列连接金具包括球头挂环(见图 1-6-11)(Q 型、QP 型、QH 型、QU 型、QB 型等)和碗头挂板(见图 1-6-12)(W、WG、WS、WSY)等型。不是所有的绝缘子都是球-窝连接,槽型绝缘子采用平行挂板、直角挂环等与其相连。

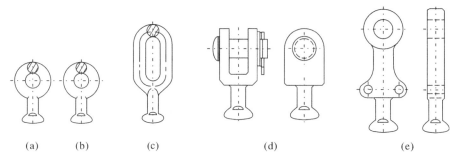

(a)　　　(b)　　　(c)　　　(d)　　　(e)

图 1-6-11　球头挂环(球头挂板)典型结构型式

(a)Q 型球头挂环;(b)QP 型球头挂环;(c)QH 型球头挂环;(d)QU 型球头挂环;(e)QB 环孔平行挂板

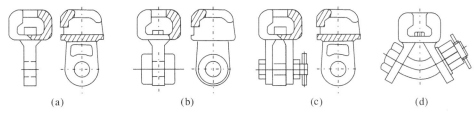

(a)　　　　　　　(b)　　　　　　　(c)　　　　　　　(d)

图 1-6-12　碗头挂板典型结构型式

(a)W 碗头挂板;(b)WG 鼓型碗头挂板;(c)WS 碗头挂板;(d)WSY 碗头挂板

(二)环-链系列连接金具

环-链系列连接金具是通用金具,它采用环与环相连的结构,属于线-线接触金具。它是连接金具普遍使用的结构形式,其结构简单,受力条件好,转动灵活,不受方向的限制,转动角度比球-窝系列大得多。

环-链系列连接金具包括 U 型挂环、延长环、直角环(见图 1-6-13)及 U 型螺丝(见图 1-6-14)和延长拉杆(见图 1-6-15)等。

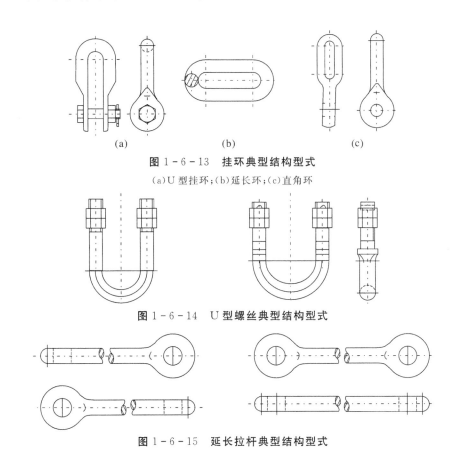

(a)　　　　　　　(b)　　　　　　　(c)

图 1-6-13　挂环典型结构型式

(a)U 型挂环;(b)延长环;(c)直角环

图 1-6-14　U 型螺丝典型结构型式

图 1-6-15　延长拉杆典型结构型式

(三)板-板系列连接金具

板-板系列连接金具也是通用金具,它的连接必须借助螺栓或销钉才能实现。它也是连接金具普遍采用的结构型式,结构简单。对盘形悬式绝缘子,使用的板-板系列连接金具是双腿槽型与单腿扁脚的结构。对槽型绝缘子,使用的板-板系列连接金具的扁脚中心至底边尺寸不应大于 22 mm。

板-板系列连接金具,主要包括挂板(见图 1-6-16)、调整板(见图 1-6-17)、牵引板(见图 1-6-18)、联板(见图 1-6-19)、十字挂板、联板支撑等。板-板系列连接金具多数采用中厚钢板通过冲压、剪割工艺制成,一般情况下不宜采用铸造加工工艺。

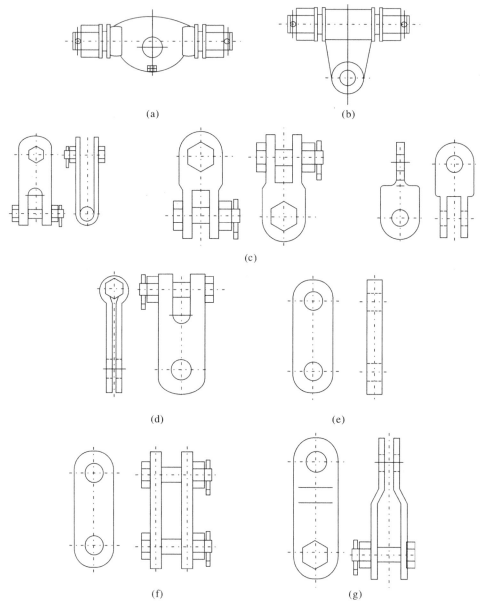

(a)

(b)

(c)

(d)

(e)

(f)

(g)

图 1-6-16 挂板典型结构型式

(a)GD 型挂点金具;(b)耳轴挂板;(c)Z 型挂板;(d)ZS 型挂板;

(e)PD 型挂板;(f)P 型挂板;(g)PS 型挂板

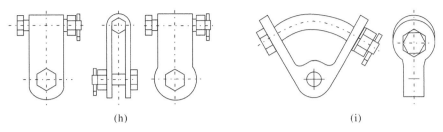

(h)   (i)

续图 1-6-16 挂板典型结构型式

(h)UB 型挂点金具;(i)V 型挂点金具

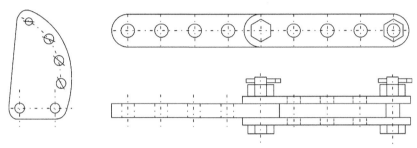

图 1-6-17 调整板典型结构型式

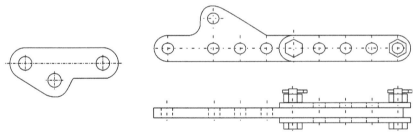

图 1-6-18 牵引板典型结构型式

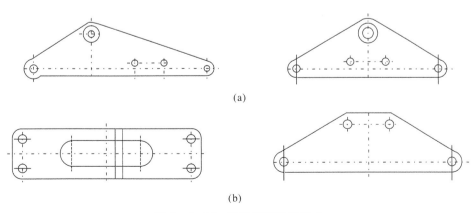

(a)

(b)

图 1-6-19 联板典型结构型式

(a)L 型联板;(b)方型联板

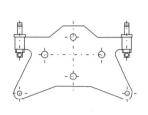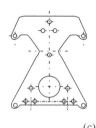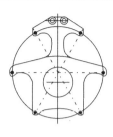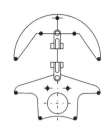

(c)

续图 1-6-19　联板典型结构型式

(c)悬垂联板

在线路金具的互相连接时，球头与碗头相配，环与环相扣，板与杆(螺栓杆)相配，应尽量避免点接触，以防止应力集中。两线路金具间若采用螺栓连接时，还应避免因开档过大而使螺栓受到不必要的弯矩。

五、防护金具

架空输电线路导线和地线在风作用下，会产生垂直平面上的周期摆动，且在整个档距形成一系列振幅不大的驻波。若导线长期振动会使导线或地线材料产生附加的机械应力，随着时间的推移会导致导线疲劳断线产生，绝缘子钢脚松动脱落，金具磨损，或造成杆塔破坏事故。为防止这类事情发生，需要对导线采取保护措施，以此加强导线和地线抗振能力，并消除导线和地线振动。

用于对导线、地线、各类电气装置或金具本身，起到电气性能保护作用的金具属于电气防护金具，起到机械性能保护作用的金具属于机械防护金具。电气防护金具与机械防护金具统称防护金具。

(一)电气防护金具

电气防护金具有绝缘子串用的均压环、防止金具产生电晕的屏蔽环及均压和屏蔽组成整体的均压屏蔽环，以及为保护绝缘子免遭沿面闪络而装的招弧角。

电压 220 kV 及以下输电线路，除高海拔地区外，一般不需安装均压环，在 330 kV 以上的电压输电线路一般安装屏蔽环，在 330 kV 及 500 kV 输电线路上安装均压屏蔽环。近年来架空地线采取对地绝缘，以供通信需要，地线用绝缘子本身带有放电间隙，亦无需另配其他电气防护金具。

均压环和屏蔽环虽然因为安装的地方不同，其作用不同，但是它们的构造和最终目的是相似的。均压环的作用是控制绝缘子上的电晕，屏蔽环的作用则是控制金具上的电晕。

随着电压等级升高，线路绝缘子串越来越长，其电压分布也越来越不均匀。线路绝缘子串电压一般呈"U"形曲线分布，绝缘子两端承受电压较高，中间绝缘子承受电压较低。局部放电往往从局部场强较高处产生并发展，承受电压最高的绝缘子易先发生放电，并逐步发展成闪络，因此降低靠近导线一侧的绝缘子承受电压和改善绝缘子串电压分布是提高绝缘子串起晕电压和闪络电压的一种有效措施。

一般均压环安装在第二片绝缘子瓷裙的位置上,安装位置低了会导致均压的效果不够,安装位置高了则会影响绝缘强度。有测量数据显示:对于 500 kV 线路,安装均压环后,第一片绝缘子的电压可降低 7.8%。

1. 均压环

均压环是改善绝缘子串电压分布的环状金具(见图 1 - 6 - 20)。在超高压线路中,绝缘子串的绝缘子片数很多,绝缘子串中的每片绝缘子上的电压分布不均,靠近导线的第一片绝缘子承受了极高的电压,因此第一片绝缘子劣化率很高。为改善绝缘子串中绝缘子的电压分布,在绝缘子串上加装了均压环。均压环采用无缝铝管制成,结构型式有圆形、长椭圆形、倒三角形、轮形等。安装均压环时,其铝管边缘在第一片绝缘子瓷裙以上或等高线上效果最好,一般安装在距第一片绝缘子瓷裙 75~100 mm 处,以避免第一片绝缘子附件早期出现电晕。均压环的边缘至绝缘子裙边距高为 150~250 mm。工程上选用时,应通过试验来确定最佳尺寸。

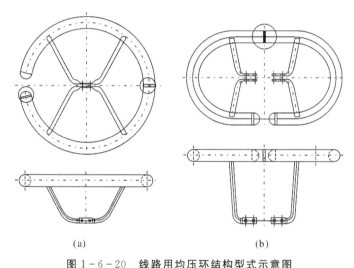

图 1 - 6 - 20 线路用均压环结构型式示意图

(a)单联悬垂均压环;(b)双联悬垂均压环

对于复合棒式绝缘子的均压环,绝缘子电压分布与其自身的对地电容有关,对地电容大的绝缘子电压分布均匀,反之则不均匀。复合绝缘子较瓷绝缘子的对地电容小,电压分布不均匀,且随电压等级的升高不均匀性更加明显。因此,在高压输电线路上使用复合绝缘子时就适当配置了相应的均压环。均压环除具有均压效果外,还可起到引弧作用,使产生的放电闪络发生于两环之间,保护伞裙不被灼伤。

2. 屏蔽环

屏蔽环(见图 1 - 6 - 21)包括线夹、挂板、螺栓等金具,都是带有棱角的部件。对于 220 kV 以上电压的输电线路和变电所,由于电压很高,当导线和金具表面的电位梯度大于临界值时,在没有装设屏蔽环的情况下,金具尖端的高电位梯度将产生强烈的电晕放电现象,这种现象除消耗一定电量外,还会对无线电产生干扰。加装屏蔽环后,形成了均匀电场,就不可能产生电晕放电。安装的屏蔽环的高度和宽度需要保证覆盖被屏蔽物,且有余量。故屏蔽环是使被屏蔽范围内不出现电晕现象的环状金具。

均压环和屏蔽环一般由圆管弯成,圆管可以是钢管,也可以是铝管。钢管须采用无缝钢管,这样在弯曲加工时不会开缝。对于环的表面处理也很重要,光滑的表面可以有效控制电晕的产生。关于环的形状,在国内一般认为形状的差别不大,多采用简单的圆环形(均压环)和两侧轮形(屏蔽环),具体应该根据被屏蔽物的形状确定。经过测试,对于管径的大小有一定的要求:32 mm(330 kV),50 mm(500 kV),80～100 mm(750 kV),100～120 mm(1 000 kV)。对于钢管做的环,由于需要热镀锌,我国多采取分成两半体镀锌后,中间再用铝管插接的办法。在强度要求上,国内并无标准、规定,一般以承受一个安装工人的重量为宜。

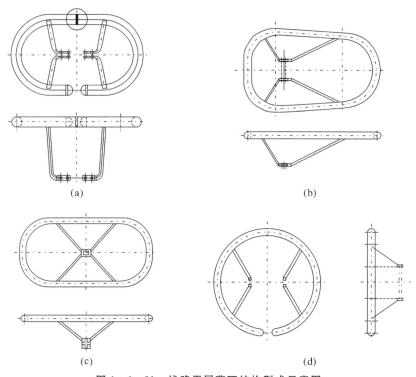

(a)   (b)

(c)   (d)

图 1-6-21   线路用屏蔽环结构型式示意图

(a)悬垂串屏蔽环;(b)耐张串耳轮屏蔽环(非对称);

(c)耐张串耳轮屏蔽环(对称);(d)耐张串圆环屏蔽环

3.均压屏蔽环

在 330 kV 及 500 kV 线路上,为简化均压环和屏蔽环的安装条件,大多数将均压、屏蔽这两种环设计成一个整体,称为均压屏蔽环(兼有均压和屏蔽作用的环状金具)(见图 1-6-22)。一般来说,均压环本身除均压外,还起屏蔽作用。均压环是对绝缘子的保护,屏蔽环是对金具的保护。因此屏蔽环自身应屏蔽,即管的表面应光整无毛刺,以达到自身不产生电晕的目的。线路上的均压屏蔽环对串上的金具起了屏蔽保护作用,也对串上的绝缘子起了均压作用。在国内工程上,均压屏蔽环较为常见。在管材的选择上,一般选择铝或者镀锌钢。

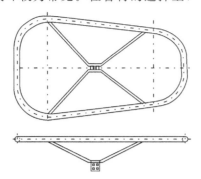

图 1-6-22 线路用均压屏蔽环结构型式示意图

在国内,线路的设计经常将均压环和屏蔽环合二为一使用,均压屏蔽环的作用在于以下方面:

(1)均压屏蔽环可改善单个绝缘子的电位分布,减弱铁帽处最大场强区的电场强度,减弱绝缘子瓷表面的平行电场分量,有利于抑制沿面闪络,提高其起晕电压和闪络电压;

(2)均压屏蔽环可均匀绝缘子串的电压分布,避免绝缘子串中承受电压最高的绝缘子提前闪络;

(3)在绝缘子串上安装均压屏蔽环会带来一定的劳动强度及建造费用,但是有助于延长绝缘子寿命,也就降低了维护费用;

(4)均压屏蔽环降低了金具尖端的高电位梯度产生电晕的概率,也就降低了产生无线电干扰的可能性;

(5)均压屏蔽环实际上是均压环和屏蔽环的组合,在某种程度上降低了施工工程的复杂程度,同时也便于维护。

由于铝的价格较高,所以在国内,一般只有在电厂、变电站及相关线路上才使用铝制均压屏蔽环。

另外,招弧角一般安装在绝缘子串的两端,当发生过电压事故的时候,空气间隙先于绝缘子串被击穿,电弧由空气跃过,而不造成绝缘子的沿面闪络,这样会提高绝缘子的寿命。招弧角的结构比较简单,但是在国内招弧角的使用较少,只在极个别的杆塔上因过电压保护的要求才装设。

(二)机械防护金具

机械防护金具有使一相(极)导线中的多根子导线保持相对间隔位置的间隔棒,安装在导(地)线上,抑制或减小微风振动的防振金具,以及螺旋形缠绕于导(地)线上,以增加缠绕处导(地)线刚度及耐振能力的金属线条护线条等。

1. 防振金具

由于高压架空线路的档距较大,杆塔也较高,当导线受到大风吹动时,会发生较强烈的振动。导线振动时,导线悬挂处的工作条件最为不利。长时间和周期性的振动,将造成导线疲劳损坏,使导线发生断股、断线,甚至造成杆塔的破坏。

目前对导线的振动保护可以采用加强导线抗振能力的措施与安装消除导线振动的各类金具两种方式。

(1)加强导线抗振能力的措施。

1)预绞丝护线条。加强导线抗振能力,主要是用具有弹性的高强度铝合金丝按规定根数为一组制成螺旋状的预绞丝护线条(见图1-6-23),紧缠在导线的外层,装入悬挂点的线夹中,以增加导线的刚度,并减少在线夹出口处导线的附加弯曲应力。预绞丝护线条成型内径比导线外径小15%～17%,故可借助材料弹性压紧在导线上不产生滑动,减少弯曲应力及线夹出口受到的挤压力和磨损、卡伤等,并使导线在悬垂线夹中的应力集中现象得以改善,导线振动时可使导线受到的动弯应力减少20%～50%。预绞丝护线条安装简单,不需要任何工具,运行维护也很方便。当检查预绞丝护线条内部导线是否断股时,可拆开预绞丝,经检查合格后仍可重新缠绕,继续使用。

2)阻尼线。在架空线悬垂线夹两侧或耐张线夹两侧交叉出口一侧,装上与架空线同型号或其他型号的单根线或部分双根线并在一起的连续多个花边,起阻尼防振作用,这些花边称为阻尼线或花边阻尼线(见图1-6-24)。花边阻尼线多用于大跨越防振上。

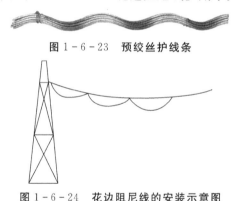

图1-6-23 预绞丝护线条

图1-6-24 花边阻尼线的安装示意图

(2)安装消除导线振动的金具。这里主要介绍防振锤。为了防止和减轻导线的振动,一般在悬挂导线线夹的附近安装一定数量的"小锤",在输电线路工程领域称该"小锤"为防振锤(见图1-6-25)。防振锤是指抑制导线受微风振动用的锤形组合件。防振锤由一定质量的重锤,具有较高弹性、高强度的镀锌钢绞线及线夹组成。常用的防振锤主要有F型防振锤、音叉式防振锤、4R防振锤、双扭防振锤及海马防振锤等。按与导线的连接方式它又分螺栓型防振锤[见图1-6-25(a)]和预绞式防振锤[见图1-6-25(b)]。

(a) (b)

图1-6-25 防振锤

(a)螺栓型防振锤;(b)预绞式防振锤

2.间隔棒

间隔棒(见图1-6-26)是用于保证分裂导线线束间距,以满足电气性能,降低表面电位梯度,即保证线路在短路情况下,导线线束间不致产生电磁力造成相互吸引碰撞,或虽引起瞬间的吸引碰撞,但事故消除后即能恢复正常状态的防护金具。

间隔棒根据性能特点可分为刚性间隔棒和阻尼间隔棒;根据间隔棒的结构特点分为球绞间隔棒、环绞间隔棒、阻尼间隔棒、单绞式间隔棒等;根据间隔棒所用分裂导线的结构分为二分裂、三分裂、四分裂、六分裂、八分裂间隔棒等。

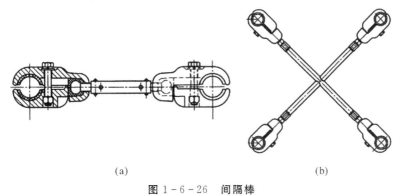

(a)　　　　　　　　　　　(b)

图1-6-26　间隔棒

(a)二分裂间隔棒;(b)四分裂间隔棒

3.悬重锤

悬重锤(见图1-6-27)是指挂在绝缘子串下端,以增大垂直荷重的重块。线路金具中的悬重锤是指挂在绝缘子下端,以增大垂直荷重的重块。它是用在悬垂型杆塔悬垂绝缘子串或非悬垂型杆塔跳线上,当杆塔绝缘不足时采用的保护金具。

悬重锤由重锤片、重锤座和挂板组成。重锤片使用可锻铸铁铸造。每个重锤座可以安装三片重锤片,根据实际需要重锤片超过三片可加装三腿平行挂板,每加一个挂板可以增挂三片重锤片。悬重锤用一般悬垂线夹时,线夹应增加挂重锤用挂板。

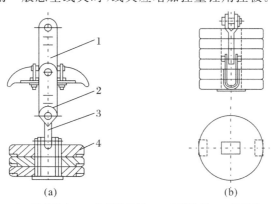

(a)　　　　　　　　　(b)

1—悬垂线夹;2—挂重锤挂板;3—U形挂环;4—重锤片

图1-6-27　悬重锤的结构图

(a)垂直线路方向;(b)顺线路方向

第七节　接地装置及接地要求

在杆塔与土壤间作良好的电气连接称为接地，与土壤直接接触的金属体或金属体组称为接地体或接地极。连接于接地体与杆塔间的金属导线称为接地线。接地线与接地体合称为接地装置。

接地装置的作用是确保雷电流可靠泄入大地，保护线路设备绝缘，减少线路雷击跳闸率，提高运行可靠性和避免跨步电压产生的人身伤害。对输电线路杆塔接地装置进行规范管理和维护，确保接地装置完整性是降低输电线路雷击跳闸率的有效措施；降低接地装置接地电阻是提高线路耐雷水平的主要措施。

输电线路接地装置按接地方式不同，分为自然接地部分（包括杆塔基础、拉线等直接与土壤接触部分）和人工接地体（根据需要由人工埋设的装置）；按敷设方式不同，分为垂直和水平两种。输电线路的接地装置多为水平敷设，水平接地又分为环型接地和放射型接地，也有根据具体条件设置的混合型接地。

接地装置的设计应符合电气方面的有关规定。有地线的杆塔应当接地。每基杆塔不连地线的工频接地电阻，不宜大于表1-7-1规定的数值。在土壤电阻率较低的地区，当杆塔的自然接地的电阻不大于表1-7-1规定的数值时，可不装设人工接地体。

表1-7-1　有地线的线路杆塔不连接地线的工频接地电阻

土壤电阻率/($\Omega \cdot m$)	≤100	100~500	500~1 000	1 000~2 000	>2 000
埋设深度/m	自然接地	≥0.6	≥0.5	≥0.5	≥0.3
工频接地电阻/Ω	≤10	≤15	≤20	≤25	≤30

在土壤电阻率$\rho \leqslant 100\ \Omega \cdot m$的潮湿地区，可利用铁塔和钢筋混凝土杆的自然接地；对于有地线的线路，且在雷季干燥时，每基杆塔不连架空地线的接地电阻不宜超过10 Ω。在居民区，当自然接地电阻符合要求时，可不另设人工接地装置。在100 $\Omega \cdot m < \rho \leqslant 500\ \Omega \cdot m$的地区，除利用铁塔和钢筋混凝土杆的自然接地外，还应增设人工接地装置。在500 $\Omega \cdot m < \rho \leqslant 2\ 000\ \Omega \cdot m$的地区，可采用水平敷设的接地装置。在土壤电阻率$\rho > 2\ 000\ \Omega \cdot m$的地区，当接地电阻很难降到30 Ω时，可采用6~8根总长度不超过500 m的放射形接地极或连续伸长接地极体，接地电阻可不受限制，不过在实际工程中一般都会采取物理降阻方法有效降低接地电阻。放射形接地极可采用长短结合的方式，每根放射形接地极的最大长度应符合表1-7-2的要求。居民区和水田中的接地装置，宜围绕杆塔基础敷设成闭合环形。在山坡等倾斜地形敷设水平接地极时，宜沿等高线敷设。架空线路杆塔的每一塔腿都应与接地线连接，并应通过多点接地。

表 1-7-2　每根放射形接地极的最大长度

土壤电阻率/(Ω·m)	≤500	500<ρ≤1 000	1 000<ρ≤2 000	2 000<ρ≤5 000
最大长度/m	40	60	80	100

在高土壤电阻率地区采用放射形接地装置时,当在杆塔基础的放射形接地极每根长度的 1.5 倍范围内有土壤电阻率较低的地带时,可部分采用外引接地或其他措施。

中性点非直接接地系统在居民区的无地线钢筋混凝土电杆和铁塔应接地,其接地电阻不应超过 30 Ω。无地线的杆塔,当装有电气设备时也必须接地。

习　题

1. 按用途不同,杆塔可以分为哪些类型,如何区分?

2. 对比分析钢管电杆和铁塔的特点,陡峭的山地和拥挤的城区适宜选用上述哪种杆塔? 说明原因。

3. 按用途不同,电线可以分为哪些类型? 如何区分杆塔上的电线?

4. 按照材料不同,常用的导线类型有哪些? 各有何特点? 架空输电线路常用钢芯铝绞线,其较钢绞线和铝绞线有何特点和优势? 简述重冰区、沿海地区各应选择什么类型的导线。

5. 参照 GB 1179-2017 规范简述 JL/G1A-400/35 各字母代表的意义,查表列举 JL/G1A-400/35 导线的主要参数并说明各技术参数的主要用途。试计算 JL/G1A-400/35 导线的弹性系数、温度线膨胀系数和拉断力。

6. 简述架空输电线路导线的选择步骤,当空气温度取 25 ℃ 时,计算 JL/G1A-300/40 导线允许运行温度分别 70 ℃ 和 80 ℃ 时的载流量。

7. 分裂导线与同截面单根导线相比有何优势? 简述根据电压等级划分的常见分裂导线的类型,为避免分裂导线粘连常用的措施有哪些。

8. 常见的导线排列方式有哪些? 各有何特点? 长距离输电线路为什么需要换位? 作图表示常用的换位型式。

9. 简述地线的类型和作用,地线的常用接地方式和特点,以及地线的选择步骤。

10. 按照悬挂方式和受力特点不同,绝缘子串分为哪些类型?

11. 按照材质不同,绝缘子通常分为哪些类型? 各有什么特点?

12. 简述金具的作用,以及金具选择的指导原则。

13. 自上而下列举架空输电线路的主要部件。

第二章 输电线路所经地区的气象条件

第一节 输电线路气象参数

一、气象参数对输电线路的影响

架空线路的导线和地线(简称导地线)统称为架空线,它们一年四季暴露在大气中,作用在它们上面的机械荷载是随气象条件的变化而不断变化的。架空线的机械荷载不仅影响其本身的长度、弧垂和张力(应力),同时决定了杆塔和杆塔基础的受力及带电部分与其他物体间的安全距离等。因此,输电线路设计用气象条件选取是否合理,对保证线路建设和运行的安全和经济都有着决定性意义。

输电线路的设计用气象条件,广义地说是指那些与架空线路的电气强度和机械强度有关的气象参数,如风、雨、雪、覆冰、气温、湿度、雷电参数等。一般来说,雨难以在架空线上停留,雪的密度较小,它们对线路的影响不大;雷电对线路的影响,可以用加强防雷措施来应对;风、覆冰和气温对架空输电线路的机械强度和电气间距有较大影响,是线路设计中要考虑的主要气象参数,称之为设计用气象条件的三要素。

设计用气象条件的三要素各自对线路的影响主要如下。

(一)风

1)形成风压,产生横向荷载,使导地线的应力增大,对杆塔产生附加弯矩;

2)微风振动使导地线疲劳破坏断线;

3)引起导地线舞动,使导地线发生相间闪络、产生鞭击;

4)引起风偏,悬垂绝缘子串偏摆,使导线间及其与杆塔构件间、边坡间的空气间距减小而发生闪络。

(二)覆冰

1)导地线的垂直载荷增加,张力增大,可能造成断线;

2)杆塔及导地线迎风面积增加,风载荷增加;

3)使导地线弧垂增大,电气距离减小;

4)使导地线舞动的可能性增大;

5)脱冰跳跃可引起导线相间闪络。

（三）气温

1）气温低，导地线变短，拉力增大，有可能断线；

2）气温高，张力小、弧垂大，导线对地电气距离可能不够；

3）最高气温下，导线温升、强度降低，可能超过允许值。

二、主要气象资料的搜集

输电线路在运行过程中会连续经历多种气象情况。为保证输电线路的可靠运行，使其机械强度与电气间距满足要求，设计计算时，需对线路沿线地区的气象进行全面了解，详细搜集那些对各线路部件强度起控制作用的气象条件。这些设计用气象条件一般有 9 种，即最高气温、最低气温、年平均气温、最大风速、最大覆冰、内过电压（即操作过电压）情况、外过电压（即大气过电压）情况、安装情况、断线事故情况等。需搜集的气象资料内容及其主要用途见表 2-1-1。

表 2-1-1 需搜集的气象资料内容及其主要用途

序号	内容	主要用途
1	最高气温	用于计算导地线的最大弧垂，保证导线对地或跨越物具有一定的安全距离，这也是校验导线发热的条件
2	最低气温	用于计算导地线可能产生的最大张力，检查绝缘子串上扬或导、地线上拔，校核钻越时地线的安全距离，用于导地线防震设计
3	平均气温	是微风振动的设计条件，用于计算导地线平均运行应力，微风振动的设计条件，计算内过电压下的电气间距、耐张绝缘子串的倒挂等
4	历年最低气温月的日最低气温平均值	是计算断线、断串及事故时的初始条件
5	历年最低气温月的平均气温	是计算导地线和杆塔安装、检修的气象参数之一
6	历年最大风速及最大风速月的平均气温	是考虑导地线和杆塔强度的基本条件，也用于检查导地线、悬垂串的风偏
7	最高气温月的最高平均气温	用于计算导线的发热和温升
8	地区最多风向及其出现的频率	用于导地线的防震、防腐及绝缘防污设计
9	覆冰厚度	是导地线和杆塔强度的设计依据，用于计算导地线的最大弧垂，验算不均匀覆（脱）冰时导地线的不平衡张力、上下层导地线间的接近距离等，有风时也用于检查导地线和悬垂串的风偏
10	平均雷电日数（或小时数）	是防雷设计依据
11	雪天、雨天、雾天的持续小时数	是计算电晕损失的基本数据
12	土壤冻结深度	用于杆塔基础设计
13	常年洪水位和最高航行水位及气温	用于确定跨越杆塔高度及验算交叉跨越距离

三、气象条件重现期

气象条件的重现期是指该气象条件"多少年一遇",如年最大风速超过某一风速 V_R 的强风平均每 R 年发生一次,则 R 年即为风速 V_R 的重现期。《66 kV 及以下架空电力线路设计规范》(GB 50061—2010)、《110 kV～750 kV 架空输电线路设计规范》(GB 50545—2010)、《1 000 kV 架空输电线路设计规范》(GB 50665—2011)、《±800 kV 直流架空输电线路设计规范》(GB 50790—2013)、《高压直流架空输电线路设计技术规程》(DL/T 5497—2015)及《±1 100 kV 直流架空输电线路设计规范》(报批稿)规定了不同电压等级线路和大跨越的基本风速、设计冰厚的重现期,见表 2-1-2。

表 2-1-2　设计气象条件的重现期

电压等级/kV	330 及以下	500～750、±500～±660	1 000、±800、±1 100
重现期/年	30	50	100

注:不同电压等级同塔线路应按最高电压等级确定。

第二节　基本设计风速的确定

在进行架空线路计算前,必须全面了解沿线的气象资料,必要时向沿线气象台站或中心气象站以及当地居民搜集有关气象资料。应特别注意搜集附近已有线路的运行经验数据,进行换算以确定出设计用气象条件。

一、风级划分

调查风速的重要依据之一就是了解、熟悉、掌握风力等级(简称"风级")表中的海面和渔船征象,海岸、渔船征象以及陆地征象。风级及风速的对照见表 2-2-1。

表 2-2-1　风力等级表

风力等级	名称	相当于平地 10 m 高处的风速 /(m·s⁻¹) 范围	相当于平地 10 m 高处的风速 /(m·s⁻¹) 中值	海面和渔船征象,海岸、渔船征象	海面大概波高 一般浪高 m	海面大概波高 最高浪高 m	陆地征象
0	静风	0～0.2	0	海面平静	—	—	静,烟直上
1	软风	0.3～1.5	1.0	微波如鱼鳞状,没有浪花,一般船正好能使舵	0.1	0.1	烟能表示风向,树叶略有摇动
2	轻风	1.6～3.3	2.0	小波,波长尚短,但波形显著,波峰光亮但不破裂;渔船张帆时,每小时可随风移行 1～2 n mile①	0.2	0.3	人面感觉有风,树叶有微响,旗子开始飘动
3	微风	3.4～5.4	4.0	小波加大,波峰开始破裂;浪沫光亮,有时有散见的白浪花,渔船感觉簸动,每小时随风移行 3～4 n mile	0.6	1.0	树叶及小枝摇动不息,旌旗展开,高的草摇动不息

续表

风力等级	名称	相当于平地 10 m 高处的风速 /(m·s⁻¹)		海面和渔船征象，海岸、渔船征象	海面大概波高		陆地征象
		范围	中值		一般浪高 m	最高浪高 m	
4	和风	5.5～7.9	7.0	小浪、波长变长；渔船满帆时，可使船身倾斜于一侧	1.0	1.5	能吹起地面灰尘、纸张，树枝摇动，高的草呈波浪起伏
5	清劲风	8.0～10.7	9.0	中浪，具有较显著的长波形状，许多白浪形成（偶有飞沫），渔船需收帆一部分	2.0	2.5	有叶的小树摇摆，内陆的水面有小波。高的草波浪起伏明显
6	强风	10.8～13.8	12.0	轻度大浪开始形成；到处有更大的白沫峰（有时有飞沫），渔船收帆大部分，并注意风险	3.0	4.0	大树枝摇动，电线呼呼有声，举伞困难，高的草不时倾伏于地
7	疾风	13.9～17.1	16.0	轻度大浪，碎浪而成白沫沿风向呈条状，渔船不再出港，在海者下锚	4.0	5.5	全树摇动，大树枝下弯，迎风步行感觉不便
8	大风	17.2～20.7	19.0	有中度的大浪，波长较长，波峰边缘开始破碎成飞沫片；白沫沿风向呈明显的条带；所有近海渔船都要靠港，停留不出	5.5	7.5	可折毁小树枝，人向前行感觉阻力甚大
9	烈风	20.8～24.4	23.0	狂浪，沿风向白沫呈浓密的条带状，波峰开始翻滚，飞沫可影响能见度，机帆船航行困难	7.0	10.0	草房遭受破坏，屋瓦被掀起，大树枝可折断
10	狂风	24.5～28.4	26.0	狂涛，波峰长而翻卷；白沫成片出现，沿风向呈白色浓密条带；整个海面呈白色；海面颠簸加大有震动感，能见度受影响，机帆船航行颇危险	9.0	12.5	树木可被吹倒，一般建筑物遭破坏
11	暴风	28.5～32.6	31.0	异常狂涛（中小船只可一时隐没在浪后）；海面完全被沿风向吹出的白沫片所掩盖；波浪到处破成泡沫，能见度受影响，机帆船遇之极危险	11.0	16.0	大树可被吹倒，一般建筑物遭严重破坏

续 表

风力 等级	名 称	相当于平地 10 m 高处的风速 /(m·s⁻¹)		海面和渔船征象, 海岸、渔船征象	海面大概波高		陆地征象
		范围	中值		一般浪高 m	最高浪高 m	
12	飓风	32.7~36.9	35.0	空中充满了白色的浪花和飞沫;海面完全变白,能见度严重受到影响,海浪滔天	14.0	—	陆上少见,其摧毁力极大
13	—	37.0~41.4	39.0	—	—	—	—
14	—	41.5~46.1	44.0	—	—	—	—
15	—	46.2~50.9	49.0	—	—	—	—
16	—	51.0~56.0	54.0	—	—	—	—
17	—	56.1~61.2	59.0	—	—	—	—
18	—	≥61.3	—	—	—	—	—

注:① 1 n mile=1 852 m。

二、资料的搜集与整理

(一)气象台(站)的选取

线路经过有气象资料地区,需确定搜集哪个气象台(站)的资料才能更好地代表该线路的气象条件,这是搜集资料面临的根本问题。一般说来应选择距线路最近、资料系列最长的台(站)。当线路较长且沿线有数个气象台(站)时,可全部选用,并对各站资料进行分析,删减相近风速。当线路通过地区没有气象站时,则按照气象站影响半径来确定远离线路的气象站能否使用。当线路介于两站之间时,则要分析地形条件、线路与气象台之间有无障碍物等,再参照距离的远近来确定。特别是处在县、省境边缘地区的线路,不能按行政区划来选择台(站)。

若线路较长,周围地形地貌很复杂,有大山大河阻隔,气象台(站)离线路较远,则一般选取方法就是先按上述要求大致确定所选气象站后,再搜集这些站的 3~5 个历史大风值,包括大风出现的时间、风向、风力等级等。然后再调查气象台(站)记录的最大风值在线路经过地区是否出现过,如果没有,特别是几个大数值都没有出现过,则这个气象站的资料不是线路需要的资料;如果气象台(站)记录的大风值(通过风场计算)刚好在线路通过地区出现过,则这个气象台的资料是线路需要的资料。

(二)在气象台(站)搜集资料的原则

选定台(站)之后,便可抄录选定站 2 min 平均风速和 10 min 平均风速资料,目的就是进行相关性计算。搜集资料时要注意下列 3 个原则。

1. 控制大风和大风点子数

选择控制大风的方法可称作超定量法,即超过某一定值的大风资料全抄,定值以下的大风资料舍弃。否则,定时风速资料每天观测 4 次,每年需抄录的数据近 1 460 个。若是 10 min 平均风速,每天抄录数据 24 个,则一年要抄录 8 700 多个数据,工作量很大。采用超定量法,既可以减少工作量又可以把注意力转到大风上来。一个什么样的量可作为超定量的标准,可依据资料系列的长短、风速值大小来定,一般控制在 30 个左右的风速点子就可以了。

2. 选择同一场风

如何判断不同地区两风速变量是否为同一场风所形成的呢?要根据大区域内的气压、风速(风时)、风向等资料进行判断。平时在实际工作中没有必要也不可能对每场风都进行这样的分析。由于线路设计的需要,在这里规定用风向及风时结合起来分析、判断两风速变量是否为同一场风。首先是风时。如果选择不同地区的两个气象台(站)间的风速资料进行相关计算,则必须首先了解两站的相对地理位置以及它们之间的距离。假定为北风,则北边站先出现最大风速,大约 $\frac{l}{v}$(l 为两站距离,v 为最大风速)时间后到达南边站,此时若南边站也出现最大风,则可认为是同一场风。其次为风向。这是判断两风速变量是否为同一场风的主要标志。但在十六方位中怎么确定是相同风向呢?例如,在甲站为 NNE 风,达到乙站后,受地表面地物、地形影响,风向改变,成为 NE 风,其方位变化了 22.5°,可否认为它们是同一场风呢?根据电接风速风向仪的方位误差为 ±11.25°,认为风向相差在 22.5° 之内可以算为同一场风。因此,这里规定采用风向偏角不超过 ±22.5° 为标准,如果风向偏角在 ±22.5° 之内,则认为是同一场风。同时满足风时和风向的大风才是同一场风。

3. 同步资料搜集

同步资料就是同一时间相应的资料。它们能在直角坐标系上组成一个点子。没有同步资料则无法进行图解或相关计算。

向气象部门搜集资料时,不考虑资料是否为同一风场资料(同一风场意味着有延时),只要是同步的风速就选用,并参加统计,这是不对的。因为相关计算是建立在两变量间的物理因素相同或相近的基础上的,或者说两变量间必须具有明显的物理联系,不能选用两个不相关的变量进行相关计算。因此,特别强调所选的两个风速变量必须是同一场风,风速同步,才能参加统计。

三、最大设计风速的确定

沿线搜集气象资料有可能出现以下 3 种情况:①能搜集到较长系列的 2 min 平均最大风速或 10 min 平均最大风速;②能搜集到的资料数据时间短,需要搜集更多资料数据,增加现有短期资料对本地区的代表性;③没有实测 10 min 平均最大风速的台(站)。以下分 3 种情况说明:对①②采用相关计算的方法解决。

(一)计算方法的确定

搜集到各气象台(站)采用不同测记方式和不同风速仪高度测得的历年的最大风速值后,依次将不同风速仪高度测得的历年的最大风速值换算为统一风速仪高度下的风速值,该

换算称为等高风速仪修订;把不同测记方式下的风速值换算成连续自记 10 min 平均风速,
该换算称为风速的次时换算;根据最大风速重现期,采用极值Ⅰ型分布作为概率模型,计算
得出重现期风速值,再根据设计高度换位值设计高度最大设计风速值。

(二)风速的次时换算

我国各地目前采用的风速的测记方式有两种:

1)一天 4 次定时 2 min 平均风速;

2)连续自记 10 min 平均风速。

《架空输电线路电气设计规程》(DL/T 5582—2020)规定,设计输电线路确定基本风速
时,应按当地气象台站(第 2 种气象资料)10 min 时距平均的年最大风速作样本,采用极值
Ⅰ型分布作为概率模型。当气象台站的资料为 2 min 时距平均的年最大风速样本时,须经
过下列换算,称之为次时换算(即观测次数及时距的换算)。

将一天 4 次定时 2 min 平均风速 V_2 换算成的连续自记 10 min 平均风速 V_{10},须用下面
的"回归方程式":

$$V_{10} = AV_2 + B \qquad (2-2-1)$$

式中:V_{10}——连续自记 10 min 的平均风速,m/s;

V_2——一天 4 次定时 2 min 的平均风速,m/s;

A、B——次时换算系数,计算公式如下:

$$A = \frac{\sum_{i=1}^{n} V_{2i} V_{10i} - \frac{1}{n} \sum_{i=1}^{n} V_{2i} \sum_{i=1}^{n} V_{10i}}{\sum_{i=1}^{n} V_{2i}^2 - n \left(\frac{1}{n} \sum_{i=1}^{n} V_{2i} \right)^2} \qquad (2-2-2)$$

$$B = \frac{1}{n} \sum_{i=1}^{n} V_{10i} - A \frac{1}{n} \sum_{i=1}^{n} V_{2i} \qquad (2-2-3)$$

A、B 次时换算系数计算相对复杂,可根据表 2-2-2 中的实验数值查用。

表 2-2-2　风速的次时换算系数

地　区	A	B
东北	0.970	3.960
华北	0.880	7.820
西北	0.850	5.210
西藏	1.004	1.570
西南	0.750	6.170
云南	0.625	8.040
四川	1.250	0.000
山东	0.855	5.440
山西南、北部	0.834	7.400
山西中部	0.749	8.560

续 表

地　区	A	B
华东及安徽长江以南	0.780	8.410
安徽长江以北	1.030	3.760
江苏	1.184	1.490
华中	0.730	7.000
广东	1.000	3.110
福建	0.910	4.960
广西	0.793	4.710
河北、北京	0.810	4.720
天津	0.864	4.640
北海	0.904	2.790

（三）最大风速

根据时距为 10 min 平均的年最大风速观测值或通过次时计算平均最大风速,采用极值 Ⅰ 型分布作为概率模型,计算出相应重现期下的最大风速。采用的计算公式如下:

$$F(V) = \exp\{-\exp[-a(V-b)]\} \tag{2-2-4}$$

$$a = \frac{1.282\ 55}{\sigma} \tag{2-2-5}$$

$$b = \mu - \frac{0.577\ 22}{a} \tag{2-2-6}$$

式中：V——年最大风速样本,m/s;

　　　a——分布的尺度参数;

　　　b——分布的位置参数;

　　　σ——样本的标准差;

　　　μ——样本的最大风平均值,m/s。

由于搜集来的年最大风速样本是有限的,需要用有限样本的平均值 $\bar{V}$ 和标准差 s 作为 μ 和 σ 的近似估计时,平均值 $\bar{V}$ 和标准差 s 为

$$\bar{V} = \frac{1}{n}\sum_{i=1}^{n}V_i \tag{2-2-7}$$

$$s = \sqrt{\frac{1}{n-1}\sum_{i=1}^{n}(V_i - \bar{V})^2} \tag{2-2-8}$$

分布的尺度参数和分布的位置参数按下列两式计算：

$$a = \frac{C_1}{s} \tag{2-2-9}$$

$$b = \bar{V} - \frac{C_2}{a} \tag{2-2-10}$$

式中：　　$\bar{V}$——有限样本的最大风速平均值,m/s;

n——样本中的年最大风速的个数；

C_1、C_2——与有限样本中的年最大风速的个数 n 有关的系数，按表 2-2-3 查值。

表 2-2-3　系数 C_1 和 C_2

n	C_1	C_2	n	C_1	C_2
10	0.949 70	0.495 20	60	1.174 65	0.552 08
15	1.020 57	0.518 20	70	1.185 36	0.554 77
20	1.062 83	0.523 55	80	1.193 85	0.556 88
25	1.091 45	0.530 86	90	1.206 49	0.558 60
30	1.112 38	0.536 22	100	1.206 49	0.560 02
35	1.128 47	0.540 34	250	1.242 92	0.568 78
40	1.141 32	0.543 62	500	1.258 8	0.572 40
45	1.151 85	0.546 30	1 000	1.268 51	0.574 50
50	1.160 66	0.548 53	∞	1.282 55	0.577 22

若重现期为 R 年，重现期 R 年的最大风速 V_R 按下式计算：

$$V_R = b - \frac{1}{a}\ln\left[\ln\left(\frac{R}{R-1}\right)\right] \tag{2-2-11}$$

(四)风速的高度换算

1. 基本风速

基本风速是指风速仪位于距地面 10 m(标准高度)时测得的风速，当搜集的各台(站)的资料中风速仪高度与标准高度相差过大时，需要将风速仪高度处的风速换算为标准高度处的基本风速。换算时，一般将输电线路换算至离地面 10 m 处风速，将大跨越换算至历年大风季节平均最低水位 10 m 处风速。其计算公式如下：

$$V_0 = V_h\left(\frac{10}{h_x}\right)^a \tag{2-2-12}$$

式中：V_0——离地面 10 m 处的平均风速，m/s；

V_h——离地面 h_x 处风速仪测量的平均风速，m/s，如果是一天 4 次定时 2 min 的平均风速，需采用风速的次时换算，换算至连续自记 10 min 的平均风速；

h_x——风速仪离地高度，m；

a——地面粗糙度系数，一般采用实测资料，无资料时按表 2-2-4 选用，气象台(站)在开阔平坦地区，地面粗糙度系统按 B 类考虑。

表 2-2-4　地面粗糙度系数

类　别	a	地面特征
A	0.12	近海海面、海岛、海岸及沙漠地区
B	0.16	田野、乡村、丛林、丘陵及房屋比较稀疏的中小城镇和大城市郊区
C	0.22	有密集建筑群的城市市区
D	0.30	有密集建筑群且房屋较高的城市市区

2.高度换算

由于气流和地面的摩擦作用,离地不等高度上风速的分布不均匀,离地越高,风速越大。架空输电线路的最大设计风速应按基本风速和线路的设计高度确定。由于地形的变化,杆塔高度有差异,架空输电线路导线对地的设计高度也有差异,线路的设计高度应按架空线的平均高度计算。设计初期无具体数据时,对 110~330 kV 线路,下导线的平均高度(不含大跨越)一般可取 15 m;对 500~750 kV 线路,下导线的平均高度(不含大跨越)一般可取 20 m;对 1 000 kV 线路,导线的平均高度(不含大跨越)一般可取 30 m。在计算中一般不直接将基本风速折算至下导线平均高度的风速,而是通过标准风速与风压高度变化系数计算下导线平均高度的风速的相应荷载。线路设计高度 h 处的风速按下式折算,其他工况的风速则无需进行高度换算。

$$V = V_0 \left(\frac{h}{10} \right)^a \tag{2-2-13}$$

式中：V——线路设计平均高度 h 处的平均风速,m/s;

　　　h——线路设计平均高度,m。

【例 2-2-1】　假设某地区 20 年 20 m 高度自记 10 min 年最大风速值如表 2-2-5 所示,试求该地区 15 m 处 15 年一遇重现期的年最大风速,地面粗糙度按 B 类考虑。

表 2-2-5　某地区 20 年 20 m 高度自记 10 min 年最大风速

年　份	1951	1952	1953	1954	1955	1956	1957	1958	1959	1960
最大风速/(m·s⁻¹)	21.8	21.2	29.2	26.7	32.2	25.0	29.0	27.7	30.3	22.0
年　份	1961	1962	1963	1964	1965	1966	1967	1968	1969	1970
最大风速/(m·s⁻¹)	21.0	27.1	24.0	30.3	27.1	24.0	18.6	23.2	27.1	34.2

解　(1)计算样本中的平均值 $\bar{V}$ 和标准差 s 的计算如下：

$$\bar{V} = \frac{1}{n} \sum_{i=1}^{n} V_i = \frac{521.7}{20} = 26.085\,0\,(\text{m/s})$$

$$s = \sqrt{\frac{1}{n-1} \sum_{i=1}^{n} (V_i - \bar{V})^2} = \sqrt{\frac{277.827\,1}{20-1}} = 4.117\,0\,(\text{m/s})$$

(2)重现期的概率计算。由于风速个数 $n=20$,查表 2-2-3 得修正系数 $C_1 = 1.062\,83$、$C_2 = 0.523\,55$。分布的尺度参数和分布的位置参数为

$$a = \frac{C_1}{s} = \frac{1.062\,83}{14.622\,5} = 0.258\,16\ (\text{m/s})^{-1}$$

$$b = \bar{V} - \frac{C_2}{a} = 26.085\,0 - \frac{0.523\,55}{0.258\,16} = 24.056\,96\ (\text{m/s})$$

重现期 $R=15$ 年、20 m 高度的年最大风速为

$$V_R = b - \frac{1}{a} \ln \left[\ln \left(\frac{R}{R-1} \right) \right] = 24.056\,96 - \frac{1}{0.258\,16} \ln \left[\ln \left(\frac{15}{15-1} \right) \right] = 34.413\,92\ (\text{m/s})$$

（3）高度换算。B 类地区地面粗糙度系数查表 2-2-4 得 $a=0.16$，离地面 10 m 处的平均风速为

$$V_0 = V_h \left(\frac{10}{h_x}\right)^a = 34.413\ 92 \times \left(\frac{10}{20}\right)^{0.16} = 30.801\ \text{（m/s）}$$

将基准风速换算至 15 m 设计高度的风速：

$$V_{15} = V_0 \left(\frac{15}{10}\right)^a = 30.801\ 32 \times \left(\frac{15}{10}\right)^{0.16} = 32.865\ \text{（m/s）}$$

（五）基本风速的一般规定

根据规定，110～330 kV 架空输电线路的基本风速，一般输电线路不应低于 22 m/s，大跨越时不应低于 25 m/s；对于 500～750 kV、±500～±660 kV，一般输电线路不应低于 25 m/s，大跨越时不应低于 27 m/s；对于 1 000 kV、±800～±1 100 kV，一般输电线路不应低于 27 m/s，大跨越时不应低于 30 m/s。必要时还宜按稀有风速条件进行验算。

山区输电线路的基本风速，宜采用统计分析和对比观测等方法由邻近地区气象台（站）的气象资料推算，并应结合实际运行经验确定。当无可靠资料时，应比附近平原地区的统计值高 10%。

大跨越时的基本风速，当无可靠资料时，宜将附近陆上输电线路的风速统计值换算到跨越处历年大风季节平均最低水位以上 10 m 处，并增加 10%，考虑水面影响再增加 10% 后选用。大跨越时的基本风速不应低于相连接的陆上输电线路的基本风速。必要时，还宜按稀有风速条件进行验算。

另外，风速的确定还需加强对已建与在建架空输电线路设计、运行情况的调查。如果有电网风区分布图，应搜集电网的风区分布图，并应考虑微地形、微气象条件以及导线易舞动地区的影响。如输电线路位于河岸、湖岸、高峰以及山谷口等容易产生强风的地带，其基本风速应较附近一般地区适当增大。

第三节　覆冰厚度的选取

一、覆冰类型及影响因素

冷暖气流相遇时，容易形成逆温层，如图 2-3-1 所示。逆温层的作用原理如图 2-3-2 所示，当近地面的温度低于 0 ℃，中空的温度高于 0 ℃，云层中的冰晶在下落至中空时，转换成液态水，降至近地面时，由于时间较短，加上与空气摩擦产生的热量，液态水变为过冷却水，过冷却水来不及冻结成雪或冰。当过冷却水落到导线上时，导线的温度低于 0 ℃，在导线上过冷却水的热量迅速丧失，凝结成固态的冰，并不断累积，造成线路覆冰。

因此,"具有充足的暖湿空气和弱降水的稳定天气形势、上空存在逆温层、地面处在−5〜−1℃"是导致发生线路覆冰的主要原因。

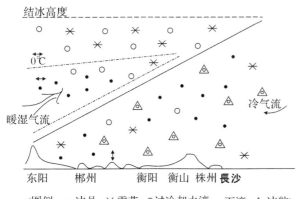

(图例:↔冰晶;✳雪花;○过冷却水滴;•雨滴;△冰粒)

图 2−3−1　冷暖气流相遇示意图

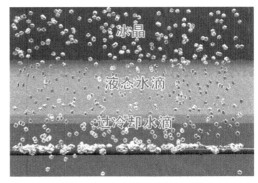

图 2−3−2　逆温层原理图

根据覆冰表观特性不同,线路覆冰可分为雨凇、雾凇、混合凇和湿雪等四种。各种覆冰情况见表 2−3−1,其中前三种对架空输电线路安全运行危害很大。覆冰危害主要有过荷载、冰闪、舞动、脱冰跳跃等现象,它们会导致线路跳闸、断线和倒塔等事故。覆冰已成为威胁电网安全运行的重要因素,如图 2−3−3 所示。

表 2−3−1　线路覆冰分类

线路覆冰类型		形状及特征	形成天气条件
雨凇		质坚不易脱落;色泽不透明或半透明体,在气温约为 0℃ 时,凝结成透明玻璃状;气温低于−5〜−3℃时呈微毛玻璃状的透明体,有光泽,闪闪发光似珠串	前期久旱,相对高温年份;常发生在立冬、立春、雨水节气前后;有一次较强的冷空气侵袭,出现连续性的毛毛细雨或小雨,降温至−3〜−0.2℃,毛毛雨水滴过冷触及导线等物,形成雨凇
雾凇	晶状雾凇	晶状雾凇似霜晶体状,呈刺状冰体;质疏松而软;结晶冰体内含空气泡较多,呈现白色	发生在隆冬季节,当暖而湿的空气沿地面层活动,有东南风时,空气中水汽饱和,多在雾天夜晚形成
	粒状雾凇	粒状雾凇似微米级雪粒堆集冻结晶状体;形状无定,质地松软,易脱落;迎风面上及突出部位雾凇较多,呈现乳白色	发生在入冬或入春季节转换、冷暖空气交替时节,在微寒有雾、有风天气条件下形成,有时可转化为轻度雨凇
混合凇		其混合冻结冰壳,雾雨凇交替在电线上积聚,体大、气隙较多,呈现乳白色	重度雾凇加轻微毛毛细雨(轻度雨凇)易形成雾雨凇混合冻结体,多在气温不稳定时出现
湿雪		又称冻雪或雪凇,呈现乳白色或灰白色,一般质软而松散,易脱落	空中继续降温,降雨过冷却变为米雪,有时仍有一部分雨滴未冻结成雪花降至地面,在电线上形成雨雪交加的混合冻结体

图 2-3-3　覆冰倒塔事故

二、导地线覆冰的影响

导地线覆冰的区别主要体现在厚度、密度及单位长度覆冰量等的差别上。影响导地线覆冰的因素很多,主要有气象条件、地形及地理条件、海拔高程、凝结高度、导地线悬挂高度、导地线直径、风速风向、负荷电流等。

(一)气象条件

当在 0℃ 及其以下的云中或雾中过冷却水滴于输电线路导地线表面碰撞并冻结时,覆冰现象产生。在冬季当温度低于 0℃ 时,大气中的小水滴将发生过冷却;在高空甚至在夏季水滴也会发生过冷却。处于过冷却水滴包围的输电线路导地线与气流过冷却水滴发生碰撞,冰冻结在导地线表面形成覆冰。导地线表面发生覆冰现象必须满足三个条件,即:

1)大气中必须有足够的过冷却水滴;

2)过冷却水滴被导线捕获;

3)过冷却水滴立即冻结或在离开导线表面前冻结。

(二)导地线覆冰的成因

导地线覆冰是由气象条件决定的,是由温度、湿度、冷暖空气对流、环流以及风等因素决定的综合物理现象。在我国,导地线覆冰主要发生在西南、西北及华中地区。西南及华中地区冬季平均气温几乎都高于 0℃,但受西伯利亚寒流和太平洋暖湿气候的影响,几乎每年冬季都会出现短期的雾凇及雨凇覆冰气象条件,平均雾凇、雨凇日数在 3~15 d,短期的雾凇、雨凇覆冰给电力系统造成了巨大损失。

1.导地线覆冰的物理过程

导地线覆冰的基本物理过程是:严冬或初春季节,当气温下降至$-5\sim0$℃、风速为$3\sim15$ m/s时,如遇大雾或毛毛雨,则会先在导地线上形成雨凇;如气温升高,例如天气转晴,雨凇则开始融化;如天气继续转晴,则覆冰过程终止;如天气骤然变冷,气温下降,出现雨雪天气,冻雨和雪则在黏结强度很高的雨凇冰面上迅速增长,形成密度大于0.6 g/cm³的较厚的冰层。这种过程将导致导地线表面形成雨凇-混合凇-雾凇的复合冰层。如在这种过程中,天气变化,出现多次晴-冷天气,则融化加强了冰的密度,如此往复发展将形成雾凇和雨凇交替重叠的混合冻结物,即混合凇。

导地线覆冰首先在迎风面上生长,如风向不发生急剧变化,迎风面面上覆冰厚度就会继续增加。当迎风面覆冰达到一定厚度,其重量足以使导地线扭转时,导地线将发生扭转现象;当导地线在扭转时,覆冰会继续成长变大,终于在导地线上形成圆形或椭圆形的覆冰。通常较细导地线的覆冰呈圆形,而较粗导地线的覆冰多呈椭圆形。

2.导地线覆冰的必要气象条件

导地线覆冰的必要条件是:①具有足以冻结的气温,即0℃以下;②具有较高的湿度,即空气相对湿度一般在85%以上;③具有可使空气中水滴运动的风速,即大于1 m/s的风速。

(三)地形及地理条件的影响

1)山脉走向与坡向对导线覆冰的影响。东西走向山脉的迎风坡在冬季覆冰较背风坡严重。东西走向的北坡,冬季受寒冷气流袭击,气候寒冷,输电线路覆冰较为严重。

2)分水岭、风口处线路覆冰较其他地形严重。

3)江湖水体对线路覆冰影响也很明显。水汽充足时,线路覆冰严重;附近无水源时,线路覆冰较轻。

(四)线路走向及悬挂高度对覆冰的影响

1.线路走向对覆冰的影响

线路覆冰与线路走向有关。东西走向的导地线覆冰普遍较南北走向的导地线覆冰严重。冬季覆冰天气大多为背风或西北风,线路为南北走向时,风向与导地线轴线基本平行,单位时间与单位面积内输送到导地线上的水滴及雾粒较东西走向的导地线少得多。导地线为东西走向时,风向与导地线约成90°的夹角,从而使导地线覆冰最为严重,此时导地线覆冰与风向成正弦关系。东西走向的导地线不仅覆冰严重,而且在覆冰后,由于不均匀覆冰的影响,覆冰又可能诱发舞动事件。

2.导地线悬挂高度对覆冰的影响

导地线悬挂高度越大,覆冰越严重,因为空气中液态水含量随高度的增大而增大。风速越大,液态水含量越大,单位时间内向导线输送的水滴就越多,覆冰也越严重。因此,覆冰随导地线悬挂高度的增大而加重。

（五）导地线直径与覆冰厚度和冰重的关系

在常见的小于或等于 8 m/s 的风速下，对于直径小于或等于 4 cm 的导地线，相对较粗的导地线的单位长度覆冰量比相对较细的导地线大；对于直径大于 4 cm 的较大导地线，单位长度导地线覆冰量比较细的导地线小。在大于 8 m/s 的较大风速时，对于任何直径的导地线，导地线越粗覆冰越重，但覆冰厚度是随导地线直径的增加而减小的。

三、覆冰调查与覆冰资料搜集

设计架空输电线路时，应对工程地点与地形、气候类似的区域进行覆冰调查。对于设计冰厚为 20 mm 以下的中、轻冰区，应进行沿线的覆冰普查，查明中、轻冰区的分界与长度。对于设计冰厚为 20 mm 及以上的重冰区，应进行重点调查，查明重冰区的量级、分界与各级重冰区的长度。调查的重点地域应是寒潮路径山区的迎风坡、山岭、风口、邻近湖泊等大水体的山地、盆地与山地交汇地带。

对于线路沿线及其与线路通道地形、气候类似的区域：重冰区，应 1～2 km 布置 1 个调查点，微地形严重覆冰段应加密布置调查点；中冰区，应 2～5 km 布置 1 个调查点，微地形易覆冰段应加密布置调查点；轻冰区，应 5～10 km 布置 1 个调查点。

（一）覆冰调查

覆冰调查对象应该是电力、通信、交通等部门与当地的居民。覆冰调查包括以下方面：

1）覆冰地点、海拔、地形、风向，覆冰附着物种类、型号及直径、离地高度、走向。

2）覆冰发生时间和持续日数，覆冰时天气现象（包括雾天、雨天、雪天、阴天和晴天）。

3）覆冰种类与密度，可以根据实际情况分析判断，也可以按照表 2-3-2 的条件确定。

表 2-3-2　覆冰种类判别条件

项目	雨凇	雾凇		雨雾凇 混合冻结	湿雪
		粒状	晶状		
气温/℃	0～－3.0	低于－3.0	低于－8.0	－1.0～－9.0	－1.0～－3.0
降水类别	小雨、毛毛雨或雾	雾或毛毛雨	雾	有雾、毛毛雨或小雪	雪或雨夹雪
视感	透明或半透明、密实、无空隙	粗颗粒、不透明	细粒、不透明	成层或不成层、似毛玻璃、较密实、基本无空隙	白色不透明
手感	坚硬、光滑、湿润	脆、较湿润	松、脆、干燥	较坚硬、较湿润	较松散、较湿润
形状色泽	椭圆形、光滑似玻璃	椭圆形、白色	针状、纯白色	椭圆形、不光滑	圆形、白色
附着力	牢固	较牢固	轻微振动就容易脱落	较牢固	能被强风吹掉

4)覆冰的形状、长径、短径和冰重。

5)覆冰重现期,历史上大覆冰出线的次数和时间,以及冰害情况。

6)沿线地形、植被及水体分布等情况。

7)微地形覆冰调查应判明工程区域的地理位置、山脉(岭)走向,海拔分布,迎风坡、背风坡,风口,连续山岭、独立山体、山麓、山腰及山顶,河谷、山间平坝的底部及坝周山地,盆地底部及盆周山地,路经大型水体的山地,以及各类地形对覆冰的影响。

(二)覆冰资料搜集

完成覆冰调查的同时还应进覆冰资料搜集,覆冰资料搜集内容包括以下方面:

1)沿线已建输电线路的设计标准及设计冰厚,投运时间,运行中的实测、目测覆冰资料,以及冰害事故记录、报告,线路冰害事故搜资内容[包括冰厚、冰重、杆(塔)型、杆(塔)高、线径、档距和事故后的修复标准]。

2)冰观测站(点)观测资料,包括测冰日期、长径、短径、冰重、性质、覆冰起止时间,覆冰过程及前、后3天时段相应的逐时气温、相对湿度、风速风向。

3)通信线路的设计冰厚、线径、杆高和运行情况,以及冬季打冰情况、实测覆冰周长、直径。

4)高山气象站的观测资料以及无线电通信基站、道班、风电场、光伏电站的冰害事故记录和报告。

5)地方志、覆冰分析研究报告、冰情资料汇编、区域冰区图等。

(三)覆冰调查、资料整理

覆冰调查资料应在现场汇总整编,并应在现场进行合理性检查,发现问题应及时复查核实。调查资料的覆冰密度应根据类似气候、地形区域的实测资料分析、选用,在无实测覆冰资料且采用覆冰密度有困难的地区,覆冰密度范围可按表2-3-3的规定选用。

表 2-3-3 覆冰密度范围

项 目	雨 凇	雾 凇	雨雾凇混合冻结	湿 雪
密度/(g·cm^{-3})	0.7～0.9	0.1～0.3	0.2～0.6	0.2～0.4

调查最大覆冰的重现期应根据现场调查资料、冰害记载资料等进行综合分析、确定。覆冰调查整编成果应进行可靠性程度评价,覆冰调查资料可靠性程度可按表2-3-4的规定评定。

表 2-3-4 覆冰调查资料可靠性程度评定标准

可靠程度	可靠	较可靠	供参考
评定因素	①实测; ②电力、通信、气象或高山建筑物的值班、巡视、抢修人员现场观测,有记录,有旁证	当地居民或知情者亲眼所见,印象较深刻,所述情况较逼真,有旁证	亲眼所见,但所述情况不够清楚、具体,或清楚具体,但无旁证

覆冰厚度的选用值应为同一地点多个较可靠的调查覆冰厚度的均值。

四、覆冰观测

当输电线路经过覆冰严重的山地区域,且既无实测覆冰资料也不具备覆冰调查条件时,应建立观冰站或观冰点进行覆冰观测。拟建线路覆冰观测应满足线路路径方案优选论证及工程技术经济分析比较的要求。

拟建线路观冰站址应选择在重冰区域。观测资料应代表该区域的覆冰特性,观测设施应包括站房、雨凇塔与地面气象观测场。拟建线路观冰点址应选择在覆冰区域。观测资料应代表局部地段或微地形的覆冰特性,观测设施为雨凇架。

对冰害线路,应在相应地点设立观冰点进行覆冰观测。观冰点的位置应在冰害线路附近,其观测数据应具有代表性。观冰站的观测年限不应少于 5 年,观冰点的观测期限不应少于 1 个覆冰期。观冰站(点)建立站(点)、观测及资料整编应符合现行行业标准《架空输电线路覆冰观测技术规定》(DL/T 5462—2012)的有关规定。

(一)观冰站(点)的选址应满足的基本条件

1)覆冰严重:每年冬季出现的覆冰过程较多,覆冰量级较大,建立观冰点能观测到足够多的基础覆冰数据。

2)代表性好:所选观冰点的天气和地形条件,对输电线路走廊区域具有较好的相似性和类比性;观测数据与分析统计结果可移用到相邻近走廊。

3)观冰点观测场应平坦空旷、气流平直通畅,不受地物及林木的影响。观冰点可选在不同的地形处,包括一般地形和覆冰特别严重的微地形处。

(二)观冰点观测内容

观冰点观测内容主要为覆冰过程极值及测冰同时气象要素。

1)导线覆冰观测项目:覆冰种类、长径与短径、截面形状与面积、每米冰重、覆冰过程起止时间与测冰覆时间。

2)测冰同时气象要素:气温、风速和风向、雪深、天气现象。

(三)覆冰观测基本要求

1)覆冰长径与短径、截面形状与面积、冰重测量时间,应在跟踪覆冰发展变化过程中、在覆冰消融崩溃前及时观测。

2)当因天气过程变化,覆冰在发展、保持循环变化过程中出现部分脱冰或短暂融化并继续保持覆冰情况时,应进行多次测冰。

3)当多次测冰后使所剩冰体长度不足 25 cm 时,应取 10 cm 长度冰体称重。

4)当覆冰大小沿导线变化差异较大时,可分段测量几组长径、短径、截面积数据求其平均值。

5)覆冰观测纪录应现场及时记录,记录要准确、清楚,不得涂改。

（四）覆冰观测程序

1）观测干、湿球温度，风速和风向，天气现象。

2）测量覆冰长径、短径，记录测冰时间。

3）勾绘截面形状。

4）取冰样称重或将冰样置入量杯测量体积与重量。

（五）覆冰观测资料整编基本要求

1）每年冬季观测结束后要及时进行覆冰与气象观测资料的整编。

2）资料整理应报表化、规范化，整编数据、符号、文字要准确、规范，并进行整编、校核、审核签署。

3）编写年度覆冰观测报告，报告一般应包括以下内容：①观测点的基本情况；②覆冰与气象观测情况；③观测点的覆冰观测成果；④观冰点的气象观测成果；⑤结论与建议。

五、覆冰计算

（一）覆冰密度计算

如果有观冰站，在有实测覆冰资料的地区，覆冰密度可根据搜集的资料进行计算。根据实测资料分析，一般在同一覆冰过程，相应最大覆冰海拔线以上的覆冰密度较低海拔覆冰密度小，这与水汽条件、过冷却水滴的大小有关。密度计算公式为

$$\rho = \frac{G}{V} \tag{2-3-1}$$

式中：ρ——覆冰密度，g/cm^3。

G——冰重，g。

V——覆冰体积，m^3。

如果实测为覆冰长径、短径时，体积 $V = \pi L(DB - 4r^2)/4$；如果实测为覆冰周长时，体积 $V = L(C^2 - 4\pi^2 r^2)/(4\pi)$；如果实测为覆冰横截面积时，体积 $V = L(A - \pi r^2)$。横截面积计算体积精度相对较高，有条件优先推荐使用。上面各式中，L 为覆冰体长度，m；D 为覆冰长径，包括覆冰附着物；B 为覆冰短径，包括覆冰附着物，m；r 为覆冰附着物半径，mm；C 为覆冰周长，mm；A 为覆冰横截面积，包括覆冰附着物，mm^2。

无实测密度资料地区，首先要了解当地对线路危害最大的覆冰种类，调查覆冰特性；其次参考邻近海拔、地形、气候条件相似地区的同类覆冰密度；最后再按表 2-3-3 选用覆冰密度。经综合分析后确定工程的覆冰密度，高海拔地区宜选用较低值，低海拔地区宜选用较高值。

有些输电线路路径较长，受地形、气候影响，各段线路覆冰的种类、密度不一致，要注意根据实际情况分段选用不同的覆冰密度数据。

（二）标准覆冰厚度计算

架空线上的实际覆冰具有不同的断面形状（见图 2-3-4），厚度不均匀。为便于设计

计算,需将实际覆冰折算成具有相同圆环形断面、厚度均匀的理想覆冰。架空线的覆冰厚度指的就是这种理想覆冰的厚度。

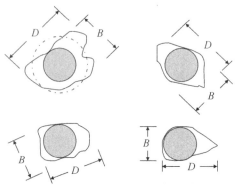

图 2-3-4　导线覆冰不同断面形状

下面介绍常规计算方法。

1)根据实测冰重计算标准冰厚,可按下式计算:

$$b_0 = \sqrt{\frac{G}{0.9\pi L} + r^2} - r \qquad (2-3-2)$$

2)根据实测覆冰长径、短径计算标准冰厚,可按下式计算:

$$b_0 = \sqrt{\frac{\rho}{3.6}(DB - 4r^2) + r^2} - r \qquad (2-3-3)$$

3)根据调查或实测覆冰直径计算标准冰厚,可按下式计算:

$$b_0 = \sqrt{\frac{\rho}{0.9}(K_s R^2 - r^2) + r^2} - r \qquad (2-3-4)$$

式中:b_0——标准覆冰厚度,mm;

　　　R——覆冰半径,包括覆冰附着物,mm;

　　　K_s——覆冰形状系数,覆冰短径与覆冰长径的比值。

覆冰形状系数应由当地实测覆冰资料计算分析确定,如果无实测资料参考表 2-3-5,小覆冰的形状系数靠下限选用,大覆冰的形状系数靠上限选用。

表 2-3-5　覆冰形状系数

覆冰种类	覆冰附着物名称	覆冰形状系数
雨凇、雾凇、 雨雾凇混合冻结	电力线、通信线	0.80～0.90
	树枝、杆件	0.30～0.70
湿雪	电力线、通信线、树枝、杆件	0.80～0.95

3.设计覆冰厚度计算

影响设计覆冰厚度的因素较多,除覆冰概率分布外,还有导线悬挂高度、线径、线路走向、档距与地线等。设计覆冰厚度应根据工程设计要求、覆冰影响因素、区域覆冰特性及资料情况计算。单导线设计覆冰计算式如下：

$$b = K_T K_h K_\varphi K_d b_0 \qquad (2-3-5)$$

式中：b——设计覆冰厚度，mm。

K_T——重现期换算系数，可参考表 2-3-6，调查覆冰的重现期不宜小于 10 年。

K_h——高度换算系数，mm，可按下式计算：

$$K_h = \left(\frac{h}{h_0}\right)^a \qquad (2-3-6)$$

式中：h——设计导线离地高度，m。

h_0——实测或调查覆冰附着物高度，m。

a——覆冰高度变化系数，应按实测覆冰资料分析确定，对于无实测资料地区在离地 10 m 以内取 0.17，在离地 10~20 m 处取值 0.14。

K_φ——导地线线径换算系数，应按实测数据分析确定，无实测资料地区可按下式计算：

$$K_\phi = 1 - 0.14 \ln\left(\frac{\phi}{\phi_0}\right) \qquad (2-3-7)$$

式中：ϕ——设计导地线线径（$\phi \leqslant 40$ mm），mm。

ϕ_0——覆冰导地线线径，mm。

K_d——地形换算系数。覆冰的地形换算应以一般地形的覆冰作为相对基准，地形换算系数设定为 1.0，一般地形应具有风速流畅的风特性。不同地形的换算系数应根据实测资料分析确定，无实测资料地区可按表 2-3-7 的经验数值选用。

表 2-3-6　重现期换算系数

设计重现期	调查重现期/年							
年	100	50	30	20	15	10	5	2
100	1.00	1.10	1.16	1.28	1.32	1.43	1.75	2.42
50	0.91	1.00	1.10	1.16	1.23	1.30	1.60	2.20
30	0.86	0.94	1.00	1.10	1.15	1.25	1.50	2.10

表 2-3-7　地形换算系数

地形类别	一般地形	风口或风道	迎风坡	山岭	背风坡	山麓	山间平坝
系数范围	1.0	2.0~3.0	1.2~2.0	1.0~2.0	0.5~1.0	0.5~1.0	0.7

通过搜资计算获得覆冰厚度后，还需要与电网编制的冰区分布图、沿线运行线路的运行经验进行对比，综合分析后再确定覆冰厚度。

六、覆冰划分

架空输电线路工程，应按工程设计要求将设计覆冰厚度分级归并，同一线路通过地区的覆冰情况不同时，可考虑分不同的区段采用不同的覆冰厚度。设计冰区应分为三类：轻冰区、中冰区、重冰区。轻冰区设计覆冰厚度应小于或等于 10 mm；中冰区设计覆冰厚度应大于 10 mm 且小于或等于 20 mm；重冰区设计覆冰厚度应大于或等于 20 mm。若设计覆冰厚度为 20 mm,风速为 10 m/s 时为中冰区,风速为 15 m/s 时为重冰区。设计冰区的划分:设计冰厚小于 20 mm 时级差应为 5 mm,设计冰厚大于 20 mm 时级差应为 10 mm。设计冰区的分级归并应符合表 2-3-8 的要求。

同一冰区的划分主要原则是:属同一气候区,海拔相当;地形类似;线路走向大体一致;覆冰特性参数基本相同。冰区划分主要依据是:覆冰成因及影响覆冰的气象条件分析结果,沿线各调查点设计冰厚的分析计算结果,区域气象站、观察站覆冰分析计算结果,沿线相邻区域已建输电线路设计冰区及运行资料,邻近地区冰雪灾害记录或报告。

表 2-3-8　设计冰区分级归并标准

序　号	1	2	3	4	5
设计冰厚 b/mm	$0<b\leqslant5$	$5<b\leqslant10$	$10<b\leqslant15$	$15<b\leqslant25$	$25<b\leqslant35$
设计归并设计冰区/mm	5	10	15	20	30
序　号	6	7	8	9	10
设计冰厚 b/mm	$35<b\leqslant45$	$45<b\leqslant55$	$55<b\leqslant65$	$65<b\leqslant75$	$75<b\leqslant85$
设计归并设计冰区/mm	40	50	60	70	80

必要时对覆冰分区,宜按稀有覆冰条件进行验算。除无冰区段外,大跨越设计冰厚宜较附近一般线路增加 5 mm。一般冰区输电线路,地线设计冰厚较导线增加 5 mm,增加 5 mm 覆冰厚度仅针对杆塔的机械强度设计,即地线水平、垂直荷载、纵向张力。地线张力计算时,以导线设计冰厚作为覆冰控制工况,计算冰厚增加 5 mm 情况下的张力,计入杆塔荷载中,不涉及地线机械特性、间隙验算、断线情况和不均匀覆冰情况(地线不平衡张力取值应与导线采用的冰区相对应)。

第四节　设计用气象条件的组合及典型气象区

一、选择组合气象条件的基本要求

以上所述各种设计用气象条件的组合,除应合理地反映一定程度的自然规律外,还应适合整个结构上的技术经济合理性及设计计算的方便性。因此,必须根据以往设计经验,结合实际情况,慎重地分析原始气象资料,合理地概括出"组合气象条件"。在进行气象条件的组合时,一般应注意下列要求:

1)在大风、覆冰和最低气温下仍能正常运行。

2)在长期的运行中,应保证导线或地线具有足够的耐振性能。

3)在正常运行情况下,任何季节(最大风速、最厚覆冰、最高气温、最低气温)架空线路导线对地、杆塔、其他物体和地线钻越电力线路均有足够的安全距离。

4)在重冰区及大跨越等特殊区段的稀有气象验算条件下,不发生杆塔倾覆和断线。

5)在安装施工过程中,不发生人身、设备损坏事故。

6)在断线及不平衡张力情况下,不使事故范围扩大,即杆塔不致倾覆。

线路设计应保证满足对输电线路的上述要求。设计时并不能将三要素出现的最不利情况进行简单叠加,因为线路运行中的实际气象条件虽然是风、覆冰、气温等气象参数的组合,但最大风速、最厚覆冰、最低(高)气温通常并不同时出现。因此必须根据架空输电线路运行、检修和施工中可能遇到的情况和实际运行经验,对原始气象资料慎重地分析,在数理统计分析基础上合理地组合设计用气象条件。

二、气象条件气温选择基本要求

架空输电线路设计用气温值应符合下面的规定:

1)最高气温一般为 40℃,不考虑个别高于或低于该气温的记录。

2)最低气温应偏低地取 5 的倍数。例如统计得到的最低气温为 −8℃ 时,应取为 −10℃。

3)年平均气温,在 3~17℃ 之间时取与此数邻近的 5 的倍数,小于 3℃ 或大于 17℃ 时分别按年平均气温减少 3℃ 和 5℃ 后,再取与此数相邻的 5 的倍数。

4)基本风速的月平均气温,取与此数邻近的 5 的倍数。

5)常年荷载工况,杆塔挠度、撞击、地基变形、基础沉降计算工况,抗震验算工况,采用年平均气温工况。

6)安装气温在最低气温为 −40℃ 的地区,宜采用 −15℃;在最低气温为 −20℃ 的地区,宜采用 −10℃;在最低气温为 −10℃ 的地区,宜采用 −5℃;在最低气温为 −5℃ 的地区,宜采用 0℃。

7)雷电过电压,宜采用 15℃;操作过电压,可采用年平均气温;带电作业工况,气温可采用 15℃;导地线断线工况,气温取 −5℃;绝缘子串断联工况,气温取 −5℃。

三、各种气象条件的组合情况

(一)线路正常运行情况下的气象组合

1.基本设计风速

基本设计风速,无冰,相应的月平均气温邻近的 5 的倍数。该气象组合主要用于计算导地线和杆塔的强度或刚度,校验工作电压下的电气间距。基本设计风速也是边导线风偏时对地和凸出物电气间距的校验条件。

2.最低气温

最低气温,无冰,无风。该气象组合主要用于导地线强度设计、绝缘串的上扬校验。它也是线路钻越其他线路时校验地线与其他线路的电气距离的校验条件。

3.覆冰有风(最厚覆冰)

最厚覆冰,相应风速,气温 −5℃。相应的风速,中、轻冰区宜采用 10 m/s,重冰区宜采用 15 m/s,当有实测资料时也可以按实测风速选取。该气象组合是导地线和杆塔强度、刚度的设计依据,也是风偏后边导线对地和凸出物电气间距的校验条件。

4.覆冰无风(最大垂直比载)

最厚覆冰,无风,气温-5℃。该气象组合是导线对地和跨越物电气间距的校验条件。

5.最高气温

最高气温,无冰,无风。最高气温一般为40℃,不考虑个别高于或低于该气温的记录。该气象组合是计算导地线的最大弧垂,保证导线对地或跨越物具有一定的安全距离的依据,也是校验导线发热的条件。

(二)线路断线、断联事故情况下的气象组合

断线事故一般系外力所致,与气象条件无明显的规律联系。计算断线情况的目的主要是:校验杆塔强度,校验绝缘子和金具强度,校验转动横担、释放型线夹是否动作,校验邻档断线时跨越档的电气距离等。根据各地的实际运行经验,断线事故的气象组合如下。

1.一般情况

无冰区:无风,无冰,最低气温月的最低平均气温值(将每年该月中每日最低温平均后,再取历年平均值,一般取5℃)。

有冰区:无风,有冰(相应冰厚应采用设计冰厚),气温-5℃。

2.校验邻档断线

无风,无冰,气温15℃。

3.校验断联

特高压线路为无风,有冰,气温-5℃;其他线路为无风,无冰,气温-5℃;对于无冰区,为无风,无冰,气温5℃。

(三)线路安装和检修情况下的气象组合

1.安装气象组合

安装气象组合:风速10 m/s,无冰,相应气温(具体见表2-4-1)。

线路一年四季均有安装、检修的可能(这里仅指机械性作业)。这一气象组合基本上概括了全年安装、检修时的气象情况。对于冰、风中的事故抢修,及安装中途出现大风等其他特殊情况,要靠采取临时措施来应对。对于6级以上大风等严重气象条件,则应暂停高空作业。

表2-4-1 安装温度对照表

最低温度/℃	-40	-20	-10	-5
安装温度/℃	-15	-10	-5	0

2.带电作业气象组合

带电作业气象组合风速10 m/s,无冰,气温15℃,其用于带电作业的间隙校验。

(四)线路耐振计算用气象组合

线路设计中,应保证导地线具有足够的耐振能力。导线或地线的应力越高,振动越严重,因此应将导线或地线的使用应力控制在一定的限度内。由于线路微风振动一年四季经常发生,故控制其年平均运行应力的气象组合为:无风,无冰,年平均气温。年平均气温,在3~17℃之间时取与此数邻近的5的倍数,小于3℃或大于17℃时分别按年平均气温减少3℃和5℃后,再取与此数相邻的5的倍数。

(五)雷电过电压的气象组合

雷电过电压是指由雷电的作用在导线上产生的过电压,也称外过电压。为了保证雷电活动期间线路不发生闪络,要求塔头尺寸能保证导线风偏后对杆塔构件的电气距离,档距中央能保证导线与架空地线的间距大于规定值。15℃是雷电活动日气温,所以组合气象条件如下。

1.外过有风

温度15℃,相应风速(基本设计风速小于35 m/s时,取10 m/s;基本设计风速不小于35 m/s时,取15 m/s),无冰。该气象组合主要用于校验悬垂串风偏后的电气间距。

2.外过无风

温度15℃,无风,无冰。该气象组合主要用于校验导线与地线之间的距离。

(六)操作过电压气象组合

操作过电压是由大型设备和系统的接切在导线上产生的过电压,也称内过电压。内过电压气象组合为:年均气温、无冰、基本设计风速折算至导线平均高度处风速的50%(不低于15 m/s)。该气象组合主要用于校验悬垂串风偏后的电气间距,也是校验塔头结构布置(导线风偏相间最小间隙)的气象参数之一。

(七)不均匀覆冰的气象组合

1.一般情况

气象组合:风速10 m/s,温度−5 ℃,相应覆冰(垂直冰荷载按75%设计覆冰荷载计算)。该气象组合主要校核杆塔不均匀覆冰的不平衡张力杆塔能承受的最大弯矩及最大扭矩等。

2.覆冰舞动

气象组合:温度宜采用−5 ℃,相应风速宜采用15 m/s,覆冰厚度宜采用5 mm。该气象组合用于校核导线覆冰舞动的形成条件、电气间隙及机械强度。

(八)稀有气象组合

1.稀有覆冰

气象组合:稀有覆冰,温度−5 ℃,风速10 m/s。

2.稀有大风

稀有大风时的气温宜采用相应风速时的气温减少3℃后邻近的5的倍数,无冰。

对一般线路,大风工况间隙用风荷载、杆塔的设计荷载应考虑高度的影响,其他工况可不考虑高度的影响。对大跨越线路所有工况的间隙用风荷载均考虑高度的影响。

四、典型气象区

为了设计、制造上的标准化和统一,将我国各主要地区组合后的气象条件归纳为9个典型气象区(见表2-4-2)。由于我国幅员辽阔,气象情况复杂,9个典型气象区不能完全将其囊括,所以各大区又根据本区的气象特点划分了各地区的典型气象区。

当所设计线路经过地区的气象情况接近某一典型气象区的气象情况时,可直接取用该典型气象区的气象条件进行组合;当所设计线路经过地区的气象情况与各典型气象区的气象条件均相差悬殊时,则应按实际搜集的气象资料换算、组合为设计气象资料进行设计。

表2-4-2 全国典型气象区

典型气象区		I	II	III	IV	V	VI	VII	VIII	IX
大气温度/℃	最高	+40								
	最低	−5	−10	−10	−20	−10	−20	−40	−20	−20
	覆冰					−5				
	基本风速	+10	+10	−5	−5	+10	−5	−5	−5	−5
	安装	0	0	−5	−10	−5	−10	−15	−10	−10
	雷电过电压					+15				
	操作过电压、年平均气温	+20	+15	+15	+10	+15	+10	−5	+10	+10
风速/(m/s)	基本风速	31	25	22	22	25	22	25	25	25
	覆冰			10*					15	
	安装					10				
	雷电过电压	15				10				
	操作过电压			0.5×基本风速折算至导线平均高度处的风速(不低于15 m/s)						
覆冰厚度/mm		0	5	5	5	10	10	10	15	20
冰的密度/(g·cm⁻³)						0.9				

注:* 一般情况下覆冰同时风速10 m/s,当有可靠资料表明需加大风速时可取为15 m/s。

习 题

1.什么是输电线路气象三要素?最低温度、最高温度、年平均温度、最大风速、最大覆冰分别有哪些用途?

2.简述风速高度换算和次时换算的定义。高度换算和次时换算与哪些因子相关?常见的风速观测高度和记录次数有哪些?我国《110～750 kV 架空输电线路设计规范》(GB 50545−2010)要求的设计风速基准高度和计算次时分别为多少?

3. 简述风速重现期的定义, 及我国《110～750 kV 架空输电线路设计规范》(GB 50545—2010)对各电压等级输电线路重现期的要求。

4. 已知某地 B 类空旷地区, 将气象台(站)1991—2010 年统计风速折算至离地面 10 m 高处连续自记 10 min 平均最大风速见表题-2-1 习题 4 表, 计算重现期为 30 年、基准高度取 20 m 的最大风速。

表题-2-1 习题 4 表

年 份	1991	1992	1993	1994	1995	1996	1997	1998	1999	2000
年最大风速/(m·s^{-1})	18	15.5	16.7	21.5	18	21.3	19	15	23	23.8
年 份	2001	2002	2003	2004	2005	2006	2007	2008	2009	2010
年最大风速/(m·s^{-1})	17.3	16.5	20	20	19.7	19.7	20.3	17.1	16.3	22.9

5. 简述设计风速的计算和取值步骤。一条 220 kV 架空输电线路, 根据气象站资料计算得 30 年一遇基本设计风速为 24.5 m/s。根据基本风压计算 30 年一遇基本风速为 26.2 m/s, 说明本线路最终设计基本风速取值多少较为合理。

6. 简述微地形条件下风速的选取办法, 及大跨越设计的基本风速取值办法。

7. 影响架空输电线路覆冰的因素主要有哪些? 尽管冬季东北地区温度较湖北、湖南、贵州等地低, 但覆冰通常却不及后者严重, 简述其原因。

8. 简述覆冰对架空输电线路的主要影响。调查覆冰的途径有哪些? 覆冰厚度的计算方法有哪些? 大跨越设计覆冰厚度如何取值?

9. 最高温一般如何取值? 简述最高温工况对线路的影响。年平均温如何取值?

10. 线路设计通常将我国分为几个典型气象区? 线路设计一般分为几类工况? 简述雷电过电压(外部过电压)、操作过电压(内部过电压)、安装、带电作业等四类工况下气象三要素的取值。

第三章　导地线的荷载和机械物理特性

第一节　概　　述

架空输电线路长期运行在野外,受自然界气候变化的影响较大。导线和地线的荷载主要是作用在其上的冰及其自身质量引起的重力的垂直荷载、风压引起导线和地线的水平荷载(又称横向荷载),及导线和地线顺线路方向的水平张力(又称纵向荷载),如图 3-1-1 所示。在工程设计中,一般将单位荷载折算到单位面积上进行计算,折算后的垂直自重(和冰重)与水平风压称为比载,顺线路方向的称为应力。本节主要介绍比载及顺线路方向的最大使用应力。

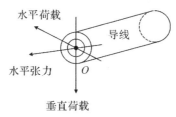

图 3-1-1　导线或地线荷载示意

作用在导线和地线上的自重、冰重和风压可能是不均匀的,但为了计算方便,一般均按沿线均匀分布考虑。在导地线力学计算中,常把架空导线和地线的单位长度上的荷载 W(简称"荷载")折算到单位面积上,将其定义为导线和地线的比载 γ。它们之间的关系为

$$W = \gamma A \qquad\qquad (3-1-1)$$

一个档距上架空导线或地线的总荷载为

$$G = WL = \gamma AL \qquad\qquad (3-1-2)$$

式中：W——单位长度上的荷载,N/m;

　　　G——一个档距上架空导线或地线的总荷载,N;

　　　γ——单位长度上的比载,N/(m·mm²)或 MPa/m;

　　　A——导线和地线的截面积,mm²;

　　　L——档距,m。

架空导线和地线既要承受垂直于地面的自重与有冰时冰重的垂直荷载,又要承受平行于地面的风荷载。导线和地线受自然界气候变化的影响,导线和地线上作用的荷载不同,相应的导线和地线的荷载或比载可分为以下类型:

1)无风无冰时只承受导线或地线自重引起的垂直荷载或比载;

2)无风有冰时导线或地线承受的覆冰自重引起的垂直荷载或比载;

3)无风有冰时承受导线或地线及覆冰总自重引起的垂直总荷载或总比载;

4)有风无冰时导线或地线承受风压引起的水平风荷载或比载;

5)有风有冰时导线或地线及覆冰承受风压引起的水平风荷载或比载;

6)有风无冰时导线或地线承受风压及自重引起的有风无冰综合荷载或比载;

7)有风有冰时导线或地线及覆冰承受风压及自重引起的有风有冰综合荷载或比载。

上述 1)~3)为垂直荷载或比载,4)、5)为水平荷载或比载,6)、7)为综合荷载或比载。覆冰厚度为 b,风速为 V 时的以上各种气象条件的导线或地线的荷载用符号 $P_i(b,V)$ 表示,比载用 $\gamma_i(b,V)$ 表示,i 与上述序号一一对应。在输电线路工程设计中导线或地线荷载一般在先计算出比载后再通过式(3-1-2)计算得出。

第二节　比　载　计　算

一、垂直比载

垂直比载包括自重比载、冰重比载及有冰时的垂直总比载,作用方向垂直向下。

(一)自重比载

架空导线或地线自身质量引起的比载[见图 3-2-1(a)],其大小可认为不受气象条件变化的影响,故自重比载可用下式计算:

$$\gamma_1(0,0)=\frac{qg}{A}\times10^{-3}\,(\text{MPa/m}) \tag{3-2-1}$$

式中:q——架空导线或地线的单位长度质量,kg/km;

　A——架空导线或地线截面积,mm²;

　g——重力加速度,$g=9.806\,65$ m/s²。

(二)冰重比载

当导线或地线上覆有冰层时,其覆冰层重量由架空导线或地线来承受,架空导线或地线上的覆冰引起的比载称为冰重比载。导线或地线上覆冰时,沿导线周围的冰厚常是不均匀的,为了方便,将其折算成均匀厚度计算。为方便研究,取 1 m 长的冰筒[见图 3-2-1(b)],其体积及冰重比载分别为

$$V=\frac{\pi}{4}\big[(d+2b)^2-d^2\big]=\pi b(d+b) \tag{3-2-2}$$

$$\gamma_2(b,0)=\frac{\rho Vg}{A}=\frac{\rho\pi b(d+b)g}{A}\,(\text{MPa/m}) \tag{3-2-3}$$

一般覆冰厚度 b 按密度 $\rho = 0.9 \times 10^{-3}$ kg/cm³ 折算,则此时冰重比载为

$$\gamma_2(b,0) = 27.728 \times \frac{b(d+b)g}{A} \times 10^{-3} \text{(MPa/m)} \tag{3-2-4}$$

式中:b——覆冰厚度,mm;

$\quad\quad d$——架空导线或地线的外径,mm;

$\quad\quad g$——重力加速度,$g = 9.806\ 65$ m/s²。

图 3-2-1　垂直与水平比载示意图

(a)自重比载及无冰风压比载;(b)覆冰垂直及覆冰风压比载

(三)垂直总比载

垂直总比载是架空导线或地线自重比载和冰重比载之和[见图 3-2-1(b)],即

$$\gamma_3(b,0) = \gamma_1(0,0) + \gamma_2(b,0) \text{(MPa/m)} \tag{3-2-5}$$

二、水平比载

水平比载是由导线受垂直于线路方向的水平风压引起的比载。水平比载包括无冰风压比载和覆冰风压比载,方向在水平面内。

(一)基本风压

作用于架空导线或地线上的风压是由空气运动所引起的,而空气运动时的动能除了与风速有关外,还与空气的容重和重力加速度有关。欲求风压比载,需要知道作用在架空输电线路导线或地线上的基本风压。基本风压是空气的动能在迎风单位面积上产生的压力。当流动的气流以速度 V 携带着动能吹向迎风物体,至速度降为零时,其动能将全部转换为对物体的静压力。根据流体力学中的伯努利方程可知,单位体积空气的动能作用在架空线单位面积上的"理论风压"为

$$W_V = \frac{1}{2}\rho V^2 \tag{3-2-6}$$

式中:W_V——风速为 V 时的风压标准值,N/mm² 或 Pa;

$\quad\quad V$——风速,m/s;

$\quad\quad \rho$——空气密度,kg/m³。

基本风压与风速和空气密度有关,而空气密度 ρ 是海拔高度、气温和湿度的函数,不同地区不同季节的空气密度 ρ 存在差异。我国风速的测量,1949 年以前大部分采用维尔达式风压板,1949 年以后沿用维尔达式风压板或达因式风速仪。维尔达式风压板和达因式风速

仪都是将风压换算成风速读数。换算时一般取 $\rho=1.25$ kg/m^3（标准大气压下,气温为 10 ℃ 时的干燥空气密度）。对高海拔地区,由于 ρ 较小,测得的风速读数偏小,但气象部门并未根据当地空气密度进行风速订正。随着连续自记资料的增多,现在风速的测量多采用风杯式测风仪,所测风速读数与空气密度无关,因此计算风压时应采用当地的实际空气密度。

一般情况下可采用标准空气密度 $\rho=1.25$ kg/m^3,此时的基本风压标准值 W_0 计算式为

$$W_0=\frac{V^2}{1.6}\ (\text{N/m}^2)=\frac{V^2}{1\,600}\ (\text{kN/m}^2) \tag{3-2-7}$$

(二)无冰风压比载

架空输电线路的导线或地线上所受风压与"理论风压"的差别在于以下三方面:每个档距因位置与高度的影响,风速不可能一样大;不同导线和地线体型有差异,其风压也可能不一样;风向与导线或地线不可能各点都垂直,一般会存在一定的夹角,这对风压也有影响。为了与实际情况相符,应计入风速的不均匀系数、风荷的体型系数(也称空气动力系数)及风向与架空线轴线之间夹角的影响。另外不同电压等级的重要性及安全要求有差异,所以 110 kV 及以上电压等级与 66 kV 及以下电压等级的电力线路的导线及地线的水平风荷载是有差异的,下面分别阐述分析。

1. 110 kV 及以上电压等级无冰风压比载

根据《架空输电线路荷载规范》(DL/T 5551—2018)、《架空输电线路电气设计规程》(DL/T 5582—2020)及《重覆冰架空输电线路设计技术规程》(DL/T 5440—2020)导线及地线的水平风荷载的标准值公式,得出无冰风压比载计算公式为

$$\gamma_4(0,V)=\beta_C a_L \mu_z \mu_{SC} d\,\frac{W_0}{A}\sin^2\theta\times10^{-3}\ (\text{MPa/m}) \tag{3-2-8}$$

$$\beta_C=\gamma_C(1+2gI_z) \tag{3-2-9}$$

$$I_z=I_{10}\left(\frac{z}{10}\right)^{-a} \tag{3-2-10}$$

$$a_L=\frac{1+2g\varepsilon_c I_z\delta_L}{1+2gI_z} \tag{3-2-11}$$

$$\delta_L=\frac{\sqrt{12L_X L_P^3+54L_X^4-36L_X^3 L_P-72L_X^4\mathrm{e}^{-\frac{L_P}{L_X}}+18L_X^4\mathrm{e}^{-\frac{2L_P}{L_X}}}}{3L_P^2} \tag{3-2-12}$$

$$W_0=V_0^2/1\,600 \tag{3-2-13}$$

式中: β_C ——导线、地线阵风系数;

a_L ——档距折减系数;

μ_z ——风压高度变化系数,基准高度为 10 m 的风压高度变化系数按表 3-2-4 取值。上述规程规定,对一般线路,大风工况风偏计算用风荷载考虑高度的影响,其他工况可不考虑高度的影响,当不考虑高度影响时,取 1.0,对大跨越线路所有工况的风偏计算用风荷载及张力计算均考虑高度的影响;

μ_{SC} ——导线或地线的体型系数。当覆冰时,导线或地线的体形系数 μ_{SC} 应取 1.1;当无冰且线径小于 17 mm 时,导线或地线的体形系数 μ_{SC} 应取 1.1;当无冰且线径大

于或等于 17 mm 时,导线或地线的体形系数 μ_{SC} 应取 1.0;

d——导线或地线的外径,mm;

θ——风向与导线或地线方向之间的夹角,(°)。电气计算时一般按风向与线路垂直考虑;

W_0——基本风压标准值,N/m^2;

A——架空导线或地线截面积,mm^2;

γ_C——导线或地线风荷载折减系数,导地线风荷载的风偏设计值计算时按表 3-2-1 或表 3-2-2 取值,导地线风荷载的风偏设计值计算控制工况时及导地线风荷载的标准值计算时取 0.9;

g——峰值因子,导地线风荷载的风偏设计值计算时取 3.6,导地线风荷载的标准值计算时取 2.5;

I_z——导地线平均高 z 处的湍流强度;

I_{10}——10 m 高度名义湍流强度,对应 A、B、C 和 D 类地面粗糙度可分别取 0.12、0.14、0.23 和 0.39;

z——导地线平均高度,m;

ε_C——导线或地线风荷载脉动折减系数,计算导地线风荷载的风偏设计值时取 1.0,计算导地线张力时取 0,计算导地线风荷载的标准值时按表 3-2-3 取值;

a——地面粗糙度指数,见表 2-2-4。对应 A、B、C、D 类地貌分别取 0.12、0.16、0.22 和 0.30;

δ_L——档距相关性积分因子,计算跳线时可取 1.0;

L_P——杆塔的水平档距,m;

L_X——水平向相关函数的积分长度,可取 50 m;

e——自然常数,可取 2.718 28;

V_0——基本风速,m/s。

表 3-2-1 导地线风荷载折减系数 γ_C(一般输电线路)

基本风速/(m·s^{-1})	<20	20	21	22	23	24	25	26	27	28	29	30	≥31	特高压跳线	非特高压跳线
计算风压用	0.84	0.62	0.61	0.60	0.59	0.58	0.57	0.56	0.55	0.54	0.53	0.52	0.51	0.8	0.65
计算张力用	0.9														

注:计算张力指计算导线或地线风偏时的导地线张力。

表 3-2-2 导地线风荷载折减系数 γ(大跨越)

基本风速/(m·s^{-1})	<20	20	21	22	23	24	25	26	27	28	29	30	≥31	特高压跳线	非特高压跳线
计算风压用	0.84	0.74	0.73	0.72	0.7	0.69	0.68	0.66	0.65	0.64	0.62	0.61	0.6	0.8	0.65
计算张力用	0.9														

注:计算张力指计算导线或地线风偏时的导地线张力。

表 3-2-3　导地线风荷载脉动折减系数 ε_c

线路类型	大跨越	1 000 kV 交流、±800 kV 及以上直流输电线路	500~750 kV 交流、±500~±660 kV 直流输电线路	110~330 kV 交流输电线路
对应的下导线平均高度/m	>40	30	20	15
ε_c	0.95	0.85	0.80	0.50*

注：* 沿海受台风影响地区可取 0.7。

表 3-2-4　风压高度变化系数 μ_z

离地面或海平面高度/m	地面粗糙度类别			
	A	B	C	D
5	1.09	1.00	0.65	0.51
10	1.28	1.00	0.65	0.51
15	1.42	1.13	0.65	0.51
20	1.52	1.23	0.74	0.51
30	1.67	1.39	0.88	0.51
40	1.79	1.52	1.00	0.60
50	1.89	1.62	1.10	0.69
60	1.97	1.71	1.20	0.77
70	2.05	1.79	1.28	0.84
80	2.12	1.87	1.36	0.91
90	2.18	1.93	1.43	0.98
100	2.23	2.00	1.50	1.04
150	2.46	2.25	1.79	1.33
200	2.64	2.46	2.03	1.58
250	2.78	2.63	2.24	1.81
300	2.91	2.77	2.43	2.02
350	2.91	2.91	2.60	2.22
400	2.91	2.91	2.76	2.40
450	2.91	2.91	2.91	2.58
500	2.91	2.91	2.91	2.74
≥550	2.91	2.91	2.91	2.91

注：地面粗糙度类别中，A 类指近海面和海岛、海岸、湖岸及沙漠地区；B 类指田野、乡村、丛林、丘陵以及房屋比较稀疏的乡镇和城市郊区；C 类指有密集建筑群的城市市区；D 类指有密集建筑群且房屋较高的城市市区。位于远海海面和海岛的架空输电线路，风压高度变化系数应适当提高。

2. 66 kV 及以下电压等级无冰风压比载

根据《66 kV 及以下架空电力线路设计规范》(GB 50061－2010)导线及地线的水平风荷载的标准值公式,得出无冰风压比载计算公式为

$$\gamma_4(0, V) = a_f \mu_{SC} d \frac{W_0}{A} \cdot \sin^2\theta \times 10^{-3} \, (\text{MPa/m}) \qquad (3-2-14)$$

式中:a_f——风荷载档距系数,按表 3－2－5 取值;

μ_{SC}——导线或地线的风荷载体型系数。当覆冰时,导线或地线的体型系数 μ_{SC} 应取 1.2;当无冰且线径小于 17 mm 时,导线或地线的体型系数 μ_{SC} 应取 1.2;当无冰且线径大于或等于 17 mm 时,导线或地线的体型系数 μ_{SC} 应取 1.1。

表 3－2－5　风荷载档距系数

设计风速/(m·s⁻¹)	20 以下	20≤V<30	30≤V<35	≥35
α_f	1.00	0.85	0.75	070

(三)覆冰风压比载

输电线导线或地线覆冰时,其直径由 d 变为 $d+2b$,迎风面积增大,同时风载体型系数与未覆冰时不同。另外,实际覆冰的厚度要大于理想覆冰的厚度,实际覆冰的不规则形状加大了对气流的阻力,需要引入覆冰风载增大系数。

1. 110 kV 及以上电压等级覆冰风压比载

根据无冰风压比载公式及《重覆冰架空输电线路设计技术规程》(DL/T 5440－2020)中导线及地线的水平风荷载计算要求,得出覆冰风压比载计算公式为

$$\gamma_5(b, V) = \beta_C a_L \mu_z \mu_{SC}(d+2b)\frac{W_0}{A}B\sin^2\theta \times 10^{-3} \, (\text{MPa/m}) \qquad (3-2-15)$$

式中:b——覆冰厚度,mm;

B——导线、地线覆冰后风荷载增大系数,5 mm 冰区时取 1.1,10 mm 冰区时取 1.2,15 mm 冰区时取 1.3,20 mm 及以上冰区宜取 1.5～2.0。

2. 66 kV 及以下电压等级覆冰风压比载

根据《66 kV 及以下架空电力线路设计规范》(GB 50061－2010)导线及地线的水平风荷载的标准值公式,得出覆冰风压比载计算公式为

$$\gamma_5(b, v) = a_f \mu_{SC}(d+2b)\frac{W_0}{A}\sin^2\theta \times 10^{-3} \, (\text{MPa/m}) \qquad (3-2-16)$$

三、综合比载

综合比载有无冰综合比载和覆冰综合比载之分,分别为相应气象条件下的垂直比载和水平比载的矢量和,如图 3－2－2 所示。

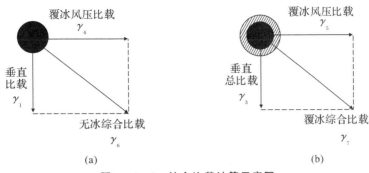

图 3-2-2 综合比载计算示意图

(a)无冰综合比载;(b)覆冰综合比载

(一)无冰综合总比载

无冰有风时的综合比载是架空输电线路自重比载和无冰风压比载的矢量和,即

$$\gamma_6(0,V)=\sqrt{\gamma_1^2(0,0)+\gamma_4^2(0,V)} \qquad (3-2-17)$$

(二)覆冰综合总比载

有风时的综合比载是架空输电线路自重比载和有冰风压荷载的矢量和,即

$$\gamma_7(b,V)=\sqrt{\gamma_3^2(b,0)+\gamma_5^2(b,V)}=\sqrt{[\gamma_1(0,0)+\gamma_2(b,0)]^2+\gamma_5^2(b,V)} \qquad (3-2-18)$$

【例 3-2-1】 某 220 kV 线路导线的参数见表 3-2-6,通过的气象区的气象条件见表 3-2-7,通讨地面粗糙庠类别为 B 类。试求水平档距为 450 m 时该导线风偏风荷载时的各种比载。

表 3-2-6 导线参数

型号	计算面积	直径	单位长度质量	额定拉断力	弹性模量	线膨胀系数	保证率
	mm²	mm	kg/km	kN	GPa	10⁻⁶/℃	
JL/G1A-300/40	339	23.9	1 132.0	92.36	70.5	19.4	0.95

表 3-2-7 气象条件

工 况	低 温	基本风	年均温	覆 冰	高 温	安 装
冰厚/mm	0	0	0	10	0	0
风速/(m·s⁻¹)	0	25	0	10	0	10
气温/℃	-10	10	15	-5	40	-5

解 (1)自重比载为

$$\gamma_1(0,0)=\frac{qg}{A}\times10^{-3}=\frac{1\,132.0\times9.806\,65}{339}\times10^{-3}=32.75\times10^{-3}(\text{MPa/m})$$

(2)冰重比载为

$$\gamma_2(10,0)=27.728\frac{b(d+b)g}{A}\times10^{-3}$$

$$=27.728\times\frac{10\times(10+23.9)\times9.806\,65}{339}=27.73\times10^{-3}(\text{MPa/m})$$

（3）垂直总比载为

$$\gamma_3(10,0)=\gamma_1(0,0)+\gamma_2(10,0)=(32.75+27.73)\times10^{-3}=60.47\times10^{-3}(\text{MPa/m})$$

（4）无冰风压比载。无冰风压比载需计算基本风（25 m/s）和安装（10 m/s）两种工况。假设风向垂直于线路方向，即 $\theta=90°$，因 $d=23.9$ mm>17 mm，$\mu_{SC}=1.0$，220 kV 下导线平均高度一般取 15 m，$\mu_z=1.13$，然后根据式（3-2-9）～式（3-2-13）计算得两种工况的相关系数见表 3-2-8。

表 3-2-8 导线根据式（3-2-9）～式（3-2-13）计算得两种工况的相关系数

名称	阵风系数 β_C	档距折减系数 α_L	风压高度变化系数 μ_z	体型系数 μ_{SC}	基本风压标准值 W_0
基本风	1.146 32	0.697 66	1.13	1.0	0.390 63
安装	1.656 24		1.00		0.062 50

因此有：

1）基本风时

$$\gamma_4(0,25)=\beta_C\alpha_L\mu_z\mu_{SC}d\frac{W_0}{A}\sin^2\theta\times10^{-3}$$

$$=1.146\ 32\times0.697\ 66\times1.13\times1.0\times23.9\times\frac{0.390\ 63}{339}\times\sin^290°$$

$$=24.873\times10^{-3}(\text{MPa/m})$$

2）安装风时

$$\gamma_4(0,10)=\beta_C\alpha_L\mu_z\mu_{SC}d\frac{W_0}{A}\sin^2\theta\times10^{-3}$$

$$=1.656\ 24\times0.697\ 66\times1.00\times1.0\times23.9\times\frac{0.062\ 50}{339}\times\sin^290°$$

$$=5.09\times10^{-3}(\text{MPa/m})$$

（5）覆冰风压比载。10 mm 覆冰时 $B=1.2$，$\mu_{SC}=1.1$；风速 $V=10$ m/s，风速与安装风一致，故其余参数与安装风一致，则有

$$\gamma_5(10,10)=\beta_C\alpha_L\mu_z\mu_{SC}(d+2b)\frac{W_0}{A}B\sin^2\theta\times10^{-3}$$

$$=1.656\ 24\times0.697\ 66\times1.00\times1.1\times(23.9+2\times10)\times$$

$$\frac{0.625\ 0}{339}\times1.2\times\sin^290°\times10^{-3}$$

$$=12.345\times10^{-3}(\text{MPa/m})$$

（6）无冰综合总比载。

1）基本风时

$$\gamma_6(0,25)=\sqrt{\gamma_1^2(0,0)+\gamma_4^2(0,25)}=\sqrt{32.75^2+24.873^2}\times10^{-3}$$

$$=41.12\times10^{-3}(\text{MPa/m})$$

2)安装有风时

$$\gamma_6(0,10)=\sqrt{\gamma_1^2(0,0)+\gamma_4^2(0,10)}=\sqrt{32.75^2+5.09^2}\times10^{-3}$$
$$=33.14\times10^{-3}(\text{MPa/m})$$

(7)覆冰综合总比载为

$$\gamma_7(b,V)=\sqrt{\gamma_3^2(b,0)+\gamma_5^2(b,V)}=\sqrt{60.47^2+12.345^2}\times10^{-3}$$
$$=61.72\times10^{-3}(\text{MPa/m})$$

【例 3-2-2】　某 220 kV 线路地线的参数见表 3-2-9,通过的气象区、地面粗糙度与例 3-2-1 一样。试求杆塔地线支架承受地线张力时的地线各种比载。

表 3-2-9　地线参数

型　号	计算面积	直径	单位长度质量	额定拉断力	弹性模量	线膨胀系数	保证率
	mm²	mm	kg/km	kN	GPa	10⁻⁶/℃	
JLB20A-80	79.4	11.4	530.0	99.24	153.9	13.0	1.0

解　(1)自重比载为

$$\gamma_1(0,0)=\frac{qg}{A}\times10^{-3}=\frac{553.0\times9.806\,65}{79.4}\times10^{-3}=65.46\times10^{-3}(\text{MPa/m})$$

(2)冰重比载为

$$\gamma_2(10,0)=27.728\frac{b(d+b)g}{A}\times10^{-3}$$
$$=27.728\times\frac{10\times(10+11.4)\times9.806\,65}{79.4}$$
$$=74.73\times10^{-3}(\text{MPa/m})$$

(3)垂直总比载为

$$\gamma_3(10,0)=\gamma_1(0,0)+\gamma_2(10,0)=(65.46+74.73)\times10^{-3}$$
$$=140.19\times10^{-3}(\text{MPa/m})$$

(4)无冰风压比载。无冰风压比载需计算基本风(25 m/s)和安装(10 m/s)两种工况。假设风向垂直于线路方向,即 $\theta=90°$,因 $d=11.4$ mm<17 mm,$\mu_{SC}=1.1$,平均高度一取 15 m,$\mu_z=1.13$,然后根据式(3-2-9)~式(3-2-13)计算得两种工况的相关系数见表3-2-10。

表 3-2-10　地线根据式(3-2-9)~式(3-2-13)计算得两种工况的相关系数

名称	阵风系数 β_C	档距折减系数 α_L	风压高度变化系数 μ_z	体型系数 μ_{SC}	基本风压标准值 W_0
基本风	1.492 83	0.602 88	1.13	1.1	0.390 63
安装			1.00		0.062 50

因此有:

1)基本风时

$$\gamma_4(0,25)=\beta_C a_L\mu_z\mu_{SC}d\frac{W_0}{A}\sin^2\theta\times10^{-3}$$

$$= 1.492\,83 \times 0.602\,88 \times 1.13 \times 1.1 \times 11.4 \times \frac{0.390\,63}{79.4} \times \sin^2 90°$$

$$= 62.71 \times 10^{-3}\,(\text{MPa/m})$$

2)安装风时

$$\gamma_4(0,10) = \beta_C a_L \mu_z \mu_{SC} d \frac{W_0}{A} \sin^2\theta \times 10^{-3}$$

$$= 1.492\,83 \times 0.602\,88 \times 1.00 \times 1.1 \times 11.4 \times \frac{0.062\,50}{79.4} \times \sin^2 90°$$

$$= 8.88 \times 10^{-3}\,(\text{MPa/m})$$

（5）覆冰风压比载。10 mm 覆冰时 $B=1.2$，$\mu_{SC}=1.1$，风速 $V=10$ m/s，风速与安装风一致，故其余参数与安装风一致，则有

$$\gamma_5(10,10) = \beta_C a_L \mu_z \mu_{SC} (d+2b) \frac{W_0}{A} B \sin^2\theta \times 10^{-3}$$

$$= 1.492\,83 \times 0.602\,88 \times 1.00 \times 1.1 \times (11.4 + 2 \times 10) \times$$

$$\frac{0.625\,0}{79.4} \times 1.2 \times \sin^2 90° \times 10^{-3}$$

$$= 29.36 \times 10^{-3}\,(\text{MPa/m})$$

（6）无冰综合总比载。

1)基本风时

$$\gamma_6(0,25) = \sqrt{\gamma_1^2(0,0) + \gamma_4^2(0,25)} = \sqrt{65.46^2 + 62.71^2} \times 10^{-3}$$

$$= 90.65 \times 10^{-3}\,(\text{MPa/m})$$

2)安装有风时

$$\gamma_6(0,10) = \sqrt{\gamma_1^2(0,0) + \gamma_4^2(0,10)} = \sqrt{65.46^2 + 8.88^2} \times 10^{-3}$$

$$= 66.06 \times 10^{-3}\,(\text{MPa/m})$$

（7）覆冰综合总比载为

$$\gamma_7(b,V) = \sqrt{\gamma_3^2(b,0) + \gamma_5^2(b,V)} = \sqrt{140.19^2 + 29.36^2} \times 10^{-3}$$

$$= 143.23 \times 10^{-3}\,(\text{MPa/m})$$

第三节　导线和地线的机械物理特性及许用应力

一、导地线的机械物理特性

架空输电线路中物理特性中，与线路设计密切相关的主要有导线或地线的抗拉强度、综合弹性模量、温度线膨胀系数等。

（一）导地线的额定拉断力和抗拉强度

导地线的额定拉断力（RTS）是指导地线受拉时其中强度最弱或受力最大的一股或多股出现拉断时承载的总拉力。

对于单一绞线(包括铝绞线、铝合金绞线、镀锌钢绞线和铝包钢绞线),额定拉断力应为所有单线最小拉断力的总和;对于铝(铝合金)绞线,当铝(铝合金)单线的总股数为91股及以上时,导线额定拉断力应以所有单线最小拉断力总和的95%计算;对于镀锌钢绞线和铝包钢绞线,当单线的总股数为61股及以上时,导线额定拉断力应以所有单线最小拉断力总和的95%计算。

钢芯铝(铝合金)绞线或铝包钢芯铝(铝合金)绞线的额定拉断力应为铝(铝合金)部分的拉断力与对应铝(铝合金)部分在断裂负荷下钢或铝包钢部分伸长时的拉力的总和。为规范及实用起见,钢或铝包钢部分的拉断力偏安全地规定按250 mm标距、1%伸长时的应力来确定。当铝(铝合金)单线的绞层数为4层时,额定拉断力应以计算值的95%计算。

铝合金芯铝绞线的额定拉断力为硬铝线部分拉断力与铝合金线部分的95%拉断力的总和;当总股数为91股及以上时,额定拉断力应以硬铝线部分拉断力与铝合金线部分的95%拉断力总和的95%计算。

对导地线作拉伸试验,将测得瞬时拉断力。利用多次测量结果,可以建立一组经验公式来计算导线的瞬时拉断力。考虑到施工和运行中导线接头、修补等因素,当设计用导地线时,设计拉断力 T_P 取其实测或额定拉断力 T_N 的95%,即

$$T_P = 95\% T_N \qquad\qquad (3-3-1)$$

式中:T_N——额定拉断力,kN;

T_P——设计拉断力,kN。

导线或地线在拉断前承受的最大应力值就是抗拉强度时,根据抗拉强度的定义知道导地线的抗拉强度为

$$\sigma_P = \frac{T_P}{A} \qquad\qquad (3-3-2)$$

式中:σ_P——导地线的抗拉强度,N/mm^2 或 MPa;

A——架空导线或地线截面积,mm^2。

(二)导地线的综合弹性模量

物体的综合弹性模量也称为弹性模量。导地线的弹性模量是指在弹性限度内,当导地线受拉力作用时,其应力与相对变形的比例系数,由通过试验得出的应力-应变曲线确定,可表示为

$$E = \frac{\sigma}{\varepsilon} = \frac{Tl}{A\Delta l} = \frac{T}{A\varepsilon} \qquad\qquad (3-3-3)$$

式中:T——导地线拉力,N;

l、Δl——导地线的原长和伸长,m;

σ——导地线的应力,即单位截面的张力,$\sigma = \dfrac{T}{A}$,N/mm^2 或 MPa;

ε——导地线的相对变形,$\varepsilon = \dfrac{\Delta l}{l}$;

E——导地线的弹性模量,N/mm^2。

钢芯铝绞线的弹性模量的近似计算公式为

$$E = \frac{E_S + mE_{Al}}{1 + m} \qquad (3-3-4)$$

式中：E_{AL}、E_S、E——铝（或铝合金）线、钢线和综合弹性模量，N/mm^2 或 MPa。铝线的弹性模量可取 59 000 MPa，铝合金线的弹性模量可取 63 000 MPa，钢线的弹性模量可取 196 000 MPa；

m——铝（或铝合金）对钢的截面比，$m = \dfrac{A_{Al}}{A_S}$。

无试验资料时，各种导线或地线弹性模量可采用表 3-3-1～表 3-3-4 中的数值。

（三）导地线的温度线膨胀系数

导地线温度升高 1℃ 所引起的相对变形，称为导地线的温度线膨胀系数，简称"线膨胀系数"，可表示为

$$\alpha = \frac{\varepsilon}{\Delta t} \qquad (3-3-5)$$

式中：Δt——温度变化量，℃；

α——导（地）线的线膨胀系数，$℃^{-1}$。

钢芯铝绞线膨胀系数的计算式为

$$\alpha = \frac{\alpha_S E_S + m\alpha_{Al} E_{Al}}{E_S + mE_{Al}} \qquad (3-3-6)$$

式中：α_{Al}、α_S、α——铝（或铝合金）、钢和综合线膨胀系数，$℃^{-1}$。

无试验资料时，各种导线或地线的弹性模量和线膨胀系数可采用表 3-3-1～表 3-3-4 中的数值。

表 3-3-1　铝绞线、铝合金绞线、铝合金芯铝绞线及钢绞线的弹性模量和线膨胀系数

名　称	单线根数	弹性模量 GPa	线膨胀系数 $10^{-6}/℃$	名　称	单线根数	弹性模量 GPa	线膨胀系数 $10^{-6}/℃$
铝绞线 铝合金绞线 铝合金芯铝绞线	7	59.0	23.0	钢绞线	7	205.0	11.5
	19	55.0	23.0		19	190.0	11.5
	37	55.0	23.0		37	185.0	11.5
	61	53.0	23.0		61	180.0	11.5
	91	53.0	23.0				

表 3-3-2　钢芯铝绞线、钢芯铝合金绞线的弹性模量和线膨胀系数

单线根数 铝/铝合金	钢	钢比 %	弹性模量 GPa	线膨胀系数 $10^{-6}/℃$	单线根数 铝/铝合金	钢	钢比 %	弹性模量 GPa	线膨胀系数 $10^{-6}/℃$
6	1	16.7	74.3	18.8	48	7	8.8	65.9	20.3
7	7	19.8	77.7	18.3	54	7	13.0	70.5	19.4
12	7	58.3	104.7	15.3	54	19	12.7	70.2	19.5

续表

单线根数		钢比	弹性模量	线膨胀系数	单线根数		钢比	弹性模量	线膨胀系数
铝/铝合金	钢	%	GPa	$10^{-6}/℃$	铝/铝合金	钢	%	GPa	$10^{-6}/℃$
18	1	5.6	62.1	21.1	72	7	4.3	60.6	21.5
22	7	9.8	67.1	20.1	72	19	4.2	60.5	21.5
24	7	13.0	70.5	19.4	76	7	5.6	62.2	21.1
26	7	16.3	73.9	18.9	84	7	8.3	65.4	20.4
30	7	23.3	80.5	17.9	84	19	8.1	65.2	20.5
42	7	5.2	61.6	21.3	88	19	9.6	66.8	20.1
45	7	6.9	63.7	20.8					

表 3 - 3 - 3　铝包钢绞线的弹性模量和线膨胀系数

单线根数	最终弹性模量/GPa					线膨胀系数/($10^{-6}℃^{-1}$)				
	JLB14	JLB20A	JLB27	JLB35	JLB40	JLB14	JLB20A	JLB27	JLB35	JLB40
7	161.5	153.9	133.0	115.9	103.6	12.0	13.0	13.4	14.5	15.5
19	161.5	153.9	133.0	115.9	103.6	12.0	13.0	13.4	14.5	15.5
37	153.0	145.8	126.0	109.8	98.1	12.0	13.0	13.4	14.5	15.5
61	153.0	145.8	126.0	109.8	98.1	12.0	13.0	13.4	14.5	15.5

表 3 - 3 - 4　铝包钢芯铝绞线、铝包钢芯铝合金绞线的弹性模量和线膨胀系数

单线根数		钢比/(%)	弹性模量/GPa		线膨胀系数 /($10^{-6}℃^{-1}$)	
铝/铝合金	钢		LB14	LB20A	LB14	LB20A
6	1	16.7	71.4	70.3	19.3	19.7
7	7	19.8	74.0	72.7	18.8	19.3
12	7	58.3	97.4	94.4	15.9	16.7
18	1	5.6	61.5	60.6	21.4	21.6
22	7	9.8	65.3	64.6	20.4	20.8
24	7	13.0	68.2	67.2	19.9	20.2
26	7	16.3	71.1	70.0	19.3	19.8
30	7	23.3	76.8	75.2	18.4	18.9
42	7	5.2	60.6	60.3	21.5	21.7
45	7	6.9	62.4	61.9	21.1	21.3
48	7	8.8	64.3	63.6	20.6	20.9
54	7	13.0	68.2	67.3	19.9	20.2
54	19	12.7	68.0	67.0	19.9	20.3

续 表

单线根数		钢比/%	最终弹性模量/GPa		线膨胀系数 /(10^{-6}℃$^{-1}$)	
铝/铝合金	钢		LB14	LB20A	LB14	LB20A
72	7	4.3	59.8	59.4	21.7	21.9
72	19	4.2	59.6	59.3	21.7	21.9
84	7	8.3	63.8	63.2	20.7	21.0
84	19	8.1	63.7	63.1	20.8	21.1

二、导地线的许用应力

当架空输电线路导线或地线弧垂最低点所允许使用的最大应力为导线或地线的许用应力时,工程中称之为最大使用应力,其值由下式确定:

$$[\sigma] = \frac{\sigma_P}{K} \tag{3-3-7}$$

式中:σ_P——导线或地线的抗拉强度,$\sigma_P = \dfrac{0.95 \times 额定拉断力}{A}$,其中,0.95 为新线系数,$A$ 为

导线或地线的截面积;

K——架空输电线路导线或地线的设计安全系数。

导线或地线的强度安全系数是指为使运行中的导线有一定的强度安全裕度,导线或地线的抗拉强度与导线在弧垂最低点最大使用应力之比,或导地线的综合拉断力与弧垂最低点最大使用拉力之比,简称"安全系数"。影响安全系数的因素很多,如悬挂点的应力大于弧垂最低点的应力、补偿初伸长需增大应力、振动时产生附加应力而且断股后导线或地线强度降低,因腐蚀、挤压损伤造成强度降低,以及设计、施工中的误差,等等。各因素对架空输电线路导线或地线许用应力的影响程度示于表 3-3-5 中。

导线或地线最小安全系数值的计算公式为

$$k = \frac{1 + k_1 + k_2 + k_3 + k_6 + k_7}{1 - k_4 - k_5} \tag{3-3-8}$$

表 3-3-5　影响导线或地线安全系数的因素

系　数	影响因素	运行期			
		施　工	初　期	中期(20 年)	后期(40 年)
k_1	悬挂点应力增加	10%	10%	10%	10%
k_2	补偿导地线初伸长的应力增加	10%	10%	10%	5%
k_3	考虑弧垂施工误差的应力增加	2.5%	2.5%	2.5%	2.5%
k_4	因压挤和挤压降低强度	5%	5%	5%	5%
k_5	因腐蚀等降低强度	0	0	10%	20%
k_6	设计误差	5%	5%	5%	5%
k_7	振动断股降低使用应力	0	17%	17%	17%

续 表

系 数	影响因素	运行期			
		施 工	初 期	中期(20年)	后期(40年)
	悬挂点附加弯曲应力	—	—	—	—
	振动时的附加动应力	—	—	—	—
	最小安全系数 k	1.34	1.52	1.64	1.86

由表 3-3-5 可以看出,即使不考虑悬挂点附加弯曲应力和振动时的附加动应力的影响,最小安全系数也要求达到 1.86。若考虑上述两个因素,则要求安全系数为 2.0～2.5。为保证架空输电线路的安全运行,设计规程规定导地线在弧垂最低点的最大应力下的设计安全系数不应小于 2.5。考虑到地线多采用钢绞线,易腐蚀,其设计安全系数宜大于导线的设计安全系数。

控制微风振动的年均气温气象条件下的年均运行应力,在采取防振措施的情况下,不应超过 σ_P 的 25%,即此时的设计安全系数不应小于 4.0。

在导地线在弧垂最低点最大应力情况下,悬挂点的设计安全系数不应小于 2.25。

在校验稀有风速或稀有覆冰气象条件时,架空输电线路弧垂最低点的最大使用张力不应超过综合拉断力的 60%,悬挂点的最大使用张力不应超过综合拉断力的 66%。

架设在滑轮上的导地线,还应计算悬挂点局部弯曲引起的附加应力。

在任何气象组合条件下,导线或地线的使用应力都不能大于相应的许用应力。

习　　题

1. 架空输电线路电线的荷载可以分为垂向荷载和水平荷载两大类,简述影响上述两类荷载的主要因素。

2. 简述你所理解的架空线路电线比载定义。常用的比载有哪几种?

3. 简述电线综合垂直比载的组成。自重比载和覆冰比载如何计算?

4. 我国常用的基本风压标准值如何计算?简述风压不均匀系数、电线体型系数和风压高度变化系数的取值。

5. 某 220 kV 架空输电线路,通过 V 区典型气象区,分别计算采用 JG1A-630/45 导线和双分裂 JG1A-300/40 导线单位垂直荷载和水平荷载,对比其关系。

6. 某 220 kV 架空输电线路,通过 VII 区典型气象区,导线为 JG1A-400/50 钢芯铝绞线,试计算各种气象组合下的比载(设风向与线路垂直,即 $\theta = 90°$)。

第四章　导地线的振动和防振

第一节　概　　述

架空输电线路常年受到风、冰、低温等气象条件的影响和电压、电流的作用。风的作用除使架空线和杆塔产生垂直于线路方向的水平荷载外,还将引起架空线的周期振荡,称为架空线的振动。

架空线由风、覆冰作用引起的振动,按频率和振幅不同,大致可分为高频微幅的微风振动、中频中幅的次档距振动和低频大振幅的舞动。除以上三种振动外,还有导线脱冰引起的架空线的覆冰脱冰跳跃及受稳定的横向风作用下的摆动。

一、微风振动

微风振动是微风均匀、垂直吹向导线时,在导线背风面形成稳定的涡流。由于周期性涡流升力分量的作用,导致导线发生振动。

微风振动时,导线主要在垂直面产生波动。微风振动的频率较高(约 $10 \sim 120$ Hz),而振幅较小,它的最大双倍振幅约等于导线直径(很少超过导线的直径)。一年中风振动的时间常达全年时间的约 $30\% \sim 50\%$。风振动波为驻波,即波节不动,波腹上下交替变化。因此,风振动使架空线在悬挂点处反复被拗折,引起材料疲劳,最后导致断股、断线事故。

引起风振动的原因:一般导线发生振动风速为 $0.5 \sim 10$ m/s,在风速较小的情况下,空气平稳地沿导线面流过,空气的能量不能撼动导线。当风速增大时,空气再也不能平稳地沿导线面流过,而在导线的背风面形成轮流变换旋转方向的气流旋涡(见图 4-1-1),按照空气动力学原理,旋涡时而在导线上方,时而在导线下方,旋涡的空气相对较薄弱,这样使导线上下方压力轮流改变、迎风面和背风面旋涡压力不等,这种作用在导线上的压力变化使风能转换成脉动冲击力,它是引起导线振动的根源。当这个脉冲力的频率与架空线的固有自振频率相等时,架空线在垂直面内产生谐振,即风振动。

架空输电线路经过地区的地形特点决定着导线受振的概率,如在平原开阔地带导线受振的可能性比在林区要大。当增加档距长度和增大导线应力时,振动的持续时间和振幅均有所增大。当线路跨越江河、山谷和峡湾等大跨越地段时,对地距离高的地方,不但有横向风力,而且由于上下层空气有温差,还会产生垂直向上的气流,此时架空线的风振动损害比较严重。

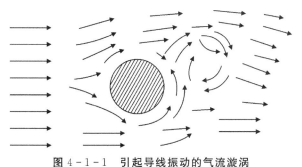

图 4-1-1 引起导线振动的气流漩涡

二、次档距振动

为了保持子导线间的距离,档距每隔一定距离安装一个间隔棒,相邻两间隔棒之间的距离称为次档距。次档距振动是当分裂导线束中(背风侧)的子导线落在迎风侧子导线周围所形成的涡旋气流的空气动力尾流中时,子导线在次档距内的水平振动,由于该振动的频率很低,故一般称为"振荡"。次档距振动的振荡频率约为 0.5～5 Hz,半波数约为 1～5 个的驻波振荡,振荡幅值随次档距增大而增大,随分裂间距的减小而增大,因此也称它为次档距舞动。次档距振动时迎风侧子导线的尾流流迹极限角约为±20°,影响的档距范围约为导线直径的 20 倍,发生振荡的稳定风速约为 5～18 m/s。

次档距振动时若不加防护设施,在平原开阔地带,分裂间距即使在导线直径的 15～18 倍之间也会产生线间碰撞和鞭击,使线股磨损,特别是导线接续管对相邻子导线的损伤更为严重,而且使间隔棒夹头处产生更大的动弯应力,振松甚至振坏间隔棒夹头进而引起导线磨损或断股。这种振荡在运行条件下,可能引起超高压和特高压线路分裂导线大量解体、间隔棒损坏和导线磨损,甚至损坏金具而使导线落地。次档距振动的解决措施一般是采用阻尼间隔棒,增大分裂导线的间距,缩短次档距长度,合理布置子导线位置,等等。

三、舞动

舞动是在架空输电线路导线发生偏心覆冰后,在风的激励下产生的一种低频率、大振幅自激振动现象。通俗地讲,就是当风吹到因覆冰而变为非圆截面的导线上时,产生一定的空气动力,由此诱发导线产生一种低频率、大振幅的自激振荡。由于其形态上下翻飞,形如龙舞,称为舞动。

舞动为频率很低(最具代表性的频率是 0.1～0.75 Hz)而振幅很大(可达几米)的振动。当导线舞动时,整档导线的振荡主要发生在垂直平面上,导线沿长轴少许向背风向倾斜的椭圆形轨道运动。舞动波具有行波或驻波的形式,且导线沿短轴为 0.3～0.5 倍长轴的椭圆形轨道运动或垂直方向运动,即舞动时全档架空线作定向的波浪式运动,且兼有摆动(见图 4-1-2)。由于舞动的振幅大,有摆动,一次连续几小时,因此容易引起相间闪络,造成线路跳闸停电或引起烧伤导线等严重事故。

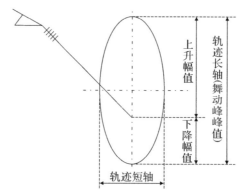

图 4 - 1 - 2 导线舞动时的轨迹示意图

舞动很少发生,它主要发生在架空线覆冰且风速在为 5～15 m/s 的地区,导线覆冰厚度达 3 mm 以上、气温在 -5～0 ℃ 的情况下。在线路方面较易引起舞动的因素是:导线截面大(直径超过 40 mm),分裂导线的根数较多,导线离地较高。此外,电晕严重的线路,导线也容易发生由电晕引起的舞动。

第二节 风振动的特性与影响因素

架空线的微风振动是经常发生的,而舞动则很少见。下面重点讨论微风振动的问题。

当架空线受到稳定的微风作用时,风的冲击频率(脉冲频率)与风速和架空线的直径有关,可用下式计算:

$$f_F = S \frac{V}{d} \tag{4-2-1}$$

式中:f_F——风的冲击频率,Hz;

  S——司脱罗哈常数,$S = 185～210$,我国一般采用 200;

  V——风速,m/s;

  d——架空线直径,mm。

张紧的架空线的自然振动频率为

$$f_D = \frac{V_D}{\lambda}$$

式中:λ——振动波波长,m。

振动波速 V_D 与架空线应力和自重的关系为

$$V_D = \sqrt{\frac{9.81\sigma}{\gamma_1}}$$

式中:σ——档距内架空线的应力,N/mm²;

  γ_1——架空线的自重比载,N/m·mm²。

于是

$$f_D = \frac{V_D}{\lambda} = \frac{1}{\lambda}\sqrt{\frac{9.81\sigma}{\gamma_1}} \tag{4-2-2}$$

当风对架空线的脉冲频率 f_F 与架空线的某一自然振动频率 f_D 相等时,架空线在该频率下产生谐振,此时振幅达到最大值。当风速变化致使 f_F 也变化时,振幅将有所下降,同时自然振动频率 f_D 也将随架空线应力的变化而变化,且可能在另一频率下产生新的谐振。

当谐振发生时

$$f_F = f_D$$

$$\lambda = \frac{d}{200V}\sqrt{\frac{9.81\sigma}{\gamma_1}} \qquad (4-2-3)$$

振动波的半波长为

$$\frac{\lambda}{2} = \frac{d}{400V}\sqrt{\frac{9.81\sigma}{\gamma_1}} \qquad (4-2-4)$$

根据振动波的半波长的公式估计导线振动半波长可能范围的过程表明,导线可能发生振动的频谱是非常广的(见表4-2-1),在档距为400 m、导线直径 $d=30$ mm、导线张力为 $35\sim50$ kN 的情况下,当风速为 $0.5\sim5$ m/s 时(即半波长的范围约为320 m或更大时)导线最容易振动。由此可以想到,档中谐振的谐波数为 $14\sim364$,面对最大可能的振动,其谐波数为 $20\sim150$(前一谐波数与档中半波长数相当)。

表 $4-2-1$ 导线振动频谱

风速 m/s	按式(4-2-1)计算 旋涡形成的频率 Hz	导线张力 T kN	按式(4-2-4)计算的 导线振动半波长 $\lambda/2$ m	半波长导线质量 kg	400 m 档距时 导线谐振的谐波数(取整数)
0.5	3	35	23	41.6	17
		50	29	52	14
5	31	35	2.2	4.0	182
		50	2.75	5.0	146
10	62	35	1.1	2.0	364
		50	1.38	2.5	290

注:表中的司脱罗哈常数为185,一般取200。

在风速 $0.5\sim10$ m/s 范围内谐振谐波数范围很广,因此当风速稍有变化时,其旋涡频率就可能又重新与导线固有谐振频率中的某个相接近的频率相重合,于是谐振重新发生。在上述公式中没有考虑档距长度和档距内导线长度的差别,也没有考虑导线的横向刚度。但是利用这些公式计算的结果,其误差不大于 5%。这就允许在实际架空线路设计中采用这些公式。

架空线振动的严重程度用最大振幅来表示,但从振动对架空线的破坏程度来看,用架空线悬挂点(固定波节点)处的曲折度(或振动角)来表示更为直观。

架空线振动时的波形如图4-2-1所示。

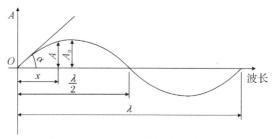

图 4-2-1 架空线振动时的波形

架空线振动波形方程如下:

$$A(x,t)=A_0\sin\frac{2\pi x}{\lambda}\sin2\pi ft \qquad(4-2-5)$$

式中:A——某一谐振频率下架空线任一点离开其平衡位置的位移,mm;

A_0——最大振幅,mm;

f——振动频率,Hz;

t——计算时间,s;

λ——波长,m。

当 $\sin\omega t=1$ 时,振幅 A 最大,此时有 $A(x,t)=A_0\sin\frac{2\pi x}{\lambda}$。

在最大波腹上过任一点切线的斜率对 x 求导,得

$$\tan\alpha=\frac{\mathrm{d}A}{\mathrm{d}x}=\frac{2\pi A_0}{\lambda}\cos\frac{2\pi x}{\lambda} \qquad(4-2-6)$$

在线夹出口处$(x=0)$的振动角最大,其值为

$$\alpha_{\max}=\arctan\frac{2\pi A_0}{\lambda} \qquad(4-2-7)$$

式中:$\alpha_{\max}$——最大振动角。

运行的线路上,实际振动角一般在 $30'\sim50'$ 之间,当振动特别强烈时此角接近 $1°$。这样大的振动角,不需要很长时间就会使导线断股,故许多国家规定:架空线紧线后立即装防振器具,决不能拖过夜间。线路设计中一般情况下要求 α 不大于 $10'$。当采用扩径导线和铝合金线等易于振动的导线时,或者在运行应力较大或者大跨越处,最大振动角不宜大于 $5'$。这就是防振设计应达到的标准。

影响架空线振动的主要因素有:风速、风向、档距与悬点高度、地形、地物以及导线应力等。

均匀的微风是引起风振动的基本因素。风速过小不足以形成涡流产生冲击力,因而不足以上下推动架空线振动;风速过大,由于气流与地面的摩擦产生紊流,破坏了上层气流的均匀性,因而也不会引起架空线的稳定振动。因此,引起架空线稳定振动的风速有一个范围,其下限 $V_{\min}=0.5$ m/s,其上限常与架空线的悬点高度及地形情况有关。

当悬点高度 $h=12$ m 时,风速上限 $V_{\max}$ 取 4 m/s;当 $h>12$ m 时,$V_{\max}$ 可取表 4-2-2 中的值或按经验公式 $V_{\max}=(0.087h+3.0)$ m/s(山区线路例外)进行计算。

如果档距增大,悬点高度也大,于是可提高稳定振动风速的上限,扩大振动的风速范围,

从而增长振动的相对时间。同时档距的增大,又使档距内架空线上适合形成整数半波的机会增多了,即架空线的谐振频率增多了,从而产生谐振的机会也增多了。

因为振动波半波数 $n=l/(\lambda/2)$,档距增大,l 增长,所以 n 增大。风速范围与档距大小和悬点高度的关系见表 4-2-2。

表 4-2-2　平坦开阔地区引起风振动的风速范围

档距/m	架空线悬点高度/m	引起振动的风速范围/(m·s⁻¹)
150~250	12	0.5~4.0
300~450	25	0.5~5.0
500~700	40	0.5~6.0
700~1 000	70	0.5~8.0

据观察,当风向与线路成 45°~90°角时,架空线产生稳定振动;成 30°~45°时,振动的稳定性较小;夹角小于 20°时,则很少出线振动。

一般开阔地区易产生平稳、均匀的气流,因而,凡线路经过的平原、沼地、漫岗、横跨河流和平坦的风道,认为是易振区,如果线路靠近高山、树林、建筑物等屏蔽物时,近地面的风的均匀性被破坏,这些地区被认为是不易振区。这已被运行调查所证实。

架空线长期受振动的脉冲力作用相当于一个动态应力叠加在架空线的静态应力之上,而架空线的许用应力是一定的,因此静态应力越大,所能容许叠加的动态应力就越小。此外,静态应力越大,振动频带越宽,越容易产生振动。而且随着静态应力的增大,架空线本身对振动的阻尼作用也要显著降低。

由于静态应力对架空线的振动及其危害性都有重大影响,所以考虑防振问题时,就需要结合架空线的实际运行应力来考虑。这个运行应力选用架空线在长期运行过程中最有代表性的静态应力,即"平均运行应力"。

平均运行应力增大时,架空线的自振频率、波长、振幅等都将增大,使架空线材料很快疲劳而断股,平均运行应力与振幅的关系如图 4-2-2 所示。

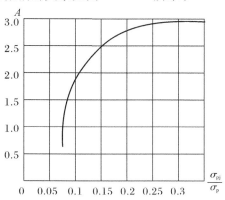

A—振幅;σ_p—架空线的瞬时破坏应力;σ_{pj}—架空线的平均运行应力

图 4-2-2　平均运行应力与振幅的关系

《110 kV~750 kV 架空输电线路设计规范》(GB 50545—2010)规定:导线和地线的平均运行应力的上限和相应的防振措施应符合表 4-2-3 的要求。

表 4-2-3 架空线的平均运行应力的上限与防振措施

情 况	防振措施	平均运行应力的上限(占瞬时破坏应力的百分比)/(%)	
		钢芯铝绞线	镀锌钢绞线
档距不超过 500 m 的开阔地区	不需要	16	12
档距不超过 500 m 的非开阔地区	不需要	18	18
档距不超过 120 m	不需要	18	18
不论档距大小	护线条	22	—
不论档距大小	防振锤(阻尼线)或另加护线条	25	25

第三节 防振措施

架空线的防振可从两方面着手:其一是在架空线上加装防振装置以吸收或减弱振动能量;其二是加强设备的耐振强度,防止由振动引起架空线的损坏。对于前者,现在广泛采用的是防振锤、阻尼线或防振锤加阻尼线;后者则从改善线夹的耐振性能,采用护线条及降低架空线的静态应力等加以应对。各种防振措施的原理及计算方法分述于下。

一、防振锤

(一)防振锤形式

选择消除导线振动的有效方法是在导线上加装防振锤。防振锤的种类很多,我国一般采用 F 型防振锤(司脱克型)、FR 防振锤、双扭防振锤和海马防振锤等。

防振锤多采用水平安装(见图 4-3-1),个别采用倾斜安装。最常用的 F 型防振锤是由一定质量的重锤,具有较高弹性、高强度的镀锌钢绞线及线夹组成的。防振锤的消振性能和防振锤的有效工作频率有关。当架空线振动时,夹板随着上下振动,由于两端重锤的惯性较大,钢绞线不断上下弯曲,重锤的阻尼作用减小了振动的波幅,而钢绞线的变形及股线间产生的摩擦则消耗了振动能量。钢绞线弯曲得越激烈,所消耗的能量越多,以至在能量平衡的条件下架空线振动振幅大大减小。故严格地说,防振锤不能消除振动,而只能将振动限制到无危险的程度。

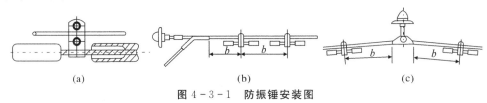

(a) (b) (c)

图 4-3-1 防振锤安装图

各种防振锤根据结构、质量和几何尺寸的不同,均具有一定的频率适用范围。

防振锤的线夹分为两种结构形式,一种是绞扣式单螺柱固定线夹,另一种是适合小导线的双螺栓固定型线夹。

为了获得防振锤的最佳防振效果,在选择和安装防振锤时,应以防振锤的钢绞线能产生最大挠度(或弯曲)为原则,以便使其消耗更多的能量。为此,防振锤本身的自然振动频率范围要与架空线可能发生的振动频率范围相适应,且重锤质量要适当;防振锤要装在接近波腹点上(因波腹点使防振锤上下甩动度大)。

防振锤的选择可根据不同的架空线的振动试验来进行,或按表 4 - 3 - 1 选择定型的防振锤。

防振锤是目前防振的积极有效的措施之一,须正确选择型号、安装个数和安装位置,否则达不到预期的防振效果。

表 4 - 3 - 1　防振锤的型号(司脱客型)选择

防振锤型号		适用导线的型号	总长	适用钢绞线规格	防振锤质量
单螺栓固定线夹型	双螺栓固定线夹型	mm	mm	mm	kg
FD - 1		7.5～9.6		7/2.6	1.50
	FD - 2	10.8～14.0		7/3.0	2.40
	FD - 3	14.5～17.5		19/2.2	4.50
	FD - 4	18.1～22.0		19/2.2	5.60
	FD - 5	23.0～29.0		19/2.6	7.20
	FD - 6	29.1～35.0		19/2.6	8.60
FG - 35		7.8		7/3.0	1.80
FG - 50		9.0～9.6		7/3.0	2.40
	FG - 70	11.0～11.50		19/2.2	4.20
	FG - 100	11.6～13.0		19/2.2	5.90

(二)防振锤个数选择

若架空线振动强烈,一个防振锤不足以将此能量消耗至足够低的水平,就需要装多个防振锤。根据架空线型号(或直径)和档距长度按表 4 - 3 - 2 选择防振锤个数。

表 4 - 3 - 2　防振锤的悬点各侧安装的个数

防振锤型号	导线、地线直径/mm	防振锤个数		
		1	2	3
FD - 1,FD - 2	$d < 12$	$l < 300$	$l > 300～600$	$l > 600～900$
FD - 2,FD - 3,FD - 4	$12 \leqslant d \leqslant 22$	$l \leqslant 350$	$l > 350～700$	$l > 700～1\,000$
FD - 5,FD - 6	$d > 22～37.1$	$l \leqslant 450$	$l > 450～800$	$l > 800～1\,200$

注:l 为档距(m)。导线也指二分裂导线的子导线。三分裂及以上导线采用阻尼间隔棒时,档距在 500 m 及以下地区可不再采用其他防振措施。

(三)防振锤安装基本原则以及安装距离

1.基本原则

防振锤宜装在架空线接近波腹点处,以便最大限度地消耗振动能量。然而,不同风速下,架空线可能出现的振动频率及波长并非一个定值,而是在一个范围内变动,为使防振锤对出现的各个波长的振动都能发挥一定的防振作用,防振锤的安装位置应照顾到出现最大及最小半波长两种情况,这样对振动的中间频率波段自然也照顾到了。

2.安装距离

(1)安装一个防振锤。安装一个防振锤时,最适合的位置在线夹出口第一个半波长内。这是因为架空线的悬挂点对任何波长的波都是固定不变的波节点,装于第一个半波长内能照顾到多种波长的波的防振,且悬挂点处受振最严重。这是因为:①此处易形成一个"死点",振动波受阻而反射,由于入射波和反射波的叠加,此处产生很大的振角;②此处悬挂点应力最大,除拉应力外,还受到附加弯曲应力及线夹对架空线的挤压应力等,材料最容易疲劳。装于此处对悬点防振最有利。

为照顾不同风速下不同的半波长,应使防振锤在最大和最小半波长内有相同的布置条件,即安装点处在最大和最小半波长时有相同的相角正弦绝对值(见图4-3-2),有

$$|\sin\theta_{\max}| = |\sin\theta_{\min}| \qquad (4-3-1)$$

式中:$\theta_{\max} = \dfrac{2\pi s}{\lambda_{\max}}$——最大半波长时安装点处所对应的相角;

$\theta_{\min} = \dfrac{2\pi s}{\lambda_{\min}}$——最小半波长时安装点处所对应的相角。

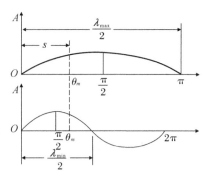

图4-3-2 防震锤安装位置原理图

当$|\sin\theta_{\max}| = |\sin\theta_{\min}|$时,$\theta_{\max} = \pi - \theta_{\min}$,即

$$\frac{2\pi s}{\lambda_{\max}} = \pi - \frac{2\pi s}{\lambda_{\min}} \qquad (4-3-2)$$

于是可以导出以下结果。

1)防振锤的安装距离:

$$b=\frac{\frac{\lambda_{\max}}{2}\times\frac{\lambda_{\min}}{2}}{\frac{\lambda_{\max}}{2}+\frac{\lambda_{\min}}{2}} \tag{4-3-3}$$

式中：$\frac{\lambda_{\max}}{2}$——最大半波长；

$\frac{\lambda_{\min}}{2}$——最小半波长。

由表 4-2-1 可以看到：①风速下限 $V=0.5$ m/s，在最大应力下取得档中谐振的最小谐波数 14；②风速上限 $V=10$ m/s，在最小应力下取得档中谐振的最大谐波数 364。

将风速下限 $V=0.5$ m/s 和最低气温时架空线的最大应力 $\sigma_{\max}$ 代入半波长公式，有

$$\frac{\lambda_{\max}}{2}=\frac{d}{400V_{\min}}\sqrt{\frac{9.81\sigma_{\max}}{\gamma_1}} \tag{4-3-4}$$

将风速上限 $V=10$ m/s 和最高气温时架空线最小应力 $\sigma_{\min}$ 代入半波长公式，有

$$\frac{\lambda_{\min}}{2}=\frac{d}{400V_{\max}}\sqrt{\frac{9.81\sigma_{\min}}{\gamma_1}} \tag{4-3-5}$$

式中：$\sigma_{\min}$、$\sigma_{\max}$——最低气温和最高气温时架空线应力，N/mm^2；

γ_1——架空线的自重比载，N/m·mm^2。

按上述原则求出的防振锤安装距离，不仅满足风速上限和风速下限的防振要求，而且对于中间各个风速所产生的不同频率和波长的振动波更能满足防振要求，因为安装点会更接近波腹点，防振效果更好。

2）联防振锤安装距离，即从悬垂或耐张线夹出口至防振锤中心安装距离 b 为

$$b=0.0013d\sqrt{\frac{T_{pj}}{10m}} \tag{4-3-6}$$

式中：d——导地线直径，mm；

T_{pj}——导地线平均运行张力，N；

m——1 m 导地线重量，N/m。

3）防振锤等距离安装，安装距离 b 为

$$b=\frac{d}{400(V_{\max}+V_{\min})}\sqrt{\frac{T_{pj}}{m}} \tag{4-3-7}$$

式中字母代表意义见式（4-3-6）。

【例 4-1-1】 某 110 kV 输电线路，已知导线采用 LGJ-120 型钢芯铝线，直径 $d=15.2$ mm，自重比载 $\gamma_1=35.9\times10^{-3}$ N/(m·mm^2)，悬点高度为 12 m，风速上限 $V_{\max}=4$ m/s，风速下限 $V_{\min}=0.5$ m/s，该线路某耐张段的代表档距 $l_D=300$ m，其最高气温时的应力 $\sigma_{\min}=45$ N/mm^2，最低气温时的应力 $\sigma_{\max}=61.8$ N/mm^2。求防振锤的安装距离 s。

解： 最大半波长：

$$\frac{\lambda_{\max}}{2} = \frac{d}{400V_{\min}} \sqrt{\frac{9.81\sigma_{\max}}{\gamma_1}} = \frac{15.2}{400 \times 0.5} \times \sqrt{\frac{9.81 \times 61.8}{35.9 \times 10^{-3}}} = 9.9 \text{ m}$$

最小半波长:

$$\frac{\lambda_{\min}}{2} = \frac{d}{400V_{\max}} \sqrt{\frac{9.81\sigma_{\min}}{\gamma_1}} = \frac{15.2}{400 \times 4.0} \times \sqrt{\frac{9.81 \times 45.0}{35.9 \times 10^{-3}}} = 1.05 \text{ m}$$

安装距离:

$$b = \frac{\dfrac{\lambda_{\max}}{2} \times \dfrac{\lambda_{\min}}{2}}{\dfrac{\lambda_{\max}}{2} + \dfrac{\lambda_{\min}}{2}} = \frac{9.9 \times 1.05}{9.9 + 1.05} = 0.95 \text{ m}$$

(2)当悬挂点每侧装多个防振锤时安装距离的确定。当风的输入能量很大使架空线振动强烈时,一个防振锤不足以将此能量消耗至足够低的水平,此时就需要装多个防振锤(一般装 1～3 个)(见表 4-3-2)。

多个防振锤一般按等距离安装,即第一个安装距离为 s[按式(4-3-7)计算的],第 2 个为 $2s$,第 n 个为 ns。这里必须指出,第一个防振锤位于从线夹出口算起的第一个最小半波长内,但其后第 n 个就不定在第 n 个最小半波内,甚至某个防振锤可能位于某些波的"波节点"上,此时,该防振锤虽无上下甩动,但有回转甩动,故仍能起一定的减振作用。

当 $\dfrac{\lambda_{\max}}{2} \geqslant \dfrac{\lambda_{\min}}{2}$ 时,$b \approx \dfrac{\lambda_{\min}}{2}$,而且又必须采用两种不同型号的防振锤,如果按等距离安装时,在出现最小波长时,所有防振锤都在波节点上,无法起到应有的防振作用,这时应按不等距离安装。其方法有两种。

方法一(两个防振锤时):第一个防振锤的安装距离:$b \approx 1.05\dfrac{\lambda_{\min}}{2}$(m);第二个防振锤的安装距离:$b \approx 1.8\dfrac{\lambda_{\min}}{2}$(m)。当第一个防振锤处于波节点位置节,第二个防振锤应当在波腹点附近。方法二(两个以上防振锤时):第 i 个防振锤安装距离 s_i 为

$$s_i = \frac{\left(\dfrac{\frac{\lambda_{\max}}{2}}{\frac{\lambda_{\min}}{2}}\right)^{\frac{i}{n}}}{1 + \left(\dfrac{\frac{\lambda_{\max}}{2}}{\frac{\lambda_{\min}}{2}}\right)^{\frac{1}{n}}} \times \frac{\lambda_{\min}}{2} \qquad (4-3-8)$$

式中:i——防振锤安装序号,$i = 1, 2, 3, \cdots$;

n——应安装防震锤的个数。

(四)防振设施安装位置的确定

防振锤的安装位置如图 4-3-3 所示。

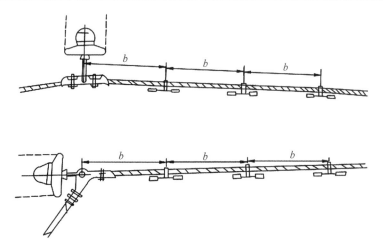

图 4-3-3　防振锤的安装位置图

　　在超高压线路上通常采用由几根子导线组成的相分裂导线,装设间隔棒将一相内的子导线彼此相连,可促进振动能量的消散,同时能改善导线的工作条件,并简化防振效果。这样,在线路上采用分裂导线时,当每分裂数为 3 及以上子导线时,无论采用哪种类型间隔棒结构,均可不设防振锤。

　　1. 阻尼线

　　防振线也叫阻尼线。它由一段挠性好、刚性小、瞬时破坏力大的钢丝绳或同型号的架空线组成,安装在悬垂线夹两侧或耐张线夹出口的一侧,作为连续的多个"花边"形,如图 4-3-4 所示。其防振的原理是转移线夹出口处波的反射点位置,使振动波的能量顺利地从旁路通过,从而使线夹出口处的反射波和入射波的叠加值减小到最低限度。在振动过程中,一部分振动能量被架空线本身和阻尼线线股之间产生的摩擦所消耗,其余能量由振动波传至阻尼花边各连接点处,经过多次折射(并伴有少量反射和透射),仅部分波传至线夹出口,大部分被消耗掉或通过花边到另一侧。它主要应用于大跨越档距和小线径架空线,个别振动严重的地段也有局部采用的。

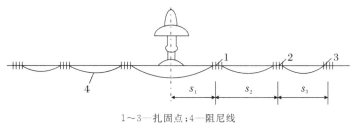

1～3—扎固点;4—阻尼线

图 4-3-4　阻尼线安装位置图

　　与防振锤相比,阻尼线防振效果也很显著,同时阻尼线重量轻,连接点处不易形成"死点";连接点处不像防振锤那样用夹板固定,而用铁丝绑扎 100 mm 和用 U 型卡子固定,不致产生棱边磨伤导线;阻尼线对振动能量的消耗较平缓。根据试验可知,低频率振动时,防振锤消振效果较好;高频率振动时,阻尼线消振效果较好。从小线径导线振动频率较高的角度出发,阻尼线则是消振效果较好的措施。而对大跨越档距,国内外多采用阻尼线与防振锤联合使用方式,以充分发挥它们各自的长处。

阻尼线的安装原则与防振锤相同,即应考虑到架空线发生最大和最小振动波长时均能起到消振作用。以此原则来确定花边的长度。花边的数量一般由档距大小而定。对一般档距,悬点每侧常采用两个花边(3 个夹子),500~600 m 档距每侧 3 个花边,档距超过 600 m以上时,每侧 4 个,最多曾用到 6 个。据试验,花边弧垂大小对防振效果影响不大,一般取50~100 mm;也有按花边大小确定弧垂的,即 $f_1 \leqslant s_1$,$f_2 \leqslant \dfrac{2}{3} s_2$,$f_3 \leqslant \dfrac{1}{3} s_3$,其中 f 为花边的弧垂,s 为花边的水平距离。

阻尼线线夹安装距离的计算目前无统一规定和成熟经验,故介绍以下几种计算方法以用于参考。

若采用每侧一个花边时,将阻尼线与架空线的第一个连接点设在线夹第一个最小波长的最大波腹点处,即 $s_1 = \dfrac{1}{4} \lambda_{\min}$,而第二个连接点则设在第一个最大波长的最大波腹点处,即 $s_2 = \dfrac{1}{4} \lambda_{\max}$。

若采用每侧两个花边时,推荐采用下面三种方式:

(1)美国戴维逊法。第一个连接点设在第一个 $\left(\dfrac{1}{4} \sim \dfrac{3}{8}\right) \lambda_{\min}$ 之间,第三个连接点设在 $\left(\dfrac{1}{4} \sim \dfrac{1}{8}\right) \lambda_{\max}$ 处,第二个连接点设在第一个与第三个连接点的中点,即 $s_2 = s_3$。

(2)推荐法。水电部电科研究所根据 1964 年试验推荐,对一般档距阻尼线总长可取约7~8 m,在架空线线夹两侧各设 3 个连接点,第一个连接点距线夹中心 $\dfrac{1}{4} \lambda_{\min}$,第三个连接点距线夹中心 $\left(\dfrac{1}{4} \sim \dfrac{1}{6}\right) \lambda_{\max}$(即位于最大半波长"波腹点"附近),第二个连接点则在第一与第三点的中间位置上。用公式表示为

$$s_1 = \frac{\lambda_{\min}}{4} = \frac{d}{800 V_{\max}} \sqrt{\frac{9.81 \sigma_{\min}}{\gamma_1}} \qquad (4-3-9)$$

$$s_1 + s_2 + s_3 = \left(\frac{1}{4} \sim \frac{1}{6}\right) \frac{d}{200 V_{\min}} \sqrt{\frac{9.81 \sigma_{\max}}{\gamma_1}} \qquad (4-3-10)$$

$$s_2 = s_3 \qquad (4-3-11)$$

(3)等距安装法:

$$s_1 = s_2 = s_3 = \frac{\dfrac{\lambda_{\max}}{2} \times \dfrac{\lambda_{\min}}{2}}{\dfrac{\lambda_{\max}}{2} + \dfrac{\lambda_{\min}}{2}} \qquad (4-3-12)$$

2.护线条

为了预防架空线悬点处因振动而损坏,常加装护线条。护线条可使架空线在线夹附件

处刚度加大,从而抑制架空线的振动弯曲,减小导线的弯曲应力及挤压应力和磨损,提高导线的耐振能力。

护线条有锥形和预绞丝两种(见图4-3-5)。我国目前推广使用预绞丝护线条,护线条的材料为铝镁硅合金。

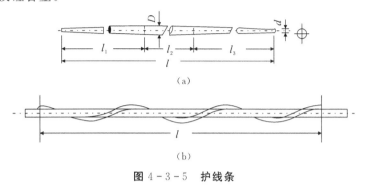

(a)

(b)

图4-3-5　护线条

(a)锥形护线条;(b)预绞丝护线条

3.组合措施

特大跨越档的架空线多采用高强度、大截面的特制导线,其自重大,悬点高,振动频率范围大,且因线路跨越地点多位于屏蔽物很少的地段,所以很容易振动且振动能量较大,往往需要不同型号的防振锤或数种防振措施联合防振,才能获得较好的防振效果。其安装方式一般应通过消振效果的测试来选定,或在运行经验的基础上反复研究、试验而得来。

第四节　减少次档距严重振荡的防护措施

一、目前常用的减少次档距严重振荡的防护措施

1.增大分裂导线线间距离

前面已提到如果将分裂间距放大到导线距离的20倍以上,背风侧子导线就会避开迎风侧受风后的旋涡激发振荡范围。220 kV输电线路的导线,最大直径$d=34.32$ mm,分裂间距$s=692.40$ mm(实际分裂间距450 mm),但这样大的间距在技术和经济上是不合理的。多数国家分裂导线间距与线径比在15~18之间,再加上间隔棒的合理布置与选型,会有效抑制和减少次档距振荡。

2.合理布置子导线的相对位置

为避免背风侧子导线位于迎风侧子导线尾流流迹极限角范围外时引起振荡,对双分裂导线可采用垂直布置,或呈45°对角线布置。

至于多分裂导线,国外有的将三分裂导线的三角形扭转呈30°布置,将四分裂导线扭转呈45°成菱形布置或档距两端扭转180°布置,以减少尾流效应。这可能使沿线安装间隔棒

行走和弧垂调整不便,国内尚无此经验。

3. 减少次档距长度

次档距长度对次档距振荡幅值影响很大,同样导线和分裂间隔下,振荡幅值与次档距长度成正比。为使次档距振荡抑制在安全水平(通常认为振荡幅值在 50 mm 以内),选择合理的间隔棒安装位置和适宜的间隔棒形式,次档距也不必过分缩小。

4. 采用适宜的间隔棒形式

按工作特性间隔棒大体可分为两类,即阻尼型间隔棒及非阻尼型间隔棒。阻尼型间隔棒的特点是:在间隔棒活动关节处利用橡胶作阻尼材料来消耗导线的振动能量,对导线振动产生阻尼作用。因此,该类间隔棒适用于各地区。但是,考虑到输电线路的经济性,该类间隔棒重点用于导线容易产生振动的地区的线路。非阻尼间隔棒的消振性较差,适用于不易产生振动地区的线路或用作跳线间隔棒。

二、最大允许次档距及最大平均次档距

1. 最大允许次档距 S_{pmax}

最大允许次档距 S_{pmax} 通常是在最大负荷电流和风力差作用下所产生的电磁力与风压引力不会使子导线靠拢在一起所允许次档距的下限值。

2. 最大平均次档距

在间隔棒安装中,常用最大平均次档距计算档内的间隔棒安装的最小数量 N。即将档距两端的两个端次档距近似看成一个平均次档距,设档距为 l,则 $N = l/S_{amax}$,若 N 为非整数可向上取 N 的整数。故多数档内的平均次档距 S_a 均小于最大次档距 S_{amax}。我国水平布置双分裂导线的最大平均次档距多取 90 m 左右。对四分裂导线,各地区设计单位根据地区环境条件取值不尽相同,一般最大平均次档距取值在 $66 \sim 76$ m 范围(这与国外大致相同),下限多用于平坦开阔地区。由于四分裂导线采用不等距安装,档中间个别次档距将超过最大平均次档距,但控制在不超过 $75 \sim 85$ m 的最大允许次档距。

三、间隔棒的安装位置

间隔棒的安装距离非常重要,合理的间距仍然是目前正在探索的问题,目前国内外广泛采用的是不等距离安装方法。

(1)第一次档距与第二次档距的比值宜选为约 $0.55 \sim 0.65$。另外间隔棒不宜布置成对于档距中央呈对称分布。

(2)导线最大端次档距长度,一般可以选在 $25 \sim 35$ m 范围内,不宜大于 35 m。

(3)导线最大次档距长度,可以选在 $50 \sim 60$ m 范围内,不宜大于 70 m。

当采用阻尼间隔棒时,按不等次档距安装。目前国内多采用英国 Denlop 公司 Hearnshaw 所推荐的优化布置理论,并将其简化为表 4-4-1 中所示的间隔棒次档距布置顺序。

表 4-4-1　不等次档距布置顺序表

档内间距棒数 N	档距 l/m	次档距布置顺序及次档距与平均次档距 S_a 的关系
2	$2S_a$	$0.6S_a+S_a+0.4S_a$
3	$3S_a$	$0.65S_a+1.05S_a+0.8S_a+0.5S_a$
4	$4S_a$	$0.6S_a+S_a+0.85S_a+S_a+0.55S_a$
5	$5S_a$	$0.6S_a+S_a+0.8S_a+1.05S_a+S_a+0.55S_a$
大于 5 的偶数	如 $8S_a$	$0.6S_a+S_a+0.9S_a+1.1S_a+\cdots+$ $0.9S_a+1.1S_a+0.85S_a+S_a+0.55S_a$
大于 5 的奇数	如 $9S_a$	$0.6S_a+S_a+0.9S_a+1.1S_a+\cdots+$ $0.9S_a+1.1S_a+S_a+0.85S_a+S_a+0.55S_a$

表 4-4-1 中的 N 大于 5 的偶、奇数栏内,每增加一个间隔棒,应多一个 S_a 并保证相邻次档距比大于 1.1。对于开阔地区,表 4-4-1 中平均次档距 $S_a \leqslant S_{amax}=66$ m;非开阔地区为 76 m。最大次档距可达 $S_{pmax}=1.1S_{amax}$。N 个间隔棒的最大安装档距 $l_{Nmax}=NS_{amax}$;最小安装档距 $l_{Nmin}=(N-1)S_{amax}+1$,则最小平均次档距 $S_{amin}=[(N-1)S_{amax}+1]/N$。

第五节　导地线防舞动

一、舞动的形成及危害

导线由于覆冰不均匀,形成不对称截面,绞线表面凹凸大小不一,在受到水平方向的风吹后,产生上扬力和曳力,诱发导线产生一种低频频率(约 0.1～3 Hz)、大振幅(可达 10 m 以上)的自激振动,是较高风速引起的结构物的驰振,由于其形态上下翻飞,形如龙舞,故称为舞动。形成舞动的因素非常复杂,通常认为,架空输电线路舞动必须具备的 3 个必要条件,即"不均匀覆冰""风的激励"以及"线路的结构和参数"。

1.不均匀覆冰

导线未覆冰而发生舞动的情况较为罕见,通常情况下舞动均是在导线覆冰情况下发生的,经典舞动理论认为导线覆冰是输电线路发生舞动的必要条件之一。覆冰多发生在风作用下的雨凇、霜凇及湿雪堆积于导线的气候条件下。雨凇地带的导线易发生舞动,不同的覆冰形式对于舞动有不同的影响。

2.风的激励

风的激励是导线舞动的直接原因,一段线路舞动的大小与状态,主要取决于风向对导线轴线的夹角。当夹角为 90°时,引起舞动的最大,反之,当夹角为零,即风向平行于导线轴线时,引起舞动的可能性最小。另外,导线舞动多产生于平原开阔地带,不同的风速会产生不同的覆冰形式,进而影响空气动力状态;同时风的方向与线路走向的夹角不同也会产生不同的运动状态。根据目前的统计资料,当风速为 4～25 m/s,夹角大于 45°时,导线易舞动。在我国范围内,发生的舞动集中在温度 0～6 ℃、风速 5～10 m/s 条件下,约占所有舞动情况中的 50%,而在 30 m/s 以上的风速下几乎没有舞动记录。

3. 线路的结构和参数

线路参数是舞动发生的内在因素。大截面、多分裂导线扭转刚度大,容易产生偏心覆冰,因此大截面导线比常规截面的导线容易产生舞动,分裂导线比单导线容易产生舞动。导线表面越粗糙,越易结冰,导线覆冰就越严重,发生舞动的可能性也就越大。导线张力越大,弧垂就越小,发生舞动和相间碰线的可能性也就越小,但张力过大,可能会导致导线微风振动增强。档距越大,导线吸收的能量就越大,舞动的幅度就越大,应在易舞区尽量减小档距。

4. 舞动的危害

舞动产生的危害是多方面的,线路舞动的危害主要有机械损伤和电气故障两类。机械损伤包括螺栓松动、脱落,金具、绝缘子、跳线损坏,导线断股、断线,塔材、基础受损,等等。电气故障主要包括相间跳闸、闪络,导线烧蚀、断线,相地短路以及混线跳闸,等等。

二、导地线的舞动校验

1. 电气间隙校核

根据国内外大量的观测资料可知,导线舞动的轨迹在垂直导线轴线的截面内呈椭圆形,椭圆的长轴与垂线间的夹角一般约为 5°～10°,椭圆长轴与短轴的长度比一般在 2:1～5:1 的范围内,长轴的最大长度可达 1 倍弧垂或更长。当导线舞动幅度较大时,导线间或导线对地线间可能产生碰线闪弧和短路跳闸。为减少舞动的影响,可以通过估算出导线舞动的振幅值,然后根据振幅值采取合理的导线布置方式和塔头设计,提高电气强度,使其在线路舞动时不致产生短路和电弧烧伤。导线舞动轨迹图如图 4-5-1 所示,图中,A_1 为椭圆轨迹长轴,即舞动峰的峰值;A_2 为椭圆轨迹短轴;以导线初始位置为参考原点,A_3 为导线舞动时最大的上升幅值,A_4 为导线舞动时最大的下降幅值。舞动轨迹按下列公式计算:

单导线:

$$\frac{A_1}{D} = 80 \ln \frac{8f}{50D}, \quad 0 < \frac{100D}{8f} < 1.1 \quad\quad (4-5-1)$$

分裂导线:

$$\frac{A_1}{D} = 170 \ln \frac{8f}{500D}, \quad 0 < \frac{100D}{8f} < 0.15 \quad\quad (4-5-2)$$

$$A_2 = 0.4A_1, \quad A_3 = 0.7A_1, \quad A_4 = 0.3A_1 \quad\quad (4-5-3)$$

式中:A_1——舞动峰的峰值,m;

  D——舞动导线直径,m;

f——舞动导线弧垂,m。

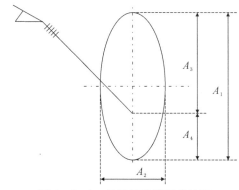

图 4-5-1　导线舞动椭圆轨迹图

根据国内外设计实践和设计经验,对于覆冰舞动情况,相对地距离按照工频电压间隙取值,相对相距离按照工频电压相对地间隙的倍数取值,能够保证线路安全运行。由于覆冰形状、尺寸、风速的差异,通常导线和地线不会同时舞动,导线和地线采取相同的舞动参数,因此,可以按照导线舞动、地线不动的情况验算相对地距离,按照下导线舞动、上导线不动的情况验算相对相距离。

2.杆塔和基础校验

对于易舞动地区的输电线路,在横担设计时,宜增加舞动校验工况组合:风速 15 m/s,冰厚 5 mm,气温－5 ℃,风向 90°,组合系数 0.9。舞动纵向张力取值应符合表 4-5-1 的规定。

表 4-5-1　舞动张力取值

类型	悬垂型杆塔		耐张型杆塔	
	档距≤400 m	档距>400 m	档距≤400 m	档距>400 m
孤立档	—	—	80	100
非孤立档	12	15	40	50

注:表中数值为导线最大使用张力百分数(%)。

在易舞动区,校验重要交叉跨越耐张杆塔横担部分螺栓孔壁挤压强度时,杆件内力可考虑 1.15～1.25 的增大系数。根据舞动校验工况校验耐张塔基础的强度和稳定性,同时易舞动区的塔腿与基础连接宜采用地脚螺栓。

三、导地线的防舞措施

覆冰舞动主要是"不均匀覆冰""风的激励"以及"线路的结构和参数"三个诱因,因此,从减弱舞动诱因的角度入手减少舞动。针对"不均匀覆冰",可采取融冰、防冰措施,消除导线的覆冰;改变覆冰的形状,或设法使得导线覆冰均匀,降低覆冰的偏心程度;选择合理的线路走向,避开雨凇地带。针对"风的激励",可采取选择合理的线路走向,避开风口地带,使得冬季风向与线路轴线的夹角轴线尽可能小;加装防舞装置,扰乱气流的激励,或改变攻角,从而提高舞动发生的冰、风阈值。针对"线路的结构和参数",可采取改变导线特性的方法抑制舞动,多数防舞器均属此类。

从前述可知,防止线路舞动的措施一般为避舞、抗舞和抑舞三种。下面从这三个方面阐述其线路防舞措施。

1. 线路避开易舞动地区

路径选择时考虑避开风口、垭口等舞动微气象、微地形地带。在平原开阔地带,减小线路走向与冬春季节主导风向夹角,一般宜小于 45°;在山区,线路沿覆冰背风坡或山体阳坡走线;经过水库、湖泊等水域附近时,选择主导风向上风侧走线。

2. 抗舞动的措施

抗舞动主要是在通过提高线路的电气和机械强度来抵抗电线舞动造成危害,使线路设备能在舞动下不被损坏并保持安全运行。提高线路设备的电气强度,主要是采取增大线间距离和上下的水平位移,缩小档距等措施。提高线路设备的机械强度,主要是指杆塔结构应能承受舞动时的动态荷载,导线及金具应在舞动下不被损坏和松动等。

3. 抑制舞动的措施

抑制舞动是指在已运行的线路上舞动严重的线段采取措施破坏舞动形成的条件,抑制舞动的幅度,消除舞动可能造成的危害,以达到线路安全运行。抑制舞动的措施主要有安装相间间隔棒、线夹回转式间隔棒、双摆防舞器、失谐摆、偏心重锤等。

防舞装置的安全原则一般有以下方面:

(1)110(66)~220 kV 输电线路相导线垂直或成三角形排列时宜采用相间间隔棒。

(2)330~750 kV 同塔双(多)回常规线路宜采用线夹回转式间隔棒、相间间隔棒或相应组合防舞方案。单回常规线路宜采用线夹回转式间隔棒、双摆防舞器或组合防舞方案。紧凑型输电线路宜采用相间间隔棒。

(3)±800 kV 及以上直流、1 000 kV 及以上交流输电线路宜采用线夹回转式间隔棒,或线夹回转式间隔棒加装双摆防舞器的组合防舞方案。

4. 相间间隔棒安装要求

相间间隔棒不宜安装在同一断面内,相邻相间间隔棒应错开安装。为便于安装,宜采用间距可调节绞式或环式连接金具。相间间隔棒安装位置±10 m 内的子导线间隔棒应移至相间间隔棒同一位置安装。当档距两侧导线挂点高差较大时,安装方案应依据导线弧垂最低点位置变化情况适当调整。相间间隔棒布置方式见表 4-5-2~表 4-5-4。

表 4-5-2　220 kV 及以下电压等级双回输电线路相间间隔棒布置方法

档距/m	数量/支	布置位置(与小号侧的距离)/m	
		上相—中相	中相—下相
$100{\leqslant}l{<}300$	2	$l/3$	$2l/3$
$300{\leqslant}l{<}500$	3	$l/2$	$l/4$、$3l/4$
$500{\leqslant}l{<}600$	4	$2l/9$、$3l/5$	$2l/5$、$7l/9$
$600{\leqslant}l{<}700$	5	$2l/5$、$3l/5$	$2l/9$、$l/2$、$7l/9$

表 4-5-3　500 kV 同塔双回输电线路相间间隔棒布置方法

档距/m	数量/支	布置位置(与小号侧的距离)/m	
		上相—中相	中相—下相
$l{\leqslant}300$	2	$l/3$	$2l/3$
$300{<}l{\leqslant}500$	3	$l/4$、$3l/4$	$l/2$
$500{<}l{\leqslant}800$	5	$2l/9$、$l/2$、$7l/9$	$2l/5$、$3l/5$
$l{>}800$	7	$l/7$、$2l/5$、$3l/5$、$7l/8$	$l/4$、$l/2$、$3l/4$

表 4-5-4　500 kV 紧凑型输电线路相间间隔棒布置方法

档距/m	数量/支	依据	布置位置(与小号侧的距离)/m		
			左上相—下相	左上相—右上相	右上相—下相
$l{\leqslant}300$	2	一般情况	$l/3$		$2l/3$
	3	微地形、微气象区	$l/4$	$l/2$	$3l/4$
$300{<}l{\leqslant}400$	3	一般情况	$l/4$	$l/2$	$3l/4$
	5	微地形、微气象区	$(l-170)/2$、$(l-170)/2+160$	$(l-170)/2+80$	$(l-170)/2+10$、$(l-170)/2+170$
$400{<}l{\leqslant}500$	5	一般情况	$2l/9$、$3l/5$	$l/2$	$2l/5$、$7l/9$
	7	微地形、微气象区	$(l-40-2X)/2$、$(l-40-2X)/2+10+X$、$(l-40-2X)/2+10+2X+20$　注:$X\in[130,150]$且满足$(l-40-2\times X)/2\in[50,100]$	$(l-40-2X)/2+10+X+10$	$(l-40-2X)/2+10$、$(l-40-2X)/2+10+X+20$、$(l-40-2X)/2+10+2X+30$
$500{<}l{\leqslant}700$	5	一般情况	$2l/9$、$3l/5$	$l/2$	$2l/5$、$7l/9$
	见表注	微地形、微气象区	—	—	—

续表

档距/m	数量/支	依据	布置位置(与小号侧的距离)/m		
			左上相—下相	左上相—右上相	右上相—下相
700<l≤1 000	6	一般情况	$l/7$、$4l/7$	$l/4$、$5l/7$	$2l/5$、$7l/8$
	见表注	微地形、微气象区	—	—	—
l>800	7	一般情况	$l/7$、$4l/7$	$l/4$、$l/2$、$5l/7$	$2l/5$、$7l/8$
	见表注	微地形、微气象区	—	—	—

注:在微地形微气象地区,相间间隔棒应采取宏观集中、微观分散的布置原则如下:

(1)每个集中布置位置都至少安装一组左上相—下相及右上相—下相;左上相—右上相整档数量为1~5支,具体数量视档距确定,从档中往两边对称布置,且一般布置在集中位置的中间。

(2)最左端和最右端的相间间隔棒与杆塔距离在60~100 m之间,相邻两个集中布置点的相间间隔棒最小距离控制在140~160 m之间,具体情况视档距和防舞要求进行确定。

(3)每个集中布置点的相邻两支相间间隔棒微观安装距离控制在10 m左右。

习　　题

1.常见的架空线振动有哪些类型? 振动对线路的危害有哪些?

2.简述影响电线风振的因素。输电线路有哪些常见易振区? 如何避开?

3.简述我国线路规范对输电线路档距和电线的平均运行应力及对应的防振措施做了哪些要求。

4.简述常见的架空输电线路单分裂电线防振措施。

5.现有一条220 kV输电线路,已知导线采用J1/G1A – 400/35型钢芯铝线,悬点高度为24 m,起振风速上限为5 m/s,下限为0.5 m/s,其最高气温时的应力为33 MPa(最小应力),最低气温时的应力为58 MPa(最大应力),档距为580 m,求此档防振锤的安装个数及其安装距离。

6.通常讲的档距为两基铁塔挂线点之间的距离,次档距通常为分裂导线两间隔棒间的距离。简述次档距防振的主要措施。

7.简述间隔棒不等距安装时端次档距长度、最大次档距长度以及其他次档距的取值和分布特点。

8.架空输电线路舞动必须具备的条件是哪些? 根据必须具备的条件简述覆冰舞动防治措施。

第五章 导地线的机械计算

第一节 概　　述

在架空输电线路中,导地线是以杆塔为支持物而悬挂起来的。对于悬挂在两侧杆塔的一根"柔软"(指不承受弯曲应力)且荷载沿线长均匀分布的绳索,所形成的形状为悬链线。在架空输电线路中,当所使用的档距足够大时,导地线材料的刚性影响可以忽略,同时导地线的荷载沿线长均匀分布,则悬挂的导地线也可认为是悬链线。

架空输电线路导地线的力学计算是线路电气设计的一个重要组成部分,为杆塔和基础计算以及施工架线提供必要的技术数据。其中主要包括:导地线的机械特性曲线与安装曲线的绘制、断线张力与不平衡张力的计算、防振设计、交叉跨越校验等。

输电线路分裂导线的力学计算与单导线的计算相似。分裂导线不考虑子导线间的相互屏蔽作用,也不考虑档距中所安装的间隔棒。这是因为与导线和导线上覆冰的重量相比,间隔棒的重量很小,可以忽略不计。

第二节　导地线悬链线方程的积分普遍形式

为使问题简化,假设架空线路导地线是没有刚度的柔性索链,只承受拉力而不承受弯矩,作用在架空线路导地线上的荷载沿其线长均布。这样悬挂在两基杆塔间的架空线路导地线呈悬链线形状。

如图 5-2-1 所示的某档架空线路导地线,A、B 为两悬挂点,沿架空线路导地线线长作用均布比载 γ,方向垂直向下。在比载作用下,架空线路导地线呈曲线,其最低点在 O 点。悬挂点 A、B 处架空线路导地线的轴向应力分别为 σ_A、σ_B。选取线路方向(垂直比载)为坐标系的 x 轴,平行于比载方向为 y 轴。在架空线路导线上任取一点 C,取长为 L_{OC} 的一段架空线路导地线作为研究对象。根据力的平衡原理,有:

(1)架空线路导地线上任意一点 C 处的轴向应力 σ_x 的水平分量等于弧垂最低点处的轴向应力 σ_0,即架空线路导地线上轴向应力的水平分量处处相等:

$$\sigma_x \cos\theta = \sigma_0 \tag{5-2-1}$$

(2)架空线路导地线上任意一点轴向应力的垂直分量等于该点到弧垂最低点间线长 L_{OC} 与比载 γ 之积,即

$$\sigma_x \sin\theta = \gamma L_{OC} \qquad (5-2-2)$$

式(5-2-2)除以式(5-2-1)可得

$$\tan\theta = \frac{\gamma L_{OC}}{\sigma_0}$$

$$\frac{\mathrm{d}y}{\mathrm{d}x} = \frac{\gamma L_{OC}}{\sigma_0}$$

即

$$y' = \frac{\gamma L_{OC}}{\sigma_0} \qquad (5-2-3)$$

对式(5-2-3)进行数学推导得

$$\frac{\mathrm{d}y}{\mathrm{d}x} = \mathrm{sh}\,\frac{\gamma}{\sigma_0}(x+C_1) \qquad (5-2-4)$$

当比值 $\dfrac{\gamma}{\sigma_0}$ 一定时,架空线路导地线上任一点处的斜率与该点至弧垂最低点之间的线长成正比。由式(5-2-4)两端积分,推导得到架空线路导地线悬链线方程的普遍积分形式如下:

$$y = \frac{\gamma}{\sigma_0}\mathrm{ch}\,\frac{\gamma}{\sigma_0}(x+C_1)+C_2 \qquad (5-2-5)$$

式中:C_1、C_2——积分常数,其值取决于坐标系的原点位置。

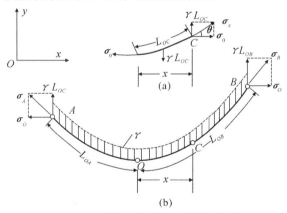

图 5-2-1　架空线路导地线悬挂曲线受力图

(a)分离体受力图;(b)整档架空线路导地线受力图

第三节　等高悬点导地线的弧垂和线长

一、档距和档距中央弧垂及线长的关系

平地线路,架空线路导地线的两杆塔悬挂点高度是相同的,称之为等高悬点。相邻两杆塔上导地线间的水平距离称为档距,用字母 l 表示,导地线上任一点到导地线悬点连线之间的垂直距离称为弧垂,以字母 f 表示,如图 5-3-1 所示。

如图 5-3-2 所示,以弧垂最低点为坐标原点。架空线路导地线的自重是沿线均匀分布的,取长度为 dl 的一段,其自重为 $dq = \gamma A dl$。当 $x = 0$ 时,$\dfrac{dy}{dx} = 0$,代入式(5-2-4)解得

$C_1 = 0$;当 $x = 0$ 时,$y = 0$,代入式(5-2-5)解得 $C_2 = -\dfrac{\sigma_0}{\gamma}$。将 C_1、C_2 代入式(5-2-5)解得

架空线路导地线的悬链线方程为

$$y = \frac{\sigma_0}{\gamma}\left(\operatorname{ch}\frac{\gamma}{\sigma_0}x - 1\right) \tag{5-3-1}$$

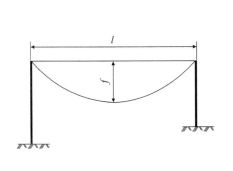

图 5-3-1　架空线路导线档距及弧垂示意图

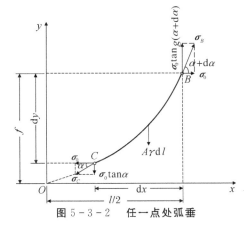

图 5-3-2　任一点处弧垂

由图 5-3-2 知,当 $x = \dfrac{l}{2}$ 时,其悬链线方程的 y 值就是线路档中央弧垂 f 的值,即将

$x = \dfrac{l}{2}$ 代入式(5-3-1)得

$$f = \frac{\sigma_0}{\gamma}\left(\operatorname{ch}\frac{\gamma l}{2\sigma_0} - 1\right) = \frac{2\sigma_0}{\gamma}\operatorname{sh}^2\frac{\gamma l}{2\sigma_0} \tag{5-3-2}$$

在架空输电线路中,无特别说明的架空线路导地线的弧垂一般指的是最大弧垂。最大弧垂在架空输电线路的设计、施工中占有十分重要的地位。

弧垂最低点 O 与任意一点 C 之间的架空线路导地线长度 L_{α}[见图 5-2-1(a)]可由式(5-2-3)和式(5-2-4)联合求解,并考虑到 $C_1 = 0$,得出线长 L_{α} 计算公式为

$$L_{\alpha} = \frac{\sigma_0}{\gamma}\operatorname{sh}\frac{\gamma x}{\sigma_0}$$

则任意一点 x 处的线长为

$$L_x = \frac{\sigma_0}{\gamma}\operatorname{sh}\frac{\gamma x}{\sigma_0} \tag{5-3-3}$$

由图 5-3-2 知,当 $x = \dfrac{l}{2}$ 时,由式(5-3-3)可以求出半档架空线路导地线的长度 $L_{x=l/2}$,整档架空线路导地线的线长是 $L_{x=l/2}$ 的 2 倍,即

$$L = 2L_{x=l/2} = \frac{2\sigma_0}{\gamma}\operatorname{sh}\frac{\gamma l}{2\sigma_0} \tag{5-3-4}$$

从式(5-3-4)可知,在档距 l 一定时,架空线路导地线的线长随比载 γ 和水平应力 σ_0 的变化而变化,即架空线路导地线的线长是其比载和应力的函数。按式(5-3-4)计算的长度是按架空线路导地线的悬挂曲线几何形状计算的长度,与架空线路导地线的制造长度有差异。

以上架空线路导地线的弧垂和线长的悬链线公式求解复杂,一般可以采用计算机编程计算。为方便人工计算,需得到悬链线公式的级数形式,先进行下列变换:

因为

$$\mathrm{sh}.x = \frac{\mathrm{e}^x - \mathrm{e}^{-x}}{2}, \quad \mathrm{ch}.x = \frac{\mathrm{e}^x + \mathrm{e}^{-x}}{2}$$

式中

$$\mathrm{e}^x = 1 + x + \frac{x^2}{2!} + \frac{x^3}{3!} + \cdots, \quad \mathrm{e}^{-x} = 1 - x + \frac{x^2}{2!} - \frac{x^3}{3!} + \cdots$$

则有

$$\mathrm{ch}.x = 1 + \frac{x^2}{2!} + \frac{x^4}{4!} + \cdots$$

$$\mathrm{sh}.x = x + \frac{x^3}{3!} + \frac{x^5}{5!} + \cdots$$

故式(5-3-2)和式(5-3-4)又可写成级数形式:

$$f = \frac{\sigma_0}{\gamma}\left[\left(1 + \frac{\gamma^2 l^2}{8\sigma_0{}^2} + \frac{\gamma^4 l^4}{384\sigma_0{}^4} + \cdots\right) - 1\right]$$

或

$$f = \frac{\gamma l^2}{8\sigma_0} + \frac{\gamma^3 l^4}{384\sigma_0^3} + \cdots \qquad (5-3-5)$$

$$L = \frac{2\sigma_0}{\gamma}\left(\frac{\gamma l}{2\sigma_0} + \frac{\gamma^3 l^3}{48\sigma_0{}^3} + \frac{\gamma^5 l^5}{3\,840\sigma_0{}^5} + \cdots\right)$$

或

$$L = l + \frac{\gamma^2 l^3}{24\sigma_0{}^2} + \frac{\gamma^4 l^5}{1\,920\sigma_0{}^4} + \cdots \qquad (5-3-6)$$

上面两个悬链线级数公式,均为收敛级数(逐项减小)。为了简化计算,在一般档距中,仅取式(5-3-5)的第一项计算弧垂,取式(5-3-6)的前两项计算线长,即

$$f = \frac{\gamma l^2}{8\sigma_0} \qquad (5-3-7)$$

$$L = l + \frac{\gamma^2 l^3}{24\sigma_0{}^2} \qquad (5-3-8)$$

将式(5-3-8)又写为 $L = l + \frac{8l}{8l} \times \frac{\gamma^2 l^3}{24\sigma_0{}^2}$,即

$$L = l + \frac{8f^2}{3l} \qquad (5-3-9)$$

式(5-3-7)~式(5-3-9)为抛物线方程。当弧垂不大于档距的 5% 时,按抛物线方程代替悬链方程计算,其误差是很小的(线长误差率在 15×10^{-6} 以内)。但对个别的特大跨越档,其弧垂大于档距的 10% 时,则可按下式计算弧垂和线长:

$$\left.\begin{array}{l} f = \dfrac{\gamma l^2}{8\sigma_0} + \dfrac{\gamma^3 l^4}{384\sigma_0^3} \\[3mm] L = l + \dfrac{\gamma^2 l^3}{24\sigma_0^2} + \dfrac{\gamma^4 l^5}{1\,920\sigma_0^4} = l + \dfrac{8f^2}{3l} + \dfrac{32f^4}{15l^3} \end{array}\right\} \qquad (5-3-10)$$

二、任意点弧垂计算

在跨越档距中,导线对跨越物(如地面、铁路、高速公路、电力线路、电信线路、河流及树木等)的距离(等于导线悬点高度与弧垂之差),应满足安全距离的要求。这时需计算被跨越物上面任一点导线的弧垂 f_x(见图 5 - 3 - 3)。

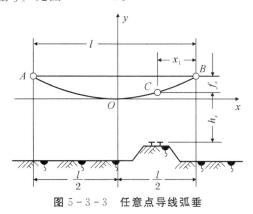

图 5 - 3 - 3 任意点导线弧垂

由图 5 - 3 - 3 可得

$$f_x = y_B - y_x$$

根据式(5 - 3 - 1),当 $x = \dfrac{l}{2}$ 时,可以得 B 的高度 y_B 为

$$y_B = \frac{\sigma_0}{\gamma}\left(\operatorname{ch}\frac{\gamma l}{2\sigma_0} - 1\right)$$

所以

$$f_x = \frac{\sigma_0}{\gamma}\left(\operatorname{ch}\frac{\gamma l}{2\sigma_0} - \operatorname{ch}\frac{\gamma}{\sigma_0}x\right) = \frac{\sigma_0}{\gamma}\left[\operatorname{ch}\frac{\gamma l}{2\sigma_0} - \operatorname{ch}\frac{\gamma}{2\sigma_0}(l - 2x_1)\right]$$

$$= \frac{2\sigma_0}{\gamma}\operatorname{sh}\frac{\gamma x_1}{2\sigma_0}\operatorname{sh}\frac{\gamma}{2\sigma_0}(l - x_1) \tag{5 - 3 - 11}$$

为计算方便,将式(5 - 3 - 11)变换为悬链线公式的级数形式:

$$f_x = \frac{2\sigma_0}{\gamma}\operatorname{sh}\frac{\gamma x_1}{2\sigma_0}\operatorname{sh}\frac{\gamma}{2\sigma_0}(l - x_1)$$

$$= \frac{2\sigma_0}{\gamma}\left(\frac{\gamma x_1}{2\sigma_0} + \frac{\gamma^3 x_1^3}{48\sigma_0^3} + \frac{\gamma^5 x_1^5}{3840\sigma_0^5} + \cdots\right) \times \left[\frac{\gamma(l - x_1)}{2\sigma_0} + \frac{\gamma^3 (l - x_1)^3}{48\sigma_0^3} + \frac{\gamma^5 (l - x_1)^5}{3840\sigma_0^5} + \cdots\right]$$

$$\approx \frac{2\sigma_0}{\gamma} \times \frac{\gamma x_1}{2\sigma_0} \times \frac{\gamma(l - x_1)}{2\sigma_0} = \frac{\gamma x_1(l - x_1)}{2\sigma_0}$$

即

$$f_x = \frac{\gamma x_1(l - x_1)}{2\sigma_0} \tag{5 - 3 - 12}$$

式中:x_1——从任一悬点至任一点 C 的水平距离,m。

第四节 导地线各点应力间的关系

一、悬点应力和最低点应力的关系

架空线路导地线各点所受应力的方向是沿切线方向变化的,任意一点的应力可分解为水平应力与垂向应力,最低点的应力为水平应力。档内架空线路导地线任意一点的水平应力 σ_0 处处相等,根据图 5-3-2 知,架空线路导地线上任意一点 C 处的垂向应力 $\sigma_{\gamma y}$ 为

$$\sigma_{\gamma y} = \gamma L_{OC} = \sigma_0 \, \text{sh} \, \frac{\gamma x}{\sigma_0} \tag{5-4-1}$$

则任意一点的应力为

$$\sigma_x = \sqrt{\sigma_0^2 + \sigma_{\gamma y}^2} = \sqrt{\sigma_0^2 + \left(\sigma_0 \, \text{sh} \, \frac{\gamma x}{\sigma_0}\right)^2} = \sigma_0 \sqrt{1 + \text{sh}^2 \frac{\gamma x}{\sigma_0}} \tag{5-4-2}$$

根据恒等变换 $\text{ch}\alpha = \sqrt{1 + \text{sh}^2\alpha}$,可得

$$\sigma_x = \sigma_0 \, \text{ch} \, \frac{\gamma x}{\sigma_0} \tag{5-4-3}$$

两等高悬点 A、B 对称,其悬挂点应力相等,$x = \dfrac{l}{2}$,代入式(5-4-3)得

$$\sigma_A = \sigma_B = \sigma_0 \, \text{ch} \, \frac{\gamma l}{2\sigma_0} \tag{5-4-4}$$

由式(5-3-2)的弧垂公式可以转换得

$$\sigma_0 \, \text{ch} \, \frac{\gamma l}{2\sigma_0} = \sigma_0 + \gamma f$$

即两等高悬点 A、B 采用弧垂表示时为

$$\sigma_A = \sigma_B = \sigma_0 + \gamma f \tag{5-4-5}$$

式(5-4-5)说明,架空线路导地线悬点的应力等于其最低点的应力加上中点弧垂与比载的乘积。

为计算方便,将式 (5-4-3)和式(5-4-4)进行变换得

$$\sigma_x = \sigma_0 \, \text{ch} \, \frac{\gamma x}{\sigma_0} = \sigma_0 \left(1 + \frac{\gamma^2 x^2}{2\sigma_0^2} + \frac{\gamma^4 x^4}{192\sigma_0^4} \cdots\right) \approx \sigma_0 \left(1 + \frac{\gamma^2 x^2}{2\sigma_0^2}\right)$$

$$= \sigma_0 + \frac{\gamma^2 x^2}{2\sigma_0} = \sigma_0 + \frac{\gamma^2 \left(\dfrac{l}{2} - x_1\right)^2}{2\sigma_0} = \sigma_0 + \frac{\gamma^2 \, (l - 2x_1)^2}{8\sigma_0} \tag{5-4-6}$$

$$\sigma_A = \sigma_B = \sigma_0 \, \text{ch} \, \frac{\gamma l}{2\sigma_0} = \sigma_0 \left(1 + \frac{\gamma^2 l^2}{8\sigma_0^2} + \frac{\gamma^4 l^4}{384\sigma_0^4} \cdots\right)$$

$$\approx \sigma_0 \left(1 + \frac{\gamma^2 l^2}{8\sigma_0^2}\right) = \sigma_0 + \frac{\gamma^2 l^2}{8\sigma_0} \tag{5-4-7}$$

二、任一点应力与最低点的关系

根据上述方法也可推出,档距中任一点架空线路导地线的应力等于最低点应力加上中

点弧垂减任一点弧垂之差与比载的乘积,即

$$\sigma_x = \sigma + (f - f_x)\gamma \tag{5-4-8}$$

式中:f_x——档距中任一点处架空线路导地线的弧垂,m,由式(5-3-12)计算得到。

综上可知,只要知道最低点应力,架空线路导地线上任何一点的应力都可用式(5-4-8)求得。因此,下面除特别指明应力外只对最低点应力(即水平应力 σ_0)的计算问题进行研究。

第五节　导地线状态方程式

从架空线路导地线线长和弧垂计算知道,当气象条件变化时,架空线路导地线的水平应力 σ_0(以下简称"应力")和弧垂也随之变化。不同气象条件下的应力可根据下面推导出的状态方程式进行计算。

设已知在某一气象条件下的气温为 t_m,架空线路导地线的比载为 γ_m,应力为 σ_m,线长为 L_m,当改变到另一气象条件时,气温变为 t,比载变为 γ,应力变为 σ,线长变为 L,则有

$$L = L_m \{ [1 + \alpha(t - t_m)][1 + \beta(\sigma - \sigma_m)] + \varepsilon \} \tag{5-5-1}$$

式中:α——线膨胀系数,$^\circ\text{C}^{-1}$。

β——弹性伸长系数,mm^2/N ,$\beta = 1/E$;

E——弹性模量,MPa;

ε——塑性相对变形,因数值较小,一般可略去不计。

一般当架空线路导地线为理想柔性,荷载均匀分布时,架空线路导地线为完全弹性(不考虑变形,即弹性系数不变),架空线路导地线线长可用抛物线方程计算,由式(5-3-8)知,气象变化前后的线长可写为

$$L = l + \frac{l^3 \gamma^2}{24\sigma^2} \tag{5-5-2}$$

$$L_m = l + \frac{l^3 \gamma_m^2}{24\sigma_m^2} \tag{5-5-3}$$

将式(5-5-2)、式(5-5-3)代入式(5-5-1)得

$$l + \frac{l^3 \gamma^2}{24\sigma^2} = \left(l + \frac{l^3 \gamma_m^2}{24\sigma_m^2} \right) [1 + \alpha(t - t_m)][1 + \beta(\sigma - \sigma_m)]$$

$$= \left(l + \frac{l^3 \gamma_m^2}{24\sigma_m^2} \right) [1 + \alpha(t - t_m) + \beta(\sigma - \sigma_m) + \alpha\beta(t - t_m)(\sigma - \sigma_m)]$$

因上式中的 α、β 及 $l^3 \gamma_m^2/(24\sigma_m^2)$ 均非常小,故等式右侧方括号中的最后一项可略去,且将方括号中之第二、三项与 $\left(\dfrac{\gamma_m^2 l^3}{24\sigma_m^2} \right)$ 的乘积也略去,则上式可简化为

$$l + \frac{\gamma^2 l^3}{24\sigma^2} = l + \frac{\gamma_m^2 l^3}{24\sigma_m^2} + \alpha l(t - t_m) + \beta l(\sigma - \sigma_m)$$

将上式等号两端同除以 βl 并整理,即得架空线路导线状态方程式:

$$\sigma - \frac{\gamma^2 l^2}{24\beta\sigma^2} = \sigma_m - \frac{\gamma_m^2 l^2}{24\beta\sigma_m^2} - \frac{\alpha}{\beta}(t - t_m) \tag{5-5-4}$$

为计算方便,将 $\beta=\dfrac{1}{E}$ 代入式(5-5-4)并整理得

$$\sigma-\frac{E\gamma^2 l^2}{24\sigma^2}=\sigma_{\mathrm{m}}-\frac{E\gamma_{\mathrm{m}}^2 l^2}{24\sigma_{\mathrm{m}}^2}-\alpha E(t-t_{\mathrm{m}}) \qquad (5-5-5)$$

当某一气象条件(比载为 γ_{m},气温为 t_{m})下的应力 σ_{m} 为已知,欲求另一气象条件(比载为 γ、温度为 t)下的应力 σ 时,即可用式(5-5-4)或式(5-5-5)。

第六节 代 表 档 距

在线路正常运行和断线事故情况下,仅 N_1、N_2 承受顺线路方向的张力,也就是说架空线路导地线路 N_1—N_2 为一个耐张段,如图5-6-1所示。有的耐张段里仅有一个档距,即两耐张杆塔相邻,则称该类档距为弧立档距;若一个耐张段里存在许多悬挂悬垂绝缘子串的悬垂型杆塔 Z_1、Z_2、Z_3,如图5-6-1中 N_1—Z_1、Z_1—Z_2、Z_2—Z_3、Z_3—N_2 连在一起,称之为连续档距。由于地形条件的限制,连续档的多档长度及悬点高度不完全相等。为进行连线档距中架空线路导地线应力的计算,可将连线档距用一个等价的距离代表,此等价孤立档距称为代表档距(或称为规律档距)。

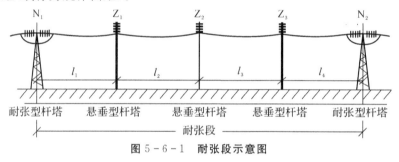

图5-6-1 耐张段示意图

在施工时,连续档距中的架空线路导地线在安装时,各档距的水平张力是按同一值架设的,故竣工时悬垂绝缘子串处于铅垂状态。当运行中气象条件变化时,根据状态方程式知道各档架空线路导地线参数变化使其各档的水平张力不等。这时,个别悬垂型杆塔上的悬垂绝缘子串将因两侧水平张力不等而向张力大的一侧偏斜,偏斜的结果又促使两侧水平张力获得基本平衡。所以,除档距长度、高差相差悬殊者外,一般情况下,耐张段中各档距在各种气象条件下的架空线路导地线水平张力(水平应力)总是相等(或基本相等)的。这个相等的水平应力称为耐张段内架空线路导地线的代表应力。架空线路导地线的代表应力是用代表档距的计算公式求得的。

下面将根据以上概念用状态方程式推导出代表档距的计算公式。

令架空线路导地线在安装时的应力为 σ_0,比载为 γ_0,气温为 t_0;气象变化后的应力为 σ,比载为 γ,气温为 t。此时在一耐张段中的每一档可根据式(5-5-4)分别写出下列各档状态方程式:

$$\sigma-\frac{E\gamma^2 l_1^2}{24\sigma^2}=\sigma_0-\frac{E\gamma_0^2 l_1^2}{24\sigma_0^2}-\alpha E(t-t_0)$$

$$\sigma - \frac{E\gamma^2 l_2^2}{24\sigma^2} = \sigma_0 - \frac{E\gamma_0^2 l_2^2}{24\sigma_0^2} - \alpha E(t - t_0)$$

$$\cdots$$

$$\sigma - \frac{E\gamma^2 l_n^2}{24\sigma^2} = \sigma_0 - \frac{E\gamma_0^2 l_n^2}{24\sigma_0^2} - \alpha E(t - t_0)$$

式中：l_1、l_2、$\cdots$、l_n——一个耐张段中各直线档距的长度，m。

将以上各方程式等号两侧分别乘以 l_1、l_2、$\cdots$、l_n，然后将它们各项相加得

$$\sigma(l_1 + l_2 + \cdots + l_n) - \frac{E\gamma^2}{24\sigma^2}(l_1^3 + l_2^3 + \cdots + l_n^3) =$$

$$\sigma_0(l_1 + l_2 + \cdots + l_n) - \frac{E\gamma_0^2}{24\sigma_0^2}(l_1^3 + l_2^3 + \cdots + l_n^3) - \alpha E(t - t_0)(l_1 + l_2 + \cdots + l_n)$$

再将上式两端均除以 $l_1 + l_2 + \cdots + l_n$，并设 $\dfrac{l_1^3 + l_2^3 + \cdots + l_n^3}{l_1 + l_2 + \cdots + l_n} = l_D^2$，即得

$$\sigma - \frac{E\gamma^2 l_D^2}{24\sigma^2} = \sigma_0 - \frac{E\gamma_0^2 l_D^2}{24\sigma_0^2} - \alpha E(t - t_0) \tag{5-6-1}$$

式（5-6-1）就是悬点等高连续档距的状态方程式，l_D 称为连续档耐张段的代表档距。

$$l_D = \sqrt{\frac{l_1^3 + l_2^3 + \cdots + l_n^3}{l_1 + l_2 + \cdots + l_n}} = \sqrt{\frac{\sum\limits_{i=1}^{n} l_i^3}{\sum\limits_{i=1}^{n} l_i}} \tag{5-6-2}$$

在悬点等高连续档距中，架空线路导地线的计算需先用式（5-6-2）算出各耐张段的代表档距，再将此代表档距代入状态方程式计算应力，最后用式（5-3-7）～式（5-3-10）计算代表档距弧垂和线长。

通过对上述问题的讨论，我们应该理解，状态方程式中档距可以是一个实际档距，但对于两端没有绝缘子固定的情况，也可以是一个代表档距。能和代表档距在同一个状态方程中出现的档距也只能是代表档距。同理，能和实际档距在同一个状态方程中出现的档距也只能是实际档距，但是两端没有绝缘子固定。

第七节　临界档距

从架空线路导地线的状态方程式可知各种气象条件下架空线路导地线应力之间的关系。架空线路导地线的应力，是随档距的不同和气象条件的改变而变化的，如果规定某种气象条件下的架空线路导地线应力为最大使用应力，那么所规定的气象条件及架空线路导地线应力就成为计算其他气象条件导地线应力的控制条件。在输电线路设计中，必须保证架空线路导地线在任何气象条件下的应力都不超过最大使用应力，因此需要找出出现最大使用应力时的气象条件。

不同的气象条件、不同档距，出现最大应力时的气象条件不同。在最大风速的气温与覆冰有风的气温相同的气象区，比载大的架空线路导地线应力大。因为架空线路导地线的最大使用应力可能在最低气温或最大比载条件下出现。气温低时，架空线路导地线收缩拉紧

而使应力增大;比载大时,架空线路导地线荷载增加而使应力增大。究竟最低气温和最大比载(最大风速或覆冰有风)哪一种气象条件可能成为控制条件,取决于档距的大小。另外,架空线路导地线还应具有足够的耐振能力,这取决于年平均运行应力的大小,该应力是根据年均气温计算的,不能大于年均运行应力规定的上限值。因此,最低气温、最大风速、覆冰有风和年均气温四种气象条件都可能成为控制条件。

仅考虑最低气温和最大比载两个气象条件的情况下,档距 l 由零逐近增大至无限大的过程中,必然存在这样一个档距——最低气温和最大比载时架空线路导地线的应力相等,即最低气温和最大比载两个气象条件同时成为控制条件,当档距大于这个档距时最大比载为控制条件,小于这个档距时最低气温为控制条件。两个及两个以上气象条件同时成为控制气象条件时的档距称为临界档距,用 l_{ij} 表示。

一、临界档距的计算方法

根据架空线路导地线状态方程式,将状态方程式中的一种气象条件作为第 Ⅰ 种状态,其比载为 γ_i,温度为 t_i,应力达到最大使用应力 $[\sigma_0]_i$;将另一种气象条件作为第 Ⅱ 种状态,其比载为 γ_j,温度为 t_j,应力达到最大使用应力 $[\sigma_0]_j$。临界状态下档距 $l_i = l_j = l_{ij}$,代入状态方程式(5-5-5)得

$$[\sigma_0]_j - \frac{E\gamma_j^2 l_{ij}^2}{24[\sigma_0]_j^2} = [\sigma_0]_i - \frac{E\gamma_i^2 l_{ij}^2}{24[\sigma_0]_i^2} - \alpha E(t_j - t_i)$$

解之,得临界档距的计算公式为

$$l_{ij} = \sqrt{\frac{\dfrac{24}{E}\left[[\sigma_0]_j - [\sigma_0]_i + \alpha E(t_j - t_i)\right]}{\left(\dfrac{\gamma_j}{[\sigma_0]_j}\right)^2 - \left(\dfrac{\gamma_i}{[\sigma_0]_i}\right)^2}} \tag{5-7-1}$$

计算最低气温与最大比载条件之间的临界档距时,有 $[\sigma_0]_i = [\sigma_0]_j = [\sigma_0]$,则有

$$l_{ij} = [\sigma_0]\sqrt{\frac{24\alpha(t_j - t_i)}{\gamma_j^2 - \gamma_i^2}} \tag{5-7-2}$$

四种气象条件中每两种之间存在一个临界档距,于是可得到 6 个临界档距。对于一些特殊要求的档距,除上述四种气象条件外,可能还需要考虑其他控制气象条件。

二、有效临界档距的判别与控制气象条件

如上所述,考虑最低气温、最大风速、覆冰有风和年均气温四种控制情况,利用式(5-7-1),两两组合可以求得 6 个临界档距。有时计算出的临界档距本身是无意义的虚数,故要判别有效的临界档距。真正有意义的有效临界档距,最多不会超过 3 个。

上述四种控制情况所控制的档距范围,可以通过有效临界档距的判别来确定,其方法如下:

(1)对于四种可能控制情况,计算出各种可能情况的控制条件的 $\dfrac{\gamma_i}{[\sigma_0]_i}$ 值,由小到大分别用 A、B、C、D 编号,对应相应的气象条件。当遇到两种控制情况的 $\dfrac{\gamma_i}{[\sigma_0]_i}$ 值相同时,再分别

计算这两种情况的$([\sigma_0]_i + \alpha E t_i)$值,取其中数值较小者编号,而数值较大者实际上不起控制作用,不参与判别,予以舍弃。这时起控制作用的情况可能减少到 A、B、C 三种,临界档距也由 6 个减少到 3 个。

(2)假设按最大可能,仍有四种控制情况 A、B、C、D 和 6 个临界档距 l_{AB}、l_{AC}、l_{AD}、l_{BC}、l_{BD}、l_{CD},这时可将按式(5-7-1)计算临界档距,按编号 A、B、C、D 顺序排列为表 5-7-1 所示的组合。

表 5-7-1　临界档距判别表

A	B	C	D
l_{AB}	l_{BC}	l_{CD}	—
l_{AC}	l_{BD}		
l_{AD}			

从 $\dfrac{\gamma_i}{[\sigma_0]_i}$ 值最小的 A 栏内开始判别。首先查看该栏内各临界档距中有无零或虚数值,只要有一个临界档距值为零或虚数,则该栏内所有临界档距均要舍弃,即该栏内没有有效临界档距。若该栏内无一零值或虚数(全部都是大于 0 的数)的临界档距,则该栏中最小的临界档距即为第一个有效临界档距(如 l_{AB}),其余的都应该舍去。该栏有效临界档距 l_{AB} 是 A 条件控制的上限、B 条件控制的下限。若第一个有效临界档距为 l_{AC},则对 C 栏进行判别,这时 B 栏被隔越,且 B 栏的临界档距全部被舍弃。

根据上述原则类推,直至判别到最后一栏,如 C 栏。

通过上述临界档距的判别,最后得到一组有效临界档距,这些临界档距的注脚是依次连接的,将这些有效临界档距标在档距数轴上,即将数轴分成若干区间,这时可按有效临界档距注脚字母代表的控制情况确定每一个区间的控制情况。例如当有效临界档距为 l_{AC}、l_{CD} 时,其控制情况如图 5-7-1 所示。

图 5-7-1　控制情况的控制范围

第八节　导地线机械计算的一般步骤

根据本章前面介绍的架空线路导地线机械计算的相关知识,输电线路正常运行情况下架空线路导地线的机械计算的步骤如下:

1)确定气象条件。

2)计算架空线路导地线的比载。

3)计算架空线路导地线的控制气象条件下的最大使用应力(此处为许用应力$[\sigma]$),年平均气温平均运行应力,$[\sigma_{cp}] = (16\% \sim 25\%) \times \dfrac{0.95(\text{地线新线系数取 }1) \times T(\text{拉断力})}{A(\text{电线截面积})}$。

4)计算临界档距 l_{ij},用代表档距(孤立档时为实际档距)与之比较,判断出架空线路导地线出现最大使用应力的气象条件(控制气象条件)。

5)将判别出的架空线路导地线出现最大使用应力的气象情况下的比载、气温和应力作为已知数据代入架空线路导地线状态方程等号右侧,而将待求导地线应力时的气象情况的比载、气温作为另一种气象情况下的数据代入状态方程式等式左侧,即可解得各种待求状态下的导地线应力。

6)将解出的应力 σ 代入弧垂和线长公式,即可求出各种计算条件下的导地线弧垂和线长。

【例 5-8-1】 设某架空输电线路导地线牌号 LGJ-300/25,$\alpha = 20.30 \times 10^{-6}\,℃^{-1}$,$E = 65\,900\ \text{N/mm}^2$,气象条件见表 5-8-1,全线采用防振锤防振。试计算临界档距,并确定在控制条件下的控制范围。

解 (1)确定气象区。气象区见表 5-8-1。

表 5-8-1　气象条件

参　数	气象条件			
	最低气温	最大比载	最大风	年平均温度
风速 $V/(\text{m}\cdot\text{s}^{-1})$		10	23.5	0
覆冰厚度 b/mm	0	5	0	0
温度 $t/℃$	-10	-5	-5	15

第一类气象区,大风与最大比载温度相同,去掉大风保留最大比载;第二类气象区,两者温度不同,需要一起计算。

(2)计算导线比载。导线比载见表 5-8-2。

表 5-8-2　导线比载

γ_1	$3.112\,8 \times 10^{-2}\ \text{N/(m}\cdot\text{mm}^2)$
γ_2	$1.196\,2 \times 10^{-2}\ \text{N/(m}\cdot\text{mm}^2)$
γ_3	$4.309\,1 \times 10^{-2}\ \text{N/(m}\cdot\text{mm}^2)$
$\gamma_4(5.0)$	$1.225\,2 \times 10^{-3}\ \text{N/(m}\cdot\text{mm}^2)$
$\gamma_4(10)$	$4.900\,8 \times 10^{-3}\ \text{N/(m}\cdot\text{mm}^2)$
$\gamma_4(15)$	$1.102\,7 \times 10^{-2}\ \text{N/(m}\cdot\text{mm}^2)$
$\gamma_4(23.5)$	$40.704 \times 10^{-3}\ \text{N/(m}\cdot\text{mm}^2)$
$\gamma_5(5,10)$	$8.356\,2 \times 10^{-3}\ \text{N/(m}\cdot\text{mm}^2)$
$\gamma_6(0,5)$	$3.115\,3 \times 10^{-2}\ \text{N/(m}\cdot\text{mm}^2)$
$\gamma_6(0,10)$	$3.151\,2 \times 10^{-2}\ \text{N/(m}\cdot\text{mm}^2)$
$\gamma_6(0,15)$	$3.302\,4 \times 10^{-2}\ \text{N/(m}\cdot\text{mm}^2)$
$\gamma_6(0,23.5)$	$4.070\,4 \times 10^{-2}\ \text{N/(m}\cdot\text{mm}^2)$
γ_7	$4.389\,3 \times 10^{-2}\ \text{N/(m}\cdot\text{mm}^2)$

（3）弧垂最低点导线最大应力。导线：

$$[\sigma]=\frac{0.95\times 计算拉断力}{A\times K}=\frac{0.95\times 83\ 410}{333.31\times 2.8}=84.91\ (N/mm^2)$$

平均运行应力：

$$[\sigma_{cp}]=25\%\times\frac{0.95\times 83\ 410}{333.31}=59.43(N/mm^2)$$

（4）求临界档距。

根据比载、控制应力及 γ/σ 之值，将有关数据按 γ/σ 值由小到大列出表格，并按 A、B、C、D 顺序编号，见表 5-8-3。

表 5-8-3　按 γ/σ 值由小到大列出的数据表

名　称	最低气温	最大比载	平均气温
最大使用应力/（N·mm^{-2}）	84.91	84.91	59.43
比载×10^{-3}	31.128	43.863	31.128
气温/℃	−10	−5	15
（γ/σ）×10^{-3}	0.367	0.517	0.524
顺序编号	A	B	C

1）临界档距计算：

$$l_{AB}=\sqrt{\frac{\dfrac{24}{E}[\sigma_B-\sigma_A+\alpha E(t_B-t_A)]}{(\gamma_B/\sigma_B)^2-(\gamma_A/\sigma_A)^2}}$$

$$l_{AB}=135.6\ m$$
$$l_{AC}=145\ m$$
$$l_{BC}=249.1\ m$$

2）控制条件的控制范围判别。列出临界档距控制条件判别表，见表 5-8-4。

表 5-8-4　临界档距判别表

A	B	C
$l_{AB}=135.6$	$l_{BC}=249.1$	
$l_{AC}=145$		

3）有效临界档距的选取。A 栏，全为实数，取该档有效取最小值，$l_{AB}=135.6$ m；B 栏，选取最小数值的临界档距 $l_{BC}=249.1$ m。将它们标在代表档距 l_D 数轴上，并根据临界档距所代表的控制条件找出控制条件的控制范围，如图 5-8-1 所示。

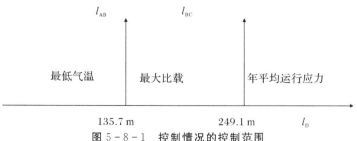

图 5-8-1　控制情况的控制范围

从图 5-8-1 中可以看出，最低气温 A、最大比载 B、年平均温度 C 三种控制情况分别控制一段代表档距范围。

通过对上述问题的讨论，应该明确，此时临界档距可以是一个实际档距（但是两端没有绝缘子固定的），也可以是一个代表档距。

(5)求解 σ_3 和 σ_{+40}。以 C 平均运行应力作为控制气象条件，代表档距 $l_D=350$ m 为例，用状态方程式计算出以下两种气象条件下的应力：

1)覆冰、无风时 σ_3；

2)最高气温时的应力 σ_{+40}。

同理也可以求出其他气象条件下的应力。之所以用上面两种气象条件为例，是因为导线的最大弧垂只发生在这两个工况，说明问题也较方便。

根据上述原则用状态方程式进行求解。

1)求解 $l_D=350$ m 覆冰、无风时 σ_3。有已知条件：$E=65\,900$ N/mm^2，$\alpha=20.30\times10^{-6}$ ℃$^{-1}$，$\sigma_{cp}=59.43$ N/mm^2，$\gamma_1=31.128\times10^{-3}$ N/(m·mm^2)，$t_{cp}=+15$ ℃。将其代入状态方程式等号右侧。将 $\gamma_3=43.091\times10^{-3}$ N/(m·mm^2)，$t_3=-5$ ℃时，求解的导线应力 σ_3 代入等号左侧：

$$\sigma_3-\frac{E\gamma_3^2 l^2}{24\sigma_3^2}=[\sigma_{cp}]-\frac{E\gamma_1^2 l^2}{24[\sigma_{cp}]^2}-\alpha E(t_{-5}-t_{15})$$

$$\sigma_3-\frac{65\,900\times43.091^2\times10^{-6}\times350^2}{24\times\sigma_3^2}=59.43-\frac{65\,900\times31.128^2\times10^{-6}\times350^2}{24\times59.43^2}-$$
$$65\,900\times20.3\times10^{-6}\times(-5-15)$$

化简上式得

$$\sigma_3-\frac{624\,573.3}{\sigma_3^2}=-6.09$$

解方程得

$$\sigma_3=83.50(\text{N/mm}^2)$$

2)求解 $l_D=350$ m、最高气温时的应力 σ_{+40}。已知条件：$\sigma_{cp}=59.43$ N/mm^2，$\gamma_1=31.128\times10^{-3}$ N/(m·mm^2)，$t_{cp}=+15$ ℃，将其代入状态方程式等号右侧。将 $\gamma_1=\gamma_{+40}=31.128\times10^{-3}$ N/(m·mm^2)，$t_{+40}=+40$ ℃时，求解的导线应力 σ_{+40} 代入等号左侧：

$$\sigma_{+40}-\frac{E\gamma_1^2 l^2}{24\sigma_{+40}^2}=[\sigma]-\frac{E\gamma_1^2 l^2}{24[\sigma]^2}-\alpha E(t_{+40}-t_{cp})$$

代入相关数据，有

$$\sigma_{+40}-\frac{65\,900\times31.128^2\times10^{-6}\times350^2}{24\times\sigma_{+40}^2}=59.43-\frac{65\,900\times31.128^2\times10^{-6}\times350^2}{24\times59.43^2}-$$
$$65\,900\times20.3\times10^{-6}\times(40-15)$$

化简上式得

$$\sigma_{+40}-\frac{325\,921.3}{\sigma_{+40}^2}=-79.67$$

解方程得

$$\sigma_{+40}=50.12(\text{N/mm}^2)$$

（6）求最大弧垂。

1）覆冰、无风时 f_3 为

$$f_3 = \frac{l^2 \gamma_3}{8\sigma_3} = \frac{350^2 \times 43.091 \times 10^{-3}}{8 \times 83.5} = 7.90 \text{ m}$$

2）最高气温、无风时 f_{+40} 为

$$f_{+40} = \frac{l^2 \gamma_1}{8\sigma_{+40}} = \frac{350^2 \times 31.128 \times 10^{-3}}{8 \times 50.12} = 9.51 \text{ m}$$

比较 f_3、f_{+40} 可以看出，该线路在 D 控区导线的最大弧垂发生在最高气温下，有 $f_{max} = f_{+40℃} = 9.51$ m。

【例 5-8-2】　设某架空输线路导线牌号 LGJ-300/40，$K=3.5$，气象条件见表 5-8-5，全线采用防振锤防振。线膨胀系数 $\alpha = 19.40 \times 10^{-6} ℃^{-1}$，弹性模量 $E = 70\ 500.00$ N/mm^2。试计算临界档距，并确定在控制条件下的控制范围。

表 5-8-5　气象条件

参　数	气象条件			
	最低温度	覆　冰	最大风	年平均气温
风速 V/(m·s^{-1})	0	10	30	0
覆冰厚度/mm	0	10	0	0
温度 t/℃	−10	−5	10	15

解：　导线比载根据比载公式计算得到。取导线最大使用应力 σ_m 作为控制应力，$[\sigma] = \frac{\sigma_p}{K} = \frac{0.95 \times 92\ 220}{2.8 \times 338.99} = 73.84$ N/mm^2，再取年平均运行应力 σ_{cp} 为另一控制应力，$\sigma_{cp} = 0.25\sigma_p = 0.25 \times 0.95 \times 92\ 220/338.99 = 64.61$ N/mm^2。

（1）根据比载、控制应力及 γ/σ 之值，将有关数据按 γ/σ 值由小到大列出表格，并按 A、B、C、D 顺序编号，见表 5-8-6。

表 5-8-6　按 γ/σ 值由小到大列出的数据表

分　项	工　况			
	最低温度	平均温度	最大覆冰 γ_7	最大风速 γ_6
最大使用应力 $[\sigma]$/(N·mm^2)	73.84	64.61	73.84	73.84
比载 $\gamma \times 10^{-3}$/[N·(m·mm^2)$^{-1}$]	32.777	32.777	45.342	41.515
温度 /℃	−10	15	−5	10
比值 $(\gamma/\sigma) \times 10^{-3}$	44.389	50.731	61.406	56.223
顺序代号	A	B	D	C

（2）临界档距计算：

$$l_{AB} = \sqrt{\frac{24\beta(\delta_A - \sigma_B) + 24\alpha(t_A - t_B)}{(\gamma_A/\sigma_A)^2 - (\gamma_B - \sigma_B)^2}}$$

$$l_{AB} = 375.3 \text{ m}$$

$$l_{AC} = 280.0 \text{ m}$$

$$l_{AD} = 113.7 \text{ m}$$

（3）控制条件的控制范围判别。列出临界档距控制条件判别表，见表 5-8-7。

表 5-8-7 　临界档距控制条件判别表

A	B	C	D
$l_{AB}=375.3$ m $l_{AC}=280.3$ m $l_{AD}=113.7$ m			

有效临界档距的选取过程如下：

1）A 栏。由于 A 栏计算出的数皆为大于零的数，取最小值，A 为控制条件，最小的为 $l_{AD}=113.7$ m，下一个控制条件注脚字母 D 为有效临界档距。

2）B 栏。B 被跨越。

3）C 栏。C 被跨越。

至此有效临界档距选取结束，只选得 $l_{AD}=113.7$ m 这一个有效临界档距。将它们标在代表档距 l_D 数轴上，并根据临界档距所代表的控制条件找出控制条件的控制范围，如图 5-8-2 所示。

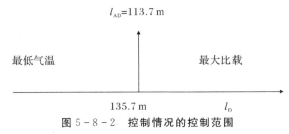

图 5-8-2 　控制情况的控制范围

第九节 　最 大 弧 垂

计算杆塔高度，校验导线对地面、水面或被跨越物间的安全距离，以及按线路路径纵断面图排定塔位置等，都必须计算最大弧垂。这里的最大弧垂是指架空线路导线在无风气象条件下垂直平面内档距中央弧垂的最大值。最大弧垂只可能出现在以下两种情况：最高气温时或覆冰无风（最大垂直比载，气温 $t_b=-5$ ℃）时。无冰区最大弧垂气象条件为最高气温；有冰区的最大弧垂，可用第八节中例题方法将两种气象情况的弧垂分别求出，从而进行比较求得。有冰区的最大弧垂计算：一般为简便起见，可先判定出现最大弧垂的气象条件，然后计算出该气象条件下的弧垂（即为最大弧垂）。判定出现最大弧垂的气象条件，有下面两种方法。

一、临界温度法

若在某一温度下，架空线路导线自重（最高气温比载 γ_1）所产生的弧垂与有冰无风（最大垂直比载 γ_3）时的弧垂相等，则称此温度为临界温度。设覆冰无风时的气温为 t_b，比载为 γ_3，架空线路导线水平应力为 σ_3；临界温度的气温为 t_1，比载为 γ_1，架空线路导线水平应力为 σ_1，即

$$f_3 = \frac{\gamma_3 l^2}{8\sigma_3} = \frac{\gamma_1 l^2}{8\sigma_1}$$

所以有

$$\sigma_1 = \frac{\gamma_1}{\gamma_3}\sigma_3$$

根据状态方程式,以覆冰无风为第 I 状态,临界温度为第 II 状态,则有

$$\frac{\gamma_1}{\gamma_3}\sigma_3 - \frac{E\gamma_1^2 l^2}{24\sigma_3^2}\left(\frac{\gamma_3}{\gamma_1}\right)^2 = \sigma_3 - \frac{E\gamma_3^2 l^2}{24\sigma_3^2} - \alpha E(t_1 - t_b)$$

解上式,得临界温度的计算式为

$$t_1 = t_b + \left(1 - \frac{\gamma_1}{\gamma_3}\right)\frac{\sigma_3}{\alpha E} \tag{5-9-1}$$

将计算出的临界温度(t_1)与最高温度(t_{max})作比较,若 $t_1 > t_{max}$,则最大弧垂发生在覆冰无风气象条件下;反之最大弧垂发生在最高气温气象条件下。

二、临界比载法

同上原理,若架空线路导线在覆冰无风气温下,某一垂直比载使其产生的弧垂与最高气温气象下的弧垂相等,则此比载称为临界比载,以 γ_1 表示。若最高气温为 t_{max},比载为 γ_1,架空线路导线水平应力为 σ_{max},则相应的弧垂为

$$f = \frac{\gamma_1 l^2}{8\sigma_1} = \frac{\gamma_1 l^2}{8\sigma_{max}}$$

所以有

$$\sigma_1 = \frac{\gamma_1}{\gamma_1}\sigma_{max}$$

根据状态方程式,以最高气温为第 I 状态,临界比载为第 II 状态,则有

$$\frac{\gamma_1}{\gamma_1}\sigma_{max} - \frac{E\gamma_1^2 l^2}{24\sigma_{max}^2}\left(\frac{\gamma_1}{\gamma_1}\right)^2 = \sigma_{max} - \frac{E\gamma_1^2 l^2}{24\sigma_{max}^2} - \alpha E(t_b - t_{max})$$

解上式,得临界比载的计算式为

$$\gamma_1 = \gamma_1 + \frac{\gamma_1}{\sigma_{max}}\alpha E(t_{max} - t_{-5}) \tag{5-9-2}$$

将计算出的临界比载(γ_1)与覆冰无风的比载(γ_3)作比较,若 $\gamma_1 > \gamma_3$,则最大弧垂发生在最高气温气象条件下;反之最大弧垂发生在覆冰无风气象条件下。

因为最大比载等于自重比载加覆冰垂直比载,即 $\gamma_3 = \gamma_1 + \gamma_2$,与式(5-9-2)对照可以看出,只要将冰比载与式中后一项比较,即可作为最大弧垂出现气象的判据。故式中的后一项称为临界冰重比载,即

$$\gamma_{21} = \frac{\gamma_1}{\sigma_{max}}\alpha E(t_{max} - t_b) \tag{5-9-3}$$

如果 $\gamma_{21} > \gamma_2$,以最高气温为控制条件,否则以最大比载为控制条件。

【例 5-9-1】 试用临界温度和临界比载法判定例 5-8-1 中出现的最大弧垂的气象条件。

解: 用式(5-9-1)计算临界温度,有

$$t_1 = t_b + \left(1 - \frac{\gamma_1}{\gamma_3}\right)\frac{\sigma_b}{\alpha E} = -5 + \left(1 - \frac{31.13}{43.091}\right) \times \frac{83.5}{65\,900 \times 20.3 \times 10^{-6}} = 13.0 \ ℃ \leqslant 40 \ ℃$$

故最高温度时的弧垂最大。这一判定结论与例 5-8-1 的结论一致。

$$\gamma_{21} = \frac{\gamma_1}{\sigma_{max}}\alpha E(t_{max} - t_b) = \frac{31.13 \times 10^{-3}}{50.12} \times 65\,900 \times 20.3 \times 10^{-6} \times [40 - (-5)]$$
$$= 37 \times 10^{-3} > 11.96 \times 10^{-3}$$

结论同上。

习　　题

1.我国现行输电线路设计规范对导线和地线的安全系数做了哪些规定？有一条架空输电线路，导线为 JL/G1A-400/35 钢芯铝绞线，地线为 JG1A-80 钢绞线，请分别计算导线和地线按规范要求在弧垂最低点和悬挂点的最大使用张力和应力。

2.架空线采用悬链线进行计算有哪些前提条件？

3.某等高悬点架空线档距为 350 m，无高差，导线为 JL/G1A-400/35 钢芯铝绞线，最高气温（40 ℃）时弧垂最低点的水平应力为 85 MPa，试求 40 ℃时档距中央和距一侧悬点为 100 m 处导线的弧垂、导线线长、悬挂点应力及其水平分量，并将线长与档距进行比较。

4.某等高悬点架空线档距为 400 m，导线为 JL/G1A-300/40 钢芯铝绞线，最高气温（40 ℃）时弧垂最低点的水平应力为 94 MPa。请比较以悬链线和平抛物线有关公式计算的 40 ℃最大弧垂、线长和悬挂点应力。

5.简述架空线状态方程的建立原则和推导过程。状态方程式主要用途是什么？

6.简述你对代表档距的理解，以及代表档距的推导和计算过程。

7.何为临界档距？判定有效临界档距有何意义？试论述一种有效临界档距的判定方法。

8.某架空线路导线采用导线 JL/G1A-120/20，通过Ⅵ类典型气象区。试计算临界档距，并确定控制条件下的控制范围。

9.新建一条 110 kV 架空线路，气象条件为Ⅲ区典型气象区，导线为 JL/G1A-150/25 钢芯铝绞线。已知代表档距为 200 m，最低气温时导线弧垂最低点应力为 120 MPa，试求最高温时的导线应力。

10.简述最大弧垂的判断方法和计算方法。

11.某条 220 kV 输电线路通过我国典型气象区Ⅲ区，导线采用 JL/G1A-300/40，安全系数 K=2.5，试确定控制气象条件的档距范围。若某单一档距为 500 m，求该档的最大弧垂。

第六章　地线最大使用应力的计算

杆塔头部导线与地线之间距离的确定的关键在于地线最大使用应力的确定,而地线的应力计算与导线的应力计算的不同点就在于最大使用应力的确定方法不同。地线的最大使用应力主要确定依据是根据气温 15 ℃、无风、无冰时,档距中央,导线与地线间的距离需满足最小距离规定的要求。具体要求如下:

(1)对于 750 kV 及以下交流线路,档距中央,导线与地线之间最小距离按下式计算:

$$S \geqslant 0.012l + 1 \tag{6-1}$$

式中:S——导线与地线间的距离,m;

l——档距,m。

(2)对于 1 000 kV 交流线路,档距中央,导线与地线之间最小距离宜采用数值计算的方法确定,也可以按下式计算:

$$S \geqslant 0.015l + \frac{\sqrt{2}U_{ph\text{-}e}}{500} + 2 \tag{6-2}$$

式中:$U_{ph\text{-}e}$——相(极)对地最高运行电压,kV。

(3)对于 ±660 kV 及以下直流线路,档距中央,导线与地线之间的距离应按下式计算:

$$S \geqslant 0.012l + 1.5 \tag{6-3}$$

(4)对于 ±800 kV 及以上直流线路,档距中央,导线与地线之间最小距离宜采用数值计算的方法确定,也可以按下式计算:

$$S \geqslant 0.015l + \frac{U_{ph\text{-}e}}{500} + 2 \tag{6-4}$$

(5)交流与直流的大跨越线路,档距中央,导线与地线之间最小距离宜采用数值计算的方法确定,也可以按下式 计算:

$$S \geqslant 0.1I \tag{6-5}$$

式中:I——档距中央的耐雷水平,kA,采用表 6-1 所列数值。

表 6-1　档距中央的耐雷水平

额定(额定)电压/kV	110	220	330	500	750	1000	±500	±660	±800	±1 100
耐雷水平/kA	120	120	150	175	175	200	175	175	200	200

按式(6-5)计算完后,按相应的电压等级,并与式(6-1)～式(6-4)计算结果比较,取其中较小者。对发电厂、变电站进线段内的大跨越档,导线与地线之间距离直接按式(6-5)计算。

除满足以上要求外,导地线之间布置及距离还需要满足防雷保护角的要求,防雷保护角与绕击水平有关,一般指垂直距离,而略去水平距离,从图 6-1 中可以看出导线和地线之间的距离为

$$S = \sqrt{D_{ab}^2 + (h_{db} + f_d - f_b)^2} \qquad (6-6)$$

式中:S——导线与地线间的距离,m;

D_{db}——导线与地线横担挂点之间的等效水平距离,m;

h_{db}——导线与地线悬点(线夹)之间的等效垂直距离,m;

f_d——档距中央导线弧垂,m;

f_b——档距中央地线弧垂,m。

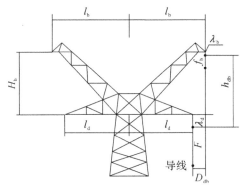

图 6-1 档距中央导地线距离

设导线比载为 γ_d,应力为 σ_d;地线比载为 γ_b,应力为 σ_b。根据弧垂计算公式有

$$f_d = \frac{\gamma_d l^2}{8\sigma_d}$$

$$f_b = \frac{\gamma_b l^2}{8\sigma_b}$$

对于 750 kV 及以下架空输电线路(其他电压等级的线路可以参考推导),将上式及式(6-1)代入式(6-6)计算得

$$\sigma_b \geqslant \cfrac{\gamma_b}{\cfrac{\gamma_d}{\sigma_d} - \cfrac{8\left[\sqrt{(0.012l+1)^2 - D_{db}^2} - h_{db}\right]}{l^2}} \qquad (6-7)$$

令 $\cfrac{\gamma_d}{\sigma_d} - \cfrac{8\left[\sqrt{(0.012l+1)^2 - D_{db}^2} - h_{db}\right]}{l^2} = u$,根据 σ_b 最大极限值条件 $\cfrac{d\sigma_b}{dl} = 0$,必有 $\cfrac{du}{dl} = 0$,由此

$$h_{db} = \frac{(0.012l_k)^2 + 0.036l_k - 2(D_{db}^2 - 1)}{2\sqrt{(0.012l_k + 1)^2 - D_{db}^2}}$$

上式是一个代数方程,其解法与导线的状态方程式类似。为计算简便,当近似地认为 $l_{db} \approx 0$ 时,如 0°保护角,由上式解得

$$l_k = \frac{2}{0.012}(h_{db}-1) = 166.7(h_{db}-1) \tag{6-8}$$

将式(6-8)代入式(6-7)得到地线的极大应力值 σ_{bk} 为

$$\sigma_{bk} = \frac{\gamma_b}{\frac{\gamma_d}{\sigma_d} - \frac{2.88 \times 10^{-4} \left[\sqrt{(2h_{db}-1)^2 - D_{db}^2} - h_{db}\right]}{(h_{db}-1)^2}} \tag{6-9}$$

因为 σ_b 值与档距有关,若耐张段内有 n 个档,则 σ_b 也有 n 个,其中最大的值设为 σ_{bkm}。实际上,在一个耐张段内,可近似地认为各档的地线应力相等,只有一个值,设为 σ_{bks}。

在大气过电压、无风、15℃的条件下,若有 $\sigma_{bks} \geqslant \sigma_{bkm}$,则可以保证各线档档距中央的导线和地线之间距离满足防雷要求。因此,σ_{bk} 的最大值 σ_{bkm} 可以作为大气过电压、无风条件的控制应力。它是由档距中央的导线、地线线间距离作为控制条件所决定的地线应力下限。应当说明,由于耐张段各档距可能不等于 l_k,所以 σ_{bkm} 不一定等于 σ_{bk}。下面讨论怎样简便地确定 σ_{bkm} 值。

当线路已初步定位,或根据地形条件、杆塔使用条件可以大致知道档距变化范围时,σ_{bkm} 值可以按下面的方法确定:

1)若 l_k 介于耐张段中最大档距和最小档距之间,即 $l_{max} \geqslant l_k \geqslant l_{min}$,这时可能有某一档距等于或接近 l_k,可近似地取 $\sigma_{bkm} = \sigma_{bk}$,用式(6-9)计算的 σ_b 能保证所有档距中导线与地线在档距中央的距离满足规程要求。

2)若耐张段中的最大档距 $l_{max} \leqslant l_k$,为了降低 σ_b 以免地线不必要的过紧及降低杆塔荷载起见,可将 l_{max} 代入式(6-7)计算 σ_b。

3)若耐张段中的最小档距 $l_{min} \geqslant l_k$,则可用最小档距 l_{min} 代入式(6-7)计算 σ_b。

以上求得的 σ_b 为大气过电压时地线应力。为了求得地线最大应力,将 σ_b 和大气压时的气象条件作为已知数据代入状态方程式,分别求出最大比载、最低气温时的应力,选择两者中大的作为地线的最大使用应力。值得注意的是:对于导线受平均运行应力控制的地区,还要据此应力计算年平均气温时的应力,其值不得超过计算拉断力的25%。若超过说明年平均运行应力即为最大使用应力。

实际工程中,一条线路各耐张段一般取统一的地线最大使用应力,这样比较简便,但是当各耐张段的代表档距变化范围较大时,可能出现以下情况:最大的代表档距大于临界档距,最小的代表档距小于临界档距。这时前者用最大的代表档距和临界档距分别代入状态方程式求地线最大使用应力,并选用其中大的;后者则用最小的代表档距和临界档距分别代入状态方程式求地线最大使用应力,亦选其最大者。

如果全线路代表档距变化范围很大时,选用统一的地线最大使用应力,可能不是经济合理的。这时可将全线路各耐张段的代表档距按大小分为几组,用上面的方法选取几个不同的最大使用应力。

【例6-1】　题意见例5-8-1,试求设在第Ⅶ气象区220 kV线路地线最大使用应力,

代表档距 l_D＝320 m，导地线的参数及气象条件见表 6-2，塔头尺寸如图 6-2 所示。

表 6-2 导地线的参数及气象条件

参 数	符 号	导线 LGJ-300/25	地线 GJ-80
比载/(10^{-3}MPa·m^{-1})	γ_1	31.128	65.271
	γ_7		96.409
应力(＋15 ℃,无风)/MPa	σ_d	59.43	281.23
地线许用应力/MPa	σ_b		351.55(k_b=3)
线膨胀系数/10^{-6}℃$^{-1}$	α		13.0
弹性系数/GPa	E		147 200
金具绝缘子串长度/m	λ	2.18	0.26
代表档距/m	l_D		320
悬挂点高/m	h	5	

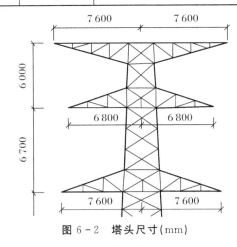

图 6-2 塔头尺寸(mm)

解 1)根据图 6-2 及表 6-2，计算出其参数如下：

$$h_{db}＝6.000＋2.180－0.260＝7.920 \text{ m}$$

$$D_{db}＝7.600－6.800＝0.800 \text{ m}$$

2)按外过电压的条件计算地线的最大使用应力 l_k 和控制档距 σ_b。按照式(6-8)计算控制档距 l_k：

$$l_k＝166.7(h_{db}－1)＝166.7×(7.920－1)＝1\ 153.6 \text{ m}>l_D＝320 \text{ m}$$

按式(6-9)计算 σ_{bk}：

$$\sigma_{bk}＝\cfrac{\gamma_b}{\cfrac{\gamma_d}{\sigma_d}－\cfrac{2.88×10^{-4}\left[\sqrt{(2h_{db}－1)^2－D_{db}^2}－h_{db}\right]}{(h_{db}－1)^2}}$$

$$＝\cfrac{65.271×10^{-3}}{\cfrac{31.128×10^{-3}}{59.43}－\cfrac{2.88×10^{-4}\left[\sqrt{(2×7.920－1)^2－0.800^2}－7.920\right]}{(7.920－1)^2}}$$

$$＝135.34 \text{ MPa}$$

3)计算地线临界档距 l_L 以判别本线路的地线最大使用应力的控制气象条件。

凡最大风速时的气温与复冰时的气温相同的气象区称为第Ⅰ类气象区。在第Ⅰ类气象区中，架空线的最大应力可能在下列两种情况下出现：①最低气温；②最大比载，本题兼顾考虑防振条件；③平均运行应力。有关比载 $\gamma/[\sigma]$ 计算结果及其排序见表 6-3。

表 6-3　比载 $\gamma/[\sigma]$ 计算结果及其排序

气象条件	最低气温	年平均气温	最大比载 γ_7
最大使用应力/MPa	351.55	281.23	351.55
比载/(10^{-3}MPa・m^{-1})	65.271	65.271	96.409
气温/℃	-10	15	-5
$\gamma/[\sigma]$	1.999×10^{-4}	2.666×10^{-4}	3.168×10^{-4}
顺序代号	A	B	C

4）求临界档距，结果见表 6-4。

表 6-4　临界档距

A	B	C
L_{AB} 为虚数	$L_{BC}=494.8$	
$L_{AC}=195.7$		

将它们标在代表档距 l_D 数轴上，并根据临界档距所代表的控制条件找出控制条件的控制范围，如图 6-3 所示。

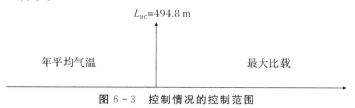

图 6-3　控制情况的控制范围

现在判断有效临界档距。有效临界档距：

$$l_{BC}=494.8\ m$$

若档距值小于 $l_{BC}=494.8\ m$，由平均气温控制；若大于 $l_{BC}=494.8\ m$ 由最大荷载控制。因 $l_D=320\ m<494.8\ m$，故由平均运行应力控制。

5）将 σ_b 换算到控制气象条件下的应力，选其中最大者作为地线最大使用应力。本线路 l_D 均小于 l_{LJ}，又由于导线受平均运行应力控制，故需求最大应力发生的条件：①在最大比载条件下（覆冰、相应风速）；②最低气温；③平均运行应力这三种情况。

6）以 $l_D=320\ m$，大气过电压条件下（无风、无冰、+15 ℃）为已知条件。

a. 求最低气温应力：

$$\sigma_{bl_L}-\frac{E\times\gamma_{b1}^2\times l_D^2}{24\times\sigma_{bl_L}^2}=\sigma_b-\frac{E\times\gamma_{b1}^2\times l_D^2}{24\times\sigma_b^2}-E\alpha(t_{min}-15)$$

$$\sigma_{bl_L}-\frac{147\ 200\times320^2\times65.271^2\times10^{-6}}{24\times\sigma_{bl_L}^2}=$$

$$135.34-\frac{147\ 200\times320^2\times65.271^2\times10^{-6}}{24\times135.34^2}-147\ 200\times13.0\times10^{-6}\times(-10-15)=$$

152.50(N/mm^2)

b. 求最大比载应力：

$$\sigma_{bl_D} - \frac{E \times \gamma_{b7}^2 \times l_D^2}{24 \times \sigma_{bl_L}^2} = \sigma_b - \frac{E \times \gamma_{b1}^2 \times l_D^2}{24 \times \sigma_b^2} - E\alpha(t_{-5\text{℃}} - 15)$$

$$\sigma_{bl_D} - \frac{147\ 200 \times 320^2 \times 96.409^2 \times 10^{-6}}{24 \times \sigma_{bl_L}^2} =$$

$$135.34 - \frac{147\ 200 \times 320^2 \times 65.271^2 \times 10^{-6}}{24 \times 135.34^2} - 147\ 200 \times 13 \times 10^{-6} \times (-5 - 15) =$$

189.80(N/mm^2)

c. 求平均运行应力。本题中平均运行应力与大气过电压气象条件一致（无风、无冰、15 ℃）（年平均气温与大气过电压气温在 9 个典型气象区内只有在 Ⅱ、Ⅲ、Ⅴ 相等，参见表 2-4-2）。故此不再计算，直接有

$$\sigma_{bk} = 135.34(\text{N/mm}^2)$$

取结果中大者作为地线最大使用应力，即

$$\sigma_{bl_D} = 189.80(\text{N/mm}^2)$$

根据设计规程，地线安全系数宜大于导线安全系数（强条）：

$$K_b = \frac{89\ 310 \times 0.92}{79.39 \times 189.80} = 5.5 \geqslant K_d = 2.8$$

如果将头部尺寸改为 $H = 5.0$ m，则安全系数要小得多。

将按上述方法计算出来的地线的最大使用张力及其气象条件作为已知条件作弧垂应力施工曲线，能够在大气过电压情况下满足防雷要求。但是在覆冰严重地区，由于地线相比导线较高，容易覆冰，悬垂串长度较短。在导线架成后，地线各档成为独自的耐张段，而导线由于悬垂串的平衡偏移作用仍然是一个耐张段，这样有可能使导地线弧垂增大不一致，严重时地线弧垂大于导线弧垂。相关内容具体在断线和不均匀覆冰中介绍。

习　题

1. 简述地线的重要作用，以及地线和导线配合时需要满足的距离要求。

2. 满足导地线配合时地线的控制档距与哪些因素有关？

3. 简述当地线控制档距 l_k 分别大于耐张段内最大档距或小于最小档距时满足导地线配合的地线应力计算选取过程。

4. 某 110 kV 线路，一耐张段通过全国典型气象区 Ⅶ 区，导线采用 JL/G1A-210/25，地线采用 JG1A-55 镀锌钢绞线，导线与地线悬点高差 $H = 3.5$ m，悬点间水平距离可忽略。代表档距 300 m，最大档距 330 m，最小档距 120 m。在该代表档距下，导线外过无风气象条件时运行应力 $\sigma_0 = 87.3$ MPa。试对该架空地线进行应力选配。如该耐张段控制气象条件为覆冰有风，校验地线使用强度。

第七章　应力弧垂及架线弧垂

第一节　应力弧垂曲线

架空输电线路计算为杆塔设计、定位、施工及线路在运行中的各种机械计算提供所需的技术数据(各种气象条件的应力和弧垂)。为了使用的方便,常将各种气象条件下的架空输电线路导地线的应力和弧垂随档距的变化用曲线或表格表示出来,这种曲线或表格称为应力弧垂曲线或表,如图7-1-1所示,亦称为力学特性曲线或表。绘制应力弧垂曲线时,一般以代表档距为横坐标,应力与弧垂为纵坐标,将各气象条件下的应力和弧垂数据绘制成一套应力弧垂曲线或表。

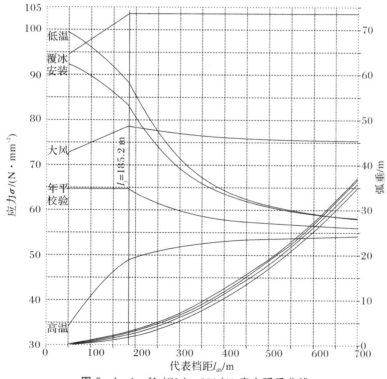

图7-1-1　JL/G1A-300/40应力弧垂曲线

架空输电线路导地线的应力弧垂曲线或表,给出了各种气象条件下应力(弧垂)与档距之间的变化关系。在确定出档距以后,在曲线图或表格中查得各种气象条件下的应力和弧垂值。

架空线应力弧垂曲线的制作一般按下列顺序进行：

(1)确定工程所采用的气象条件；

(2)依据选用的导线或地线的规格,查取有关参数和机械物理特性,选定导线或地线各种气象条件下的许用应力(包括年均运行应力的许用值)；

(3)计算各种气象条件下的比载；

(4)计算临界档距值,并判定有效临界档距和控制气象条件；

(5)判定最大弧垂出现的气象条件；

(6)以控制条件为已知状态,利用状态方程式计算不同档距、各种气象条件下导线或地线的应力和弧垂值；

(7) 按一定比例绘制出应力弧垂曲线。

为保证应力弧垂曲线较准确且计算量不大,代表档距步长一般取 50 m。为查阅方便,可以采用实际代表档距或采用更小的步长进行计算,减少线性插值求解的误差。

根据工程的实际需要,导地线的应力弧垂曲线或表一般按表 7-1-1 所列各项内容计算。表中△符号表示需要计算,符号×表示不必计算。

表 7-1-1 导地线应力弧垂曲线计算项目表

计算项目		气象条件											
		基本风荷载	基本风风偏	覆冰无风	覆冰有风	最高气温	最低气温	内过电压	外过无风	外过有风	安装情况	事故断线	年均气象	稀有气象
应力曲线	导线	△	△	△	△	△	△	△	△	△	△	△	△	△
	地线	△	△	×	△	×	△	×	△	×	△	△	△	△
弧垂曲线	导线	×	△	×	△	△	△	△	△	△	△	△	△	△
	地线	×	×	×	×	×	×	×	△	×	×	×	×	×

【例 7-1-1】 试求出某 220 kV 线路导线的应力弧垂表,并绘制应力曲线图。导线参数见表 7-1-2,通过的气象区见表 7-1-3,通过地面粗糙度类别为 B 类。导线弧垂最低点设计安全系数取 2.5,平均运行张力的上限取 25%。

表 7-1-2 JL/G1A-500/45 型导线主要参数表

型号	计算面积	直径	单位长度质量	额定拉断力	弹性模量	线膨胀系数	保证率
	mm^2	mm	kg/km	kN	GPa	10^{-6}℃$^{-1}$	
JL/G1A-500/45	532	30.0	1 687.0	127.3	65.9	20.3	0.95

表 7-1-3 计算用气象条件

工 况	最低气温	基本风速	年均气温	覆冰有风	最高气温	校验	安装气温
冰厚/mm	0	0	0	10	0	0	0
风速/(m·s^{-1})	0	25	0	10	0	0	10
气温/℃	-10	10	15	-5	40	15	-5

解 1)根据气象条件及导线参数,按式(3-2-1)～式(3-2-18)计算得各种气象条件下的导线比载值(基本风折算至下导线平均高度 15 m,风速 26.6 m/s),见表 7-1-4。

表 7-1-4 比载汇总表

单位:10^{-3} MPa/m

名 称	垂直比载			水平比载			综合比载		
	自重	冰重	覆冰	安装风	基本风	覆冰风	安装风	基本风	覆冰风
	$\gamma_{1(0,0)}$	$\gamma_{2(10,0)}$	$\gamma_{3(10,0)}$	$\gamma_{4(0,10)}$	$\gamma_{4(0,26.6)}$	$\gamma_{5(10,10)}$	$\gamma_{6(0,10)}$	$\gamma_{6(0,26.6)}$	$\gamma_{7(10,10)}$
数据	31.097 4	20.847 9	51.945 3	3.172 0	22.389 2	5.286 7	31.258 8	38.318 8	52.213 6

2)计算临界档距,判断控制条件。

a.许用应力及年均应力上限值:

$$[\sigma_0] = \frac{\sigma_p}{K} = \frac{0.95 T_N}{KA} = \frac{0.95 \times 127.3 \times 10^3}{2.5 \times 532} = 90.93 \text{ MPa}$$

$$[\sigma_{cp}] = 25\% \times \frac{0.95 \times T_N}{A} = 25\% \times \frac{0.95 \times 127.3 \times 10^3}{532} = 56.83 \text{ MPa}$$

b.可能成为控制条件的有关参数见表 7-1-5。

表 7-1-5 可能的应力控制气象条件

条 件	基本风速	覆冰有风	最低气温	年均气温
许用应力$[\sigma_0]$/MPa	90.93	90.93	90.93	56.83
比载 γ/(MPa·m^{-1})	$38.318\ 8 \times 10^{-3}$	$52.213\ 6 \times 10^{-3}$	$31.097\ 4 \times 10^{-3}$	$31.097\ 4 \times 10^{-3}$
$\gamma/[\sigma_0]$	$0.421\ 4 \times 10^{-3}$	$0.574\ 2 \times 10^{-3}$	$0.342\ 0 \times 10^{-3}$	$0.547\ 2 \times 10^{-3}$
温度 t/℃	10	-5	-10	15
$\gamma/[\sigma_0]$由小至大编号	b	d	a	c

c.按等高悬点考虑,计算各临界档距为

$l_{ab} = 400.89$ m,l_{ac} 为虚数,l_{ad} 为虚数;l_{bc} 为虚数,l_{bd} 为虚数;$l_{cd} = 297.13$ m

d.判断有效临界档距,确定控制气象条件。

将各临界档距值填入有效临界档距判别表(见表 7-1-6)知,$l_{cd} = 297.13$ m 为有效临界档距。若实际档距 $l < l_{cd}$,年平均气温为控制气象条件;若实际档距 $l > l_{cd}$,覆冰有风为控制气象条件。

表 7-1-6 有效临界档距判别表

可能的控制条件	a(最低气温)	b(基本风速)	c(年均气温)	d(覆冰有风)
临界档距/m	$l_{ab} = 400.89$ $l_{ac} = $ 虚数 $l_{ad} = $ 虚数	$l_{bc} = $ 虚数 $l_{bd} = $ 虚数	$l_{cd} = 297.13$	

3)计算各种气象条件的应力和弧垂。

a.以档距范围的控制条件为已知条件,参数见表7-1-7。

表7-1-7　已知条件及参数

已知条件	年均气温	覆冰有风
控制区间	≤297.13	≥297.13
b/mm	0	10
$V/(\text{m}\cdot\text{s}^{-1})$	0	10
$t/℃$	15	−5
$\gamma_m/(\text{MPa}\cdot\text{m}^{-1})$	$31.097\,4\times10^{-3}$	$52.213\,6\times10^{-3}$
σ_m/MPa	56.83	90.93

b.以气象条件为待求条件,参数见表7-1-8。

表7-1-8　待求条件及已知参数

待求条件	最低气温	基本风速	最高气温	校验	安装气温
b/mm	0	0	0	0	0
$V/(\text{m}\cdot\text{s}^{-1})$	0	25	0	0	10
$t/℃$	−10	10	40	15	−5
$\gamma_m/(\text{MPa}\cdot\text{m}^{-1})$	$31.097\,4\times10^{-3}$	$38.318\,8\times10^{-3}$	$31.097\,4\times10^{-3}$	$31.097\,4\times10^{-3}$	$31.258\,8\times10^{-3}$

c.利用状态方程式(5-5-5),求得各待求条件下的应力和弧垂,见表7-1-9。

表7-1-9　JL/G1A-500/45导线应力弧垂计算表表($K=2.5$)

档距 —— m	低温 应力 MPa	低温 弧垂 m	基本风速 应力 MPa	基本风速 弧垂 m	年均 应力 MPa	年均 弧垂 m	覆冰 应力 MPa	覆冰 弧垂 m	高温 应力 MPa	高温 弧垂 m	校验 应力 MPa	校验 弧垂 m	安装 应力 MPa	安装 弧垂 m
50	89.06	0.11	63.93	0.19	56.83	0.17	84.17	0.19	29.15	0.33	56.83	0.17	82.52	0.12
100	85.67	0.45	64.88	0.74	56.83	0.68	85.58	0.76	35.84	1.08	56.83	0.68	79.60	0.49
150	80.90	1.08	65.91	1.64	56.83	1.54	87.23	1.68	40.79	2.14	56.83	1.54	75.64	1.16
200	75.85	2.05	66.79	2.87	56.83	2.74	88.73	2.94	44.39	3.50	56.83	2.74	71.62	2.18
250	71.42	3.40	67.48	4.44	56.83	4.28	89.98	4.54	47.03	5.17	56.83	4.28	68.23	3.58
297.13	68.16	5.03	67.97	6.22	56.83	6.04	90.93	6.34	48.88	7.02	56.83	6.04	65.77	5.24
300	67.93	5.15	67.95	6.35	56.79	6.16	90.93	6.46	48.96	7.15	56.79	6.16	65.58	5.36
350	64.62	7.37	67.70	8.67	56.21	8.48	90.93	8.80	49.99	9.54	56.21	8.48	62.95	7.61
400	62.28	9.99	67.52	11.36	55.79	11.16	90.93	11.50	50.76	12.27	55.79	11.16	61.09	10.24
450	60.62	13.00	67.37	14.42	55.49	14.21	90.93	14.56	51.35	15.35	55.49	14.21	59.75	13.26
500	59.40	16.38	67.27	17.83	55.25	17.62	90.93	17.98	51.80	18.80	55.25	17.62	58.77	16.65
550	58.49	20.14	67.18	21.61	55.08	21.39	90.93	21.76	52.15	22.60	55.08	21.39	58.03	20.40
600	57.80	24.26	67.12	25.75	54.94	25.53	90.93	25.90	52.44	26.76	54.94	25.53	57.47	24.53
650	57.26	28.76	67.06	30.26	54.83	30.04	90.93	30.41	52.67	31.28	54.83	30.04	57.02	29.03
700	56.83	33.62	67.02	35.14	54.74	34.91	90.93	35.29	52.85	36.17	54.74	34.91	56.67	33.89

d.以表7-1-9的数据为依据,绘制应力曲线图,如图7-1-2所示。

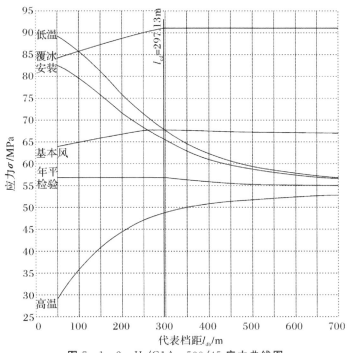

图 7-1-2 JL/G1A-500/45 应力曲线图

第二节 架线弧垂曲线

导线和地线的施工架线,一般是在不同气温下进行的。紧线施工时需要用事先做好的架线弧垂曲线(或表格),查出观测档各种施工气温(无风、无冰)下的架线弧垂,以确定导线或地线的松紧程度,使其在运行中任何气象条件下的应力都不超过最大使用应力,且满足耐振条件,使导线任何点对地面、水面和被跨越物之间的距离符合设计要求,保证运行的安全。

架线通常绘制架线弧垂曲线(见图 7-2-1)或编制架线弧垂表(见表 7-2-1)。一般以代表档距为横坐标,以弧垂为纵坐标,将施工工况的最高气温至最低气温间每隔 5 ℃(或 10 ℃)计算的弧垂数据绘制成一套弧垂曲线或架线弧垂表,计算时还要考虑导线的"初伸长"。绘制弧垂曲线时,为保证曲线比较准确且计算量不大,代表档距步长一般取 50 m;若采用架线弧垂表,可以采用实际代表档距或更小的步长进行计算,以减少插值求解的误差。

表 7-2-1 JL/G1A-300/40 百米档距弧垂表

温度/℃	代表档距/m									
	50	100	150	185.2	200	250	300	350	400	450
−10(−35)	0.3	0.31	0.33	0.35	0.36	0.41	0.47	0.52	0.56	0.6
0(−25)	0.34	0.35	0.37	0.39	0.4	0.45	0.51	0.55	0.59	0.62
10(−15)	0.38	0.4	0.42	0.44	0.45	0.5	0.55	0.59	0.62	0.64
20(−5)	0.44	0.46	0.48	0.49	0.51	0.55	0.6	0.63	0.65	0.67
30(5)	0.52	0.53	0.55	0.56	0.57	0.61	0.64	0.66	0.68	0.69
40(15)	0.63	0.63	0.63	0.63	0.64	0.67	0.68	0.7	0.71	0.71

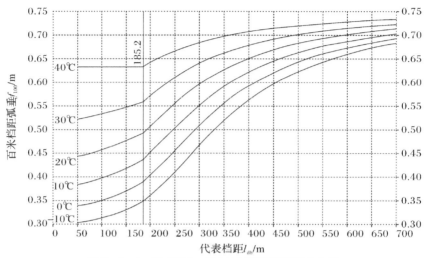

图 7 - 2 - 1　JL/G1A - 300/40 百米档距弧垂曲线

架线弧垂曲线或表上的弧垂是用抛物线公式计算的,而安装情况下的应力是将导线或地线的最大使用应力和控制气象情况的比载和气温代入状态方程式求得的。为了使用方便,提高绘图精度,对不同的档距,可根据其应力绘制成代表档距或百米档距弧垂。

代表档距弧垂计算公式为

$$f_{db} = \frac{\gamma_1 l_{db}^2}{8\sigma_0} \qquad (7 - 2 - 1)$$

百米档距弧垂计算公式为

$$f_{100} = \frac{\gamma_1 100^2}{8\sigma_0} \qquad (7 - 2 - 2)$$

【例 7 - 2 - 1】　条件同例 7 - 1 - 1,试计算该导线的百米档距弧垂。

解　1)已知条件与待求的已知条件与例 7 - 1 - 1 一致。

2)利用状态方程式(5 - 5 - 5),求得各施工气象条件下的安装应力,进而求得相应的弧垂,见表 7 - 2 - 2。

表 7 - 2 - 2　JL/G1A - 500/45 各种施工气温下的应力和百米弧垂表($K = 2.5$)

温度/℃	档距/m											
	50		100		150		200		250		297.13	
	应力	弧垂	应力	弧垂	应力	弧垂	应力	弧垂	应力	弧垂	应力	弧垂
	MPa	m	MPa	m	MPa	m	MPa	m	MPa	m	MPa	m
−10	89.06	0.44	85.67	0.45	80.90	0.48	75.85	0.51	71.42	0.54	68.16	0.57
−5	82.51	0.47	79.56	0.49	75.55	0.51	71.48	0.54	68.04	0.57	65.56	0.59
0	75.99	0.51	73.58	0.53	70.44	0.55	67.39	0.58	64.91	0.60	63.13	0.62
5	69.53	0.56	67.77	0.57	65.59	0.59	63.59	0.61	62.00	0.63	60.88	0.64
10	63.13	0.62	62.17	0.63	61.05	0.64	60.07	0.65	59.31	0.66	58.78	0.66
15	56.83	0.68	56.83	0.68	56.83	0.68	56.83	0.68	56.83	0.68	56.83	0.68
20	50.67	0.77	51.81	0.75	52.95	0.73	53.86	0.72	54.54	0.71	55.01	0.71

续 表

温度/℃	档距/m											
	50		100		150		200		250		297.13	
	应力 MPa	弧垂 m	应力 MPa	弧垂 m	应力 MPa	弧垂 m	应力 MPa	弧垂 m	应力 MPa	弧垂 m	应力 MPa	弧垂 m
25	44.72	0.87	47.17	0.2	49.42	0.79	51.15	0.76	52.43	0.74	53.32	0.73
30	39.06	1.00	42.94	0.91	46.23	0.84	48.69	0.80	50.49	0.77	51.74	0.75
35	33.82	1.15	39.16	0.99	43.36	0.90	46.44	0.84	48.69	0.80	50.26	0.77
40	29.15	1.33	35.84	1.08	40.79	0.95	44.39	0.88	47.03	0.83	48.88	0.80

温度/℃	档距/m											
	300		350		400		450		500		550	
	应力 MPa	弧垂 m	应力 MPa	弧垂 m	应力 MPa	弧垂 m	应力 MPa	弧垂 m	应力 MPa	弧垂 m	应力 MPa	弧垂 m
−10	67.93	0.57	64.62	0.60	62.28	0.62	60.62	0.64	59.40	0.66	58.49	0.67
−5	65.37	0.59	62.72	0.62	60.84	0.64	59.50	0.65	58.51	0.67	57.77	0.67
0	62.99	0.62	60.93	0.64	59.48	0.65	58.42	0.67	57.65	0.68	57.06	0.68
5	60.77	0.64	59.26	0.66	58.18	0.67	57.40	0.68	56.82	0.69	56.38	0.69
10	58.71	0.66	57.69	0.67	56.96	0.68	56.42	0.69	56.02	0.69	55.72	0.70
15	56.79	0.68	56.21	0.69	55.79	0.70	55.49	0.70	55.25	0.70	55.08	0.71
20	55.00	0.71	54.82	0.71	54.69	0.71	54.59	0.71	54.51	0.71	54.46	0.72
25	53.33	0.73	53.51	0.73	53.63	0.73	53.73	0.72	53.80	0.72	53.86	0.72
30	51.77	0.75	52.27	0.74	52.63	0.74	52.90	0.74	53.11	0.73	53.27	0.73
35	50.32	0.77	51.10	0.76	51.67	0.75	52.11	0.75	52.44	0.74	52.70	0.74
40	48.96	0.79	49.99	0.78	50.76	0.77	51.35	0.76	51.80	0.75	52.15	0.75

3)以表 7 - 2 - 2 的数据为依据,绘制百米弧垂曲线图,如图 7 - 2 - 2 所示。

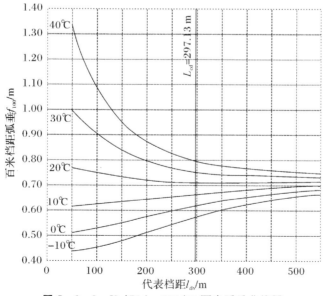

图 7 - 2 - 2　JL/G1A - 500/45 百米弧垂曲线图

第三节　架线弧垂初伸长及其处理

一、初伸长的概念

前面讲的架线弧垂曲线绘制时还要考虑导地线的初伸长。之所以要考虑导地线的初伸长是因为多股绞合导线或地线受拉后,除各股单线互相滑动、挤压使线股绞合得更紧而产生永久伸长外,随作用拉力和持续时间的变化还会产生所谓塑性伸长和蠕变伸长。前者的紧压伸长一般在架线观测过程中便能放出,后者中的一小部分在架线张力和其持续时间内也会放出,故对运行应力、弧垂无影响,而后者中的大部分塑性伸长和蠕变伸长则在线路投入运行初期的张力作用下才能逐渐放出,故常称之为初伸长。由于这种初伸长的放出,档内线长增加,引起弧垂增大(应力减小),以致线路导线对地及对其他被跨越物的安全距离减小,所以在架线施工中必须考虑补偿。

二、初伸长的处理

根据规定,导地线应力-应变特性取决于组合线股的弹塑性特性、几何缺陷和线股的金属蠕变。相对于第三项参数来讲,前两项参数不受时间的影响。由于导地线应变与时间的相关性,应力-应变曲线总是以时间为基准。按照规定,导线应变曲线有两种:一种是用一条曲线表示 1 h 蠕变的初始曲线,用一条曲线表示 20 ℃时 10 年蠕变的最终曲线;另一种是给出最终曲线,初始条件通过降温补偿得出。我国在线路工程设计中一般通过降温补偿得出方式来考虑导地线的蠕变。导地线初伸长处理方法一般为预拉法、减弧垂法及降温法。其中补偿初伸长最常用的方法有减弧垂法和降温法。

(一)预拉法

随着应力的加大,导地线的初伸长放出的时间缩短。在自然运行状态下最大应力下的蠕变伸长可能需要数年才能发展完毕。但若所加应力大于最大设计应力,完毕时间可以缩短;若所加应力为导线破坏应力的70%,则瞬间便能将初伸长拉出。为此,可以在架线时预先加大拉力,将其初伸长拉出,使导地线在架设初期就进入运行应变状态。预拉应力的大小、时间由导地线最大使用应力的大小确定。对于钢芯铝绞线,可以参考按表7-3-1中的预拉应力。

表 7-3-1　钢芯铝绞线预拉应力与时间表

导线安全系数	预拉应力为导线破坏应力的60%所需的预拉时间/min	预拉应力为导线破坏应力的70%所需的预拉时间/min
2.0	30	2
2.5	2	瞬时

(二)减弧垂法

在架线施工时适当地减小导地线的安装弧垂,当导地线在运行中产生初伸长时,可使所增大的弧垂恰好补偿架线中所减小的弧垂,以达到原设计无初伸长存在时的弧垂要求。

以导地线实际的应变特性曲线为基础,可根据不同导地线应力的初伸长,按下式计算导地线应力:

$$\sigma_J - \frac{E_k \gamma^2 l_{db}^2}{24\sigma_J^2} = \sigma_m - \frac{E_k \gamma_m^2 l_{db}^2}{24\sigma_m^2} - \alpha E_k (t_J - t_m) - E_k \varepsilon \qquad (7-3-1)$$

式中: E_k ——导线或地线经过长期运行后的最终状态的弹性系数,N/mm^2;

α ——导线或地线的线膨胀系数,$℃^{-1}$;

ε ——导线或地线经过长期运行后的最终状态的初伸长;

l_{db} ——代表档距,m;

σ_m、γ_m、t_m ——导线或地线长期运行后已知情况下的应力(N/mm^2)、相应控制情况下的比载(MPa/m)及相应控制情况下的气温($℃$)。

σ_J、γ_J、t_J ——导线或地线考虑初伸长的架线应力(N/mm^2)、架线时的比载(MPa/m)及架线时的气温($℃$)。

由于计入 $E_k\varepsilon$,用状态方程式计算的考虑初伸长后导地线架线时应力 σ_J 相应地增大了,因而架线弧垂 f_J 相应减小了,恰可抵偿线路运行后由初伸长所造成的弧垂增大。根据上面各种导地线的初伸长也可以求出相应的弧垂减小量。

现行设计规范对导线、地线架线时应考虑的初伸长率(塑性伸长率)规定为:导线、地线架设后的塑性伸长应按制造厂提供的数据或通过试验确定。如无资料,各种绞线塑性伸长量可采用表 7-3-2 中所列数值。

表 7-3-2 绞线初伸长率及降温值

绞线类型	铝钢截面比	初伸长率	降温值/℃
钢芯铝绞线	4.29~4.38	$3×10^{-4}$	15
	5.05~6.16	$3×10^{-4}$~$4×10^{-4}$	15~20
	7.71~7.91	$4×10^{-4}$~$5×10^{-4}$	20~25
	11.34~14.46	$5×10^{-4}$~$6×10^{-4}$	25(或根据试验数据确定)
铝绞线	—	$8×10^{-4}$	35
铝合金绞线(JLHA1、JLHA2)	—	$5×10^{-4}$	22
铝合金芯铝绞线(JL/LHA1、JL/LHA2)	—	$7×10^{-4}$	30
镀锌锌钢绞线	—	$1×10^{-4}$	10

注:铝钢截面比小的钢芯铝绞线应采用表中的下限数值;铝钢截面比大的钢芯铝绞线应采用表中的上限数值。对铝包钢绞线、大铝钢截面比的钢芯铝绞线或钢芯铝合金绞线可以参考制造厂家提供的塑性伸长值或降温值。

为减小导线初伸长对弧垂的影响,除了采用减小弧垂法补偿之外,还可采取减小弧垂百分比的方法,一般铝绞线减少 20%,钢芯绞线减少 12%,铜绞线减少 7%~8%。采用此种方法误差相对较大。

(三)降温法

在线路设计中,一般将架线考虑的初伸长 ε 通过等效温度 $\Delta t = \varepsilon/\alpha$ 转换为 $\varepsilon = \Delta t\alpha$ 后代入式(7-3-1)中进行导地线应力计算,此时状态方程式为

$$\sigma_J - \frac{E\gamma_J^2 l_{db}^2}{24\sigma_J^2} = \sigma_m - \frac{E\gamma_m^2 l_{db7}^2}{24\sigma_m^2} - \alpha E_k(t_J - \Delta t - t_m) \qquad (7-3-2)$$

式中: Δt——计算导线或地线架线应力考虑补偿初伸长的等效降温量,℃,其值参考表7-3-2,大截面绞线架线降温值可以参考表7-3-3中的值或根据试验数据确定。

表7-3-3　大截面绞线架线降温值　　　　　　　单位:℃

绞线类型	降温值
JL1/G3A-1250/70	30
JL1/G2A-1250/100	30
JLHAI/G2A-1250/100	30
JLHA4/G2A-1 250/100	30
JLI/G3A-I000/45	30
JLI/G2A-I000/80	30
JL1/G3A-900/40	25
JLI/G2A-900/75	25

所谓采用降温法补偿初伸长对弧垂的影响,即在计算导线或地线架线应力的式(7-3-2)中计入"$-\Delta t$",使某一架线气温 t_J 下的架线应力高于该气温长期运行后的应力。

在线路施工中所使用的架线弧垂曲线,若未考虑初伸长,则可用架线温度 t_J 与等效降温量 Δt 之差,即用 $t_J - \Delta t$ 查架线弧垂曲线,所得的弧垂即为补偿后的弧垂值。

第四节　观测档架线弧垂计算

架空导地线在任何气象条件下,都要能保证对地、对被交叉跨越物的电气距离,符合技术规程的要求,同时架空导地线对杆塔的作用力必须满足杆塔强度条件。因此,设计时需根据所在地区气象、导地线参数、档距及悬挂点高差等条件,通过一系列计算,确定导地线适当的弧垂值。施工时,要根据设计资料以及现场实际情况,计算出观测档的弧垂值 f,并进行精确的弧垂观测,这样才能保证施工质量,从而实现线路的安全运行。

一、弧垂观测档的选择

架空输电线路设计人员在设计线路杆塔位时,一般把线路分为若干耐张段。每一个耐张段由一个档或多个档组成,仅有一个档的耐张段称为孤立档;由多个档组成的耐张段,称

为连续档。对孤立档,按设计人员提供的安装弧垂或竣工弧垂数值进行观测即可;在连续档中,要选择一个或几个观测档进行观测。为了使整个耐张段内各档的弧垂都达到平衡,应根据连续档的数量,确定观测档的档数和位置。

根据《110 kV～750 kV 架空输电线路施工及验收规范》(GB 50233－2014)第 8.5.3 条、《电气装置安装工程 66 kV 及以下架空电力线路施工及验收规范》(GB 50173－2014)第 8.5.3 条、《±800 kV 及以下直流架空输电线路工程施工及验收规程》(DL/T 5235－2010)第 8.4.2 条,弧垂观测档的选择应符合下列规定:

(1)紧线段在 5 档及以下时应靠近中间选择一档;

(2)紧线段在 6～12 档时应靠近两端各选择一档;

(3)紧线段在 12 档以上时应靠近两端及中间选 3～4 档;

(4)观测档宜选档距较大和悬挂点高差较小及接近代表档距的线档;

(5)弧垂观测档的数量可根据现场条件适当增加,但不得减少。

另外,观测档宜在紧线档内均匀布置,相邻观测档相距不超过 4 个档距,地形起伏变化较大时,应减小观测档间距。连续上(下)山连续倾斜档的高处和低处、重要交叉跨越档宜设置观测档。1 000 kV 架空输电线路的弧垂观测档选择参考《1 000 kV 架空输电线路张力架线施工工艺导则》(DL/T 5290－2013)第 5.2.1 条相关规定。

二、观测档的弧垂计算

对于观测档的弧垂值 f,根据输电线路施工图中的杆塔位明细表,按观测档所在耐张段的代表档距和紧线时的气温查取导地线安装弧垂曲线(一般为代表档距弧垂曲线或百米档距弧垂曲线)中对应的弧垂值,再结合观测挡的档距、高差等因素进行计算。在计算时,还须考虑观测档内是否联有耐张绝缘子串、悬挂点高差以及观测点选择的位置等条件。

施工图中的安装弧垂曲线图存在两种情况:一种情况是曲线图已按降温补偿法考虑了导地线受到张力后产生的塑性伸长和蠕变伸长(简称"初伸长")的影响;另一种情况是曲线图未考虑导地线受到张力后产生的塑性伸长和蠕变伸长的影响,即未考虑初伸长影响。当采用新导地线时弧垂计算应考虑降温对初伸长的影响,若对线路进行技术改造利用原线路导地线时,弧垂计算不考虑降温。

施工图中的导地线安装弧垂曲线一般是按不同的代表档距从最低气温至最高气温,每隔一定的步长(一般为 5 ℃ 或 10 ℃)通过计算绘制的安装弧垂曲线或表。导线及地线安装是在不同气温下进行的。紧线施工前,为了计算架线弧垂,应根据观测时的温度和观测档所在耐张段的代表档距查出架线弧垂。若实际温度与所列温度不同,可采用线性内插值法求其值。如假设实测温度为 t,t 相邻两侧可查温度为 t_1 和 $t_2(t_2 > t_1)$,查出观测档所在耐张段的代表档距在温度 t_1 和 t_2 时的架线弧垂分别为 f_{db1} 和 f_{db2},则温度 t 的架线弧垂 f_{db} 为

$$f_{db} = \frac{(t - t_1) f_{db1} + (t_2 - t) f_{db2}}{t_2 - t_1} \qquad (7 - 4 - 1)$$

以上是根据代表档距弧垂曲线计算得到的代表档距弧垂,当安装弧垂曲线为百米档距弧垂曲线时,式(7-4-1)中的弧垂值应为代表档距百米弧垂 f_{100} 相应的值。

(一)连续耐张段内观测档弧垂计算

1.观测档内未联耐张绝缘子串

连续档前、后侧都是悬垂杆塔时,观测档内未联耐张绝缘子串,如图 7-4-1 和图 7-4-2所示。

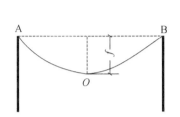

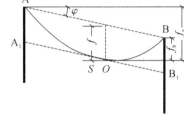

图 7-4-1　悬挂点等高时的弧垂　　图 7-4-2　悬挂点不等高时的弧垂

观测档架空导地线悬挂点高差 $h < 10\%l$ 时,观测档的架线弧垂 f 为

$$f = f_{\mathrm{db}}\left(\frac{l}{l_{\mathrm{db}}}\right)^2 = f_{100}\left(\frac{l}{100}\right)^2 = f_0 \tag{7-4-2}$$

观测档架空导地线悬挂点高差 $h \geqslant 10\%l$ 时,观测档的架线弧垂 f 为

$$
\begin{aligned}
f &= \frac{f_0}{\cos\varphi} = \frac{f_{\mathrm{db}}}{\cos\varphi}\left(\frac{l}{l_{\mathrm{db}}}\right)^2 = \frac{f_{100}}{\cos\varphi}\left(\frac{l}{100}\right)^2 \\
&= f_{\mathrm{db}}\left(\frac{l}{l_{\mathrm{db}}}\right)^2\left[1 + \frac{1}{2}\left(\frac{h}{l}\right)^2\right] = f_{100}\left(\frac{l}{100}\right)^2\left[1 + \frac{1}{2}\left(\frac{h}{l}\right)^2\right] \\
&= f_0\left[1 + \frac{1}{2}\left(\frac{h}{l}\right)^2\right] \\
&= f_\varphi
\end{aligned}
\tag{7-4-3}
$$

式中:f——观测档的架空导地线弧垂(指平行四边形切点的垂度),m,根据连续档或孤立档、是否联有耐张绝缘子串情况计算的实际观测档弧垂;

　　f_0——悬挂点高差 $h < 10\%l$ 时,观测档两侧未联耐张绝缘子串的架空导地线中点弧垂,m;

　　f_φ——悬挂点高差 $h \geqslant 10\%l$ 时,观测档两侧未联耐张绝缘子串的架空导地线中点弧垂,m;

　　f_{db}——代表档距的架空导(地)线弧垂,m;

　　f_{100}——代表档距的百米档距架空导(地)线弧垂,m;

　　l_{db}——耐张段架空导地线代表档距,m;

　　l——观测档架空导地线的档距,m;

　　h——观测档架空导地线悬挂点的高差,m,前侧高,h 取正值,前侧低,h 取负值,如图

7-4-2 中 h 为负值。

φ——观测档架空导地线悬挂点的高差角，(°)，$\varphi = \arctan\left(\dfrac{h}{l}\right)$。

2. 观测档内一端联有耐张绝缘子串

当连续档首端或末端的观测档内架空导地线一端联有耐张绝缘子串时，如图 7-4-3 所示。

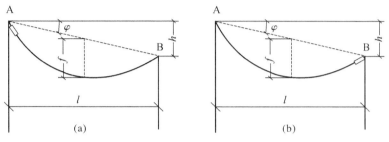

图 7-4-3 观测档内一端联有耐张绝缘子串

(a)高悬挂点端联有耐张绝缘子串；(b)低悬挂点端联有耐张绝缘子串

观测档架空导地线悬挂点高差 $h < 10\% l$ 时，观测档的架线弧垂 f 为

$$f = f_{db}\left(\frac{l}{l_{db}}\right)^2 \left(1 + \frac{\lambda^2}{l^2} \cdot \frac{\gamma_\lambda - \gamma_1}{\gamma_1}\right)^2$$

$$= f_{100}\left(\frac{l}{100}\right)^2 \left(1 + \frac{\lambda^2}{l^2} \cdot \frac{\gamma_\lambda - \gamma_1}{\gamma_1}\right)^2$$

$$= f_0\left(1 + \frac{\lambda^2}{l^2} \cdot \frac{\gamma_\lambda - \gamma_1}{\gamma_1}\right)^2 \tag{7-4-4}$$

观测档架空导地线悬挂点高差 $h \geqslant 10\% l$ 时，观测档的架线弧垂 f 为

$$f = \frac{f_{db}}{\cos\varphi}\left(\frac{l}{l_{db}}\right)^2 \left(1 + \frac{\lambda^2 \cos^2\varphi}{l^2} \cdot \frac{\gamma_\lambda - \gamma_1}{\gamma_1}\right)^2$$

$$= \frac{f_{100}}{\cos\varphi}\left(\frac{l}{100}\right)^2 \left(1 + \frac{\lambda^2 \cos^2\varphi}{l^2} \cdot \frac{\gamma_\lambda - \gamma_1}{\gamma_1}\right)^2$$

$$= f_\varphi\left(1 + \frac{\lambda^2 \cos^2\varphi}{l^2} \cdot \frac{\gamma_\lambda - \gamma_1}{\gamma_1}\right)^2 \tag{7-4-5}$$

式中：$\gamma_\lambda = \dfrac{G_\lambda}{n\lambda A}$；

λ——耐张绝缘子串的长度，m；

γ_λ——耐张绝缘子串的比载，N/(m·mm²)；

γ_1——导地线自重比载，N/(m·mm²)；

G_λ——耐张绝缘子串的重量，N；

n——耐张绝缘子串所联导地线的数量；

A——导地线截面积，mm²。

(二)孤立档的观测弧垂计算

在施工图中所有孤立档(含进出线档)都有单独的架线弧垂表,一般架线施工时只需按式(7-4-1)计算出实测温度为 t 时的架线弧垂即可。无单独的架线弧垂表部分的孤立档可以按下列方式来进行计算弧垂。

1.观测档内一端联有耐张绝缘子串

在孤立档紧线时,架空导地线的固定端已联有耐张绝缘子串,其弧垂观测值 f 应根据架空导地线两端悬挂点的高差 h 的大小,按连续档观测档内一侧联耐张绝缘子串的式(7-4-4)和式(7-4-5)分别进行计算。

2.观测档内两端联有耐张绝缘子串

在孤立档挂线后复测孤立档弧垂时,如图 7-4-4 所示,架空导地线的两端已联有耐张绝缘子串,其弧垂复测值按以下方法计算。

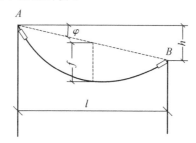

图 7-4-4 观测档内两端联有耐张绝缘子

观测档架空导地线悬挂点高差 $h < 10\% l$ 时,观测档的架线弧垂 f 为

$$f = f_{db}\left(\frac{l}{l_{db}}\right)^2\left(1 + 4\frac{\lambda^2}{l^2} \cdot \frac{\gamma_\lambda - \gamma_1}{\gamma_1}\right) = f_{100}\left(\frac{l}{100}\right)^2\left(1 + 4\frac{\lambda^2}{l^2} \cdot \frac{\gamma_\lambda - \gamma_1}{\gamma_1}\right)$$

$$= f_0\left(1 + 4\frac{\lambda^2}{l^2} \cdot \frac{\gamma_\lambda - \gamma_1}{\gamma_1}\right) \tag{7-4-6}$$

观测档架空导地线悬挂点高差 $h \geqslant 10\% l$ 时,观测档的架线弧垂 f 为

$$f = \frac{f_{db}}{\cos\varphi}\left(\frac{l}{l_{db}}\right)^2\left(1 + 4\frac{\lambda^2\cos^2\varphi}{l^2} \cdot \frac{\gamma_\lambda - \gamma_1}{\gamma_1}\right)$$

$$= \frac{f_{100}}{\cos\varphi}\left(\frac{l}{100}\right)^2\left(1 + 4\frac{\lambda^2\cos^2\varphi}{l^2} \cdot \frac{\gamma_\lambda - \gamma_1}{\gamma_1}\right)$$

$$= f_\varphi\left(1 + 4\frac{\lambda^2\cos^2\varphi}{l^2} \cdot \frac{\gamma_\lambda - \gamma_1}{\gamma_1}\right) \tag{7-4-7}$$

(三)连续上(下)山时观测档弧垂及线夹位置调整计算

在输电线路连续上(下)山时,由于地形的原因,形成连续倾斜档。在紧线架线施工中,架空输电线路导地线悬挂于滑轮中,根据两点间应力的关系,随着线路向山顶方向延伸,架空输电线路导地线的水平应力逐档渐次增加,即连续倾斜档的最低档的架空输电线路导地

线水平应力最小,最高档的架空输电线路导地线水平应力最大。由于杆塔两侧相邻档架空输电线路导地线的水平张力不等,其上的悬垂绝缘子串及放线滑车向山顶方向倾斜,在观测弧垂时,必须根据观测档的不同水平张力调整弧垂观测值。连续倾斜档紧线状态示意图如图 7-4-5 所示。

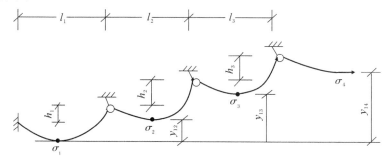

图 7-4-5　连续上(下)山时紧线状态示意图

是否按连续上(下)山倾斜档计算的判别式为

$$y_{\max} - \frac{\sum\limits_{i=1}^{n} M_i y_{1i}}{\sum\limits_{i=1}^{n} M_i} \leqslant 0.015 \frac{\sigma_i}{r_1} \qquad (7-4-9)$$

$$y_{\min} - \frac{\sum\limits_{i=1}^{n} M_i y_{1i}}{\sum\limits_{i=1}^{n} M_i} > 0.015 \frac{\sigma_i}{r_1} \qquad (7-4-10)$$

$$M_i = -\left(\frac{l_i^3 r_1^2}{12\sigma_j^3} + \frac{l_i}{E_{db}} \right) \qquad (7-4-11)$$

式中：$y_{\max}$——y_{1i} 中最大值,m;

　　　$y_{\min}$——y_{1i} 中最小值,取绝对值最大的负值,m;

　　　y_{1i}——紧线段内各档架空输电线路导地线最低点与第一档弧垂最低点的高差,可按设计断面图取值,m;$y_{11}=0$;

　　　σ_j——耐张段内的紧线应力,N/mm²;

　　　M_i——计算参数;

　　　l_i——第 i 档的档距,m;

　　　E_{db}——耐张段内架空输电线路导地线的代表弹性模量,N/mm²。

判别方法是:若式(7-4-9)和式(7-4-10)同时成立,则对紧线段可不作连续倾斜档考虑,不必调整其弧垂观测值。若式(7-4-9)和式(7-4-10)不同时成立,则应将紧线段作为连续倾斜档考虑而调整其弧垂观测值。

观测档弧垂的调整计算有两种方法,施工中使用高差法较多,本书只介绍高差法。如图 7-4-5 所示,观测档弧垂的计算式为

$$f_{gi} = \frac{l_{gi} r_1}{8\sigma_i \cos\varphi_{gi}} \qquad (7-4-12)$$

其中

$$\sigma_i = \sigma_j - \frac{r_1 \sum\limits_{i=1}^{n} M_i y_{li}}{\sum\limits_{i=1}^{n} M_i} \qquad (7-4-13)$$

式中：f_{gi}——观测档的弧垂，m；

$\quad\quad l_{gi}$——观测档的档距，m；

$\quad\quad \varphi_{gi}$——观测档架空输电线路导地线悬挂点间的高度角，(°)；

$\quad\quad \sigma_i$——观测档架空输电线路导地线的水平应力，N/mm²。

悬垂线夹安装位置的调整计算为

$$s_i = M_i(\sigma_i - \sigma_j) + s_{i-1} \qquad (7-4-14)$$

式中：s_i——段内某悬垂塔悬垂线夹安装位置的调整距离，m；正值表示由画印点向山下移位，负值表示由画印点向山上移位。

$\quad\quad s_{i-1}$——前一悬垂线夹移位距离，m。

在实际工程中，设计单位会根据实际工程情况提供连续上（下）山悬垂线夹安装位置调整表（图），该表（图）中包括需要改正的连续倾斜档的弧垂改正值 Δf 和悬垂线夹调整值 Δl。对于 Δf 和 Δl 的使用方法及正负值的含义会在表格的说明部分详细说明。必须指出的是，只有以连续倾斜档所在耐张段作为紧线段时，设计单位提供的连续上（下）山悬垂线夹安装位置调整表才有效。

【例 7-3-1】 试根据例 7-2-1 中的架线弧垂表求某耐张段的观测档距的观测弧垂。已知该耐张段的代表档距为 300 m，观测档距为 450 m，观测时的温度为 20 ℃（不考虑降温）。

解 用 $l_D = 300$ m，查表 7-2-1 得 20 ℃百米弧垂 $f = 0.71$ m，用式（7-4-2）将其换算为观测档 $l_k = 450$ m 的观测弧垂：

$$f_k = f_{100}\left(\frac{l_c}{100}\right)^2 = 0.71 \times \left(\frac{450}{100}\right)^2 = 14.38 \text{ m}$$

习　　题

1. 简述弧垂曲线的用途和分类。

2. 何为架空线的初伸长？它对输电线路有何影响？消除初伸长影响的方法有哪些？

3. 简述架线弧垂曲线和机械特性弧垂曲线的区别。

4. 某 220 kV 线路通过典型气象区Ⅲ区，导线采用 JL/G1A-300/40，安全系数 $K = 2.5$，已知架线档距为 200～500 m，制作最高温、最低温和最大风 3 种工况下档距步长取 100 m 的机械特性应力弧垂表。

5. 某 220 kV 线路通过典型气象区Ⅲ区，导线采用 JL/G1A-300/40，安全系数 $K = 2.5$，已知架线档距为 200～500 m，考虑初伸长，制作架线时环境温度分别为 10 ℃、20 ℃、30 ℃时档距步长取 100 m 的架线应力弧垂表。

第八章 不等高悬点档距中导地线的计算

第一节 小高差档距中导地线的计算

地形起伏不平或杆塔高度不同,将引起档距中架空输电线的导线或地线的两端悬挂点的高度不等,称不等高悬点。两悬点的高度差简称"高差"。根据高差与档距的比值不同,导地线应力及线长的计算可以分为小高差档距中导地线的计算与大高差档距中导地线的计算。所谓小高差档距,一般地说,是指高差不超过档距的10%。在小高差档距导地线的计算中,我们认为导地线荷载沿档距的水平方向是均匀分布的。对导地线可采用平抛物线公式作近似计算。

在图8-1-1中,A、B为两悬挂点,l为实际档距(两悬挂点的水平距离),l_{d1}、l_{d2}称等效档距或假想档距。l_{d1}、l_{d2}为已知,则高悬点等效弧垂 F_d 和低悬点等效弧垂 f_d 可用下式计算:

$$F_d = \frac{\gamma l_{d1}^2}{8\sigma_0}, f_d = \frac{\gamma l_{d2}^2}{8\sigma_0} \tag{8-1-1}$$

悬挂点高差

$$h = F_d - f_d = \frac{\gamma}{8\sigma_0}(l_{d1}^2 - l_{d2}^2) \quad 或 \quad h = F_d - f_d = \frac{\gamma}{8\sigma_0}(l_{d1} + l_{d2})(l_{d1} - l_{d2}) \tag{8-1-2}$$

从图中8-1-1可以看出

$$l = \frac{1}{2}(l_{d1} + l_{d2}) \quad 或 \quad l_{d2} = 2l - l_{d1}$$

将其代入式(8-1-2)并进行整理可得

$$l_{d1} = l + \frac{2\sigma_0 h}{\gamma l}, l_{d2} = l - \frac{2\sigma_0 h}{\gamma l} \tag{8-1-3}$$

小高差档距中架空线的计算:首先按实际档距 l(连续档用代表档距 l_{db})求出导地线应力,然后按式(8-1-3)求得等效档距 l_{d1}、l_{d2},再按式(8-1-1)求得高悬点和低悬点弧垂。此时,架空线长度可以按(5-3-8)计算:

$$L = \overparen{AB'O} + \overparen{OB} = \frac{1}{2}\left(l_{d1} + \frac{\gamma^2 l_{d1}^3}{24\sigma_0^2}\right) + \frac{1}{2}\left(l_{d2} + \frac{\gamma^2 l_{d2}^3}{24\sigma_0^2}\right)$$

展开、整理得

$$L = l + \frac{\gamma^2 l^3}{24\sigma_0^2} + \frac{h^2}{2l} \tag{8-1-4}$$

或

$$L = l + \frac{8f^2}{3l} + \frac{h^2}{2l} \qquad (8-1-5)$$

式中：f——档距中点的弧垂，如图 $8-1-2$ 所示。

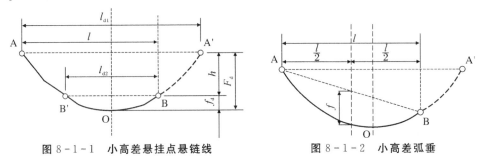

图 $8-1-1$ 小高差悬挂点悬链线 　　　　图 $8-1-2$ 小高差弧垂

小高差档距中架空线上任意点弧垂 f_x 的计算方法与悬点等高档距相同，最低点位置与最大弧垂位置不一致。

第二节　小高差档距中水平和垂直档距的计算

从图 $8-2-1$ 中可以看出：悬挂于杆塔上的架空输电线路的导线或地线，对杆塔有一定的作用力，此作用力不仅与气象条件有关，还与档距的大小成正比。决定杆塔水平荷载的档距称为水平档距 l_h，决定杆塔垂直荷载的档距称为垂直档距 l_v。

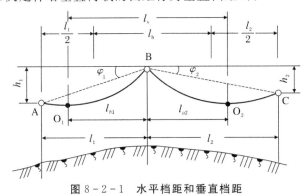

图 $8-2-1$ 水平档距和垂直档距

当无高差时，计算杆塔结构所承受的导线或地线横向（风）荷载时（其荷载通常近似认为是架空线单位长度上的风压荷载与该杆塔两侧档距平均值之积），其杆塔两侧档距平均值为水平档距，即

$$l_h = \frac{l_1 + l_2}{2} \qquad (8-2-1)$$

以上分析表明：当无高差时，水平档距为杆塔两侧档距长度的平均值。

当计算杆塔结构所承受的导地线垂直荷载时，其荷载通常近似地认为是导地线单位长度上的垂直重量与杆塔两侧导地线弧垂最低点（O 点）间的水平距离乘积，此距离用于计算垂直荷载，故称之为"垂直档距"，通常计算式为

$$P_v = \gamma_v A l_v$$

$$l_v = l_{b1} + l_{a2}$$

式中：γ_v——导线或地线的垂直比载，MPa/m。

A——导线或地线的截面积，mm^2；

l_{b1}、l_{a2}——杆塔前后两档的等效档距，根据式（8-1-3），有

$$l_{b1} = \frac{l_1}{2} + \frac{\sigma_0 h_1}{\gamma_v\, l_1}, \quad l_{a2} = \frac{l_2}{2} - \frac{\sigma_0 h_2}{\gamma_v\, l_2} \tag{8-2-2}$$

式中，后侧比前侧高时高差 h_1 或 h_2 为正值（＋），后侧比前侧低时高差 h_1 或 h_2 为负值（－）。

将 l_{b1}、l_{a2} 代入式（8-2-2），得垂直档距的计算公式为

$$l_v = l_{b1} + l_{a2} = \frac{l_1 + l_2}{2} + \frac{\sigma_0}{\gamma_v}\left(\frac{h_1}{l_1} - \frac{h_2}{l_2}\right) = l_h + \frac{\sigma_0}{\gamma_v}\left(\frac{h_1}{l_1} - \frac{h_2}{l_2}\right) \tag{8-2-3}$$

从式（8-2-3）可看出：杆塔的垂直档距不仅与相邻档距的长度有关，而且与导线的比载、应力和悬点高差等有关。

式（8-2-3）中的应力：对悬垂型杆塔来说，其相邻两档的值相等；对耐张型杆塔来说，因相邻两个耐张段的应力不相等，式（8-2-3）中的第二项应分开计算，即

$$l_v = l_{b1} + l_{a2} = \frac{l_1 + l_2}{2} + \frac{1}{\gamma_v}\left(\frac{\sigma_{01} h_1}{l_1} - \frac{\sigma_{02} h_2}{l_2}\right) \tag{8-2-4}$$

在悬点等高档距中，档距中点与导地线弧重最低点重合，所以，杆塔的垂直档距和水平档距相等。

第三节　上　拔　计　算

从图8-3-1(a)中可以看出，档距 l_1 的最低点 O_1 落在档距 l_1 的范围之外，从挂点到 O_1 的垂直档距为负值：$-l_{v1}$。挂点 B 受上拔力 T_1，B 点受力分析如图8-3-2(a)所示。

在图8-3-1(b)中，档距 l_1 的最低点 O_1 落在档距 l_1 的范围之外；档距 l_2 的最低点 O_2 落在档距 l_2 的范围之内。因此，就 B 杆塔而言，前者的垂直档距为负，后者的垂直档距为正，即

$$l_v = (-l_{v1}) + (+l_{v2})$$

若 $l_{v1} > l_{v2}$，则 B 杆塔受上拔力，挂点 B 受上拔力 T_1，B 点受力如图8-3-2(b)所示；否则受下压力，挂点 B 受力 T_2，B 点受力如图8-3-2(b)所示。

从图8-3-1(c)可以看出，档距 l_1 的最低点 O_1 落在档距 l_1 的范围之外，档距 l_2 的最低点 O_2 落在档距 l_2 的范围之外。因此，B 杆塔受上拔力，如图8-3-2(c)所示，其垂直档距为

$$l_v = (-l_{v1}) + (-l_{v2})$$

即 B 的垂直档距为负，受到上拔力，其上拔力 T 的大小与此负的垂直档距成正比，即

$$T = -\gamma A l_{v1} + (-\gamma A l_{v2}) = -\gamma A l_v \tag{8-3-1}$$

式中：A——架空线的截面积，mm^2；

γ_v——导线或地线的垂直比载，N/(m·mm^2)。

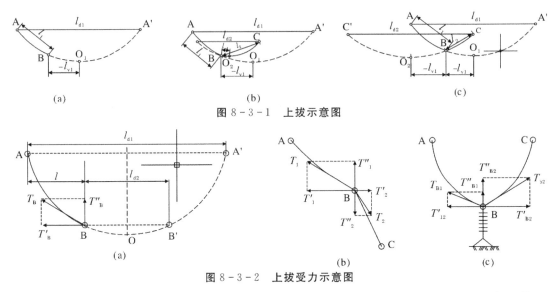

图 8 - 3 - 1　上拔示意图

图 8 - 3 - 2　上拔受力示意图

　　总之,杆塔的垂直档距,不仅与杆塔相邻两档的档距有关,而且与比载、应力、高差等因素有关。一般在最低气温条件下杆塔不上拔时其他条件也满足不上拔要求。

　　上拔力可以使悬垂杆塔的悬垂绝缘子串翻转吊起,横担主要由承受压力改为承受向上的拔力,甚至杆塔被拔起。为了消除上述现象,可以重新排杆定位,放松应力,升高杆塔,加挂重锤等。

第四节　小高差档距的弧垂用平抛物线法计算的特点

　　凡档距小于 1 000 m 的等高悬点档距或悬点高差与档距之比 $\dfrac{h}{l} < 0.1$ 的不等高档距,均可近似用平抛物线计算。通过以下分析可以看出小高差与等高差两者的共同点。

　　架空导地线的载荷是沿线长均匀分布的,而认为平抛物线是载荷沿档距长度均匀分布的,这是用平抛物线计算与用悬链线计算的不同之处。

　　由平抛物线方程可知,导地线上任一点 x 的纵坐标为

$$y = \frac{\sigma_0}{\gamma} \left(\operatorname{ch} \frac{\gamma}{\sigma_0} x - 1 \right) \tag{8-4-1}$$

　　将悬链线公式的级数形式,进行下列变换:

$$y = \frac{\sigma_0}{\gamma} \left(\operatorname{ch} \frac{\gamma}{\sigma_0} x - 1 \right) = \frac{\sigma_0}{\gamma} \left[\left(1 + \frac{\gamma^2 x^2}{2\sigma_0^2} + \frac{\gamma^4 x^4}{6\sigma_0^4} + \cdots \right) - 1 \right] \approx \frac{\gamma x^2}{2\sigma_0}$$

　　对于图 8 - 4 - 1 的小高差档距,悬点 A、B 及导线上某一点 C 的纵坐标分别为

$$y_A = \frac{\gamma}{2\sigma_0} x_A^2, \quad y_B = \frac{\gamma}{2\sigma_0} x_B^2, \quad y_C = \frac{\gamma}{2\sigma_0} x_C^2$$

　　根据几何性质知道 $h_C = \dfrac{xh}{l} = \dfrac{x}{l}(y_A - y_B)$, $x_A + x_B = l$, 故有

$$h_C = \frac{x}{l} \times \frac{\gamma}{2\sigma_0} \times (x_A^2 - x_B^2) = \frac{x}{l} \times \frac{\gamma}{2\sigma_0} \times l \times (x_A - x_B) = \frac{\gamma X}{2\sigma_0}(x_A - x_B)$$

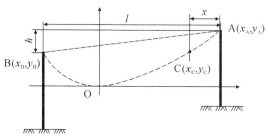

图 8-4-1　小高差档距示意图

根据图 8-4-1 知道 C 点的弧垂 $f_C = y_A - y_C - h_C$，$x_A - x_C = x$，$x_C - x_B = l - x$，所以有

$$f_C = \frac{\gamma}{2\sigma_0}(x_A^2 - x_C^2) - \frac{\gamma x}{2\sigma_0}(x_A + x_B) = \frac{\gamma}{2\sigma_0}(x_A + x_C)(x_A - x_C) - \frac{\gamma x}{2\sigma_0}(x_A + x_B)$$

$$= \frac{\gamma x}{2\sigma_0}(x_C - x_B) = \frac{\gamma x}{2\sigma_0}(l - x) \tag{8-4-2}$$

式（8-4-2）是小高差档距中任一点 C 的弧垂，它与等高悬点档距中某一点的弧垂公式 [式（5-3-12）] 完全相同。

以上分析说明，不等高悬点的档距中的架空线用平抛物线作近似计算时，架空线上各处的弧垂与高差无关，可以用悬点等高的档距等值地代替计算，如图 8-4-2 所示。

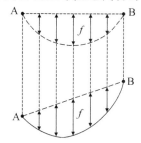

图 8-4-2　小高差弧垂示意图

【例 8-4-1】　计算条件见弧垂应力曲线章节，有一线路经过山区，导线为 JL/G1A-300/25，$\gamma_1 = 31.128 \times 10^{-3}$ N/m·mm²，有一不等高悬点档距，该档距的实际长度为 480 m（见图 8-4-3）。已知该耐张段的代表档距为 350 m，悬挂点高差为 45 m。试求最高温度时的弧垂。

解　由 $\dfrac{h}{l} \times 100\% = \dfrac{45}{480} \times 100\% = 9.375\%$ 可知本题为小高差档距。

查得 $l_{db} = 350$ m 时最高温度的张力 $T_{+40} = 16\ 756$ N，则应力

$$\sigma_{+40} = \frac{T_{+40}}{A} = \frac{16\ 756}{333.31} = 50.275\ \text{N/mm}^2$$

已知实际档距 $l = 480$ m，现计算弧垂。

1）计算假想档距：

$$l_{d1} = l + \frac{2\sigma h}{\gamma_1 l} = 480 + \frac{2 \times 50.275 \times 45}{31.128 \times 10^{-3} \times 480} = 783\ \text{m}$$

$$l_{d2} = l - \frac{2\sigma h}{\gamma l} = 480 - \frac{2 \times 50.275 \times 45}{31.128 \times 10^{-3} \times 480} = 177\ \text{m}$$

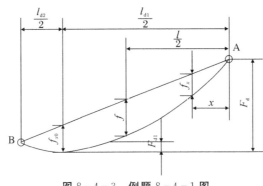

图 8-4-3 例题 8-4-1 图

2）计算等效弧垂：

$$F_{d1} = \frac{l_{d1}^2 \gamma_1}{8\sigma_{+40}} = \frac{783 \times 783 \times 31.128 \times 10^{-3}}{8 \times 50.275} = 47.450 \text{ m}$$

$$f_{d1} = \frac{l_{d2}^2 \gamma_1}{8\sigma_{+40}} = \frac{177 \times 177 \times 31.128 \times 10^{-3}}{8 \times 50.275} = 2.425 \text{ m}$$

3）计算档距中点弧垂：

$$f = \frac{l^2 \gamma_1}{8\sigma_{+40}} = \frac{480 \times 480 \times 31.128 \times 10^{-3}}{8 \times 50.275} = 17.832 \text{ m}$$

4）计算导线最低点弧垂：

a. 因导线最低点距 A 点的距离为 $x = \frac{l_{d1}}{2} = \frac{783}{2} = 391.5$ m，所以最低点的弧垂

$$f = \frac{x(l-x)\gamma_1}{8\sigma_{+40}} = \frac{391.5 \times (480-391.5) \times 31.128 \times 10^{-3}}{8 \times 50.275} = 2.682 \text{ m}$$

b. 因导线最低点距 B 点的距离为 $x = \frac{l_{d2}}{2} = \frac{177}{2} = 88.50$ m，所以最低点的弧垂

$$f = \frac{x(l-x)\gamma_1}{8\sigma_{+40}} = \frac{88.50 \times (480-88.50) \times 31.128 \times 10^{-3}}{8 \times 50.275} = 2.682 \text{ m}$$

第五节 大高差大档距中架空线的计算

当悬挂点高差较大 $\left(0.1 < \dfrac{h}{l} \leqslant 0.25\right)$ 时，用前面所讲的平抛物线法计算得到的结果，与实际数值相差较大，这时需采用斜抛物线法计算。仅在 $\dfrac{h}{l} > 0.25$ 时，才需用悬链线公式计算。下面仅对斜抛物线法进行讨论。

斜抛物线法认为架空线荷载是按斜档距分布的（斜档距即两悬挂点间的空间直线距离）。

一、架空导地线线长

在如图 8-5-1 所示大高差档距中，实际档距 l_{AB} 为 l，斜档距为 l'，l 与 l' 间的夹角 φ 称为高差角,两悬挂点的高差为 h(后侧比前侧高时为正值,反之为负值),弧垂最低点 O 在档距 l_{AB} 之外的应力为 σ_0,而档距中点的应力(即与斜档距平行的应力)为 σ_c,此时档距中点的斜弧垂(即垂直于实际档距 l 的弧垂)为 f,而垂直于斜档距的弧垂为 f_c。设比载沿 l 匀布时为 γ,而沿 l' 匀布时为 γ',此时有

$$l' = \frac{l}{\cos\varphi}, \qquad \gamma' = \gamma\cos\varphi, \qquad \sigma' = \sigma_c = \frac{\sigma_0}{\cos\varphi}$$

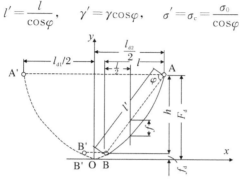

图 8 - 5 - 1　大高差档距示意图

将上面的关系式代入抛物线线长公式[式(5 - 3 - 8)]得

$$L = l' + \frac{\gamma'^2 l'^3}{24\sigma_c^2} = \frac{l}{\cos\varphi} + \frac{(\gamma\cos\varphi)^2 \left(\dfrac{l}{\cos\varphi}\right)^3}{24\left(\dfrac{\sigma_0}{\cos\varphi}\right)^2} = \frac{l}{\cos\varphi} + \frac{\gamma^2 l^3 \cos\varphi}{24\sigma_0^2} \qquad (8 - 5 - 1)$$

或仿照式(8 - 1 - 4)得

$$L = l + \frac{\gamma^2 l^3 \cos\varphi}{24\sigma_0^2} + \frac{h^2}{2l} \qquad (8 - 5 - 2)$$

二、架空导地线弧垂

将前面的 l'、γ'、σ' 三个关系式代入平抛物线弧垂公式[式(5 - 3 - 7)],得档距中央的最大弧垂弧垂为

$$f = \frac{\gamma l'^2}{8\sigma_c} = \frac{\gamma\dfrac{l^2}{\cos^2\varphi}}{8\dfrac{\sigma_0}{\cos\varphi}} = \frac{\gamma l^2}{8\sigma_0\cos\varphi} \qquad (8 - 5 - 3)$$

同理,将其代入平抛物线任意一点弧垂公式,得大高差档距中任一点 x 的弧垂为

$$f_x = \frac{\gamma x(l - x)}{2\sigma_0\cos\varphi} \qquad (8 - 5 - 4)$$

大高差档距的等效弧垂为

$$F_d = \frac{\gamma l_{d1}^2}{8\sigma_0\cos\varphi}, \qquad f_d = \frac{\gamma l_{d2}^2}{8\sigma_0\cos\varphi} \qquad (8 - 5 - 5)$$

式中的等值档距按下列两式(由悬链公式近似演化而来)计算:

$$\left. \begin{aligned} l_{d1} &= l + \frac{2\sigma_0}{\gamma}\sin\varphi = l + \frac{2\sigma_0 h}{\gamma}\cos\varphi \\ l_{d2} &= l - \frac{2\sigma_0}{\gamma}\sin\varphi = l - \frac{2\sigma_0 h}{\gamma}\cos\varphi \end{aligned} \right\} \qquad (8 - 5 - 6)$$

三、架空导地线悬点应力

在悬挂点高差很大的档距中或悬挂点有高差的特大跨越档距中,导线悬挂点的应力比最低点处的应力大得多。悬挂点高差很大时,根据规定,悬挂点的设计安全系数不应小于2.25,地线的设计安全系数不应小于导线的设计安全系数。若控制悬挂点应力使其等于某一许用应力值,则需求出最低点的最大使用应力。故导线悬挂点应力许用应力值为

$$[\sigma_A] = \frac{T_p}{2.25A} = \frac{0.95 T_j}{2.25A} \approx \frac{0.422 T_j}{A} \qquad (8-5-7)$$

式中：T_p——综合拉断力,N；

T_j——额定拉断力,N；

A—— 导线截面,mm^2。

由式(5-4-5)可知,等高悬点档距中悬挂点应力与最低点应力的关系为

$$\sigma_A = \sigma_0 + \gamma f$$

在不等高悬点档距中,两高度不相等的悬挂点应力为

$$\begin{cases} \sigma_A = \sigma_c + \gamma F_d \\ \sigma_B = \sigma_c + \gamma f_d \end{cases}$$

将式(8-5-5)及式(8-5-6)代入上式则得小高差档距的两悬挂点应力：

$$\sigma_A = \sigma_c + \gamma F_d = \frac{\sigma_0}{\cos\varphi} + \frac{\gamma^2 l_{d1}^2}{8\sigma_0\cos\varphi} = \frac{\sigma_0}{\cos\varphi} + \frac{\gamma^2}{8\sigma_0\cos\varphi}\left(1 + \frac{2\sigma_0\sin\varphi}{\gamma}\right)^2 \qquad (8-5-8)$$

因为 $\tan\varphi = \frac{h}{l}$,$\sin\varphi = \tan\varphi\cos\varphi$,代入式(8-5-8)则有

$$\sigma_A = \frac{\sigma_0}{\cos\varphi} + \frac{\gamma^2 l^2}{8\sigma_0\cos\varphi} + \frac{\gamma h}{2} + \frac{\sigma_0}{2}\left(\frac{h}{l}\right)^2\cos\varphi \qquad (8-5-9)$$

同理可得悬挂点 B 的应力为

$$\sigma_B = \frac{\sigma_0}{\cos\varphi} + \frac{\gamma^2 l^2}{8\sigma_0\cos\varphi} - \frac{\gamma h}{2} + \frac{\sigma_0}{2}\left(\frac{h}{l}\right)^2\cos\varphi \qquad (8-5-10)$$

由图 8-5-1 知,最大悬挂点应力在悬挂点 A 处,将式(8-5-9)等号两端分别乘以 σ_0 并经整理得

$$\left(\frac{l}{\cos\varphi} + \frac{h^2}{2l^2}\cos\varphi\right)\sigma_0^2 + \left(\frac{\gamma h}{2} - \sigma_A\right)\sigma_0 + \frac{\gamma^2 l^2}{8\cos\varphi} = 0$$

于是解得大高差档距的最低点应力为

$$[\sigma_0] = \frac{\left(\sigma_A - \frac{\gamma h}{2}\right) + \sqrt{\sigma_A^2 - \gamma h\sigma_A - \frac{\gamma^2 l^2}{2\cos\varphi}}}{2 + \left(\frac{h}{l}\right)^2\cos\varphi} \qquad (8-5-11)$$

在小高差档距中,$\cos\beta \approx 1$,故最低点应力为

$$[\sigma_0] = \frac{\left(\sigma_A - \frac{\gamma h}{2}\right) + \sqrt{\sigma_A^2 - \gamma h\sigma_A - \frac{\gamma^2 l^2}{2}}}{2 + \left(\frac{h}{l}\right)^2} \qquad (8-5-12)$$

对等高悬点的大跨越档，$h=0$，最低点应力为

$$[\sigma_0] = \frac{\sigma_A}{2} + \frac{1}{2}\sqrt{\sigma_A^2 - \frac{\gamma^2 l^2}{2}} \qquad (8-5-13)$$

如果高差较大，悬挂点应力超限，可以通过式(8-5-7)计算出悬挂点的最大使用应力，然后通过式(8-5-11)计算出最低点的允许使用应力。知道最低点应力，可以通过式(8-5-9)和式(8-5-10)计算出悬挂点应力。

四、状态方程

将前面 l'、γ'、σ' 三个关系式代入平抛物线状态方程公式[式(5-5-5)]，得

$$\frac{\sigma_0}{\cos\varphi} - \frac{E\,(\gamma\cos\varphi)^2 \left(\dfrac{l}{\cos\varphi}\right)^2}{24\left(\dfrac{\sigma_0}{\cos\varphi}\right)^2} = \frac{\sigma_{0m}}{\cos\varphi} - \frac{E\,(\gamma_m\cos\varphi)^2 \left(\dfrac{l}{\cos\varphi}\right)^2}{24\left(\dfrac{\sigma_{0m}}{\cos\varphi}\right)^2} - \alpha E(t-t_m)$$

将上式化简整理得架空线状态方程，通常称之为斜抛物线状态方程，简称"状态方程"，即

$$\sigma_0 - \frac{E\gamma^2 l^2 \cos^3\varphi}{24\sigma_0^2} = \sigma_{0m} - \frac{E\gamma_m^2 l^2 \cos^3\varphi}{24\sigma_{0m}^2} - \alpha E\cos\varphi(t-t_m) \qquad (8-5-14)$$

式中：φ —— 高差角，(°)，$\varphi=\arctan(h/l)$。

五、代表档距

将前面 l' 的关系式代入平抛物线代表档距公式[式(5-6-2)]，得斜抛物的状态公式为

$$l_D = \sqrt{\frac{\left(\dfrac{l_1}{\cos\varphi_1}\right)^3 + \left(\dfrac{l_2}{\cos\varphi_2}\right)^3 + \cdots + \left(\dfrac{l_n}{\cos\varphi_n}\right)^3}{\dfrac{l_1}{\cos\varphi_1} + \dfrac{l_2}{\cos\varphi_2} + \cdots + \dfrac{l_n}{\cos\varphi_n}}} = \sqrt{\frac{\sum\limits_{i=1}^{n}\left(\dfrac{l_i}{\cos\varphi_i}\right)^3}{\sum\limits_{i=1}^{n}\dfrac{l_i}{\cos\varphi_i}}} \qquad (8-5-15)$$

式中：φ_i —— 每一档的高差角，(°)，$\varphi_i=\arctan(h_i/l_i)$。

六、临界档距

假设临界档距为 l_{ij}，将临界档距 l_{ij} 代入式(8-5-14)并求解，得斜抛物的临界档距公式为

$$l_{ij} = \sqrt{\frac{24\big[[\sigma_0]_j - [\sigma_0]_i + \alpha E\cos\varphi(t_j-t_i)\big]}{E\left[\left(\dfrac{\gamma_j}{[\sigma_0]_j}\right)^2 - \left(\dfrac{\gamma_i}{[\sigma_0]_i}\right)^2\right]\cos^3\varphi}} \qquad (8-5-16)$$

计算最低气温与最大比载条件之间的临界档距时，有 $[\sigma_0]_i = [\sigma_0]_j = [\sigma_0]$，代入式(8-5-16)则有

$$l_{ij} = \frac{[\sigma_0]}{\cos\varphi}\sqrt{\frac{24\alpha(t_j-t_i)}{\gamma_j^2 - \gamma_i^2}}$$

七、水平档距及垂直档距

将前面 l' 的关系式代入水平档距公式[式(8-2-1)]，得斜抛物的水平档距公式为

$$l_\text{h} = \frac{1}{2}\left(\frac{l_1}{\cos\varphi_1} + \frac{l_2}{\cos\varphi_2}\right) \tag{8-5-17}$$

将前面 l' 关系式代入垂直档距公式[式(8-2-3)],得

$$l_\text{v} = \frac{1}{2}\left(\frac{l_1}{\cos\varphi_1} + \frac{l_2}{\cos\varphi_2}\right) + \frac{\sigma_0}{\gamma_\text{v}}\left(\frac{h_1}{l_1} - \frac{h_2}{l_2}\right) = l_\text{h} + \frac{\sigma_0}{\gamma_\text{v}}\left(\frac{h_1}{l_1} - \frac{h_2}{l_2}\right) \tag{8-5-18}$$

对耐张杆塔来说,因相邻两个耐张段的应力不相等,此时式(8-5-18)中的第二项应分开计算,即

$$l_\text{v} = \frac{1}{2}\left(\frac{l_1}{\cos\varphi_1} + \frac{l_2}{\cos\varphi_2}\right) + \frac{1}{\gamma_\text{v}}\left(\frac{\sigma_{01}h_1}{l_1} - \frac{\sigma_{02}h_2}{l_2}\right) = l_\text{h} + \frac{1}{\gamma_\text{v}}\left(\frac{\sigma_{01}h_1}{l_1} - \frac{\sigma_{02}h_2}{l_2}\right)$$

八、上拔力

将式(8-5-18)代入式(8-3-1)得大高差档距中杆塔所受的上拔力为

$$T = \frac{\gamma A}{2}\left(\frac{l_1}{\cos\varphi_1} + \frac{l_2}{\cos\varphi_2}\right) + \frac{\gamma A \sigma_0}{\gamma_\text{v}}\left(\frac{h_1}{l_1} - \frac{h_2}{l_2}\right) = \gamma A l_\text{h} + \frac{\gamma A \sigma_0}{\gamma_\text{v}}\left(\frac{h_1}{l_1} - \frac{h_2}{l_2}\right) \tag{8-5-19}$$

【例8-5-1】 某 220 kV 线路的跨越档用 JL/G1A-300/25 型导线架设,$\gamma_1 = 31.128 \times 10^{-3}$ N/(m·mm²),档距为 500 m,跨越可通航的河流,悬挂点高挂差为 80 m,如图 8-5-2 所示。根据规程规定,悬挂点的设计安全系数不应小于 2.25,假设本例悬挂点的运行安全系数为 2.52,试计算跨越档的弧垂。

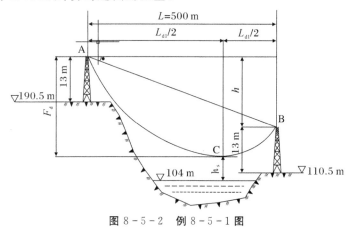

图 8-5-2 例 8-5-1图

解
$$\frac{h}{l} \times 100 = \frac{80}{500} \times 100 = 16\%$$

因此本题为高大差档距。

$$\cos\varphi = \frac{l}{\sqrt{l^2 + h^2}} = \frac{500}{\sqrt{500^2 + 80^2}} = 0.987$$

由已知导线型号 JL/G1A-300/25,线膨胀系数 $\alpha = 20.30 \times 10^{-6}$ ℃$^{-1}$,弹性模量 $E = 65\ 900$ N/mm²,额定拉断力为 83 410 N,截面积 333.31 mm²,算出各种比载:

$$\gamma_1 = 31.128 \times 10^{-3} \text{ N/(m·mm}^2)$$

$$\gamma_2 = 11.963 \times 10^{-3} \ \text{N/(m} \cdot \text{mm}^2)$$

$$\gamma_3 = 43.091 \times 10^{-3} \ \text{N/(m} \cdot \text{mm}^2)$$

$$\gamma_6 = 40.379 \times 10^{-3} \ \text{N/(m} \cdot \text{mm}^2)$$

$$\gamma_7 = 43.863 \times 10^{-3} \ \text{N/(m} \cdot \text{mm}^2)$$

按式(8-5-7)计算得高悬挂点的应力为

$$[\sigma_A] = \frac{0.95 \times 83410}{2.52 \times 333.31} = 93.34 (\text{N/mm}^2)$$

1)根据覆冰和相应风速按式(8-5-11)求导线最低点处的最大使用应力:

$$[\sigma_0] = \frac{\left(\sigma_A - \dfrac{\gamma h}{2}\right) + \sqrt{\sigma_A^2 - \gamma h \sigma_A - \dfrac{\gamma^2 l^2}{2\cos\varphi}}}{2 + \left(\dfrac{h}{l}\right)^2 \cos\varphi}$$

$$= \frac{\left(94.34 - \dfrac{43.863 \times 10^{-3} \times 80}{2}\right) + \sqrt{94.34^2 - 43.863 \times 10^{-3} \times 80 \times 94.34 - \dfrac{(43.863 \times 10^{-3})^2 \times 500^2}{2 \times 0.987}}}{2 + \left(\dfrac{80}{500}\right)^2 \times 0.987}$$

$$= 91.40 (\text{N/mm}^2)$$

根据式(3-3-7),可以求的弧垂最低点的安全系数为

$$K = \frac{0.95 \times 83\ 410}{91.40 \times 333.31} = 2.6$$

规程规定,导地线在弧垂最低点的设计安全系数不应小于2.5,弧垂最低点实际安全系数为2.6,符合规程要求。

2)计算临界档距,判别控制情况。将已知数据列表于8-5-1中。

表 8-5-1 例题已知数据

	最低气温	最大比载	平均气温
最大使用应力	91.40	91.40	59.43
比载×10⁻³	31.128	43.863	31.128
气温	−10	−5	15
$(\gamma/\sigma) \times 10^{-3}$	0.341	0.48	0.524
顺序编号	A	B	C

临界档距计算结果如下:

$$l_{AB} = 147.90 \ \text{m}$$

$$l_{AC} = 58.2 \ \text{m}$$

有效临界档距为 $l_{AC} = 58.2 \ \text{m}$。本跨越档 $l = 500 \ \text{m} > l_{AC} = 58.2 \ \text{mm}$,故最大使用应力由平均运行应力控制。

3)计算最大弧垂。

a.最高温度时的应力计算:

$$\sigma_{+40} - \frac{E\gamma^2 l^2 \cos^3\varphi}{24\sigma_{+40}} = [\sigma] - \frac{E\gamma_m^2 l^2 \cos^3\varphi}{24[\sigma]^2} - \alpha E\cos\varphi(t - t_m)$$

化简得 $$\sigma_{+40}^3 + 154.654\sigma_{+40}^2 = 639\,540.53$$

解得 $$\sigma_{+40} = 55.21 \text{ N/mm}^2$$

b. 判定最大弧垂出现的气象条件。用式(5-9-1)计算临界温度 γ_{21} 与冰比载 γ_2 进行比较：

$$\gamma_{21} = \frac{\alpha}{\beta}(t_{max} - t_3)\frac{\gamma_1}{\sigma_{+40}}$$

$$= 65\,900 \times 20.30 \times 10^{-6} \times (+40+5)\frac{31.128 \times 10^{-3}}{55.21}$$

$$= 33.94 \times 10^{-3} > \gamma_2 = 11.963 \times 10^{-3}$$

故最高温度时产生最大弧垂。

c. 计算最大弧垂。

按式(8-5-6)计算高悬挂点的等效档距：

$$l_{d1} = l + \frac{2\sigma_{+40}}{\gamma}\sin\varphi = 500 + \frac{2 \times 55.21}{31.128 \times 10^{-3}} \times \frac{80}{\sqrt{500^2 + 80^2}} = 1\,060.4 \text{ m}$$

按式(8-5-5)计算高悬挂点的最大等效弧垂为

$$F_{d\,max} = \frac{l_{d1}^2 \gamma_1}{8\sigma_{+40}\cos\varphi} = \frac{1\,060.4^2 \times 31.128 \times 10^{-3}}{8 \times 55.21 \times 0.987} = 80.30 \text{ mm}$$

在档距中央的最大弧垂可用式(8-5-3)计算得到：

$$f_{max} = \frac{l^2 \gamma_1}{8\sigma_{+40}\cos\varphi} = \frac{500^2 \times 31.128 \times 10^{-3}}{8 \times 55.21 \times 0.987} = 17.85 \text{ m}$$

第六节 架空导地线的允许档距计算

档距中高悬点的应力最大，且档距越大或高差越大，高悬点应力也越大。设计中都是按架空导地线最低点出现最大使用应力考虑的，因而高悬点应力可能超过最大使用应力。《架空输电线路电气设计规程》(DL/T 5582—2020)规定，悬挂点的设计安全系数不应小于2.25。地线的设计安全系数不应小于导线的设计安全系数。即当悬挂点安全系数取2.25时，高悬点应力的最大限值限制了档距和高差的范围，在一定的高差下，档距必然有一个最大允许值，称之为"允许档距"。

在大高差档距中(见图8-5-1)，根据式(8-5-9)，其高悬点 A 的应力 σ_A 为

$$\sigma_A = \frac{\sigma_0}{\cos\beta} + \frac{\gamma^2 l^2}{8\sigma_0\cos\beta} + \frac{\gamma h}{2} + \frac{\sigma_0}{2}\left(\frac{h}{l}\right)^2\cos\beta \qquad (8-6-1)$$

由式(8-5-7)知，高悬点所允许使用的最大应力为

$$[\sigma_A] = \frac{T_p}{2.25A} \qquad (8-6-2)$$

由式(3-3-2)和式(3-3-7)可知，弧垂最低点所允许使用的最大应力为

$$[\sigma_0] = \frac{T_p}{KA} \tag{8-6-3}$$

由式(8-6-2)与式(8-6-3)知,高悬点与弧垂最低点所允许使用的最大应力之间的关系为

$$[\sigma_A] = \frac{K[\sigma_0]}{2.25} = \frac{4K[\sigma_0]}{9} \tag{8-6-4}$$

式中:K——架空线弧垂最低点安全系数。

当悬挂点应力 σ_A 为所允许使用的最大应力时,由式(8-6-1)与式(8-6-4),有

$$\frac{4K\sigma_0}{9} = \frac{\sigma_0}{\cos\varphi} + \frac{\gamma^2 l^2}{8\sigma_0\cos\varphi} + \frac{\gamma h}{2} + \frac{\sigma_0}{2}\left(\frac{h}{l}\right)^2\cos\varphi$$

由于 $\tan\varphi = \sin\varphi/\cos\varphi = h/l$,整理上式得以 l 为变量的一元二次方程式:

$$\gamma^2 l^2 + 4\gamma\sigma_0\sin\varphi l + 8\sigma_0^2\left(1 + \frac{1}{2}\sin^2\varphi - \frac{4k}{9}\cos\varphi\right) = 0$$

档距为正值,解上式得允许档距为

$$l_y = \frac{-4\gamma\sigma_0\sin\varphi + \sqrt{16\gamma^2\sigma_0^2\sin^2\varphi - 4\gamma^2\left[8\sigma_0^2(1 + \frac{1}{2}\sin^2\varphi - \frac{4K}{9}\cos\varphi)\right]}}{2\gamma^2}$$

$$= \frac{2\sigma_0}{\gamma}\left(\sqrt{\frac{8K}{9}\cos\varphi - 2} - \sin\varphi\right) \tag{8-6-5}$$

DL/T 5582—2020 规定,导地线在弧垂最低点的设计安全系数不应小于 2.5,当 $K=2.5$ 时,允许档距为

$$l_y = \frac{2\sigma_0}{\gamma}\left(\sqrt{\frac{20}{9}\cos\varphi - 2} - \sin\varphi\right) \tag{8-6-6}$$

为求允许档距,应将极限条件代入式(8-6-6),即最低点应力为许用应力 $[\sigma_0]$,比载为最大覆冰比载 γ_7,得大高差档的允许档距为

$$l_y = \frac{2[\sigma_0]}{\gamma_7}\left(\sqrt{\frac{20}{9}\cos\varphi - 2} - \sin\varphi\right) \tag{8-6-7}$$

等高悬点档距和小高差档距($\varphi < 10°$)情况下,$\cos\varphi \approx 1$,$\sin\varphi \approx 0$,此时其允许档距为

$$l_y = 0.942\,8\frac{[\sigma]}{\gamma_7} \tag{8-6-8}$$

习　　题

1.简述水平档距、垂直档距、允许档距的定义和作用。

2.允许档距的控制条件是什么?是否可以变化?影响允许档距的因素有哪些?

3.何时会出现导地线上拔?上拔与哪些因素有关?上拔时杆塔会面临什么样的问题?如何避免上拔的出现?

4.如图题-8-1所示,$l_1 = 179$ m,$h_1 = 14$ m,$l_2 = 199$ m,$h_2 = 17$ m,导线比载 $\gamma = 37 \times 10^{-3}$

MPa/m,应力 $\sigma_0 = 46$ MPa,试用斜抛物线公式计算 $2^{\#}$ 杆的水平档距和垂直档距。

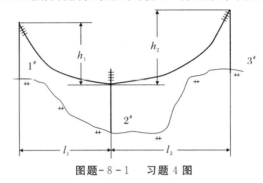

图题-8-1　习题 4 图

5.某不等高悬挂点架空线档距为 400 m,挂点 B 较挂点 A 高 100 m,导线为 JL/G1A-300/40 钢芯铝绞线,最高气温(40℃)时弧垂最低点的水平应力为 94 MPa。试求 40 ℃时档距的最大弧垂、距离 B 点 300 m 处的弧垂,并计算 A 悬挂点、距离 B 点 300 m 处和 B 悬挂点的应力及其垂直分量。

6.某不等高悬挂点架空线挡距为 400 m,导线为 JL/G1A-300/40 钢芯铝绞线,最高气温(40 ℃)时弧垂最低点的水平应力为 94 MPa。当档高差为 50 m、100 m、200 m、300 m 时,对比分别以悬链线、斜抛物线和平抛物线有关公式计算的 40 ℃最大弧垂、线长和悬挂点应力。

7.简述在小高差时,在多大范围内采用平抛物线公式进行导地线力学计算比较理想,采用平抛物线和悬链线公式计算时主要存在哪些差异。

8.简述在大高差时,在多大范围内采用斜抛物线公式进行导地线力学计算比较理想,采用平抛物线和悬链线公式计算时主要存在哪些差异。

第九章 特殊档距中导地线的计算

第一节 概　述

架空输电线路的导地线所承受的自重、冰重和风压,均可看作均布荷载。而两端或一端有耐张绝缘子串的档距(孤立档距和连续档两端的直线档距)、山地的运输滑索、跨河谷的承载索道、变电站的软母线,以及档距中悬挂飞车或绝缘梯进行带电作业时,均兼有集中载荷。这些档距的架空线,其应力、弧垂的计算与前述不同。本章将讨论这些兼有集中荷载的档距和其他特殊档距(如连续倾斜档距等)架空线的计算问题。

第二节 孤立档中导地线的计算

架空输电线路因进入变电站或跨越障碍物,或因解决杆塔上拔,或在拥挤地区存在连续转角等,往往会出现两基耐张杆塔相连的情况,这种两基耐张杆塔自成的耐张段,称为孤立档距,简称孤立档。

孤立档距在经济上的消耗比一般档距大,但在运行上有以下优点:

(1)可以隔离本档以外的断线事故;

(2)当导线垂直排列时,因两端的挂线点不能移动,当下导线的覆冰脱落时,上下导线在档距中央接近程度大大减小,故可使用较大的档距;

(3)在孤立档距中由于杆塔微小的挠度,导线、地线即会大大松弛,因此杆塔很少破坏。

孤立档两侧的耐张绝缘子串使全档导线承受不均匀荷载,其应力、弧垂计算必须考虑绝缘子串的影响。尤其对档距较小的孤立档,绝缘子串的下垂距离将占全部弧垂的一半甚至更多。如果仍按导线本身的荷载计算应力弧垂,将使架线张力增加几倍甚至达到使杆塔或变电站进出线构架破坏的程度。

孤立档距在架线完毕后,两端均有耐张绝缘子串;在紧线观测弧垂时,档内导地线仅紧线固定端联有耐张绝缘子串(简称"耐张串")。后者与连续档距两端的二直线档距的情况相似,但计算上不完全相同。

一、孤立档距应力计算

（一）两端都联有耐张串的情况

图 9-2-1(a)为架线完毕后的孤立档距，此时档距两端联有耐张绝缘子串。为复核弧垂，求导线应力时，假设两端都联有耐张串的孤立档架空悬线在控制工作条件 m 和待求工作条件 n 下：架空线的比载分别为 γ_m 和 γ_n，温度分别为 t_m 和 t_n，弧垂最低点的水平应力为 σ_{0m} 和 σ_{0n}。可采用下列状态方程式计算：

$$\sigma_{0n} - \frac{E\gamma_n^2 l^2 \cos^3\varphi K_{zn}}{24\sigma_{0n}^2} = \sigma_{0m} - \frac{E\gamma_m^2 l^2 \cos^3\varphi K_{zm}}{24\sigma_{0m}^2} - \alpha E(t_n - t_m)\cos\varphi \qquad (9-2-1)$$

式中：K_{zm}——控制工作条件 m 时，两端耐张绝缘子串的线长影响系数，有

$$K_{zm} = 1 + 8\left(\frac{\lambda\cos\varphi}{l}\right)^3 \times \left(\frac{\gamma_{jm}}{\gamma_m} - 1\right) \times \left(\frac{\gamma_{jm}}{\gamma_m} - 2\right) + 12\left(\frac{\lambda\cos\varphi}{l}\right)^2 \times \left(\frac{\gamma_{jm}}{\gamma_m} - 1\right)$$

K_{zn}——待求工作条件 n 时，两端耐张绝缘子串的线长影响系数，有

$$K_{zn} = 1 + 8\left(\frac{\lambda\cos\varphi}{l}\right)^3 \times \left(\frac{\gamma_{jn}}{\gamma_n} - 1\right) \times \left(\frac{\gamma_{jn}}{\gamma_n} - 2\right) + 12\left(\frac{\lambda\cos\varphi}{l}\right)^2 \times \left(\frac{\gamma_{jn}}{\gamma_n} - 1\right)$$

γ_m、γ_n——控制气象和待求气象时导地线比载，MPa/m；

γ_{jm}、γ_{jn}——在控制工作条件 m 和待求工作条件 n 下耐张绝缘子串相对于架空导地线截面积的比载。

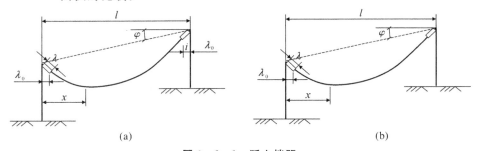

图 9-2-1 孤立档距

(a)两侧有耐张串；(b)一侧有耐张串

其中，绝缘子串比载计算如下：

（1）绝缘子串的风压及比载计算：

$$P_{jh} = \frac{n_I \lambda_I \mu_z \mu_{SI} B_I A_I V^2}{1.6}$$

$$\gamma_{jh} = \frac{n_I \lambda_I \mu_z \mu_{SI} B_I A_I V^2}{1.6\lambda A}$$

式中：P_{jh}——绝缘子串风压荷载，N。

γ_{jh}——绝缘子串风压比载，MPa/m。

n_I——垂直于风向绝缘子联数。

λ_I——顺风向绝缘子串风荷载屏蔽折减系数。单联时取 1.0；双联时取 1.5；三联时取 2.0；四联时取 3.0；V 形串时取 2.0。

A_{I}——单联绝缘子串承受受风面积,m²。

μ_z——风压高度变化系数,见表3-2-4。

$\mu_{s\mathrm{I}}$——绝缘子串体型系数,可取1.0;当有可靠试验数据时也可按试验结果确定。

B_{I}——绝缘子串覆冰后风荷载增大系数。5 mm冰区时取1.1;10 mm冰区时取1.2;15 mm冰区时取1.3;20 mm及以上冰区宜取1.5～2.0;无冰时取1.0。

V——计算风速,m/s。

A——架空导地线截面积,mm²。

λ——耐张串长度,m。

Ⅰ型悬垂绝缘子串和耐张串的n_{I}与λ_{I}值见表9-2-1。

表9-2-1　Ⅰ型悬垂绝缘子串和耐张串的n_{I}与λ_{I}值

序　号	a	b	c
图　例	○ ↑ 风向	○　○ ↑　↑ 风向	风向→○　○
n_{I}	1	2	1
λ_{I}	1	1	1.5
序　号	d	e	f
图　例	○　○　○ ↑　↑　↑ 风向	风向→○　○　○	风向→○　○ →○　○
n_{i}	3	1	2
λ_{I}	1	2	1.5
序　号	g	h	i
图　例	○　○　○　○ ↑　↑　↑　↑ 风向	风向→○　○　○　○	风向→○　○　○ →○　○　○
n_{I}	4	1	2
λ_{I}	1	3	2

（2）绝缘子串及金具覆冰总重及比载计算：

$$G_{\mathrm{j1}} = n_1 G_{\mathrm{jj}} + G_{\mathrm{cj}}$$

$$\gamma_{\mathrm{j1}} = \frac{n_1 G_{\mathrm{jj}} + G_{\mathrm{cj}}}{\lambda A}$$

$$G_{\mathrm{j3}} = k G_{\mathrm{j1}}$$

$$\gamma_{\mathrm{j3}} = \frac{k G_{\mathrm{j1}}}{\lambda A}$$

式中:G_{j1}——耐张串自重（含绝缘子及金具）,N;

γ_{j1}——耐张串自重比载（含绝缘子及金具）,MPa/m;

G_{j3}——耐张串自重及覆冰总重量,N;

γ_{j3}——耐张串自重及覆冰总垂直比载,MPa/m;

G_{jj} ——每片绝缘子的重量，N；

G_{cj} ——耐张串中金具的重量，N；

n_1 ——耐张串中绝缘子片数；

k ——覆冰系数，覆冰厚度 $b=5$ mm 时，$k=1.075$，$b=10$ mm 时，$k=1.150$，$b=15$ mm时，$k=1.225$。

（3）绝缘子串及金具覆冰综合比载计算：

无冰综合比载：

$$\gamma_{j6} = \sqrt{\gamma_{j1}^2 + \gamma_{jh}^2}$$

覆冰综合比载：

$$\gamma_{j7} = \sqrt{\gamma_{j3}^2 + \gamma_{jh}^2}$$

（二）一端联有耐张串的情况

在孤立档距中紧线时，仅在紧线固定端联有耐张串，此时要根据挂线后的情况及控制气象条件，用下列状态方程式确定在某一观测弧垂的气象条件下的应力：

$$\sigma_{01} - \frac{E\gamma_1^2 l^2 \cos^3\varphi K_1}{24\sigma_{01}^2} = \sigma_{0m} - \frac{E\gamma_m^2 l^2 \cos^3\varphi K_{zm}}{24\sigma_{0m}^2} - \alpha E(t-t_m)\cos\varphi \qquad (9-2-2)$$

式中：K_1 ——观测弧垂的气象条件为 γ_1、t 时，悬挂点不等高的仅一端有耐张串的档距比载增大系数，并且有

$$K_1 = 1 + 6\left(\frac{\gamma_{j1}}{\gamma_1} - 1\right)\left(\frac{\lambda\cos\varphi}{l}\right)^2 + 4\left(\frac{\gamma_{j1}}{\gamma_1} - 1\right)\left(\frac{\gamma_{j1}}{\gamma_1} - 2\right)\left(\frac{\lambda\cos\varphi}{l}\right)^3 - 3\left(\frac{\gamma_{j1}}{\gamma_1} - 1\right)^2\left(\frac{\lambda\cos\varphi}{l}\right)^4$$

对于连续档两端的直线杆档距，虽然也是一侧有耐张串，但是其架空线的应力不能用式（9-2-2）计算，而必须使用连续档的代表档距和一般档距的状态方程式计算。因连续档距中各直线档距的导线应力一般都是相等的，所以不能把两端带有一个耐张串的直线档距看作孤立档距而计算导线应力。

分析比载增大系数 K_1、K_{zn}、K_{zm} 可以看出，当孤立档距很大时，耐张绝缘子串的影响很小，即 $\lambda\cos\varphi/l \approx 0$，则 $K_1 = K_{zn} = K_{zm} \approx 1$，或当导线比载和耐张串比载相近（如导线线号较大），即 $\gamma \approx \gamma_{j1}$ 时，$\gamma_{j1n}/\gamma_n = \gamma_{j1m}/\gamma_m \approx 1$，也使 $K_1 = K_{zn} = K_{zm} \approx 1$。因此，在档距越小和导线越细时，孤立档距中耐张串的影响就越大。若以误差不大于 5% 为标准，则对表 9-2-2 所列情况宜考虑孤立档距中耐张串的影响。

表 9-2-2　宜考虑孤立档距中耐张串的影响档距

	导线线号	档距长度/m
线路孤立档	LGJQ-300~500	<225
	LGJ-185~240	<150
	LGJ-95~150	<125
变电站进出线档	LGJQ-300~500	<200
	LGJ-95~240	<100

孤立档距在实际工程中很少遇到以年平均运行应力为控制条件的情况，因此，以最大使

用应力为控制气象条件。可根据最低气温和最大比载的临界档距来确定。此临界档距为

$$l_{\mathrm{j}} = \frac{[\sigma]}{\cos\varphi} \sqrt{\frac{24\alpha(t_1 - t_{\mathrm{m}})}{\gamma_1^2 K_1 - \gamma_{\mathrm{m}}^2 K_{\mathrm{m}}}} \tag{9-2-3}$$

二、孤立档距的弧垂计算

(一)两端都有耐张串的情况

档距中任意一点 $(\lambda\cos\varphi < x < l_1 + \lambda\cos\varphi)$ 的弧垂为

$$f_x = \frac{\gamma x(l-x)}{2\sigma_0\cos\varphi} + \frac{(\gamma_{\mathrm{j}1} - \gamma)\lambda^2\cos\varphi}{2\sigma_0} = \frac{1}{2\sigma_0\cos\varphi}\left[\gamma x(l-x) + (\gamma_{\mathrm{j}1} - \gamma)\lambda^2\cos^2\varphi\right] \tag{9-2-4}$$

当 $x = \dfrac{l}{2}$ 时,档距中央的弧垂为

$$f_{\mathrm{m}} = \frac{\gamma l^2}{8\sigma_0\cos\varphi} + \frac{(\gamma_{\mathrm{j}1} - \gamma)\lambda^2\cos\varphi}{2\sigma_0} = \frac{\gamma l^2}{8\sigma_0\cos\varphi}\left[1 + \frac{(\gamma_{\mathrm{j}1} - \gamma)\lambda^2\cos^2\varphi}{\gamma l^2}\right] \tag{9-2-5}$$

弧垂最低点由中点向挂点较低侧偏移的距离为

$$m = \left|\frac{\sigma_0}{\gamma}\sin\varphi\right| = \left|\frac{lh}{8f_0}\right| \tag{9-2-6}$$

档内的导地线长度为

$$L_2 = \frac{l}{\cos\varphi} + \frac{\gamma^2 l^3\cos\varphi}{24\sigma_0^2}K_2 \tag{9-2-7}$$

$$K_2 = 1 + 12\left(\frac{\lambda\cos\varphi}{l}\right)^2\left(\frac{\gamma_{\mathrm{j}1}}{\gamma} - 1\right) + 8\left(\frac{\gamma_{\mathrm{j}1}}{\gamma} - 1\right)\left(\frac{\gamma_{\mathrm{j}1}}{\gamma} - 2\right)\left(\frac{\lambda\cos\varphi}{l}\right)^3$$

(二)仅档距一端有耐张串的情况

档距中任意一点 $(x > l\cos\varphi)$ 的弧垂为

$$f_x = \frac{\gamma x(l-x)}{2\sigma_0\cos\varphi} + \frac{(\gamma_{\mathrm{j}1} - \gamma)(l-x)\lambda^2\cos\varphi}{2\sigma_0 l} \tag{9-2-8}$$

当 $x = \dfrac{l}{2}$ 时,档距中央的弧垂为

$$f_{\frac{l}{2}} = \frac{\gamma l^2}{8\sigma_0\cos\varphi}\left[1 + \frac{2(\gamma_{\mathrm{j}1} - \gamma)\lambda^2\cos^2\varphi}{\gamma l^2}\right] \tag{9-2-9}$$

导地线最大弧垂为

$$f_{\mathrm{m}} = \frac{\gamma l^2}{8\sigma_0\cos\varphi}\left[1 + \frac{(\gamma_{\mathrm{j}1} - \gamma)\lambda^2\cos^2\varphi}{\gamma l^2}\right]^2 \tag{9-2-10}$$

当耐张绝缘子串的悬挂点相对较高时,则弧垂的最低点不在档距中央,而是向悬挂点较低侧偏移,偏移距离为

$$m = \left|\frac{\sigma_0}{\gamma}\sin\varphi - \frac{(\gamma_{\mathrm{j}1} - \gamma)\lambda^2\cos^2\varphi}{2\gamma l}\right| = \left|\frac{lh}{8f_0} - \frac{(\gamma_{\mathrm{j}1} - \gamma)\lambda^2\cos^2\varphi}{2\gamma l}\right| \tag{9-2-11}$$

当耐张绝缘子悬挂点较低时,则弧垂的最低点不在档距中央,而是向耐张绝缘子悬挂点偏移,偏移距离为

$$m=\left|\frac{\sigma_0}{\gamma}\sin\varphi+\frac{(\gamma_{j1}-\gamma)\lambda^2\cos^2\varphi}{2\gamma l}\right|=\left|\frac{lh}{8f_0}+\frac{(\gamma_{j1}-\gamma)\lambda^2\cos^2\varphi}{2\gamma l}\right| \quad (9-2-12)$$

档内的导地线长度为

$$L_2=\frac{l}{\cos\varphi}+\frac{\gamma^2 l^3\cos\varphi}{24\sigma_0^2}K_1 \quad (9-2-13)$$

式(9-2-10)～式(9-2-12)中的应力 σ_0，对孤立档距来说需用式(9-2-1)或式(9-2-2)解得。

连续档距两端的两直线档距，其弧垂计算公式其式中的应力 σ_0，仍需用连续档距的代表档距代入代表档距的导地线状态方程式求解。

对于进、出线孤立档距，在计算最大设计应力时，需考虑门形构架的最大允许张力。由于进、出线档的导线应力较小，对于初伸长的处理，可在验算对地间隔和对交叉跨越物的安全距离时留有裕度。

孤立档的计算步骤如下：

1)确定架空线的许用应力 $[\sigma_0]$，进出线孤立档距需搜集门形构架的最大允许张力 T_{max}（见表9-2-3）。

表 9-2-3　各级电压进出线最大使用张力参考值

电压等级/kV	导线张力/kN	地线张力/kN
35	2～3	—
110	4～5	2～3
220	8～10	4～5
330	15	5
500	50～60	8～10
750	60	14

2)计算临界档距，确定控制最大设计应力的气象情况。

3)用状态方程式(9-2-1)、式(9-2-2)求出两侧有耐张串和仅一侧有耐张串时的应力。

4)再用式(9-2-4)～式(9-2-10)计算相应的弧垂，两侧有耐张串的弧垂供竣工验收用，仅一侧有耐张串的供施工紧线用。

第三节　具有单个集中荷载的导地线的计算

输电线路的架线程序是在导线弧垂测量完，及耐张段(或紧线段)两端锚固后，在各直线杆塔处的导线上安装悬垂线夹，最后，由施工人员采用悬挂在导线上的飞车移动安装间隔棒和防振锤(在检修线路时为提高工作效率，运行单位也常使用飞车作业；在档距中进行带电作业时，有时使用绝缘梯挂在导线上工作；在山地进行线路施工时，也常使用架空索道运送线路器材)。飞车、载人绝缘梯和架空索道的运载物等都使线路承受集中荷载，引起弧垂和应力的增加。因此，必须验算导地线的应力，带电作业时，还要验算导线至被跨越物的安全距离,从而确保安全可靠条件下的飞车(或其他工具)的使用范围。

下面以飞车为例,研究兼有集中荷载的架空导地线应力和弧垂计算。

从大量的试验和分析计算知道:

1)当集中荷载处于档距中点时,导线的应力最大;

2)耐张档内档距数越多,应力增加越少,孤立档距只有一档应力增加很大;

3)张段中最大的档距挂飞车时应力最大;

4)6级以下的风(6级以上不允许登高作业),对架空导地线的计算结果影响不大,可以忽略不计风速的影响。

因此,若耐张段内各档距均须进行飞车等作业时,可对最大的一档进行验算。若最大的档许可则其他档也必许可。若仅在一档作业,则只对该档验算;验算时可只对档距中点验算,中点安全,其他全档各处都安全。

下面采用简易计算法对具有单个集中荷载架空导地线的应力进行计算。一般情况下其计算结果与实测值相差不超过 10% ,满足工程中的要求;对于截面 $120\ \text{mm}^2$ 及以上的钢芯铝绞线和 $50\ \text{mm}^2$ 及以上的镀锌钢绞线(容许飞车作业),使用在四档以上的耐张段中该计算方法已足够精确。

一、应力计算

一个连续档兼受均匀和集中荷载作用时,把集中荷载作用前的情况作为已知条件,把集中荷载作用后的情况作为待求情况,则其架空导地线的应力可以用下列状态方程式求出:

$$\sigma_{02} - \frac{E\gamma^2 l_{\text{db}}'^2}{24\sigma_{02}^2} - \frac{EG(G + \gamma Al_x)l_x}{8\sigma_{02}^2 A^2 \cos\varphi_x \sum\limits_{i=1}^{n} \dfrac{l_i}{\cos\varphi_i}} = \sigma_{01} - \frac{E\gamma^2 l_{\text{db}}'^2}{24\sigma_{01}^2} - \alpha E(t_2 - t_1) \qquad (9-3-1)$$

在孤立档距中,悬挂飞车等的架空导地线的状态方程式可以写成:

$$\sigma_{02} - \frac{E\gamma^2 l^2 \cos^3\varphi}{24\sigma_{02}^2} - \frac{EG(G + \gamma Al)\cos^3\varphi}{8\sigma_{02}^2 A^2} =$$

$$\sigma_{01} - \frac{E\gamma^2 l^2 \cos^3\varphi}{24\sigma_{01}^2} - \alpha E(t_2 - t_1)\cos\varphi \qquad (9-3-2)$$

如果在悬挂飞车等集中荷载前、后气温相同,则式(9-3-1)和式(9-3-2)的最后一项略去。

二、弧垂计算

连续档距悬挂飞车的架空导地线,其弧垂按下列公式计算。

档距中任意一点的弧垂为

$$f_x = \frac{\gamma x(l_x - x)}{2\sigma_{02}\cos\varphi_x} + \frac{Gx(l_x - x)}{\sigma_{02}Al_x\cos^2\varphi_x} \qquad (9-3-3)$$

当 $x = \dfrac{l}{2}$ 时,档距中央的弧垂为

$$f = \frac{\gamma l_x^2}{8\sigma_{02}\cos\varphi_x} + \frac{Gl_x}{4\sigma_{02}A\cos^2\varphi_x} \qquad (9-3-4)$$

孤立档距悬挂飞车的架空线,其弧垂按下列公式计算。

档距中任意一点的弧垂为

$$f_x = \frac{\gamma x(l-x)}{2\sigma_{02}\cos\varphi} + \frac{Gx(l-x)}{\sigma_{02}Al\cos^2\varphi} \tag{9-3-5}$$

当 $x = \dfrac{l}{2}$ 时,档距中央的弧垂为

$$f = \frac{\gamma l^2}{8\sigma_{02}\cos\varphi} + \frac{Gl}{4\sigma_{02}A\cos^2\varphi} \tag{9-3-6}$$

式中:　　G——作业飞车、绝缘梯连同工人和工具等总重量的 2.0 倍,动力系数为 1.1;

σ_{01}、σ_{02}——悬挂飞车等集中荷载前、后的架空导地线应力,N/mm^2;

t_1、t_2——悬挂飞车等集中荷载前、后的气温,℃;

l'_{db}——用耐张段中各档的斜档距计算的代表档距长度,m,且 $l'_{db} = \sqrt{\dfrac{\sum\limits_{i=1}^{n} l'^3}{\sum\limits_{i=1}^{m} l'}} =$

$\sqrt{\sum\limits_{i=1}^{n}\left(\dfrac{l_i}{\cos\varphi_i}\right)^3 / \sum\limits_{i=1}^{m}\left(\dfrac{l_i}{\cos\varphi_i}\right)}$

l_x——连续档距中飞车作业档(或最大档)的档距长度,m;

l——孤立档距的档距长度,m;

A——架空导地线的截面积,mm^2;

x——飞车等集中载荷距架空导地线悬点的距离,m;

φ_x——连续档距中作业档的高差角,(°);

φ——孤立档距的高差角,(°);

φ_i——连续档距中各档的高差角,(°);

n——耐张段档距数量;

γ——架空导地线在作业气象条件下的比载,一般为自重比载,有 6 级以下风时为 γ_6。

求得飞车等集中荷载作用下的应力和作用点的弧垂后,就可以验算导地线强度和带电导线上作业人员对被跨越物的安全距离,见表 9-3-1。导线强度应满足导地线的设计强度条件,即

$$\sigma_2 \leqslant \frac{\sigma_p}{K'}$$

式中:K'——导线的设计安全系数,$K' \geqslant 2.5$;

σ_p——导线的计算拉断应力/导线的截面积,新线要乘 0.95 的保证系数。

表 9-3-1　飞车最下端对被跨越电力线的最小安全距

被跨越电压等级/kV	10 及以下	20、35	66、110	220	330	500	750	1 000
最小安全距离/m	1.0	2.5	3.0	4.0	5.0	6.0	9.0	10.5
被跨越电压等级/kV	±400	±500	±660	±800	±1 100			
最小安全距离/m	8.2	7.8	10.0	11.1	18.0			

【例 9-3-1】　在某线路的一个四档耐张段内,准备用飞车进行高空作业,为保证设备

安全,请对导线应力进行验算。已知导线为 JL/G1A－240/40,作业车的总质量为 110 kg(其中 $G=1.3\times110\approx130$ kg),作业时实际现场的气温为 15 ℃,线路经过地区为平地,该耐张段内的四个档距为:$l_1=100$ m,$l_2=100$ m,$l_3=500$ m,$l_4=100$ m。已知应力弧垂曲线。

解　查得导线的有关参数为 $\alpha=18.9\times10^{-6}℃^{-1}$,$E=76\,000$ N/mm^2。查得导线的计算截面积 $S=277.75$ mm^2,$q=964.3$ kg/km,计算拉断力 83 370 N,新线保证系数 0.95,安全系数 $K_c=2.5$。

自重比载

$$\gamma_1=\frac{964.3\times9.8}{277.75}\times10^{-3}=34.02\times10^{-3}\ \text{N/(m}\cdot\text{mm}^2)$$

代表档距

$$l_{db}=\sqrt{\frac{\sum\limits_{i=1}^{n}l^3}{\sum\limits_{i=1}^{n}l}}=\sqrt{\frac{3\times100^3+500^3}{3\times100+500}}=400\ \text{m}$$

耐张段总长度

$$\sum l_i=100+100+100+500=800\ \text{m}$$

对应于 $l_{db}=400$ m,温度 15 ℃,从应力弧垂曲线上可以查得无风无冰的导线应力(此时导线上没有悬挂飞车时的应力)为 $\sigma_1=73.25$ N/mm^2。

将 $\sigma_1=73.25$ N/mm^2 代入式(9－3－1)对最大档距 $l_x=500$ m 求使用飞车后的应力,即

$$\sigma_2-\frac{l_{db}^2\gamma^2}{24\beta\sigma_2^2}-\frac{l_xG(G+l_x\gamma A)}{8\beta\sigma_2^2A^2}=\sigma_1-\frac{l_{db}^2g^2}{24\beta\sigma_1^2}-\frac{\alpha}{\beta}(t_2-t_1)$$

$$\sigma_2-\frac{400^2\times34.02^2\times10^{-6}\times76\,000}{24\sigma_2^2}-$$

$$\frac{500\times143\times9.8\times(143\times9.8+500\times34.02\times10^{-3}\times277.75)\times76\,000}{8\times277.75^2\times\sigma_2^2}=$$

$$\sigma_1-\frac{400^2\times34.02^2\times10^{-6}\times76\,000}{24\sigma_1^2}$$

$$\sigma_2=96.85\ \text{N/mm}^2$$

此时安全系数

$$K_c=\frac{83\,370\times0.95}{277.75\times96.85}=2.90>2.5$$

结论:500 m 最大档可以使用飞车作业,小档距也可以使用飞车作业。

线路考虑等电位作业时,按能源部颁发的 DL 409—1991《电业安全工作规程 电力线路部分》要求执行,即在连续档距的导地线上挂梯(或飞车)时,其导地线的截面不得小于:钢锌铝绞线 120 mm^2;钢绞线 50 mm^2。

第四节　交叉跨越档距中限距的校验

线路在跨越档距中,导线对被跨越物的距离,不管在正常情况下还是在断线时都应满足安全距离(即限距)的要求。如图 9－4－1 所示,导线与被跨越物间的距离为

$$h_x = H - (C + f_c) \qquad (9-4-1)$$

式中：H——两跨越杆塔导线悬点连线在跨越处的标高，m，有 $H = A - \dfrac{(A-B)x}{l} = A - \dfrac{h_x}{l}$；

　　　A、B——两跨越杆塔的标高（或悬挂点高度），m；

　　　C——被跨物的标高，m；

　　　f_c——导线在跨越点 C 点的弧垂，m。

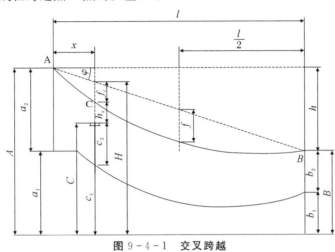

图 9-4-1　交叉跨越

一般直线档，可用悬点等高、小高差档距任一点 C 的弧垂：

$$f_x = \frac{\gamma x_1 (l - x_1)}{2\sigma_0}$$

式中：x_1——从任一悬点到任意点 C 的水平距离，m。

一般直线档大高差档距中任一点 x 的等效弧垂为

$$f_x = \frac{\gamma x (l - x)}{2\sigma_0 \cos\varphi}$$

式中：φ——高差角，且 $\varphi = \arctan(h/l)$。

计算孤立档的弧垂用式（9-2-4），计算一端有耐张绝缘子串的直线档距的弧垂用式（9-2-8），对飞车作业的档的架空线弧垂，按式（9-3-4）计算对飞车作业限距时必须计及飞车本身的高度（一般取 1.9 m），此时

$$h_x = H - (C + f_c + 1.9) \qquad (9-4-2)$$

其限距应满足在最大弧垂（高温或覆冰）时《架空输电线路电气设计规程》（DL/T 5582—2020）等要求的最小垂直距离 $[h_x]$。若实际进行限距测量时温度较低，则须换算到最大弧垂下的限距，以便与容许限距相比。现在以一般直线档距为例介绍换算方法。

在实际温度下的导线弧垂为

$$f_x = \frac{\gamma x (l - x)}{2\sigma_0 \cos\varphi} = \frac{4\gamma x (l - x)}{8\sigma_0 \cos\varphi} = \frac{\gamma [l^2 - (l - 2x)^2]}{8\sigma_0 \cos\varphi}$$

$$= f \left[1 - \frac{(l - 2x)^2}{l^2} \right] = \frac{4x}{l}\left(1 - \frac{x}{l}\right) f$$

式中：f——实测温度下导线中点的弧垂，且 $f_x = \dfrac{\gamma x^2}{2\sigma_0 \cos\varphi}$。

对等高悬点档距和小高差档距，上式仍成立，此时 $\cos\beta \approx 1$。

同理，最大弧垂下的导线在跨越处的弧垂可以写成

$$f_{xM} = \frac{4x}{l}\left(1 - \frac{x}{l}\right)f_M$$

式中：f_M——在最大弧垂气象条件导线的弧垂。

最大弧垂时导线对被跨越物的最小限距为

$$h_{xm} = h_x - \Delta f_{xM} = h_x - \frac{4x}{l}\left(1 - \frac{x}{l}\right)(f_M - f) \tag{9-4-3}$$

此时 h_{xm} 应大于容许限距，即最小垂直距离 $[h_x]$。

根据 DL/T 5582—2020 规定，导线对地面、建筑物、树木、铁路、道路、河流、管道、索道及各种架空线路的距离，应根据导线运行温度 40 ℃（若导线按允许温度 80 ℃ 设计，则导线运行温度取 50 ℃）情况或覆冰无风情况求得的最大弧垂计算垂直距离，根据最大风情况或覆冰情况求得的最大风偏进行风偏校验。重覆冰区的线路，还应计算导线不均匀覆冰并验算覆冰情况下的弧垂增大。计算上述距离时，可不考虑由于电流、太阳辐射等引起的弧垂增大，但应计及导线架线后塑性伸长的影响和设计、施工的误差。对大跨越的导线弧垂，应按导线实际能够达到的最高温度计算。对输电线路与标准轨距铁路、高速公路及一级公路交叉，当交叉档距超过 200 m 时，最大弧垂应按导线允许温度计算，导线的允许温度按不同要求取 70 ℃ 或 80 ℃ 计算。

【例 9-4-1】　某 220 kV 线路跨越铁路和高速公路，试校验其跨越限距（见图 9-4-2）。已知导线为 LGJ-300/25，自重比载为 31.13×10^{-3} N/(m·mm²)，跨越档距 $l = 304$ m，从导线弧垂应力表上查得，最高气温应力为 65 N/mm²。

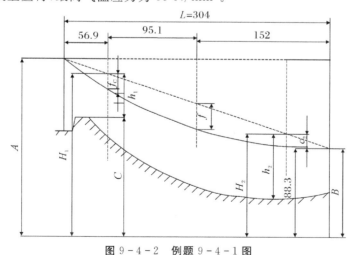

图 9-4-2　例题 9-4-1 图

解　由图可知，在跨越铁路处，有

$$x_{1c} = 56.9 \text{ m}$$

标高 $A = 210.50$ m，$B = 165.40$ m，$C_1 = 185.30$ m

$$H_1 = A - \frac{x_{1c}(A-B)}{l} = 210.50 - \frac{56.90 \times (210.50 - 165.40)}{304} = 202.00 \text{ m}$$

$$h_{1c} = H_1 - (C_1 + f_{1c}) = 202.00 - (185.30 + 3.35) = 13.50 \text{ m}$$

查得 220 kV 线路导线弧垂对铁路的轨顶的最小距离为 $[h_x] = 8.5\text{m}$，$h_{1c} = 13.50$ m $\geqslant$ $[h_x] = 8.50$ m，故允许。

架空输电线路对交叉物的距离见表 15-3-23～表 15-3-28。

第五节　连续倾斜档距中导地线的计算

当架空输电线路的一个耐张段(连续档距)紧线时，首先将导地线的一端通过绝缘子串或金具串固定在耐张杆塔上，将中间各点通过滑轮悬挂在直线杆塔上；然后在另一端耐张杆塔处逐渐拉紧导地线，同时观测弧垂以控制架空导地线张力，待导地线张力达设计值时，停止紧线，这时，将紧线端的导地线通过耐张串固定起来；最后，将中间各点滑轮中的导地线移置于直线杆塔悬垂绝缘子串或金具串的线夹中。至此紧线过程完毕。

当导线架在滑轮上时，若各档均处在平坦地带且档距比较均匀，则各档导线的水平张力 T_{01}、T_{02}、…和滑轮两侧的悬点张力 T_1、T_2、…均分别相等，因而滑轮处于垂直状态[图 9-5-1(a)]。此时

$$T_1 = T_2$$

而

$$T_1 = T_{01} + \gamma A f_1, \quad T_2 = T_{02} + \gamma A f_2$$

因为 $f_1 = f_2$，故 $T_{01} = T_{02}$ 或 $\sigma_{01} = \sigma_{02}$。

对于通过山区的线路，有时连续上(下)坡，导线悬挂点处于不等高位置，且有时候档距也不均匀，形成图 9-5-1(b)的连续倾斜档距。此时滑轮两端的张力仍相等，而各档的水平张力和水平应力就各不相等了。在山下侧各档线松，其弧垂大于设计所要求的弧垂；而在山上侧各档线紧，其弧垂小于设计所要求的弧垂。

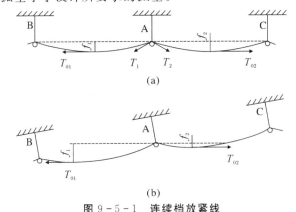

图 9-5-1　连续档放紧线

从图 9-5-1(b)中看出，$T_1 = T_2$，且

$$T_1 = T_{01} + \gamma A f_1, \quad T_2 = T_{02} + \gamma A f_2$$

由于 $f_1 > f_2$，故 $T_{01} < T_{02}$ 或 $\sigma_{01} < \sigma_{02}$，因而滑轮向山上侧偏斜。

紧线时发生的这种各档水平张力不等的现象,将使在耐张段中选两个观测档(山上、下侧)测弧垂时,其结果彼此矛盾,即山上某档的观测弧垂小于设计值,而山下某档观测的弧垂大于设计值。因此,在连续倾斜档架线时,需解决两个特殊问题:一是滑轮上紧线时,要正确地算出各档的观测弧垂,从而确定出耐张段所需的总线长;二是在完成紧线之后,将导线移置于线夹中时,要正确地调整线夹的安装位置。这两个问题解决之后,各档导线应有设计时的水平应力和相应弧垂,悬垂绝缘子串也均应在垂直位置。

一、紧线时观测弧垂的确定

图 9-5-2 为连续倾斜档距,是导线置于滑轮中紧线时的情况。当滑轮处于平衡状态时,滑轮两侧出口处的导线应力是相等的。

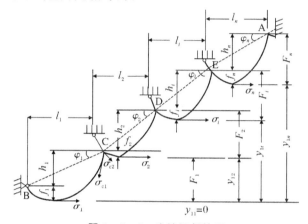

图 9-5-2 连续倾斜档距

由第一个滑轮 C 点两侧的应力 $\sigma_{C1} = \sigma_{C2}$,可得

$$\sigma_{01} + \gamma f_{C1} = \sigma_{02} + \gamma f_{C2} \quad \text{或} \quad \sigma_{02} = \sigma_{01} + \gamma (f_{C1} - f_{C2}) = \sigma_{01} + \gamma y_{12}$$

同理,据 D 点两侧应力相等,可得

$$\sigma_{03} = \sigma_{02} + \gamma y_{23} = \sigma_{01} + \gamma (y_{12} + y_{23}) = \sigma_{01} + \gamma y_{13}$$

依此规律类推,可得一组方程:

$$\left.\begin{aligned}
\sigma_{01} &= \sigma_{01} + \gamma y_{11}, \quad y_{11} = 0 \\
\sigma_{02} &= \sigma_{01} + \gamma y_{12} \\
\sigma_{03} &= \sigma_{01} + \gamma y_{13} \\
&\cdots\cdots\cdots\cdots \\
\sigma_{0n} &= \sigma_{01} + \gamma y_{1n}
\end{aligned}\right\} \tag{9-5-1}$$

式中:σ_{01}、σ_{02}、σ_{03}、$\cdots$、σ_{0n}——第 1 档、第 2 档、第 3 档……第 n 档的水平应力,此时悬垂绝缘子是倾斜的。

y_{12}、y_{13}、$\cdots$、y_{1n}——第 2 档、第 3 档……第 n 档的导线最低点至第 1 档导线最低点的垂直距离(m),高者取正值,低者取负值。这说明中间档杆塔悬挂点有高有低。

从式(9-5-1)可以看出:当导线处在滑轮中时,相邻档距导线最低点的应力只与此二

点间的相对高差 y_{1i} 有关。因此,整个耐张段中的导线虽被滑轮隔成了 n 档,但其性质却如同一个孤立档距一样。在耐张段内各点(包括悬挂点)的应力都是连续的,同时还可解释低处档距中导线比高处档距中导线松弛的现象。这一点与用线夹固定后的情况是截然不同的。

令设计水平应力为 σ_0,若将式(9-5-1)用 $\Delta\sigma_i$ 的形式表示,可写为

$$\left.\begin{aligned}
\Delta\sigma_{01} &= \sigma_{01} - \sigma_0 + \gamma y_{11}, \qquad y_{11} = 0 \\
\Delta\sigma_{02} &= \sigma_{01} - \sigma_0 + \gamma y_{12} \\
\Delta\sigma_{03} &= \sigma_{01} - \sigma_0 + \gamma y_{13} \\
&\cdots\cdots\cdots\cdots \\
\Delta\sigma_{0n} &= \sigma_{01} - \sigma_0 + \gamma y_{1n}
\end{aligned}\right\} \tag{9-5-2}$$

或用一般形式表示为

$$\Delta\sigma_{0i} = (\sigma_{01} - \sigma_0) + \gamma y_{1i}$$

上式中的相对高差 y_{1i},可以按下式计算:

$$\left.\begin{aligned}
y_{12} &= \frac{F_1'}{\cos\varphi_1} - \frac{F_2}{\cos\varphi_2} = \frac{\gamma l_1^2}{8\sigma_0\,\cos^2\varphi_1}\left(1 + \frac{h_1}{\dfrac{\gamma l_1^2}{2\sigma_0\cos\varphi_1}}\right)^2 - \frac{\gamma l_2^2}{8\sigma_0\,\cos^2\varphi_2}\left(1 + \frac{h_2}{\dfrac{\gamma l_2^2}{2\sigma_0\cos\varphi_2}}\right)^2 \\
y_{23} &= \frac{F_2'}{\cos\varphi_2} - \frac{F_3}{\cos\varphi_3} = \frac{\gamma l_2^2}{8\sigma_0\,\cos^2\varphi_2}\left(1 + \frac{h_2}{\dfrac{\gamma l_2^2}{2\sigma_0\cos\varphi_2}}\right)^2 - \frac{\gamma l_3^2}{8\sigma_0\,\cos^2\varphi_3}\left(1 + \frac{h_3}{\dfrac{\gamma l_3^2}{2\sigma_0\cos\varphi_3}}\right)^2 \\
y_{34} &= \frac{F_3'}{\cos\varphi_3} - \frac{F_4}{\cos\varphi_4} = \frac{\gamma l_3^2}{8\sigma_0\,\cos^2\varphi_3}\left(1 + \frac{h_3}{\dfrac{\gamma l_3^2}{2\sigma_0\cos\varphi_3}}\right)^2 - \frac{\gamma l_4^2}{8\sigma_0\,\cos^2\varphi_4}\left(1 + \frac{h_4}{\dfrac{\gamma l_4^2}{2\sigma_0\cos\varphi_4}}\right)^2 \\
&\cdots\cdots\cdots\cdots \\
y_{ij} &= \frac{F_i'}{\cos\varphi_i} - \frac{F_j}{\cos\varphi_j} = \frac{\gamma l_i^2}{8\sigma_0\,\cos^2\varphi_i}\left(1 + \frac{h_i}{\dfrac{\gamma l_i^2}{2\sigma_0\cos\varphi_i}}\right)^2 - \frac{\gamma l_j^2}{8\sigma_0\,\cos^2\varphi_j}\left(1 + \frac{h_j}{\dfrac{\gamma l_j^2}{2\sigma_0\cos\varphi_j}}\right)^2
\end{aligned}\right\} \tag{9-5-3}$$

其中:$\varphi_1 = \arctan\dfrac{h_1}{l_1}, \varphi_2 = \arctan\dfrac{h_2}{l_2}, \varphi_3 = \arctan\dfrac{h_3}{l_3}, \cdots, \varphi_i = \arctan\dfrac{h_i}{l_i}, \varphi_j = \arctan\dfrac{h_j}{l_j}$。

设在架线气象条件下,导线比载为 γ,弹性模量为 E,气温为 t,耐张段按代表档距求得的导线最低点的设计应力值为 σ_0,当达到设计要求时,各档线长可表示为:$L_i = \dfrac{l_i}{\cos\varphi_i} + \dfrac{\gamma^2 l_i^3 \cos\varphi_i}{24\sigma_0^2}$。其中必包含由于应力的作用而伸长的部分,用 ΔL_i 表示:

$$\Delta L_i = \frac{1}{E} \cdot \frac{\sigma_0}{\cos\varphi_i} \cdot \frac{l_i}{\cos\varphi_i} = \frac{\sigma_0 l_i}{E \cos^2\varphi_i}$$

任一档导线在未受到应力作用时的初始线长可表示为

$$L_{0i} = L_i - \Delta L_i = \frac{l_i}{\cos\varphi_i} + \frac{\gamma^2 l_i^3 \cos\varphi_i}{24\sigma_0^2} - \frac{\sigma_0 l_i}{E \cos^2\varphi_i}$$

由于应力的变化($\Delta\sigma_i = \sigma_i - \sigma_0$)而各档线长发生变化,其变化率 M_i 可通过 L_{0i} 对 σ_0 的一次导数求得:

$$M_i = \frac{\mathrm{d}L_{0i}}{\mathrm{d}\sigma_0} = -\left(\frac{\gamma^2 l_i^3 \cos\varphi_i}{12\sigma_0^3} - \frac{l_i}{E\cos^2\varphi_i}\right) \qquad (9-5-4)$$

线长变化率 M_i 的物理意义是：σ_0 变化一单位数值所引起的一档线长的增量。应力增加，导线收紧，因此式中有一个负号。

因为各档应力增加为 $\Delta\sigma_{0i} = \sigma_{0i} - \sigma_0$，所以各档线长增量为

$$\Delta L_{0i} = M_{0i}\Delta\sigma_{0i} \qquad (9-5-5)$$

整个耐张段的线长增量为

$$\Delta L_{\sum} = \sum_{i=1}^{n}\Delta L_i = \sum_{i=1}^{n}(M_i\Delta\sigma_{0i})$$

整个耐张段内导线的总长度是不变的(山上档距的 $\Delta\sigma_{0i}$ 可能为正值，山下档距的 $\Delta\sigma_{0i}$ 可能为负值，而 ΔL_{0i} 的正负恰与 $\Delta\sigma_{0i}$ 相反，故 $\Delta L_{\Sigma} = 0$)，即

$$\sum_{i=1}^{n}(M\Delta_{,\sigma_{0i}}) = 0$$

或

$$M_1\Delta\sigma_{01} + M_2\Delta\sigma_{02} + \cdots + M_n\Delta\sigma_{0n} = 0 \qquad (9-5-6)$$

将式(9-5-2)代入式(9-5-6)得

$$(\sigma_{01} - \sigma_0)\sum_{i=1}^{n}M_i + \gamma\sum_{i=1}^{n}(M_iy_{1i}) = 0$$

即

$$\sigma_{01} = \sigma_0 - \frac{\gamma\sum_{i=1}^{n}(M_iy_{1i})}{\sum_{i=1}^{n}M_i} \qquad (9-5-7)$$

令 $Y = \sum_{i=1}^{n}(M_iy_{1i})/\sum_{i=1}^{n}M_i$，则式(9-5-7)可写为

$$\sigma_{01} = \sigma_0 - \gamma y$$

按式(9-5-7)求出 σ_{01} 后，σ_{02}、σ_{03}、$\cdots$、σ_{0n} 即可由式(9-5-1)求得，然后通过弧垂计算公式，即可求得各档的观测弧垂：

$$\left.\begin{array}{l} f_1 = \dfrac{\gamma l_1^2}{8\sigma_{01}\cos\varphi_1} \\[2mm] f_2 = \dfrac{\gamma l_2^2}{8\sigma_{02}\cos\varphi_2} \\[2mm] f_3 = \dfrac{\gamma l_3^2}{8\sigma_{03}\cos\varphi_3} \\[1mm] \cdots\cdots\cdots\cdots \\[1mm] f_n = \dfrac{\gamma l_n^2}{8\sigma_{0n}\cos\varphi_n} \end{array}\right\} \qquad (9-5-8)$$

式中，当 $\varphi_1 < 10°$ 时，可近似取 $\cos\varphi_1 = 1$。

二、悬垂线夹安装位置的调整

对于置于滑轮上的导线,按式(9-5-8)计算的弧垂将线紧好后,整个耐张段的线长正好符合设计要求,于是将紧线一侧的导线保持张力,卡入耐张线夹,并经耐张绝缘子串固定于耐张杆塔上。这时,悬挂于滑轮上的各档导线,水平应力并不等于设计值 σ_0,滑轮位置向山上侧偏斜。为了达到使各档水平应力均为 σ_0 的目的,在将导线从滑轮移至悬垂线夹时,应逐档调整线夹的安装位置。调整距离按下面方法计算。

先从第一档开始,档距 l_1 中,导线长度在滑轮上时要比在线夹中增加 ΔL_1(m),按式(9-5-5),$\Delta L_1 = M_1 \Delta \sigma_{01}$。此外还应考虑导线在滑轮上时,由悬垂串的偏斜而产生的档距变化 δ_0。

δ_0 约等于从直线杆塔的横担处作垂线与导线的交点 O 至滑轮中心的水平距离(见图9-5-3)。因此,如果线夹的调整距离从上述交点 O 量起,则档距 l_1 中线夹的调整距离为

$$\delta_1 = \Delta L_1 = M_1 \Delta \sigma_{01} \qquad (9-5-9)$$

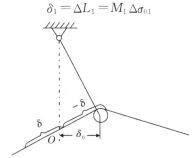

图9-5-3 滑轮位置偏斜

在档距 l_2 中,$\Delta L_2 = M_2 \Delta \sigma_{02}$。不过,后一档的调整距离应将前一档的调整距离包括进去。故第二档中线夹的调整距离为

$$\delta_2 = \delta_1 + M_2 \Delta \sigma_{02}$$

同理,对第三档有

$$\delta_3 = \delta_2 + M_3 \Delta \sigma_{03}$$

归纳上列诸式,可写出除第一档外的任一档线夹调整距离的普遍式:

$$\delta_i = \delta_{i-1} + M_i \Delta \sigma_{0i} \qquad (9-5-10)$$

若 δ_i 为正值,表示该档导线在滑轮上的线长大于装入线夹后的线长,故应从 O 点向山下方向量取调整距离;若 δ_i 为负值,则应自 O 点向山上方向量取调整距离 δ_0(见图9-5-3)。

应该指出,确定线夹安装位置时,必须是各悬点处的导线均在滑轮上时同时进行划线或做上记号,再分别将导线按各自的位置移入线夹中。绝对不可在某一悬点已移入线夹中以后,再去确定其他各处的安装位置。因为这时的情况已不再是我们研究的情况了。

连续倾斜档地线紧线时的计算和导线相同,仅因地线一般是镀锌钢绞线,弹性模量 E 比导线大,相应的弧垂调整量及线长调整量比导线小。工程设计中,一般可利用导线已算得的数据按下式推算地线的线夹调整距离

$$\delta_{iB} = \delta_{iD} \times \left(\frac{\gamma_B}{\gamma_D} \times \frac{\sigma_0}{\sigma_{0B}} \right)^2 \qquad (9-5-11)$$

式中：　σ_{0B}——地线安装应力，MPa；

　　　　γ_B、γ_D——地线和导线安装时的比载，MPa/m；

　　　　δ_{iB}、δ_{iD}——地线和导线的线夹调整距离，m。

【例 9 - 5 - 1】　已知某线路的导线为 GL/G1A - 400/35，紧线气温下安装水平应力为 $\sigma_0 = 59.26$ N/mm²，连续上山倾斜档的耐张段为 1# ～ 10#，其中 1# 为山下端耐张塔，10# 为山上端耐张塔。如图 9 - 5 - 2 所示，试计算紧线时观测弧垂及线夹调整距离。耐张段各档档距悬挂点高差情况见表 9 - 5 - 1。

表 9 - 5 - 1　例 9 - 5 - 1 耐张段中各档档距悬挂点高差情况

杆塔号	1#	2#	3#	4#	5#	6#	7#	8#	9#	10#
档距/m	l_1	l_2	l_3	l_4	l_5	l_6	l_7	l_8	l_9	
	364	247	299	297	570	414	554	209	628	
悬点高差/m	h_1	h_2	h_3	h_4	h_5	h_6	h_7	h_8	h_9	
	14.5	9.5	9.7	12.1	68.8	43.4	7.2	11.0	61.5	
$\cos\varphi_i$	0.999 2	0.999 3	0.999 5	0.999 2	0.992 8	0.994 6	0.999 9	0.998 6	0.995 2	

解　计算或查表得知 GL/G1A - 400/35 的比载 $\gamma_1 = 31.11 \times 10^{-3}$ N/(m · mm²)；弹性模量 $E = 65\ 000$ N/mm²；

(1)求各档 y_{ij}。根据式(9 - 5 - 3)求得

$$y_{12} = 16.74 \text{ m}, \quad y_{23} = 8.14 \text{ m}; \quad y_{34} = 10.40 \text{ m}; \quad y_{45} = 12.57 \text{ m};$$

$$y_{56} = 69.63 \text{ m}; \quad y_{67} = 26.70 \text{ m}; \quad y_{78} = 23.89 \text{ m}; \quad y_{89} = 6.65 \text{ m}$$

于是

$$\begin{cases} y_{12} = y_{11} + y_{12} = 0 + y_{12} \\ y_{13} = y_{11} + y_{12} + y_{23} \\ y_{14} = y_{11} + y_{12} + y_{23} + y_{34} \\ \quad\quad \cdots\cdots\cdots\cdots \\ y_{19} = y_{11} + y_{12} + y_{23} + y_{34} + y_{45} + y_{56} + y_{67} + y_{78} + y_{89} \end{cases}$$

由于

$$\begin{cases} \sigma_2 = \sigma_1 + \gamma y_{12} = \sigma_1 + 0.520\ 8 \\ \sigma_3 = \sigma_1 + \gamma y_{13} = \sigma_1 + 0.774\ 0 \\ \sigma_4 = \sigma_1 + \gamma y_{14} = \sigma_1 + 1.097\ 6 \\ \sigma_5 = \sigma_1 + \gamma y_{15} = \sigma_1 + 1.488\ 6 \\ \sigma_6 = \sigma_1 + \gamma y_{16} = \sigma_1 + 3.654\ 8 \\ \sigma_7 = \sigma_1 + \gamma y_{17} = \sigma_1 + 4.485\ 4 \\ \sigma_8 = \sigma_1 + \gamma y_{18} = \sigma_1 + 5.228\ 6 \\ \sigma_9 = \sigma_1 + \gamma y_{19} = \sigma_1 + 5.435\ 5 \end{cases}$$

根据

$$\sigma_1 = \sigma_0 - \gamma \sum_{i=1}^{n} (M_i y_{1i}) / \sum_{i=1}^{n} M_i$$

求得

$$\gamma \sum_{i=1}^{n} (M_i y_{1i}) = -1.220\ 83 (注意\ y_{11} = 0)$$

$$\sum_{i=1}^{n} M_i = -0.365\ 16$$

已知

$$\sigma_0 = 59.26$$

$$M_i = -\left(\frac{\gamma^2 l_i^3 \cos\varphi_i}{12\sigma_0^3} - \frac{l_i}{E\cos^2\varphi_i}\right)$$

$$\gamma \sum_{i=1}^{n}(M_i y_{1i}) = \gamma(M_1 \times y_{11} + M_2 \times y_{12} + M_3 \times y_{13} +$$

$$M_4 \times y_{14} + M_5 \times y_{15} + \cdots + M_9 \times y_{19})$$

解得

$$\sigma_1 = \sigma_0 - \gamma\sum_{i=1}^{n}(M_i y_{1i}) / \sum_{i=1}^{n} M_i = 59.26 - 3.34 = 55.92$$

所以

$$\sigma_1 - \sigma_0 = 55.92 - 59.26 = -3.34$$

$$\begin{cases}
\sigma_2 = \sigma_1 + \gamma y_{12} = \sigma_1 + 0.520\ 8 = 56.44 \\
\sigma_3 = \sigma_1 + \gamma y_{13} = \sigma_1 + 0.774\ 0 = 56.69 \\
\sigma_4 = \sigma_1 + \gamma y_{14} = \sigma_1 + 1.097\ 6 = 57.02 \\
\sigma_5 = \sigma_1 + \gamma y_{15} = \sigma_1 + 1.488\ 6 = 57.41 \\
\sigma_6 = \sigma_1 + \gamma y_{16} = \sigma_1 + 3.654\ 8 = 59.58 \\
\sigma_7 = \sigma_1 + \gamma y_{17} = \sigma_1 + 4.485\ 4 = 60.41 \\
\sigma_8 = \sigma_1 + \gamma y_{18} = \sigma_1 + 5.228\ 6 = 61.15 \\
\sigma_9 = \sigma_1 + \gamma y_{19} = \sigma_1 + 5.435\ 5 = 61.36
\end{cases}$$

（2）最大弧垂测控值。导线在滑轮中收紧时，各档导线的最大弧垂测控值分别为

$$\begin{cases}
f_1 = \dfrac{364^2 \times 0.031\ 11}{8 \times 55.92 \times 0.999\ 2} = 9.24 \\
f_2 = \dfrac{247^2 \times 0.031\ 11}{8 \times 56.44 \times 0.999\ 3} = 4.21 \\
f_3 = \dfrac{299^2 \times 0.031\ 11}{8 \times 56.69 \times 0.999\ 5} = 6.15 \\
\qquad \cdots\cdots\cdots \\
f_9 = \dfrac{628^2 \times 0.031\ 11}{8 \times 61.36 \times 0.995\ 2} = 25.16
\end{cases}$$

（3）各档应力变化量为

$$\begin{cases}
\Delta\sigma_1 = \sigma_1 - \sigma_0 + \gamma y_{11}(y_{1.1} = 0) = -3.34 \\
\Delta\sigma_2 = \sigma_1 - \sigma_0 + \gamma y_{12} = -3.34 + 0.528 = -2.812 \\
\Delta\sigma_3 = \sigma_1 - \sigma_0 + \gamma y_{13} = -3.34 + 0.774 = -2.566 \\
\Delta\sigma_4 = \sigma_1 - \sigma_0 + \gamma y_{14} = -3.34 + 1.097\ 6 = -2.242\ 4 \\
\Delta\sigma_5 = \sigma_1 - \sigma_0 + \gamma y_{15} = -3.34 + 1.488\ 6 = -1.851\ 4 \\
\Delta\sigma_6 = \sigma_1 - \sigma_0 + \gamma y_{16} = -3.34 + 3.654\ 8 = 0.314\ 8 \\
\Delta\sigma_7 = \sigma_1 - \sigma_0 + \gamma y_{17} = -3.34 + 4.485\ 4 = 1.145\ 4 \\
\Delta\sigma_8 = \sigma_1 - \sigma_0 + \gamma y_{18} = -3.34 + 5.228\ 6 = 1.888\ 6 \\
\Delta\sigma_9 = \sigma_1 - \sigma_0 + \gamma y_{19} = -3.34 + 5.435\ 5 = 2.095\ 5
\end{cases}$$

根据式（9 - 5 - 10）有：

$$\delta_i = \delta_{i-1} + M_i \Delta \sigma_i$$

第一档 $i = 1$ 时，有

$\begin{cases} \delta_1 = M_1 \Delta \sigma_1 = 0.024\ 29 \times (-3.34) = -0.081\ \text{m} \\ \delta_2 = \delta_1 + M_2 \Delta \sigma_2 = -0.081 + 0.009\ 65 \times (-2.812) = -0.108\ 1\ \text{m} \\ \delta_3 = \delta_2 + M_3 \Delta \sigma_3 = -0.118\ 3 + 0.014\ 96 \times (-2.566) = -0.156\ 7\ \text{m} \\ \delta_4 = \delta_3 + M_4 \Delta \sigma_4 = -0.156\ 7 + 0.014\ 73 \times (-2.242\ 4) = -0.189\ 7\ \text{m} \\ \delta_5 = \delta_4 + M_5 \Delta \sigma_5 = -0.189\ 7 + 0.080\ 67 \times (-1.851\ 4) = -0.339\ 0\ \text{m} \\ \delta_6 = \delta_5 + M_6 \Delta \sigma_6 = -0.339\ 0 + 0.033\ 94 \times 0.318\ 4 = -0.328\ 3\ \text{m} \\ \delta_7 = \delta_6 + M_7 \Delta \sigma_7 = -0.328\ 3 + 0.074\ 42 \times 1.145\ 4 = -0.243\ 1\ \text{m} \\ \delta_8 = \delta_7 + M_8 \Delta \sigma_8 = -0.243\ 1 + 0.006\ 76 \times 1.88\ 86 = -0.230\ \text{m} \\ \delta_9 = \delta_8 + M_9 \Delta \sigma_9 = -0.230 + 0.105\ 74 \times 2.095\ 5 = -0.008\ 42\ \text{m} \end{cases}$

验证耐张塔线夹调整量是否为零（$-0.008\ 42 \approx 0$）是校验各调整量是否正确的基础。以上的计算中由于 y_{1i} 是按各档应力均为 σ_0 计算的，而不是按各档应力 σ_1、σ_2、σ_3、$\cdots$、σ_n 计算的，故带有计算的近似性，精确计算需要多次迭代求得。不过，近似计算也已经能满足工程实际的需要。

习　题

1.简述你对孤立档的理解。孤立档与连续档相比有什么特点？

2.孤立档的架线应力需要考虑哪些条件？档距较小的孤立档的最大使用应力通常受哪种工况控制？

3.简述孤立档的架线弧垂计算步骤。

4.架空输电线路常见的集中荷载有哪些？如何判断一个耐张段是否可以进行飞车作业？

5.校验一般跨越物的距离时通常取什么工况下的弧垂？对于跨越铁路、高速公路及一级公路时的距离校验有何规定？简述如何从 40 ℃弧垂 f_{40}，求得 80 ℃弧垂 f_{80}。

6.连续上（下）山档常会出现山上弧垂和山下弧垂与设计弧垂出入较大的问题，简述造成这一现象的原因和解决这一问题的办法。

第十章 线路在施工与运行中的计算

第一节 架空输电线路弧垂观测与调整

架空导地线架设在杆塔上,应具有符合设计要求的应力,这需要以架空导地线弧垂来控制。施工时如果弧垂过小,则架空导地线必将承受过大的张力,架空导地线和转角塔杆塔运行的安全可靠性降低。如果弧垂过大,则导线对地和跨越物的距离将减小,同样威胁线路正常、安全运行。因此,施工时应正确观测弧垂,使架空导地线具有符合设计要求的应力。

一、弧垂观测档的确定

导地线弧垂观测档的选择合适与否,直接关系到能否准确控制紧线段的架空导地线应力。选择弧垂观测档时,一般在连续档中,选择高差较小的平坦地带观测弧垂,观测档应选在一个耐张段中档距最大或较大的档。在 5 档以下的耐张段中,至少选一个靠近中间的大档观测弧垂;在 6~12 档的耐张段中,至少选靠近两端的两个大档观测弧垂;在 12 档以上的耐张段中,至少选靠近两端及中间 3~4 档观测弧垂。此外应兼顾以下各点:

1)观测档的位置在紧线段内分布应比较均匀,相邻两个观测档相距不宜超过四个档距。

2)观测档应具有代表性,下列各点应作为选择观测档的主要考虑因素:①连续倾斜档的高处和低处线档;②较高悬挂点的前、后两侧线档;③相邻紧线段的接合处线档;④重要跨越物附近线档。

3)宜选档距大、悬挂高差较小的线档作观测档。

4)宜选对邻近线档监测范围较大的塔位作观测档。

5)不宜选择靠近转角杆塔线档作观测档。

当紧线段内有两个或两个以上耐张段时,不论耐张段长短,都应有代表本耐张段的弧垂观测档。

为了保证弧垂观测的精度,弧垂观测点(即观测视线与架空线的相切点)应尽量在弧垂的最大处(一般在档距中央)。当利用仪器观测时,切点仰角或俯角不宜过大,一般不宜超过 10°,且视角应尽量接近高差角,这样可保证弧垂的微小变化在仪器上有敏感的显示。

应准确测定观测档的档距长度、悬点高差等数据,以便核对。另外,观测档的弧垂应计入初伸长、连续上(下)山及气温变化所引起的弧垂变化。

二、线长调整量的计算

在线路运行中或施工架线时，若测得的弧垂不符合要求，则需要收紧或放松架空线以调整弧垂。这时，可根据已有的弧垂、应力，计算出满足弧垂要求所需要收紧或放松的线长，调整线长即能达到要求的弧垂，无需再进行弧垂观测。

设调整弧垂前的架空导地线线长为 L_1（应力为 σ_{01}，气温为 t_1），它与气温为 $0\ ℃$、未架设前导地线（不受张力）线长 L_0 的关系可表示为

$$L_1 = l + \frac{\gamma_1^2 l^3}{24\sigma_{01}^2} = L_0\left(1 + \frac{\sigma_{01}}{E} + \alpha t_1\right) \tag{10-1-1}$$

同理，调整弧垂后的导地线线长 L_2（应力为 σ_{02}、气温为 t_2）可表示为

$$L_2 = l + \frac{\gamma_1^2 l^3}{24\sigma_{02}^2} = L_0\left(1 + \frac{\sigma_{02}}{E} + \alpha t_2\right) \tag{10-1-2}$$

弧垂调整后，线长调整量包括弹性曲线部分、弹性变形部分和温度变形部分，即

$$\Delta L = \frac{\gamma_1^2 l^3}{24}\left(\frac{1}{\sigma_{02}^2} - \frac{1}{\sigma_{01}^2}\right) + l\left[\frac{\sigma_{01} - \sigma_{02}}{E} + \alpha(t_1 - t_2)\right]$$

也就是

$$\Delta L = \frac{8}{3l}(f_2^2 - f_1^2) + l\left[\frac{\sigma_{01} - \sigma_{02}}{E} + \alpha(t_1 - t_2)\right] \tag{10-1-3}$$

式（10-1-3）为一个档距（其长度等于 l）的线长调整量。若将式（10-1-3）中 l^3 换成 $\sum_{i=1}^{n} l_i^3$，则可得整个耐张段的线长调整量。

因为 $\sum_{i=1}^{n} l_i^3 = \dfrac{\sum l_i^3}{\sum l_i}\sum l_i = l_D^2 \sum l_i$，所以有

$$\sum \Delta L = \sum l_i\left[\frac{\gamma_1^2 l_D^2}{24}\left(\frac{1}{\sigma_{02}^2} - \frac{1}{\sigma_{01}^2}\right) + \frac{\sigma_{01} - \sigma_{02}}{E} + \alpha(t_1 - t_2)\right]$$

即

$$\sum \Delta L = \sum l_i\left[\frac{8}{3l_D^2}(f_2^2 - f_1^2) + \frac{\sigma_{01} - \sigma_{02}}{E} + \alpha(t_1 - t_2)\right] \tag{10-1-4}$$

式中：$\sum \Delta L$——耐张段中需要补偿的线长，m，放松时为正值，收紧时为负值；

$\qquad\sum l_i$——耐张段的长度，m；

σ_{01}、σ_{02}——调整弧垂前、后的应力，N/mm^2；

t_1、t_2——调整弧垂前、后的气温，℃。

式（10-1-4）中等号右侧第一项为弹性曲线伸长部分，第二项为弹性伸长部分，第三项为温度伸长部分。$t_1 = t_2$ 时，式（10-1-4）第三项温度伸长部分等于零。

三、观测弧垂的方法

导地线弧垂观测方法很多，一般有等长法（平行四边法）、异长法、角度法及平视法四种。在实际操作中，应根据观测档的地物地貌、观测仪器等情况，选择不同的方法来观测架空导

地线弧垂。为使操作简单,不受档距、悬挂点高差测量的影响,减少观测时大量的现场计算以及掌握弧垂的实际误差范围,应首先选用等长法或异长法。当受到客观条件限制不能采用等长法或异长法时,可选用角度法。在采用上述三种方法都不能达到观测弧垂的允许范围或难于掌握实际观测误差时,才考虑用平视法来观测架空线的弧垂。

观测档内弧垂 f 值的计算,根据观测档内悬挂点两侧高差、是连续档还是孤立档、是否联有耐张绝缘子串情况,按式(7-4-1)～ 式(7-4-7)以及式(7-4-12)进行。

下面就相关施工弧垂观测的方法进行分类介绍。

(一)等长法观测弧垂

等长法又称平行四边形法,是最常用的观测弧垂的方法,在条件许可时,应优先选用等长法。

1.使用条件

等长法可广泛应用于档距相等、较短的施工架线弧垂观测中。该法测量简单,且无论观测档悬点等高或不等高(弧垂观测档内架空导地线悬点高差不大),其切点均在最大弧垂处,若视线清晰,则误差较小,如图 10-1-1 所示。用等长法观测弧垂一般应同时满足下列要求:

$$h < 20\% l \qquad (10-1-5)$$

$$\left.\begin{array}{l} f \leqslant h_a - 2 \\ f \leqslant h_b - 2 \end{array}\right\} \qquad (10-1-6)$$

式中: h_a ——观测端(测站端)导地线悬挂点至基础面的距离,m;

h_b ——视点端导地线悬挂点至基础面的距离,m。

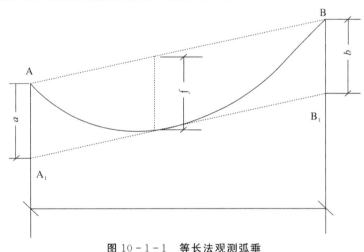

图 10-1-1 等长法观测弧垂

2.观测方法

如图 10-1-1 所示,在观测档相邻的两基杆塔上,由导地线悬挂点 A、B 处各向下量取垂直距离观测弧垂 f,从而确定 A_1、B_1 点的高度,并在 A_1、B_1 点分别绑弧垂板,这样形成视

线 $\overline{A_1B_1}$。然后收紧或放松导地线,在观测端的弧垂板处观测人员目视或用望远镜观测弧垂,直至导地线弧垂恰好稳定地与视线 A_1B_1 相切,这时导地线的弧垂即为观测弧垂 f,此时导地线就测定了。

观察弧垂时站在相对较低的杆塔处,由低处向高处看,这时对应的背景是天空,视线要更好一些。另外,应将弧垂板绑在与观测杆塔相邻的一个面上,而观测人员站在绑弧垂板相对应的那个面。一定不要紧贴弧垂板观看,而人和弧垂板保持一定的距离,可极大减少眼离弧垂板太近而产生的一种影响视觉的虚光,这样就可大幅提高观测弧垂的视线清晰度,从而提高弧垂的准确性。

3. 弧垂调整

在实际工作中,观测档的弧垂 f 都是在紧线前确定的,即按当时的气温计算确定,并按计算的弧垂值绑扎好两侧弧垂板。但是往往在紧线划印时的实际气温与紧线前气温存在差异,这个气温将引起架空导地线实际弧垂与原计算弧垂之间存在 Δf 的变化量。为了将测定的弧垂及时调整到气温变化后所要求的弧垂值,可只移动任一侧杆塔上的弧垂板进行弧垂调整。弧垂板的调整值按下面方法计算。

当气温上升时,弧垂板的调整量为

$$\Delta\alpha_M=(1+p-\sqrt{1+p})f \qquad (10-1-7)$$

当气温下降时,弧垂板的调整量为

$$\Delta\alpha_M=4(\sqrt{1+p}-1+p)f \qquad (10-1-8)$$

式中:p——弧垂变化量 Δf 与弧垂 f 的比值,$p=\dfrac{\Delta f}{f}$。

实际施工中,一般习惯于调整一侧弧垂板,以 $2\Delta f$ 值进行调整,如图 $10-1-2$ 所示。其适用范围为:当气温上升时,$\dfrac{\Delta f}{f}\leqslant16.36\%$;当气温下降时,$\dfrac{\Delta f}{f}\leqslant12.31\%$;当超出以上范围时,按变化后的弧垂值同时调整两侧弧垂板。

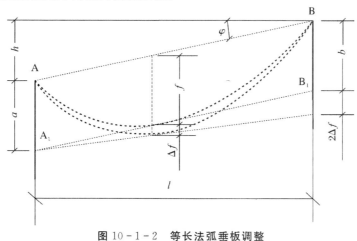

图 $10-1-2$　等长法弧垂板调整

(二)异长法观测弧垂

当观测档的导地线悬挂点高差较大时,为了保证视线切点靠近弧垂最低点,可采用异长法观测弧垂。所谓异长法,即观测档两端弧垂板绑扎位置不等高,进行弧垂观测。

1.使用条件

异长法以目视或借助于低精度望远镜进行观测。由于存在观测人员视力的差异及观测时视点与切点间水平、垂直距离的误差等因素,异长法一般只适用于档距较短、弧垂较小以及地形较平坦、弧垂最低点不低于两侧杆塔根部连线的线路。

采用异长法观测弧垂时,一般应同时满足下列要求:

$$b < h_b - 2 \tag{10-1-9}$$

$$\frac{1}{4} \leqslant \frac{a}{f_\varphi} \leqslant \frac{9}{4} \tag{10-1-10}$$

2.观测方法

异长法观测原理是:在两侧挂点下方两个点连成的一条直线与弧垂相切,利用相切时的斜率相等建立直线和弧垂曲线之间的关系。也可以利用直线和弧垂曲线相切有唯一交点的条件建立直线和弧垂曲线之间的关系,即

$$f = \frac{(\sqrt{a} + \sqrt{b})^2}{4} \tag{10-1-11}$$

异长法观测步骤和基本方法与等长法基本一致。异长法观测档两端弧垂板绑扎位置不等高。如图 10-1-3 所示,具体就是在导地线悬挂点 A、B 的下方分别量取不相等的距离 a、b,得到目击点 A_1、B_1,在 A_1、B_1 点分别绑上弧垂观测板;观测弧垂时,使得两个弧垂观测板的连线与导地线的弧垂相切,该点的垂度即为观测档的待测弧垂 f 值。

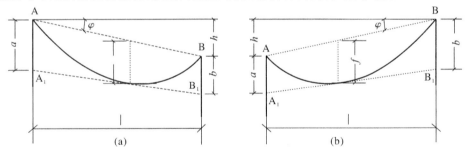

图 10-1-3　观测档内不联耐张绝缘子串的异长法观测弧垂

(a)高悬挂点观测弧垂;(b)低悬挂点观测弧垂

3.观测档弧垂观测数据计算

异长法观测弧垂与等长法观测弧垂数据计算相同。采用异长法观测弧垂,在计算出观测档的观测弧垂 f 值后,关键是在观测端选择一适当的 a 值,同时计算视端 b 值。在选用 a、b 值时,应注意两数值相差不能过大。通常推荐 b 值为 a 值的 2～3 倍为宜,切点的水平位置选在档内(1/4～1/3)l 的范围。但在美国 IEEE(电气工程师协会)1976 年的《架空线输电线路导线架设导则》中推荐切点选在(1/3～2/3)l 范围内。根据式(10-1-11)可以得视端 b 值的计算如下:

$$b = (2\sqrt{f} - \sqrt{a})^2 \tag{10-1-12}$$

在实际工程中,为计算方便,一般以观测档不联耐张绝缘子串的导地线悬挂点的高差 h

值的大小,分别按式(7-4-2)、式(7-4-3)计算出观测档弧垂 f 值,即 f_0 或 f_φ 值,也可以直接采用 f_φ 值。然后选择一适当的 a 值,再根据观测档的耐张绝缘子情况计算视端 b 值。下面按连续档中观测档内两侧未联耐张绝缘子串、观测档内一端联耐张绝缘子串,以及孤立档内一端联耐张绝缘子串、两端联耐张绝缘子串四种情况对 b 值的计算进行介绍。

(1)连续耐张段内 b 值的计算。

1)观测档内未联耐张绝缘子串。如图 10-1-3 所示,连续档前后侧都是悬垂杆塔时观测档内未联耐张绝缘子串,选择一适当的 a 值,视端 b 值按下列公式计算:

观测档导地线悬挂点高差 $h<10\%l$ 时,观测档的视端 b 为

$$b=\left(2\sqrt{f_0}-\sqrt{a}\,\right)^2 \qquad (10-1-13)$$

观测档导地线悬挂点高差 $h\geqslant10\%l$ 时,观测档的视端 b 为

$$b=\left(2\sqrt{f_\varphi}-\sqrt{a}\,\right)^2 \qquad (10-1-14)$$

2)观测档内一端联耐张绝缘子串。如图 10-1-4 所示,连续档首端或末端的观测档内架空导地线一端联耐张绝缘子串时,视端 b 值与观测点端在不在联耐张绝缘子串端有关系。当观测点端在不联耐张绝缘子串侧时按下列公式计算:

观测档架空导地线悬挂点高差 $h<10\%l$ 时,观测档的视端 b 为

$$b=\left(2\sqrt{f_0}-\sqrt{a}\,\right)^2+4f_0\frac{\lambda^2}{l^2}\cdot\frac{\gamma_\lambda-\gamma_1}{\gamma_1} \qquad (10-1-15)$$

观测档架空导地线悬挂点高差 $h\geqslant10\%l$ 时,观测档的视端 b 为

$$b=\left(2\sqrt{f_\varphi}-\sqrt{a}\,\right)^2+4f_\varphi\frac{\lambda^2\cos^2\varphi}{l^2}\cdot\frac{\gamma_\lambda-\gamma_1}{\gamma_1} \qquad (10-1-16)$$

当观测点端在联耐张绝缘子串侧时,根据下列公式计算:

观测档导地线悬挂点高差 $h<10\%l$ 时,观测档的视端 b 为

$$b=\left(2\sqrt{f_0}-\sqrt{a-4f_0\frac{\lambda^2}{l^2}\cdot\frac{\gamma_\lambda-\gamma_1}{\gamma_1}}\,\right)^2 \qquad (10-1-17)$$

观测档导地线悬挂点高差 $h\geqslant10\%l$ 时,观测档的视端 b 为

$$b=\left(2\sqrt{f_\varphi}-\sqrt{a-4f_\varphi\frac{\lambda^2\cos^2\varphi}{l^2}\cdot\frac{\gamma_\lambda-\gamma_1}{\gamma_1}}\,\right)^2 \qquad (10-1-18)$$

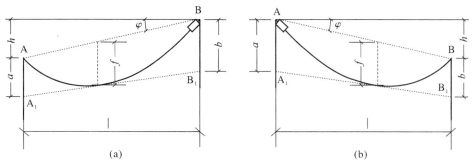

图 10-1-4 观测档内一端联耐张绝缘子串

(a)观测点在不联耐张绝缘子串侧;(b)观测点在联有耐张绝缘子串侧

(2)孤立档内 b 值的计算。

1)观测档内一端联耐张绝缘子串。在孤立档紧线时,导地线的固定端已联耐张绝缘子串,其观测档 b 值的计算根据其观测点的位置,按连续档观测档内一侧联耐张绝缘子串的式(10-1-15)~式(10-1-18)分别进行计算。

2)观测档内两端联耐张绝缘子串。如图 10-1-5 所示,在孤立档挂线后复测弧垂时,导地线的两端已联耐张绝缘子串,其观测档 b 值按下面方法计算。

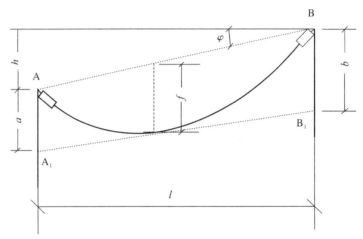

图 10-1-5　观测档两端均联耐张绝缘子串

观测档导地线悬挂点高差 $h < 10\% l$ 时,观测档的视端 b 为

$$b = \left(2\sqrt{f_0} - \sqrt{a - 4f_0 \frac{\lambda^2}{l^2} \cdot \frac{\gamma_\lambda - \gamma_1}{\gamma_1}} \right)^2 + 4f_0 \frac{\lambda^2}{l^2} \cdot \frac{\gamma_\lambda - \gamma_1}{\gamma_1} \qquad (10-1-19)$$

观测档导地线悬挂点高差 $h \geqslant 10\% l$ 时,观测档的视端 b 为

$$b = \left(2\sqrt{f_\varphi} - \sqrt{a - 4f_\varphi \frac{\lambda^2 \cos^2\varphi}{l^2} \cdot \frac{\gamma_\lambda - \gamma_1}{\gamma_1}} \right)^2 + 4f_\varphi \frac{\lambda^2 \cos^2\varphi}{l^2} \cdot \frac{\gamma_\lambda - \gamma_1}{\gamma_1} \qquad (10-1-20)$$

4.弧垂调整

与等长法一样,在实际施工中,观测档的弧垂 f 都是在紧线前按当时气温计算确定的,并按计算的弧垂值绑扎好两侧弧垂板。但是,往往在紧线划印时与实际气温存在差异,这个气温差将引起导地线实际弧垂与原计算弧垂之间存在 Δf 的变化量,为了将测定的弧垂及时调整到气温变化后所要求的弧垂值,必须调整弧垂板。具体方法是保持视端弧垂板不动,在观测端调整弧垂板;当气温升高时,应将弧垂板向下移动一小段距离 Δa;当气温降低时,应将弧垂板向上移动一小段距离 Δa,Δa 值按下式计算:

$$\Delta a = 2\sqrt{\frac{\alpha}{\Delta f}} f \qquad (10-1-21)$$

(三)角度法观测弧垂

角度法是用仪器(经纬仪、全站仪)测竖直角观测弧垂的一种方法。对于大档距、大弧

垂，以及导地线悬挂点高差较大的观测档，采用该法较为方便，并容易满足弧垂的精度要求。根据观测档的地形条件和弧垂大小，可选择档端、档侧任一点、档侧中点、档内及档外任一种适当的方法进行观测。其中档端角度法与档外角度法使用较多，其余几种方法因计算工作量较大，一般较少使用，所以本书主要介绍档端角度法、档内角度法与档外角度法。

1. 档端角度法

档端角度法实质上是采用仪器（经纬仪、全站仪）进行异长法作业观测导地线弧垂的另外一种方法。

（1）使用条件。档端角度法就是将异长法利用目视或望远镜观测改为用经纬仪或全站仪测量，精度高于目测。异长法多数情况下作为检验手段进行弧垂观测。因此档端角度法观测弧垂的使用条件与异长法的使用条件是一致的。

为了满足精度的要求，一般 a 值应小于 $3f$，如 $a=4f$，则视线与导地线悬挂点重合为零，所以当 $a\geqslant4f$ 时，就不能用档端角度法。采用角度法时，一般在满足 a 值小于 $3f$ 情况下优先用档端角度法，不满足时才根据现场地线条件及弧垂值大小等因素选择其他角度法。

（2）观测方法。如图 10-1-6 所示，将仪器安置在观测档导地线悬挂点的正下方，取代异长法中一端的弧垂板，用仪器测出按弧垂观测时预计气温计算出的不同温度（按该地区温差）时的弧垂 f 和观测角 θ。紧线时，调整导地线的张力，使导地线稳定时的弧垂与望远镜的横丝相切，此时观测档的弧垂即可确定。观测弧垂时，仪器安放在导地线悬挂点正下方，如测量导线，三线应该分别测量。

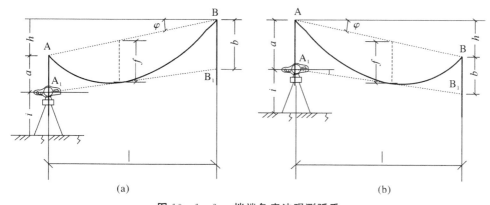

图 10-1-6　档端角度法观测弧垂

(a)低悬挂点侧观测弧垂；(b)高悬挂点侧观测弧垂

（3）观测档弧垂观测数据计算。

1）连续耐张段内观测档观测数据的计算。

a. 观测档内未联耐张绝缘子串。如图 10-1-6 所示，连续档前、后侧都是悬垂杆塔时，观测档内未联耐张绝缘子串。根据三角函数关系，弧垂的观测竖直角 θ 为

$$\theta=\arctan\frac{h+a-b}{l} \qquad (10-1-22)$$

式中:θ——观测竖直角,正值为仰角,负值为俯角;

h——观测档悬挂点高差,m,仪器在近导地线低悬挂点时,h 取正值,仪器在近导地线高悬挂点时,h 取负值;

a——仪器横轴中心至导地线悬挂点的垂直距离,m;

b——仪器横丝在对侧杆塔悬挂点的铅垂线的交点至导地线悬挂点的处置距离,m,其计算与异长法一致。

观测档导地线悬挂点高差 $h < 10\%l$ 时,观测竖直角 θ 为

$$\theta = \arctan \frac{h - 4f_0 + 4\sqrt{f_0 a}}{l} \qquad (10-1-23)$$

观测档导地线悬挂点高差 $h \geq 10\%l$ 时,观测竖直角 θ 为

$$\theta = \arctan \frac{h - 4f_\varphi + 4\sqrt{f_\varphi a}}{l} \qquad (10-1-24)$$

b. 观测档内一端联耐张绝缘子串。如图 10-1-7 和图 10-1-8 所示,连续档首端或末端的观测档内导地线一端联耐张绝缘子串时,弧垂观测方法与观测档内不联耐张绝缘子串的观测方法完全相同,但观测弧垂 f 值的计算公式不同,与观测端在不在联耐张绝缘子串端有关系。如图 10-1-7 所示,当观测端在不联耐张绝缘子串侧时按下列公式计算:

观测档导地线悬挂点高差 $h < 10\%l$ 时,观测竖直角 θ 为

$$\theta = \arctan \frac{h - 4f_0 \left(1 + \frac{\lambda^2}{l^2} \cdot \frac{r_\lambda - r_1}{r_1}\right) + 4\sqrt{f_0 a}}{l} \qquad (10-1-25)$$

观测档导(地)线悬挂点高差 $h \geq 10\%l$ 时,观测竖直角 θ 为

$$\theta = \arctan \frac{h - 4f_\varphi \left(1 + \frac{\lambda^2 \cos^2\varphi}{l^2} \cdot \frac{r_\lambda - r_1}{r_1}\right) + 4\sqrt{f_\varphi a}}{l} \qquad (10-1-26)$$

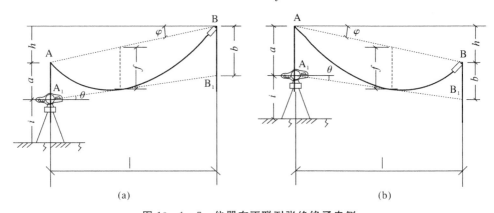

(a)　　　　　　　　　　　　　(b)

图 10-1-7　仪器在不联耐张绝缘子串侧

(a)低悬挂点侧观测弧垂;(b)高悬挂点侧观测弧垂

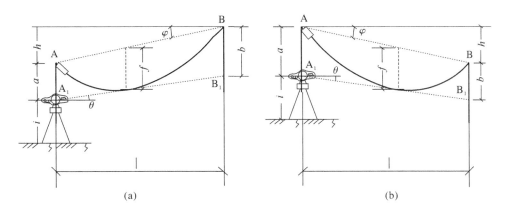

图 10-1-8 仪器在联耐张绝缘子串侧

(a)低悬挂点侧观测弧垂；(b)高悬挂点侧观测弧垂

如图 10-1-8 所示,当观测点端在联耐张绝缘子串侧时按式下列公式计算：

观测档导地线悬挂点高差 $h<10\%l$ 时,观测竖直角 θ 为

$$\theta=\arctan\frac{h-4f_0\left(1-\frac{\lambda^2}{l^2}\cdot\frac{\gamma_\lambda-\gamma_1}{\gamma_1}\right)+4\sqrt{\left(a-4f_\varphi\frac{\lambda^2}{l^2}\cdot\frac{\gamma_\lambda-\gamma_1}{\gamma_1}\right)f_\varphi}}{l} \qquad(10-1-27)$$

观测档导地线悬挂点高差 $h\geqslant10\%l$ 时,观测竖直角 θ 为

$$\theta=\arctan\frac{h-4f_\varphi\left(1-\frac{\lambda^2\cos^2\varphi}{l^2}\cdot\frac{\gamma_\lambda-\gamma_1}{\gamma_1}\right)+4\sqrt{\left(a-4f_\varphi\frac{\lambda^2\cos^2\varphi}{l^2}\cdot\frac{\gamma_\lambda-\gamma_1}{\gamma_1}\right)f_\varphi}}{l} \qquad(10-1-28)$$

2)孤立档观测数据的计算。

a. 观测档内一端联耐张绝缘子串。在孤立档紧线时,导地线的固定端已联耐张绝缘子串,其观测档的观测竖直角 θ 值的计算根据其观测点的位置,按连续档观测档内一侧联耐张绝缘子串的式(10-1-25)~式(10-1-28)分别进行计算。

b. 观测档内两端联有耐张绝缘子串。如图 10-1-9 所示,在孤立档挂线后复测弧垂时,导地线的两端已联耐张绝缘子串,观测档导地线悬挂点高差 $h<10\%l$ 时,其观测档的观测竖直角 θ 为：

$$\theta=\arctan\frac{h-4f_0+4\sqrt{\left(a-4f_0\frac{\lambda^2}{l^2}\cdot\frac{\gamma_\lambda-\gamma_1}{\gamma_1}\right)f_0}}{l} \qquad(10-1-29)$$

观测档导地线悬挂点高差 $h\geqslant10\%l$ 时,观测竖直角 θ 为

$$\theta=\arctan\frac{h-4f_\varphi+4\sqrt{\left(a-4f_\varphi\frac{\lambda^2\cos^2\varphi}{l^2}\cdot\frac{\gamma_\lambda-\gamma_1}{\gamma_1}\right)f_\varphi}}{l} \qquad(10-1-30)$$

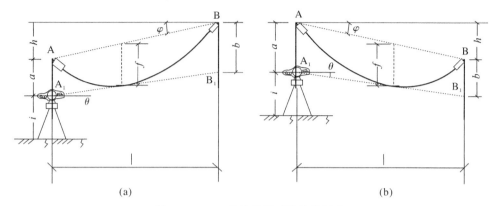

图 10-1-9 两端均联耐张绝缘子串

(a)低悬挂点侧观测弧垂；(b)高悬挂点侧观测弧垂

（4）弧垂检查调整。采用档端角度法检查弧垂，先测出实际观测竖直角 θ 值，然后反算出检查档的实际弧垂 f 值，比较实际弧垂与该气温时的计算弧垂值的误差，看其是否符合现行技术规范要求。

检查方法及步骤如下：

1）将仪器安置在导地线悬挂点 A 的正下方，如图 10-1-10 所示，量出 A 点至仪器横轴中心的垂直距离 a 值及实测检查档的水平距离 l。

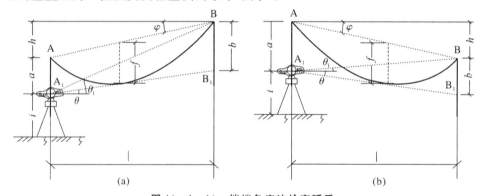

图 10-1-10 档端角度法检查弧垂

(a)观测点在悬挂点低端；(b)观测点在悬挂点高端

2）使望远镜视线瞄准对侧导地线的悬挂点 B，用测竖直角的方法测出图 10-1-10 中观测竖直角 θ_1 值；再使望远镜视线与导地线弧垂相切，测出平均观测竖直角 θ 值。当观测点在悬挂点低端时，则图 10-1-10(a)中的 b 为

$$b=l(\tan\theta_1-\tan\theta) \tag{10-1-31}$$

将式（10-1-31）代入式（10-1-11），得

$$f=\frac{(\sqrt{a}+\sqrt{b})^2}{4}=\frac{\left[\sqrt{a}+\sqrt{l(\tan\theta_1-\tan\theta)}\right]^2}{4} \tag{10-1-32}$$

同理，当观测点在悬挂点高端时，则图 10-1-10(b)中的 f 为

$$f=\frac{(\sqrt{a}+\sqrt{b})^2}{4}=\frac{\left[\sqrt{a}+\sqrt{l(\tan\theta-\tan\theta_1)}\right]^2}{4} \tag{10-1-33}$$

3)按检查时的气温、检查档档距以及代表档距,用弧垂计算公式计算出计算档的计算弧垂 f_x 与实测弧垂 f 的弧垂的误差 Δf,以衡量其是否符合弧垂误差的要求,符合则满足要求,不符合则进行调整,应使其弧垂符合质量要求。

2.档内角度法

(1)使用条件。档内角度法与档端角度法使用条件相同,只是将仪器架设在观测档档内导地线下方,所以档内角度法观测弧垂的使用条件与异长法的使用条件是一致的。

(2)观测方法。如图 10-1-11 所示,用档内角度法观测弧垂时,将仪器安置在观测档内近悬挂点低端或高端导地线的正下方,用仪器测出按弧垂观测时预计气温计算出的不同温度(按该地区温差)时的弧垂 f 和观测角 θ。紧线时,调整导地线的张力,使导地线稳定时的弧垂与望远镜的横丝相切,观测档的弧垂即可确定。

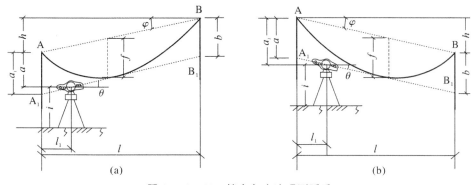

图 10-1-11　档内角度法观测弧垂

(a)近低悬挂点侧观测弧垂;(b)近高悬挂点侧观测弧垂

(3)观测档弧垂观测数据计算。

1)连续耐张段内观测档的观测数据的计算。

a.观测档内未联耐张绝缘子串。如图 10-1-11 所示,连续档前、后侧都是悬垂杆塔时观测档内未联耐张绝缘子串。根据三角函数关系,弧垂的观测竖直角 θ 为

$$\theta=\arctan\frac{h+a-b}{l-l_1} \qquad (10-1-34)$$

式中：l_1——仪器至近观测档杆塔的水平距离,m。

根据异长法求 b 值的原理,从图 10-1-11 中知

$$b=(2\sqrt{f}-\sqrt{a_1})^2=4f-4\sqrt{fa_1}+a_1 \qquad (10-1-35)$$

$$a_1=a+l_1\tan\theta \qquad (10-1-36)$$

则

$$b=4f-4\sqrt{(a+l_1\tan\theta)f}+a+l_1\tan\theta \qquad (10-1-37)$$

将式(10-1-37)代入式(10-1-35),得

$$\theta=\arctan\frac{h+a-4f+4\sqrt{(a+l_1\tan\theta)f}-a-l_1\tan\theta}{l-l_1} \qquad (10-1-38)$$

式(10-1-38)经过转化,得 $\tan\theta$ 的一元二次方程如下：

$$\tan^2\theta + \frac{2}{l}\left(4f - h - 8f\frac{l_1}{l}\right)\tan\theta + \frac{1}{l^2}\left[(4f-h)^2 - 16af\right] = 0 \qquad (10-1-39)$$

设

$$A = \frac{2}{l}\left(4f - h - 8f\frac{l_1}{l}\right) \qquad (10-1-40)$$

$$B = \frac{1}{l^2}\left[(4f-h)^2 - 16af\right] \qquad (10-1-41)$$

则式(10-1-39)化简为

$$\tan^2\theta + A\tan\theta + B = 0 \qquad (10-1-42)$$

解式(10-1-42)得

$$\theta = \arctan\left[-\frac{A}{2} + \sqrt{\left(\frac{A}{2}\right)^2 - B}\right] \qquad (10-1-43)$$

采用档内角度法观测弧垂时,在选择观测点后,只要计算 A、B 值就能通过式(10-1-43)计算出观测竖直角 θ,故计算观测竖直角 θ 的关键就是计算出参数 A、B 值。

计算 A、B 值要先确定式(10-1-40)、式(10-1-41)中的仪器横轴中心至导地线悬挂点的垂直距离 a,观测档悬挂点高差 h,仪器至近观测档杆塔的水平距离 l_1。a、h 及 l_1 一般根据设计资料及现场复测确定,其复测方法如图 10-1-12 所示,则 a、h 值分别为

$$a = l_1\tan\theta_1 \qquad (10-1-44)$$

$$h = (l - l_1)\tan\theta_2 - a \qquad (10-1-45)$$

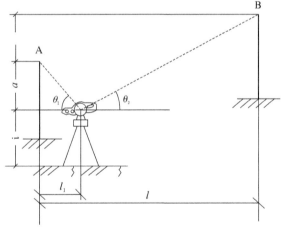

图 10-1-12　测量观测档两悬挂点的高差

观测档架空导地线悬挂点高差 $h < 10\%l$ 时,计算观测竖直角 θ 的参数 A、B 值为

$$A = \frac{2}{l}\left(4f_0 - h - 8f_0\frac{l_1}{l}\right) \qquad (10-1-46)$$

$$B = \frac{1}{l^2}\left[(4f_0 - h)^2 - 16af_0\right] \qquad (10-1-47)$$

观测档架空导地线悬挂点高差 $h \geqslant 10\%l$ 时,计算观测竖直角 θ 的参数 A、B 值为

$$A = \frac{2}{l}\left(4f_\varphi - h - 8f_\varphi\frac{l_1}{l}\right) \qquad (10-1-48)$$

$$B=\frac{1}{l^2}\left[(4f_\varphi-h)^2-16af_\varphi\right] \tag{10-1-49}$$

b. 观测档内一端联耐张绝缘子串。如图 10-1-13 和图 10-1-14 所示,连续档首端或末端的观测档内导地线一端联耐张绝缘子串时,弧垂观测方法与观测档内不联耐张绝缘子串的观测方法完全相同,但观测弧垂 f 值计算公式不同,与观测端在不在联耐张绝缘子串端是有关系的。

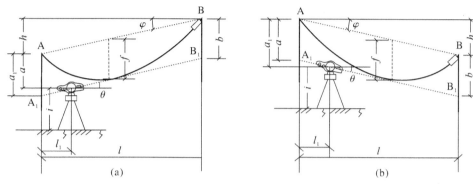

图 10-1-13　仪器在不联耐张绝缘子串侧

(a)近低悬挂点侧观测弧垂;(b)近高悬挂点侧观测弧垂

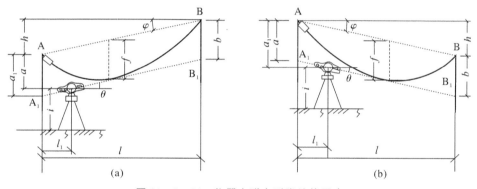

图 10-1-14　仪器在联有耐张绝缘子串

(a)近低悬挂点侧观测弧垂;(b)近高悬挂点侧观测弧垂

如图 10-1-13 所示,当观测端在不联耐张绝缘子串侧时,参数 A、B 值按下列公式计算。

观测档导地线悬挂点高差 $h<10\%l$ 时,按下列公式计算观测竖直角 θ 的参数 A、B 值:

$$A=\frac{2}{l}\left(4f_0-h+4f_0\frac{\lambda^2}{l^2}\frac{\gamma_\lambda-\gamma_1}{\gamma_1}-8f_0\frac{l_1}{l}\right) \tag{10-1-50}$$

$$B=\frac{1}{l^2}\left[\left(4f_0-h+4f_0\frac{\lambda^2}{l^2}\frac{\gamma_\lambda-\gamma_1}{\gamma_1}\right)^2-16af_0\right] \tag{10-1-51}$$

观测档架空导地线悬挂点高差 $h\geqslant10\%l$ 时,按下列公式计算观测竖直角 θ 的参数 A、B 值:

$$A=\frac{2}{l}\left(4f_\varphi-h+4f_\varphi\frac{\lambda^2\cos^2\varphi}{l^2}\frac{\gamma_\lambda-\gamma_1}{r_1}-8f_\varphi\frac{l_1}{l}\right) \tag{10-1-52}$$

$$B=\frac{1}{l^2}\left[\left(4f_\varphi-h+4f_\varphi\frac{\lambda^2\cos^2\varphi}{l^2}\frac{\gamma_\lambda-\gamma_1}{\gamma_1}\right)^2-16af_\varphi\right] \qquad (10-1-53)$$

如图 10-1-14 所示,当观测端在联耐张绝缘子串侧时,按下列公式计算。

观测档导地线悬挂点高差 $h<10\%l$ 时,观测竖直角 θ 的参数 A、B 的计算公式为

$$A=\frac{2}{l}\left(4f_0-h-4f_0\frac{\lambda^2}{l^2}\frac{\gamma_\lambda-\gamma_1}{\gamma_1}-8f_0\frac{l_1}{l}\right) \qquad (10-1-54)$$

$$B=\frac{1}{l^2}\left[\left(4f_0-h-4f_0\frac{\lambda^2}{l^2}\frac{\gamma_\lambda-\gamma_1}{\gamma_1}\right)^2-16af_0+64f_0^2\frac{\lambda^2}{l^2}\frac{\gamma_\lambda-\gamma_1}{\gamma_1}\right] \qquad (10-1-55)$$

观测档架空导地线悬挂点高差 $h\geq10\%l$ 时,观测竖直角 θ 的参数 A、B 的计算公式为

$$A=\frac{2}{l}\left(4f_\varphi-h-4f_\varphi\frac{\lambda^2\cos^2\varphi}{l^2}\frac{\gamma_\lambda-\gamma_1}{\gamma_1}-8f_\varphi\frac{l_1}{l}\right) \qquad (10-1-56)$$

$$B=\frac{1}{l^2}\left[\left(4f_\varphi-h-4f_\varphi\frac{\lambda^2\cos^2\varphi}{l^2}\frac{\gamma_\lambda-\gamma_1}{\gamma_1}\right)^2-16af_\varphi+64f_\varphi^2\frac{\lambda^2\cos^2\varphi}{l^2}\frac{\gamma_\lambda-\gamma_1}{\gamma_1}\right] \qquad (10-1-57)$$

2)孤立档观测数据的计算。

a. 观测档内一端联耐张绝缘子串。在孤立档紧线时,导地线的固定端已联耐张绝缘子串,其观测档的观测竖直角 θ 的参数 A、B,根据其观测点的位置,按连续档观测档内一侧联耐张绝缘子串的式(10-1-50)~式(10-1-57)分别进行计算。

b. 观测档内两端联耐张绝缘子串。如图 10-1-15 所示,在孤立档挂线后复测弧垂时,导地线的两端已连有耐张绝缘子串,观测档导地线悬挂点高差 $h<10\%l$ 时,观测竖直角 θ 的参数 A、B 值的计算公式为

$$A=\frac{2}{l}\left(4f_0-h-8f_0\frac{l_1}{l}\right) \qquad (10-1-58)$$

$$B=\frac{1}{l^2}\left[(4f_0-h)^2-16af_0+64f_0^2\frac{\lambda^2}{l^2}\frac{\gamma_\lambda-\gamma_1}{\gamma_1}\right] \qquad (10-1-59)$$

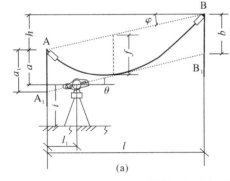 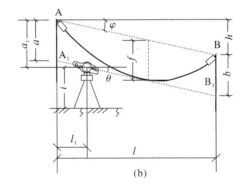

图 10-1-15　两端均联耐张绝缘子串

(a)近低悬挂点侧观测弧垂;(b)近高悬挂点侧观测弧垂

观测档导地线悬挂点高差 $h\geq10\%l$ 时,观测竖直角 θ 的参数 A、B 值的计算公式为

$$A=\frac{2}{l}\left(4f_\varphi-h-8f_\varphi\frac{l_1}{l}\right) \qquad (10-1-60)$$

$$B=\frac{1}{l^2}\left[(4f_\varphi-h)^2-16af_\varphi+64f_\varphi^2\frac{\lambda^2\cos^2\varphi}{l^2}\frac{\gamma_\lambda-\gamma_1}{\gamma_1}\right] \qquad (10-1-61)$$

其弧垂检查方法与档外角度法相同,所以对其检查方法部分在后面档外角度法中一起阐述。

3. 档外角度法

(1)使用条件。档外角度法与档端角度法及档内角度法的使用条件相同,只是将仪器架设在观测档档外导地线正下方,所以以档端角度法观测弧垂的使用条件与异长法的使用条件是一致的。

(2)观测方法。如图 10-1-16 所示,用档外角度法观测弧垂时,将仪器安置在观测档悬挂点低端或高端的外侧导地线的正下方,用仪器测出按弧垂观测时预计气温计算出不同温度(按该地区温差)下的弧垂 f 和观测角 θ。紧线时,调整导地线的张力,使导地线稳定时的弧垂与望远镜的横丝相切,观测档的弧垂即可确定。

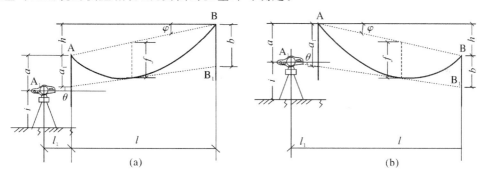

图 10-1-16 档外角度法观测弧垂

(a)近低悬挂点侧观测弧垂;(b)近高悬挂点侧观测弧垂

(3)观测档弧垂观测数据计算。

1)连续耐张段内观测数据的计算。

a. 观测档内未联耐张绝缘子串。如图 10-1-16 所示,连续档前后侧都是悬垂杆塔时观测档内未联耐张绝缘子串。根据三角函数关系,弧垂的观测角竖直角 θ 为

$$\theta = \arctan \frac{h+a-b}{l+l_1} \tag{10-1-62}$$

根据异长法求 b 值的原理,从图 10-1-16 中知

$$b = \left(2\sqrt{f} - \sqrt{a_1}\right)^2 = 4f - 4\sqrt{fa_1} + a_1 \tag{10-1-63}$$

$$a_1 = a - l_1 \tan\theta \tag{10-1-64}$$

则

$$b = 4f - 4\sqrt{(a - l_1\tan\theta)f} + a - l_1\tan\theta \tag{10-1-65}$$

将式(10-1-65)代入式(10-1-62),得

$$\theta = \arctan \frac{h+a-4f+4\sqrt{(a-l_1\tan\theta)f}-a+l_1\tan\theta}{l+l_1} \tag{10-1-66}$$

式(10-1-66)经过转化,得 $\tan\theta$ 的一元二次方程如下:

$$\tan^2\theta+\frac{2}{l}\left(4f-h+8f\frac{l_1}{l}\right)\tan\theta+\frac{1}{l^2}\left[(4f-h)^2-16af\right]=0 \qquad (10-1-67)$$

设

$$A=\frac{2}{l}\left(4f-h+8f\frac{l_1}{l}\right) \qquad (10-1-68)$$

$$B=\frac{1}{l^2}\left[(4f-h)^2-16af\right] \qquad (10-1-69)$$

则式(10-1-67)化简为

$$\tan^2\theta+A\tan\theta+B=0 \qquad (10-1-70)$$

解式(10-1-70)得

$$\theta=\arctan\left[-\frac{A}{2}+\sqrt{\left(\frac{A}{2}\right)^2-B}\right] \qquad (10-1-71)$$

采用档外角度法观测弧垂时,在选择观测点后,只要计算 A、B 值就能通过式(10-1-71)计算出观测竖直角 θ,故计算观测竖直角 θ 的关键就是计算出参数 A、B 值。

计算 A、B 值要确定式(10-1-68)、式(10-1-69)中的仪器横轴中心至导地线悬挂点的垂直距离 a、观测档悬挂点高差 h、仪器至近观测档杆塔的水平距离 l_1(见图10-1-17),则 a、h 值分别为

$$a=l_1\tan\theta_1 \qquad (10-1-72)$$

$$h=(l+l_1)\tan\theta_2-a \qquad (10-1-73)$$

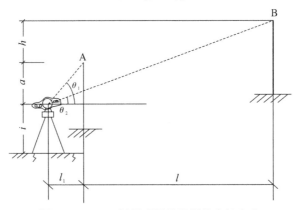

图 10-1-17 测量观测档两悬挂点的高差

观测档导地线悬挂点高差 $h<10\%l$ 时,按下列公式计算观测竖直角 θ 的参数 A、B 值:

$$A=\frac{2}{l}\left(4f_0-h+8f_0\frac{l_1}{l}\right) \qquad (10-1-74)$$

$$B=\frac{1}{l^2}\left[(4f_0-h)^2-16af_0\right] \qquad (10-1-75)$$

观测档导地线悬挂点高差 $h\geqslant10\%l$ 时,按下列公式计算观测竖直角 θ 的参数 A、B 值:

$$A=\frac{2}{l}\left(4f_\varphi-h+8f_\varphi\frac{l_1}{l}\right) \qquad (10-1-76)$$

$$B=\frac{1}{l^2}\left[(4f_\varphi-h)^2-16af_\varphi\right] \tag{10-1-77}$$

b. 观测档内一端联耐张绝缘子串。如图 10-1-18 和图 10-1-19 所示,连续档首端或末端的观测档内架空导地线一端联有耐张绝缘子串时,弧垂观测方法与观测档内不联耐张绝缘子串的观测方法完全相同,但观测弧垂 f 值的计算公式不同,与观测端在不在联耐张绝缘子串端有关系。

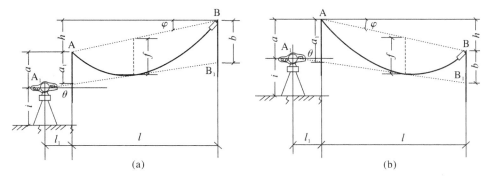

(a)

(b)

图 10-1-18　仪器在不联耐张绝缘子串侧

(a)近低悬挂点侧观测弧垂;(b)近高悬挂点侧观测弧垂

如图 10-1-18 所示,当观测端在不联耐张绝缘子串侧时参数 A、B 值按下列公式计算。

观测档导地线悬挂点高差 $h<10\%l$ 时,按下列公式计算观测竖直角 θ 的参数 A、B 值:

$$A=\frac{2}{l}\left(4f_0-h+4f_0\frac{\lambda^2}{l^2}\frac{\gamma_\lambda-\gamma_1}{\gamma_1}+8f_0\frac{l_1}{l}\right) \tag{10-1-78}$$

$$B=\frac{1}{l^2}\left[\left(4f_0-h+4f_0\frac{\lambda^2}{l^2}\frac{\gamma_\lambda-\gamma_1}{\gamma_1}\right)^2-16af_0\right] \tag{10-1-79}$$

观测档导地线悬挂点高差 $h\geqslant10\%l$ 时,按下列公式计算观测竖直角 θ 的参数 A、B 值:

$$A=\frac{2}{l}\left(4f_\varphi-h+4f_\varphi\frac{\lambda^2\cos^2\varphi}{l^2}\frac{\gamma_\lambda-\gamma_1}{r_1}+8f_\varphi\frac{l_1}{l}\right) \tag{10-1-80}$$

$$B=\frac{1}{l^2}\left[\left(4f_\varphi-h+4f_\varphi\frac{\lambda^2\cos^2\varphi}{l^2}\frac{\gamma_\lambda-\gamma_1}{\gamma_1}\right)^2-16af_\varphi\right] \tag{10-1-81}$$

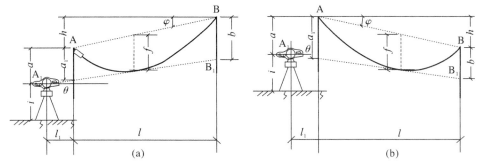

(a)

(b)

图 10-1-19　仪器在联耐张绝缘子串侧

(a)近低悬挂点侧观测弧垂;(b)近高悬挂点侧观测弧垂

如图 10 - 1 - 19 所示，当观测点端在联耐张绝缘子串侧时，按下列公式计算参数 A、B 值。

观测档导地线悬挂点高差 $h < 10\%l$ 时，观测竖直角 θ 的参数 A、B 值为

$$A = \frac{2}{l}\left[4f_0 - h - 4f_0\frac{\lambda^2}{l^2}\left(\frac{\gamma_\lambda - \gamma_1}{\gamma_1}\right) + 8f_0\frac{l_1}{l}\right] \qquad (10 - 1 - 82)$$

$$B = \frac{1}{l^2}\left[4f_0 - h - 4f_0\frac{\lambda^2}{l^2}\left(\frac{r_\lambda - r_1}{r_1}\right)^2 - 16af_0 + 64f_0^2\frac{\lambda^2}{l^2}\left(\frac{\gamma_\lambda - \gamma_1}{\gamma_1}\right)\right] \qquad (10 - 1 - 83)$$

观测档架空导地线悬挂点高差 $h \geq 10\%l$ 时，观测竖直角 θ 的参数 A、B 值为

$$A = \frac{2}{l}\left[4f_\varphi - h - 4f_\varphi\frac{\lambda^2\cos^2\varphi}{l^2}\left(\frac{\gamma_\lambda - \gamma_1}{\gamma_1}\right) + 8f_\varphi\frac{l_1}{l}\right] \qquad (10 - 1 - 84)$$

$$B = \frac{1}{l^2}\left[4f_\varphi - h - 4f_\varphi\frac{\lambda^2\cos^2\varphi}{l^2}\left(\frac{\gamma_\lambda - \gamma_1}{\gamma_1}\right)^2 - 16af_\varphi + 64f_\varphi^2\frac{\lambda^2\cos^2\varphi}{l^2}\left(\frac{\gamma_\lambda - \gamma_1}{\gamma_1}\right)\right] \qquad (10 - 1 - 85)$$

2）孤立档观测数据的计算。

a. 观测档内一端联耐张绝缘子串。在孤立档紧线时，导地线的固定端已联耐张绝缘子串，其观测档的观测竖直角 θ 值的参数 A、B 值，根据其观测点的位置，按连续档观测档内一侧联耐张绝缘子串的式（10 - 1 - 78）~式（10 - 1 - 85）分别进行计算。

b. 观测档内两侧联耐张绝缘子串。如图 10 - 1 - 20 所示，在孤立档挂线后复测弧垂时，导地线的两端已联耐张绝缘子串，观测档导地线悬挂点高差 $h < 10\%l$ 时，观测竖直角 θ 的参数 A、B 值的计算公式为

$$A = \frac{2}{l}\left(4f_0 - h + 8f_0\frac{l_1}{l}\right) \qquad (10 - 1 - 86)$$

$$B = \frac{1}{l^2}\left[(4f_0 - h)^2 - 16af_0 + 64f_0^2\frac{\lambda^2}{l^2}\left(\frac{\gamma_\lambda - \gamma_1}{\gamma_1}\right)\right] \qquad (10 - 1 - 87)$$

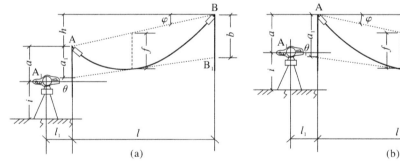

图 10 - 1 - 20　两端均联耐张绝缘子串

（a）近低悬挂点侧观测弧垂；（b）近高悬挂点侧观测弧垂

观测档导地线悬挂点高差 $h \geq 10\%l$ 时，观测竖直角 θ 的参数 A、B 值的计算公式为

$$A = \frac{2}{l}\left(4f_\varphi - h + 8f_\varphi\frac{l_1}{l}\right) \qquad (10 - 1 - 88)$$

$$B = \frac{1}{l^2}\left[(4f_\varphi - h)^2 - 16af_\varphi + 64f_\varphi^2\frac{\lambda^2\cos^2\varphi}{l^2}\left(\frac{\gamma_\lambda - \gamma_1}{\gamma_1}\right)\right] \qquad (10 - 1 - 89)$$

(4)弧垂调整。档内角度法与档外角度法观测弧垂的方法同样适用于检查弧垂。所不同的是,在观测弧垂时,根据弧垂 f 值计算出观测竖直角 θ 值并进行测量,而在检查弧垂时,用实测出的 θ 值反求其弧垂值,如图 10-1-21 所示。

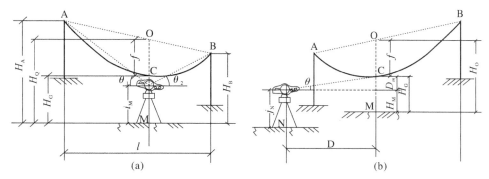

图 10-1-21 档侧角度法检查弧垂

(a)示意图(一);(b)示意图(二)

在检查弧垂时,依弧垂观测时的方法和步骤设 M 点和 N 点。仪器在 M 点测得 H_A、H_B 和 H_O 各数据后,再将仪器移至 N 点,将视距尺或棱镜立于 M 点,读取数据并计算 M 点高程,以及 M 至 N 点间的水平距离 D,然后望远镜瞄准中导线弧垂,测出 θ 角,则有

$$H_C = D\tan\theta + H_M \tag{10-1-90}$$

$$f = H_O - H_C = H_O - D\tan\theta - H_M \tag{10-1-91}$$

按检查时的气温、检查档档距以及代表档距,用弧垂计算公式计算出计算档的计算弧垂 f_x 与实测弧垂 f 的弧垂误差 Δf,衡量其是否符合表 10-1-1 中弧垂误差的要求,符合则满足要求,不符合则进行调整,使其弧垂符合质量要求。

表 10-1-1 中弧垂误差

线路电压等级	10 kV 及以下	35～66 kV	110 kV	220 kV 及以上
紧线弧垂在挂线后	±5%	+5%,−2.5%	+5%,−2.5%	±2.5%
跨越通航河流的大跨越档弧垂		±1%,正偏差不应超过 1m		

(四)平视法观测弧垂

平视法观测弧垂是异长法观测弧垂的一种形式,只是观测角与水平面的夹角为 0°,所以它是角度法观测弧垂的一种特殊形式。平视法观测弧垂是采用水准仪、经纬仪或全站仪使望远镜视线水平地观测弧垂的方法。

1.使用条件

当导地线在大高差、大档距或视线切点距离挂点过近及其他特殊地形情况下,前面所述的几种方法不能观测或者不能保证观测弧垂的精度时,可采用平视法观测弧垂。平视法观测弧垂适用条件为 $4f>h$,即当悬挂点高差 h 值小于 4 倍弧垂 f 值时,才可以使用平视法观测弧垂,否则,不能使用平视法。

2.观测方法

采用平视法观测弧垂时,望远镜视线处于水平状态。放紧线时调整导地线的张力,待导地线稳定后其最低点与望远镜水平横丝相切,弧垂放紧线完毕。具体方法如图 10-1-22 所示,图中 f 为用弧垂计算公式计算的观测档弧垂值。观测时,将仪器安置在预先测定的弧垂观测站 M 点上,将望远镜调至水平状态。紧线时调整导地线的张力,待导地线稳定后,其最低点与望远镜水平横丝相切时,即测定了观测挡的弧垂。

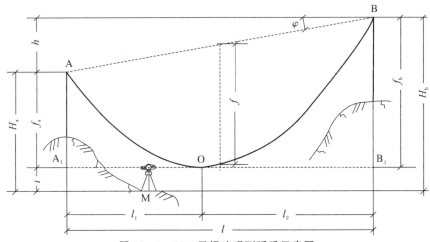

图 10-1-22 平视法观测弧垂示意图

3.观测档平视弧垂计算法

如图 10-1-22 所示,至导地线低侧悬挂点的垂直距离 f_a 称为小平视弧垂;仪器横轴中心至架空导地线高侧悬挂点的垂直距离 f_b 称为大平视弧垂。采用平视法观测弧垂时,正确地测定观测点 M 的位置是关键,不但需预先实测两悬挂点的高差 h 值,还应根据 f_a 和 f_b 值的大小以及观测档两杆塔周围的地形情况,选择安置仪器的位置。一般选在小平视弧垂 f_a 侧,预设仪器的高度 i,使仪器视线至两侧导地线悬挂点的垂直距离恰好等于 f_a、f_b,即精确地测定弧垂观测点地面到近仪器侧导地线悬挂点高差 $H_a(H_b)$。如图10-1-22所示,其值应满足下列条件:

$$H_a = i + f_a \qquad (10-1-92)$$

或

$$H_b = i + f_b \qquad (10-1-93)$$

根据图 10-1-22 知 f_a、f_b、f 之间的关系如下:

$$f = \frac{(\sqrt{f_a} + \sqrt{f_b})^2}{4} \qquad (10-1-94)$$

因 $f_b = f_b + h$,代入式(10-1-91)则可以得出

$$f_a = f\left(1 - \frac{h}{4f}\right) \qquad (10-1-95)$$

$$f_b = f\left(1 + \frac{h}{4f}\right)^2 \qquad (10-1-96)$$

在实际工程中,为计算方便,一般以观测档不联耐张绝缘子串的导地线悬挂点的高差 h 值的大小,分别按式(7-4-2)、式(7-4-3)计算出观测档弧垂 f 值,即 f_0 或 f_φ 值,也可以直接采用 f_φ 值。然后选择一适当的 a 值,根据观测档的耐张绝缘子情况计算视端 b 值。下面按连续档中观测档内两侧未联耐张绝缘子串,孤立档内、观测档内一端联耐张绝缘子串两端联耐张绝缘子串四种情况对平视弧垂计算分别介绍。

(1)连续档观测值的计算。

1)观测档内未联耐张绝缘子串。如图 10-1-22 所示,连续档前、后侧都是悬垂杆塔时,观测档内未联耐张绝缘子串,观测档大、小平视弧垂的计算公式如下:

观测档导地线悬挂点高差 $h < 10\% l$ 时,有

$$f_a = f_0 \left(1 - \frac{h}{4f_0}\right)^2 \tag{10-1-97}$$

$$f_b = f_0 \left(1 + \frac{h}{4f_0}\right)^2 \tag{10-1-98}$$

观测档导地线悬挂点高差 $h \geq 10\% l$ 时,有

$$f_a = f_\varphi \left(1 - \frac{h}{4f_\varphi}\right)^2 \tag{10-1-99}$$

$$f_b = f_\varphi \left(1 + \frac{h}{4f_\varphi}\right)^2 \tag{10-1-100}$$

2)观测档内一端联耐张绝缘子串。如图 10-1-23 所示,连续档首端或末端的观测档内导地线一端联耐张绝缘子串时,观测档大、小平视弧垂与耐张绝缘子串端悬挂点位置(在高悬挂点或低悬挂点)有关。

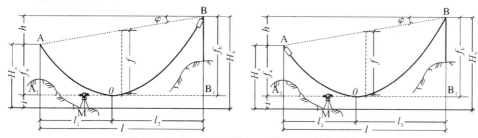

图 10-1-23 观测档内一端联耐张绝缘子串
(a)高悬挂点侧有耐张绝缘子串;(b)低悬挂点侧有耐张绝缘子串

高悬挂点侧联耐张绝缘子串,如图 10-1-23(a)所示,当观测档导地线悬挂点高差 $h < 10\% l$ 时,观测档大、小平视弧垂的计算公式如下:

$$f_a = f_0 \left(1 + \frac{\lambda^2}{l^2} \cdot \frac{\gamma_\lambda - \gamma_1}{\gamma_1} - \frac{h}{4f_0}\right)^2 \tag{10-1-101}$$

$$f_b = f_0 \left[\left(1 + \frac{\lambda^2}{l^2} \cdot \frac{\gamma_\lambda - \gamma_1}{\gamma_1} + \frac{h}{4f_0}\right)^2 - \frac{h}{f_0} \cdot \frac{\lambda^2}{l^2} \cdot \frac{\gamma_\lambda - \gamma_1}{\gamma_1}\right] \tag{10-1-102}$$

观测档导地线悬挂点高差 $h \geq 10\% l$ 时,观测档大、小平视弧垂的计算公式如下:

$$f_a = f_\varphi \left(1 + \frac{\lambda^2 \cos^2\varphi}{l^2} \cdot \frac{\gamma_\lambda - \gamma_1}{\gamma_1} - \frac{h}{4f_\varphi}\right)^2 \tag{10-1-103}$$

$$f_b = f_\varphi \left[\left(1 + \frac{\lambda^2 \cos^2\varphi}{l^2} \cdot \frac{\gamma_\lambda - \gamma_1}{\gamma_1} + \frac{h}{4f_\varphi}\right)^2 - \frac{h}{f_\varphi} \cdot \frac{\lambda^2 \cos^2\varphi}{l^2} \cdot \frac{\gamma_\lambda - \gamma_1}{\gamma_1}\right]$$

$$\tag{10-1-104}$$

低悬挂点侧联耐张绝缘子串,如图 10-1-23(b)所示,当观测档导地线悬挂点高差 $h<$ 10%l 时,观测档大、小平视弧垂的计算公式如下:

$$f_a = f_0 \left[\left(1 + \frac{\lambda^2}{l^2} \cdot \frac{\gamma_\lambda - \gamma_1}{\gamma_1} + \frac{h}{4f_0} \right)^2 - \frac{h}{f_0} \cdot \frac{\lambda^2}{l^2} \cdot \frac{\gamma_\lambda - \gamma_1}{\gamma_1} \right] \tag{10-1-105}$$

$$f_b = f_0 \left(1 + \frac{\lambda^2}{l^2} \cdot \frac{\gamma_\lambda - \gamma_1}{\gamma_1} - \frac{h}{4f_0} \right)^2 \tag{10-1-106}$$

观测档导地线悬挂点高差 $h \geqslant$ 10%l 时,观测档大、小平视弧垂的计算公式如下:

$$f_a = f_\varphi \left[\left(1 + \frac{\lambda^2 \cos^2\varphi}{l^2} \cdot \frac{\gamma_\lambda - \gamma_1}{\gamma_1} - \frac{h}{4f_\varphi} \right)^2 + \frac{h}{f_\varphi} \cdot \frac{\lambda^2 \cos^2\varphi}{l^2} \cdot \frac{\gamma_\lambda - \gamma_1}{\gamma_1} \right] \tag{10-1-107}$$

$$f_b = f_\varphi \left(1 + \frac{\lambda^2 \cos^2\varphi}{l^2} \cdot \frac{\gamma_\lambda - \gamma_1}{\gamma_1} - \frac{h}{4f_\varphi} \right)^2 \tag{10-1-108}$$

(2)孤立档观测值的计算。

1)观测档内一端联耐张绝缘子串。在孤立档紧线时,导地线的固定端已联耐张绝缘子串,其观测档大、小平视弧垂计算与其耐张绝缘子串端悬挂点位置(在高悬挂点或低悬挂点)有关。孤立档紧线时观测档大、小平视弧垂计算与平视法中连续档观测档内一端联耐张绝缘子串大、小平视弧垂计算一样,按式(10-1-101)~式(10-1-108)分别进行计算。

2)观测档内两端联耐张绝缘子串。如图 10-1-24 所示,在孤立档挂线后复测弧垂时,架空导地线的两端已联耐张绝缘子串。其孤立档大、小平视弧垂的计算公式如下:

观测档导地线悬挂点高差 $h<$ 10%l 时,有

$$f_a = f_0 \left[\left(1 - \frac{h}{4f_0} \right)^2 + 4 \frac{\lambda^2}{l^2} \cdot \frac{\gamma_\lambda - \gamma_1}{\gamma_1} \right] \tag{10-1-109}$$

$$f_b = f_0 \left[\left(1 + \frac{h}{4f_0} \right)^2 + 4 \frac{\lambda^2}{l^2} \cdot \frac{\gamma_\lambda - \gamma_1}{\gamma_1} \right] \tag{10-1-110}$$

观测档导地线悬挂点高差 $h \geqslant$ 10%l 时,有

$$f_a = f_\varphi \left[\left(1 - \frac{h}{4f_\varphi} \right)^2 + 4 \frac{\lambda^2 \cos^2\varphi}{l^2} \cdot \frac{\gamma_\lambda - \gamma_1}{\gamma_1} \right] \tag{10-1-111}$$

$$f_b = f_\varphi \left[\left(1 + \frac{h}{4f_\varphi} \right)^2 + 4 \frac{\lambda^2 \cos^2\varphi}{l^2} \cdot \frac{\gamma_\lambda - \gamma_1}{\gamma_1} \right] \tag{10-1-112}$$

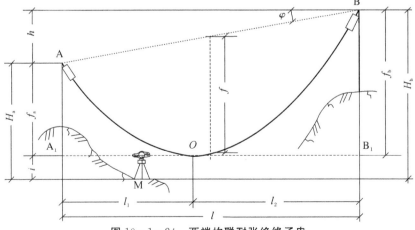

图 10-1-24　两端均联耐张绝缘子串

4.弧垂调整

在弧垂观测过程中，由于仪器本身存在竖盘指标差或者操作不当等原因，望远镜的视线可能不在正确水平位置上，从而使导地线弧垂的最低点在垂直方向上产生 Δf 的误差，如图 10-2-25 所示。

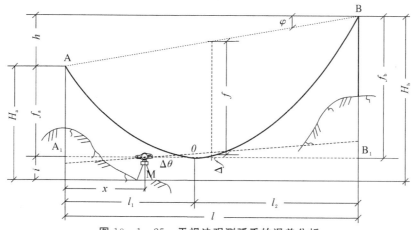

图 10-1-25 平视法观测弧垂的误差分析

在测定弧垂时，从小、大弧垂 f_a、f_b 的计算公式可知，悬挂点高差 h 值的测量误差，将会直接影响它的计算值，从而使架空导地线的弧垂观测值产生一定的误差。但只要误差不超过允许偏差范围，就不需作弧垂调整。

当观测弧垂因气温变化而引起导地线弧垂产生变化时，可根据大、小平视弧垂产生的变化量，采用升高或降低仪器架设高度（简称"仪高"）i 值，而不改变仪器安置点的位置，或者重新测定弧垂观测点等方法，来满足弧垂调整量的需要。

当观测弧垂因气温变化而引起弧垂变化时，有两种方法进行调整。

第一种方法，可不变动观测点的位置及预定的仪高 i 值，只需微调望远镜的竖直角，使稳定时的导地线与望远镜横丝相切。竖直角调整量按下列方式计算。

1）档仪器置于高悬挂点一端时，有

$$\Delta\theta=\arctan\left[\frac{\left(1+\dfrac{h}{4f}\right)\left(1-\dfrac{h}{4f}\right)}{\dfrac{l}{2}\left(1+\dfrac{h}{4f}\right)-x}\Delta f\right] \tag{10-1-113}$$

式中：Δf——导地线的弧垂因气温变化而引起的增加值或减少值，m；

x——仪器安置点至同侧悬挂点的水平距离，m；

$\Delta\theta$——仪器竖直角调整量，正值为仰角，负值为俯角，（°）。

2）档仪器置于低悬挂点一端时，有

$$\Delta\theta=\arctan\left[\frac{\left(1+\dfrac{h}{4f}\right)\left(1-\dfrac{h}{4f}\right)}{\dfrac{l}{2}\left(1-\dfrac{h}{4f}\right)-x}\Delta f\right] \tag{10-1-114}$$

第二种方法，可不变动观测点的位置及望远镜的竖直角，使稳定时的导地线与望远镜横

丝相切,调整仪器的预定的仪高 i 值。仪高 i 值调整量按下式计算:

$$\Delta i=\left(1+\frac{h}{4f}\right)\left(1-\frac{h}{4f}\right)\Delta f \tag{10-1-115}$$

第二节 运行线路的弧垂调整计算

许多过去施工时尚未补足初伸长的架空输电线路,经过若干年运行以后,由于导线的塑性伸长和蠕变伸长,导线的对地距离不足。还有的线路进行升压运行以后,由于增加了绝缘子片数,导线悬挂点下移,也造成对地距离减小。为了保证线路安全运行,必须进行弧垂调整。

对经过长期运行的线路来说,弹性模量已为定值,当荷载和气温不变时,线长调整量仅为曲线伸长部分。

根据架空导地线的弧垂变量的大小,可分为连续档耐张段和孤立档的相应线长变量两种情况分别研究。

一、孤立档

如图 $10-2-1$ 所示的孤立档,档距为 l,悬点高差为 h,两端均联绝缘子串,绝缘子串长度为 λ,绝缘子串的比载为 γ_λ,导地线的比载为 γ。

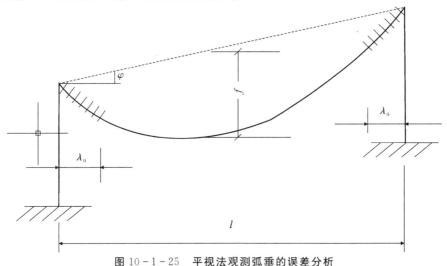

图 $10-1-25$ 平视法观测弧垂的误差分析

对于孤立档,必须考虑耐张绝缘子串的荷载对导地线长度的影响,耐张绝缘子串的 α、E 与导地线相同。

(1)孤立档在弧垂调整前的线长为

$$L_1=\frac{l}{\cos\beta}+\frac{\gamma^2 l^3}{24\sigma_{01}^2}\cos\varphi\times K_2=\frac{l}{\cos\varphi}+\frac{8f_1\cos^2\varphi\times K_2}{3l\left(1+4\dfrac{\lambda^2\cos^2\varphi}{l^2}\cdot\dfrac{\gamma_\lambda-\gamma}{\gamma}\right)}$$

$$K_2=1+12\left(\frac{\lambda\cos\varphi}{l}\right)^2\left(\frac{\gamma_j}{\gamma}-1\right)+8\left(\frac{\gamma_j}{\gamma}-1\right)\left(\frac{\gamma_j}{\gamma}-2\right)\left(\frac{\lambda\cos\varphi}{l}\right)^3$$

（2）孤立档在弧垂调整后的线长为

$$L_2 = \frac{l}{\cos\beta} + \frac{\gamma^2 l^3}{24\sigma_{02}^2}\cos\varphi \times K_2 = \frac{l}{\cos\beta} + \frac{8f_2^2\cos^2\varphi \times K_2}{3l\left(1 + 4\dfrac{\lambda^2\cos^2\varphi}{l^2} \cdot \dfrac{\gamma_\lambda - \gamma}{\gamma}\right)}$$

（3）导地线在水平应力作用下由 σ_{01} 变高到 σ_{02} 时，耐张段的导地线会产生一弹性伸长，计算时应计入这部分影响，如果应力或弧垂增加很少也可以省略，但是采用计算机编程计算时需要考虑此影响，即

$$L_t = \frac{\sigma_{02} - \sigma_{01}}{E} \times \frac{l}{\cos^2\varphi} = \frac{\gamma l^3}{8E\cos^3\varphi}\left(1 + 4\frac{\lambda^2\cos^2\varphi}{l^2} \times \frac{\gamma_\lambda - \gamma}{\gamma}\right)\left(\frac{1}{f_2} - \frac{1}{f_1}\right)$$

（4）孤立档弧垂调整后，导地线调整的长度差为

$$\Delta L = L_2 - L_1 + L_t = \frac{8f_2^2\cos^2\varphi \times K_2}{3l\left(1 + 4\dfrac{\lambda^2\cos^2\varphi}{l^2} \times \dfrac{\gamma_\lambda - \gamma}{\gamma}\right)^2} - \frac{8f_1^2\cos^2\varphi \times K_2}{3l\left(1 + 4\dfrac{\lambda^2\cos^2\varphi}{l^2} \times \dfrac{\gamma_\lambda - \gamma}{\gamma}\right)^2} +$$

$$\frac{\gamma l^3}{8E\cos^3\varphi}\left(1 + 4\frac{\lambda^2\cos^2\varphi}{l^2} \times \frac{\gamma_\lambda - \gamma}{\gamma}\right)\left(\frac{1}{f_2} - \frac{1}{f_1}\right)$$

将上式化简，有

$$\Delta L = \frac{8\cos^2\varphi \times K_2}{3l\left(1 + 4\dfrac{\lambda^2\cos^2\varphi}{l^2} \times \dfrac{\gamma_\lambda - \gamma}{\gamma}\right)^2}(f_2^2 - f_1^2) +$$

$$\frac{\gamma l^3}{8E\cos^3\varphi}\left(1 + 4\frac{\lambda^2\cos^2\varphi}{l^2} \times \frac{\gamma_\lambda - \gamma}{\gamma}\right)\left(\frac{1}{f_2} - \frac{1}{f_1}\right) \qquad (10-2-1)$$

式中：f_1——调整前的弧垂，m；

f_2——调整后的弧垂，m。

二、连续档

在连续档，全耐张段调整的长度差为各档调整的长度差的代数和。可以推出：

（1）复测时实际运行水平应力为 σ_{01}，耐张段实际总长度为

$$\sum_{i=1}^{n} L_{i,\sigma_{01}} = \sum_{i=1}^{n} \frac{l_i}{\cos\varphi_i} + \frac{\gamma^2}{24\sigma_{01}^2}\sum_{i=1}^{n} l_i^3\cos\varphi_i = \sum_{i=1}^{n} \frac{l_i}{\cos\varphi_i} + \frac{8f_{k,\sigma_{01}}^2\cos^2\varphi_k}{3l_k^4}\sum_{i=1}^{n} l_i^3\cos\varphi_i$$

（2）按要求的水平应力 σ_{02}，得耐张段的要求总长度为

$$\sum_{i=1}^{n} L_{i,\sigma_{02}} = \sum_{i=1}^{n} \frac{l_i}{\cos\varphi_i} + \frac{\gamma^2}{24\sigma_{02}^2}\sum_{i=1}^{n} l_i^3\cos\varphi_i = \sum_{i=1}^{n} \frac{l_i}{\cos\varphi_i} + \frac{8f_{k,\sigma_{02}}^2\cos^2\varphi_k}{3l_k^4}\sum_{i=1}^{n} l_i^3\cos\varphi_i$$

（3）导地线在水平应力作用下由 σ_{01} 变高到 σ_{02} 时，耐张段的导地线会产生一弹性伸长，计算时应计入这部分影响，如果应力或弧垂增加很少也可以省略，但是采用计算机编程计算时需要考虑此影响，有

$$\sum_{i=1}^{n} L_{i,t} = \frac{\sigma_{02} - \sigma_{01}}{E}\sum_{i=1}^{n} \frac{l_i}{\cos^2\varphi_i} = \frac{\gamma l_k^2}{8E\cos\varphi_k}\left(\frac{1}{f_{k,\sigma_{02}}} - \frac{1}{f_{k,\sigma_{01}}}\right)\sum_{i=1}^{n} \frac{l_i}{\cos^2\varphi_i}$$

（4）耐张段总长的改变量为

$$\Delta L = \sum_{i=1}^{n} L_{i,\sigma_{02}} - \sum_{i=1}^{n} L_{i,\sigma_{01}} + \sum_{i=1}^{n} L_{i,t}$$

即

$$\Delta L = \frac{\gamma^2}{24\sigma_{02}^2}\sum_{i=1}^{n} l_i^3\cos\varphi_i - \frac{\gamma^2}{24\sigma_{01}^2}\sum_{i=1}^{n} l_i^3\cos\varphi_i + \frac{\sigma_{02}-\sigma_{01}}{E}\sum_{i=1}^{n}\frac{l_i}{\cos^2\varphi_i} \qquad (10-2-2)$$

若耐张段中只有第 k 档导地线对地距离不够,则需要将实际运行时的弧垂调至为安全运行需要时的弧垂 $f_{k\cdot\sigma_{02}}$(其实就是将整个耐张段应力变成 $f_{k\cdot\sigma_{02}}$ 情况下的应力),设弧垂调整前为 $f_{k\cdot\sigma_{01}}$,将 $f_{k\cdot\sigma_{01}}$ 和 $f_{k\cdot\sigma_{02}}$ 代入式(10-2-2),即得耐张段长度差为

$$\Delta L = \frac{8f_{k\cdot\sigma_{02}}^2\cos^2\varphi_k}{3l_k^1}\sum_{i=1}^{n} l_i^3\cos\varphi_i - \frac{8f_{k\cdot\sigma_{01}}^2\cos^2\varphi_k}{3l_k^1}\sum_{i=1}^{n} l_i^3\cos\varphi_i +$$

$$\frac{\gamma l_k^2}{8E\cos\varphi_k}\left(\frac{1}{f_{k\cdot\sigma_{02}}}-\frac{1}{f_{k\cdot\sigma_{01}}}\right)\frac{l_i}{\cos^2\varphi_i} \qquad (10-2-3)$$

讨论:1)由 σ_{01} 变到 σ_{02} 时,公式位置不变,则 ΔL 要么是正值要么是负值,根据工程实际判定是增加了还是减小了。

2)对于大高差档,已经考虑高差角对弧垂调整的影响。

最后,根据设计时计算出的调整线长 ΔL 在施工时尚须考虑气温的影响,考虑施工温度不同于计算温度时的线长调整量,用下式计算 ΔL:

$$\Delta L = \Delta L_1\left[1+\alpha(t_1-t_2)+\frac{1}{E}(\sigma_{01}-\sigma_{02})\right] \qquad (10-2-4)$$

式中:　　　ΔL_1——温度为 t_1 时的线长调整量;

　　　　　ΔL——施工中温度为 t_2 时的导地线线长调整量(即所谓切割长度);

　　σ_{01}、σ_{01}——对应于 t_1、t_2 的导线应力。

第三节　导地线的过牵引计算

一、过牵引现象

在弧垂观测时,输电线路任一耐张段内导地线的线长虽可按设计要求确定,但在紧线的耐张杆塔上将耐张串挂上悬挂点时,由于紧线滑轮一般低于悬挂点一段距离,而耐张串在挂线过程中又不可能全部绷直以达到设计长度,因此需要将耐张串尾部的挂钩(或 U 形环)拉过头一些才能挂得上。这时导地线因过分受张拉所增加的张力(应力),称"过牵引张力(应力)",如图 10-3-1 所示。

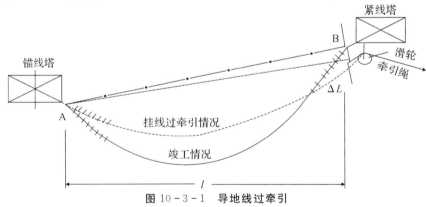

图 10-3-1　导地线过牵引

连续档的过牵引张力(应力)一般不太大,设计时常取"过牵引系数"为 1.1,即挂线时使

导地线的张力允许增加 10%。也有采取过牵引长度的,应根据导线的安全系数不小于 2 的规定进行控制;有时也按与施工单位商定的允许过牵引长度或按最大允许安装张力(应力)来算出允许过牵引长度,作为施工单位紧线的依据。

孤立档的过牵引问题较为严重,特别是档距较小的孤立档,此过牵引张力(应力)可能达到很大的数值,甚至危及杆塔及导地线的强度。因此,对过牵引问题必须予以重视并验算,必要时采取专用金具,以减小过牵引张力(应力)。

二、常用施工方法

施工方法不同,需要的过牵引长度也不同,根据不同的施工方法,过牵引长度可分为以下三种:

(1)用钢绳辫绑扎导线牵引。这种施工方法简单、方便,但末端未受张力,故需过牵引的长度较长。对导线一般取 150~200 mm,对镀锌钢绞线用地线一般取 50~100 mm。

(2)用专用卡具张紧绝缘子金具牵引。这种施工方法由于耐张串也承受张力,拉得较直,故所需过牵引长度较短,一般为 90~120 mm。

(3)用可调金具补偿过牵引长度。过牵引时,在孤立档,过牵引长度为 60~80 mm;在软母线,过牵引长度有 20 mm 和 50 mm 两种。

架空地线的过牵引长度可只考虑其末端连接金具的长度,一般为 90~120 mm。

三、过牵引的计算

过牵引张力(应力)应限制在允许范围内,以保证过牵引时杆塔和导地线的安全。计算时,可以按选定的施工方法所需要的过牵引长度计算相应的过牵引张力(应力),检查杆塔和导地线等是否能承受,也可以按杆塔和导地线等所允许的最大安装张力(应力),计算出相应的运行过牵引长度,选择施工方法。

(一)连续档按过牵引允许长度计算过牵引应力

过牵引长度由过牵引产生导地线伸长值 ΔL_1;收紧弧垂后,因导地线曲线的几何变形而引起导地线长度变化 ΔL_2;由于挂线侧杆塔挠曲变形引起的挂线点偏移为 ΔL_3。其中杆塔挠曲和大小蠕变伸长以及绝缘子串的弹性伸长等因素可略去不计。

1. 过牵引所产生的伸长量

架空导地线水平应力由 σ_0 增加到 σ_1,该耐张段的原线长会产生一微量弹性伸长,根据胡克定律,过牵引产生的架空线伸长量为

$$\Delta L_1 = \frac{\sigma_1 - \sigma_0}{E} \sum_{i=1}^{n} \frac{l_i}{\cos^2 \varphi_i} \qquad (10-3-1)$$

2. 过牵引时曲线的几何变形而引起的长度变化量

连续档(这里一般取 $n=3$ 档以内)一般可以忽略绝缘子串对线长的影响,且认为绝缘子串的 E、γ_λ 与导地线相同。挂线无过牵引时,按导地线的设计水平应力 σ_0 的要求,该耐张段导地线的线长为

$$L_0 = \sum_{i=1}^{n} \frac{l_i}{\cos\varphi_i} + \frac{\gamma^2}{24\sigma_0^2} \sum_{i=1}^{n} l_i^3 \cos\varphi_i$$

导地线过牵引时导地线的水平应力增大至 σ_1，该耐张段导地线由几何变形而引起的导地线的长度为

$$L_1 = \sum_{i=1}^{n} \frac{l_i}{\cos\varphi_i} + \frac{\gamma^2}{24\sigma_1^2} \sum_{i=1}^{n} l_i^3 \cos\varphi_i$$

则水平应力增大，导地线的几何变形而引起的架空线的长度变化量为

$$\Delta L_2 = \frac{\gamma^2}{24} \left(\frac{1}{\sigma_0^2} - \frac{1}{\sigma_1^2} \right) \sum_{i=1}^{n} l_i^3 \cos\varphi_i \qquad (10-3-2)$$

3. 过牵引时杆塔挠曲变形引起的挂线点偏移

$$\Delta L_3 = B\sigma_1 A \qquad (10-3-3)$$

式中：A——导地线的截面积，mm^2；

$\quad\quad B$——杆塔的挠度系数，N/m。

杆塔挠曲变形引起的长度变化值不大于表 10-3-1 的规定。

表 10-3-1　杆塔的最大允许挠度

项　目	挠度最大限值	项　目	挠度最大限值
自立式悬垂直线塔	$3h/1\,000$	自立式悬垂转角塔	$5h/1\,000$
自立式耐张塔	$7h/1\,000$	悬垂直线拉线塔，塔顶	$4h/1\,000$
悬垂直线拉线塔，拉线点以下塔身	$2h_1/1\,000$	悬垂型直线钢管杆	$5h/1\,000$
悬垂型转角钢管杆	$7h/1\,000$	耐张型钢管杆	$25h/1\,000$

注：h 为杆塔最长腿基础顶面起至计算点的高度，h_1 为杆塔拉线点至地面的高度。

由于杆塔的刚度一般都较大，而且施工紧线时杆塔一般都安装了临时拉线，以平衡紧线的张力，因此杆塔挠曲变形很小，一般可以认为 $\Delta L_3 = 0$。故过牵引长度可以近似为

$$\Delta L = \Delta L_1 + \Delta L_2 = \frac{\sigma_1 - \sigma_0}{E} \sum_{i=1}^{n} \frac{l_i}{\cos^2\varphi_i} + \frac{\gamma^2}{24} \left(\frac{1}{\sigma_0^2} - \frac{1}{\sigma_1^2} \right) \sum_{i=1}^{n} l_i^3 \cos\varphi_i \qquad (10-3-4)$$

将式（10-3-4）变形整理得以下方程：

$$\frac{\sigma_1}{E} \sum_{i=1}^{n} \frac{l_i}{\cos^2\varphi_i} - \frac{\gamma^2}{24\sigma_1^2} \sum_{i=1}^{n} l_i^3 \cos\varphi_i = \frac{\sigma_0}{E} \sum_{i=1}^{n} \frac{l_i}{\cos^2\varphi_i} - \frac{\gamma^2}{24\sigma_0^2} \sum_{i=1}^{n} l_i^3 \cos\varphi_i + \Delta L \qquad (10-3-5)$$

令 $A = \dfrac{1}{E} \sum\limits_{i=1}^{n} \dfrac{l_i}{\cos^2\varphi_i}$，$B = \sum\limits_{i=1}^{n} l_i^3 \cos\varphi_i$，则式（10-3-5）可整理为

$$\sigma_1 - \frac{\gamma^2}{24\sigma_1^2} \frac{B}{A} = \sigma_0 - \frac{\gamma^2}{24\sigma_0^2} \frac{B}{A} + \frac{\Delta L}{A} \qquad (10-3-6)$$

若 γ、E、σ_0、ΔL（允许过牵引长度）已知，就可以求解缺一次项的特殊三次方程式，进而求得过牵引时连续档耐张段内导地线的过牵引水平应力 σ_1。一般在无特殊要求的情况下，要求导地线的强度安全系数不小于 2，即 $\sigma_1 \leqslant \sigma_P / 2$，其中 σ_P 为导地线的抗拉强度。

(二)孤立档按过牵引允许长度计算过牵引应力

1.过牵引所产生的导线伸长量

导地线水平应力由 σ_0 增加到 σ_1,该孤立档的原线长会产生一微量弹性伸长。与连续档产生的伸长原理一样,根据胡克定律,过牵引产生的导地线伸长量为

$$\Delta L_1 = \frac{\sigma_1 - \sigma_0}{E} \frac{l}{\cos^2 \varphi} \qquad (10-3-7)$$

2.过牵引时曲线的几何变形引起的长度变化量

对于孤立档一般不可以忽略绝缘子串对线长的影响。挂线无过牵引时,按导地线的设计水平应力 σ_0 的要求,该耐张段导地线的线长为

$$L_0 = \frac{l}{\cos\varphi} + \frac{\gamma^2 l^3 \cos\varphi}{24\sigma_0^2} K_2$$

导地线过牵引时,导地线的水平应力增大至 σ_1,该孤立档导地线的线长为

$$L_1 = \frac{l}{\cos\varphi} + \frac{\gamma^2 l^3 \cos\varphi}{24\sigma_1^2} K_2$$

则由水平应力增大导地线的几何变形而引起的导地线的长度变化量为

$$\Delta L_2 = \frac{\gamma^2 l^3 \cos\varphi}{24} \left(\frac{1}{\sigma_0^2} - \frac{1}{\sigma_1^2} \right) K_2 \qquad (10-3-8)$$

式中:K_2——考虑绝缘子串的线长影响系数,按下式计算:

$$K_2 = 1 + 12 \left(\frac{\lambda\cos\varphi}{l} \right)^2 \left(\frac{\gamma_j}{\gamma} - 1 \right) + 8 \left(\frac{\gamma_j}{\gamma} - 1 \right) \left(\frac{\gamma_j}{\gamma} - 2 \right) \left(\frac{\lambda\cos\varphi}{l} \right)^3$$

不考虑杆塔挠曲变形的影响,过牵引长度可以近似为

$$\Delta L = \frac{\sigma_1 - \sigma_0}{E} \frac{l}{\cos^2 \varphi} + \frac{\gamma^2 l^3 \cos\varphi}{24} \left(\frac{1}{\sigma_0^2} - \frac{1}{\sigma_1^2} \right) K_2 \qquad (10-3-9)$$

将式(10-3-9)两端同时乘以 $E \cos^2 \varphi / l$,经整理得

$$\sigma_1 - \frac{E\gamma^2 l^3 \cos^3 \varphi}{24\sigma_1^2} K_2 = \sigma_0 - \frac{E\gamma^2 l^3 \cos^3 \varphi}{24\sigma_0^2} K_2 + \frac{\Delta L E \cos^2 \varphi}{l} \qquad (10-3-10)$$

同连续档一样,若 γ、E、σ_0、ΔL(允许过牵引长度)已知,就可以求解缺一次项的特殊三次方程式,进而求得过牵引时连续档耐张段内导地线的过牵引水平应力 σ_1。一般在无特殊要求的情况下要求导地线的强度安全系数不小于 2,即 $\sigma_1 \leqslant \sigma_P/2$,其中 σ_P 为导地线的抗拉强度。

按杆塔和导地线等所允许的最大安装应力($[\sigma_0]$)计算过牵引长度时,将允许的最大安装应力代入式(10-3-4)或式(10-3-9)中代替过牵引水平应力 σ_1,就可以求出连续档或孤立档按最大安装应力计算的允许过牵引长度。

第四节 连续档的架线施工计算

多档距连续紧线(简称连紧)施工,是把相连的几个小的耐张段当作一个耐张段来一起进行架线紧线施工。采用这种方法可以提高紧线工作效率,不过相对也增加了施工工艺的复杂性。紧线时,可选用所有连紧档的综合代表档距来确定水平应力,也可选用紧线固定端最后一个耐张段的代表档距计算观测弧垂。但是,这样按一个选定的代表档距来确定连紧的各耐张段的水平紧线应力、进行紧线并划印和观测弧垂以决定连紧各耐张段的线长,会引起各耐张段内的线长与设计要求不完全一致,故在各耐张段测量尺寸时,需调整因各段本身的代表档距与选用的代表档距不同而产生的线长误差。下面介绍用多档连紧法时各段的观测弧垂和线长调整量的计算方法。

一、各耐张段观测档的弧垂的计算

为使所有耐张段内连续档的水平张力接近相等,须根据所选代表档距计算的弧垂,仿照式(7-2-1)和式(7-2-3)、式(7-4-2)和式(7-4-3)换算至观测档距的弧垂。

(1)若用所有连紧档的综合代表档距计算连紧架线施工,观测弧垂应为

$$\sigma_\Sigma = \frac{\gamma l_{D\Sigma}^2}{8 f_{D\Sigma} \cos\varphi_{D\Sigma}} = \frac{\gamma l_{jk}^2}{8 f_{jk} \cos\varphi_{jk}}$$

$$f_{jk} = \frac{\gamma l_{jk}^2}{8\sigma_{jk} \cos\varphi_{jk}} = \left(\frac{l_{jk}}{l_{D\Sigma}}\right)^2 \frac{\cos\varphi_{D\Sigma}}{\cos\varphi_{jk}} f_{D\Sigma} \qquad (10-4-1)$$

式中：$l_{D\Sigma}$——所有连紧档的综合代表档距;

$\varphi_{D\Sigma}$——所有连紧档的综合代表高差角;

$f_{D\Sigma}$——对应于所有连紧档综合代表档距 $l_{D\Sigma}$ 的计算弧垂;

φ_{jk}——连紧的第 j 耐张段的观测档 k 悬挂点高差角;

l_{jk}——连紧的第 j 耐张段的观测档 k 的档距;

f_{jk}——连紧的第 j 耐张段的观测档 k 的弧垂。

(2)若选用紧线固定端最后的耐张段的代表档距计算连紧架线施工,观测弧垂应为

$$\sigma_\Sigma = \frac{\gamma l_{D1}^2}{8 f_{D1} \cos\varphi_{D1}} = \frac{\gamma l_{jk}^2}{8 f_{jk} \cos\varphi_{jk}}$$

$$f_{jk} = \frac{\gamma l_{jk}^2}{8\sigma_{jk} \cos\varphi_{jk}} = \left(\frac{l_{jk}}{l_{D1}}\right)^2 \frac{\cos\varphi_{D1}}{\cos\varphi_{jk}} f_{D1} \qquad (10-4-2)$$

式中：f_{D1}、l_{D1}——紧线固定端最后的耐张段的代表档距及相应的计算弧垂。

二、各耐张段线长的调整

由于各耐张段本身的代表档距与选用的代表档距不完全相等,连紧(及观测弧垂)时,若所有连紧档的水平应力均相等,必然导致各耐张段的线长出现一定的误差,在测量尺寸时须加以调整。只有既选紧线固定端最后的耐张段内的代表档距进行连紧,又在该耐张段测量尺寸时,线长才不须调整。

若某一耐张段的代表档距对应的弧垂 f_{Di} 与连紧时选用的代表档距对应的弧垂 $f_{D\Sigma}$ 或 f_{D1} 的误差率不大于 0.5% ,则该耐张段线长可不调整。其误差率为

$$\left|\frac{f_{Di} - f_{D\Sigma}}{f_{Di}}\right| \leqslant 0.5\% \quad 或 \quad \left|\frac{f_{Di} - f_{D1}}{f_{Di}}\right| \leqslant 0.5\% \qquad (10-4-3)$$

式中:f_{Di}——第 i 个耐张段代表档距下的弧垂,m。

对任一耐张段,其弧垂误差率大于 0.5% 时,应调整线长。根据所有连紧档的综合代表档距 $l_{D\Sigma}$ 与连紧的第 j 耐张段代表档距 $l_{jd\Sigma}$ 的不同,可分为以下两种情况:

(1)由 $l_{D\Sigma}$ 确定的水平紧线应力 σ_Σ 低于由 $l_{jd\Sigma}$ 确定的水平紧线应力 σ_j。该情况说明,连紧时第 j 耐张段的划印线长大于设计要求的线长时需要缩短(调紧)。根据式(10-3-4)得

$$\Delta L_i = \frac{\sigma_j - \sigma_\Sigma}{E_i} \sum_{i=1}^{n} \frac{l_i}{\cos^2\varphi_i} + \frac{\gamma^2}{24} \left(\frac{1}{\sigma_\Sigma^2} - \frac{1}{\sigma_j^2}\right) \sum_{i=1}^{n} l_i^3 \cos\varphi_i \qquad (10-4-4)$$

(2)由 $l_{D\Sigma}$ 确定的水平紧线应力 σ_Σ 高于由 $l_{jd\Sigma}$ 确定的水平紧线应力 σ_j。该情况说明,连紧时第 j 耐张段的划印线长小于设计要求的线长时需要放长(调松)。根据式(10-3-4)得:

$$\Delta L_i = \frac{\sigma_\Sigma - \sigma_j}{E_i} \sum_{i=1}^{n} \frac{l_i}{\cos^2\varphi_i} + \frac{\gamma^2}{24} \left(\frac{1}{\sigma_\Sigma^2} - \frac{1}{\sigma_j^2}\right) \sum_{i=1}^{n} l_i^3 \cos\varphi_i \qquad (10-4-5)$$

式中:ΔL_i——某耐张段的线长调整量,m;

　　　n——某耐张段的档距数;

　　　E_i——某耐张段架空线的代表弹性模量。

第五节　导地线的地面划印法施工计算

导地线架线施工的方法较多,以往常用的是高空划印法架线,其施工步骤如下:①放线;②导地线压接;③紧线;④测定弧垂和划印;⑤根据划印点预留跳线长度和耐张串长度后,进行割线和挂线;⑥安装附件(金具等)。

高空划印法的主要缺点是高空作业多。为了减少架线施工中的高空作业量,克服高空划印法的不足,20 世纪 60 年代以来越来越多地采用地面划印架线法,如图 10-5-1 所示。

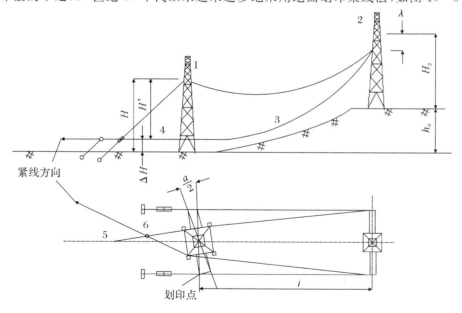

图 10-5-1　地面划印现场布置图

1—紧线操作塔;2—相邻直线塔;3—架空线;4—地面划印滑轮;5—紧地地锚;6—转向滑轮

地面划印法是将导地线悬挂于低空状态,以便划印操作者站在地面或接近地面处进行划印操作和弧垂观测。由于低空操作方便,避免了在地形复杂的情况下,高空划印后松线过远,造成割线和压接的困难。

地面划印架线,必须预先计算线长调整量,即调整因测定弧垂时,导地线悬挂点降低后所引起的线长变化,从而预先计算割线长度,以保证压接挂线后导地线弧垂能符合设计要求。

一、线长调整量的计算

(1)当紧线操作塔为直线耐张杆塔(见图 10-5-2)时,导地线在挂线位置的线长为

$$L = l + \frac{\gamma^2 l^3 \cos\varphi}{24\sigma_0^2} + \frac{h^2}{2l}$$

在划印位置的线长 L' 的计算公式为

$$L' = l' + \frac{\gamma^2 l'^3 \cos\varphi'}{24\sigma_0^2} + \frac{h'^2}{2l'}$$

由此可得线长调整量为

$$\Delta L = L' - L = (l' - l) + \frac{\gamma^2}{24\sigma_0^2}(l'^3 \cos\varphi' - l^3 \cos\varphi) + \left(\frac{h'^2}{2l'} - \frac{h^2}{2l}\right) \quad (10-5-1)$$

式(10-5-1)右端第二项数值很小,可略去不计。于是有

$$\Delta L = L' - L = (l' - l) + \left(\frac{h'^2}{2l'} - \frac{h^2}{2l}\right) \quad (10-5-2)$$

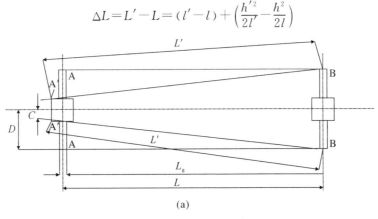

(a)

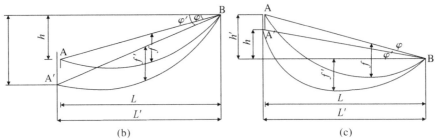

(b) (c)

图 10-5-2 在直线耐张杆塔紧线

(2)当紧线操作塔为转角耐张杆塔(见图 10-5-3)时,转角内侧与外侧的线长调整量

不等,需分别计算。

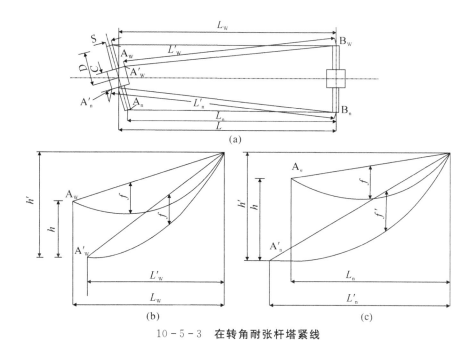

10-5-3 在转角耐张杆塔紧线

转角内侧的线长调整量为

$$\Delta L_n = L_n' - L_n = (l_n' - l_n) + \left(\frac{h'^2}{2l_n'} - \frac{h^2}{2l_n} \right) \tag{10-5-3}$$

转角外侧的线长调整量为

$$\Delta L_w = L_w' - L_w = (l_w' - l_w) + \left(\frac{h'^2}{2l_w'} - \frac{h^2}{2l_w} \right) \tag{10-5-4}$$

二、割线长度计算

设割线长度为 $\Delta L'$,则有

$$\Delta L' = \Delta L + \lambda + \lambda_1 \tag{10-5-5}$$

式中:λ——耐张绝缘子串(包括连接金具)长度,m;

λ_1——预留跳线等长度,其中包括紧线操作杆塔为耐张杆塔的横担一半宽度 $S/2$、转角耐张杆塔的内、外侧挂线点与杆塔中心的投影距离 $+N_n$、$-N_n$ 等。

三、划印点最小高度计算

采用地面划印时,要求紧线操作档内导地线不着地或不碰任何凸出障碍物,如图 10-5-4所示。此时,操作杆塔上的导地线必须保证有适当的高度,此高度通常称为划印点最小高度。

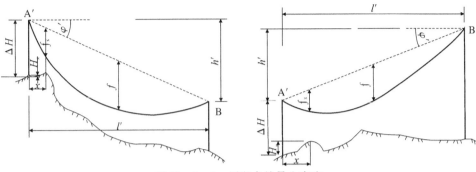

图 10 - 5 - 4 划印点的最小高度

导地线对应于凸出障碍物 x 处的弧垂为

$$f_x = \frac{\gamma x(l-x)}{2\sigma_0 \cos\varphi'} = 4f_{\max} \frac{x}{l}\left(1-\frac{x}{l}\right)$$

由图 10 - 5 - 4 看出,当操作杆塔与相邻悬垂型杆塔的悬挂点不等高时,划印点最小高度为

$$\Delta H \geqslant H_x + f_x \pm h'\frac{x}{l'} \tag{10 - 5 - 6}$$

划印点较高时,等号右侧最后一项取正号,反之取负号。

当操作杆塔与相邻悬垂型杆塔悬挂点等高时,划印点的最小高度为

$$\Delta H \geqslant H_x + f_x \tag{10 - 5 - 7}$$

式中:H_x——操作杆塔基面与操作档中突出物的高度,基面较高时取负值,反之取正值,m;

　　　h'——操作杆塔基面与相邻杆塔悬挂点的高差,基面较高取正值,反之取负值,m。

第六节　跳线安装长度计算

紧线完成后,需将耐张杆塔前、后的导地线进行连接,此连接线通称为跳线(也称引流线)。导线跳线与耐张线夹间必须良好连接,以保证接触电阻较小。地线跳线的连接应根据设计要求确定,或与本线绑扎,或连接在杆塔的地线支架上。

输电线路的跳线,其悬挂点跨距极小(110 kV 线路多为 5 m 左右),其弧垂相对于跨距的比值较导地线大得多,因此其内应力是极小的。在这种情况下,跳线的刚性强弱、耐张线夹的弯角大小、尾部的长短对跳线的形状均具有较大的影响,在计算跳线长度时,必须考虑。

对于跳线安装长度的确定方法,有抛物线计算法和作图放样法两种。下面介绍无跳线支撑管常用跳线线长(斜抛物线法)的计算。

如图 10 - 6 - 1 所示,由线长公式得图中两个半档跳线的长度分别为

$$L_1 = \frac{1}{2}\left(2l_1 + \frac{8f_1^2}{3\times 2l_1}\right) = l_1 + \frac{2f_1^2}{3l_1}; \quad L_2 = \frac{1}{2}\left(2l_2 + \frac{8f_2^2}{3\times 2l_2}\right) = l_2 + \frac{2f_2^2}{3l_2}$$

跳线安装长度为

$$L_{ab} = L_1 + L_2 = l + \frac{2}{3}\left(\frac{f_1^2}{l_1} + \frac{f_2^2}{l_2}\right) \tag{10 - 6 - 1}$$

因为 $\dfrac{f_2}{f_1} = \dfrac{l_2^2}{l_1^2}$,所以有

$$\left.\begin{array}{l} l_1 = \dfrac{l}{1+\sqrt{\dfrac{f_2}{f_1}}} \\[4mm] l_2 = \dfrac{l}{1+\sqrt{\dfrac{f_1}{f_2}}} \end{array}\right\} \tag{10-6-2}$$

式中：l——跳线的计算支持点 a 与 b 间的跨距，m。计算时应考虑耐张线夹的弯角、尾部长度和跳线刚性长度，从图 10-6-1 知其计算式为

$$l = S + \left(\lambda_1 + \frac{c+e}{2}\cos\Psi\right)\cos\frac{\alpha}{2}\cos\theta_1 + \left(\lambda_2 - \frac{c-e}{2}\cos\Psi\right)\cos\frac{\alpha}{2}\cos\theta_2 \tag{10-6-3}$$

S——横担绝缘子串挂点宽度，m；

f_1、f_2——跳线最低点至计算支持点 a 与 b 的垂直高度，m，按下式计算：

$$\left.\begin{array}{l} f_1 = F - \left(\lambda_1 - \dfrac{c+e}{2}\cos\Psi\right)\cos\dfrac{\alpha}{2}\sin\theta_1 \\[4mm] f_2 = F - \left(\lambda_2 - \dfrac{c+e}{2}\cos\Psi\right)\cos\dfrac{\alpha}{2}\sin\theta_2 \end{array}\right\} \tag{10-6-4}$$

式中：F——给定的跳线弧垂，m，一般为塔头电气间隙允许的跳线最大弧垂与最小弧垂气的平均值。

α——线路转角，(°)。

Ψ——耐张线夹的尾部与耐张绝缘子串间的弯角，(°)。

c——螺栓型耐张线夹的尾部长度，m（见图 10-6-2）。

e——螺栓型耐张线夹跳线出耐张线夹尾部后的刚性长度，m，螺栓型如图 10-6-2 所示，其值可参考表 10-6-1，液压线夹考虑引流板长度增加，其增加值为 $(c+e)$，如图 10-6-3 所示。

θ_1、θ_2——后侧（小号侧）、前侧（大号侧）耐张绝缘子串的倾斜角(°)，如图 10-6-4 所示，按下式计算：

$$\left.\begin{array}{l} \theta_1 = \arctan\left(\dfrac{G_{J1}+\gamma_1 A l_s}{2T_{D1}} + \dfrac{h_s}{l_s}\right) = \arctan\left(\dfrac{G_{J1}+\gamma_1 A l_s}{2\sigma_{D1}A} + \dfrac{h_s}{l_s}\right) \\[4mm] \theta_2 = \arctan\left(\dfrac{G_{J2}+\gamma_1 A l_b}{2T_{D2}} + \dfrac{h_b}{l_b}\right) = \arctan\left(\dfrac{G_{J2}+\gamma_1 A l_b}{2\sigma_{D2}A} + \dfrac{h_b}{l_b}\right) \end{array}\right\} \tag{10-6-5}$$

式中：G_{J1}、G_{J2}——后侧（小号侧）、前侧（大号侧）耐张绝缘子串的重力，N；

T_{D1}、T_{D2}——后侧（小号侧）、前侧（大号侧）导线施工时的水平张力，N；

σ_{D1}、σ_{D2}——后侧（小号侧）、前侧（大号侧）导线施工时的弧垂最低点应力，N；

γ_1——导线的自重比载，MPa/m；

A——导线的截面积，mm^2；

l_s、l_b——与后侧（小号侧）、前侧（大号侧）的档距，m；

h_s、h_b——后侧（小号侧）档、前侧（大号侧）档的高差，m，每一档的高差值为每一档的大号侧悬挂点高程与小号侧悬挂点高程之差。

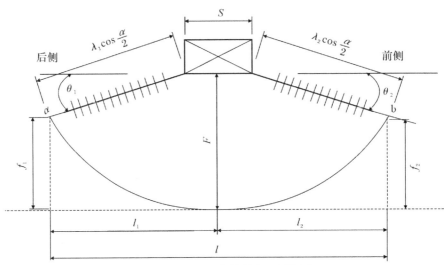

图 10 - 6 - 1 跳线计算(无跳线串)

表 10 - 6 - 1　 e 值表

单位:m

导线型号	LGJ - 95	LGJ - 120	LGJ - 150	LGJ - 185	LGJ - 240	LGJ - 300
e	0.03	0.05	0.07	0.09	0.1	0.11
导线型号	LGJ - 400	LGJ - 500	LGJQ - 240	LGJQ - 300	LGJQ - 400	LGJQ - 500
e	0.11	0.12	0.09	0.1	0.1	0.11

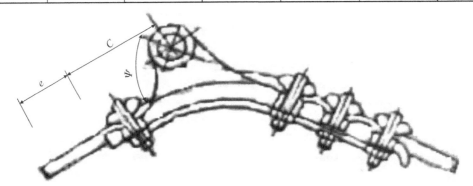

图 10 - 6 - 2 螺栓型耐张线夹尾部长度

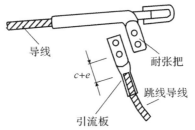

图 10 - 6 - 3 液压线夹引流板长度增加值

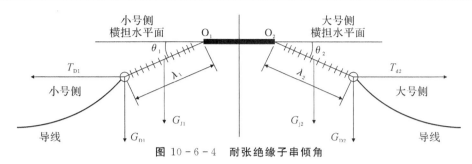

图 10-6-4 耐张绝缘子串倾角

根据跳线安装实测经验,当 $\gamma \geqslant 30°$ 时,计算螺栓型耐张线夹跳线时,式(10-6-3)和式(10-6-3)中的 $\dfrac{c+e}{2}$ 则改为 $c+e$。

以上为适合耐张杆塔边导线无跳线串时的跳线计算,不适合导线跳线有跳线串或有跳线支撑管时的跳线线长计算。现在介绍单跳线串及双跳线串、单(双)跳线串带支承管的跳线线长计算。

如图 10-6-5 所示,根据式(10-6-1)可得单跳线串跳线的跳线安装长度为

$$L_{ab} = l_1 + l_2 + \frac{8}{3}\left(\frac{f_1^2}{l_1} + \frac{f_2^2}{l_2}\right) \tag{10-6-6}$$

同理,根据图 10-6-6 得双跳线串跳线的跳线安装长度为

$$L_{ab} = l_1 + l_2 + l_3 + \frac{8}{3}\left(\frac{f_1^2}{l_1} + \frac{f_2^2}{l_2} + \frac{f_3^2}{l_3}\right) \tag{10-6-7}$$

根据图 10-6-7 得双跳线串带支撑管的跳线安装长度为

$$L_{ab} = l_1 + l_2 + l_b + \frac{8}{3}\left(\frac{f_1^2}{l_1} + \frac{f_2^2}{l_2}\right) \tag{10-6-8}$$

式中:l_1、l_2、l_3——耐张线夹或跳线悬垂线夹至跳线悬垂线夹之间的净空距离;

l_b——支撑管长度;

f_1、f_2、f_3——耐张线夹或跳线悬垂线夹至跳线悬垂线夹之间给定的跳线弧垂。

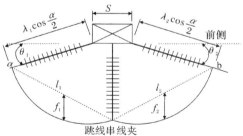

图 10-6-5 单跳线串跳线计算

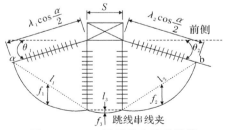

图 10-6-6 双跳线串跳线计算

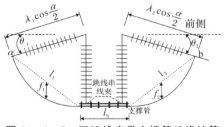

图 10-6-7 双跳线串带支撑管跳线计算

第七节　架空输电线路的改建

已架成的架空输电线路,在运行期间往往出现新的交叉跨越物,或有时因地质、水文条件的变化及其他原因,而需将线路中的几基杆塔进行几项改建工作。以下分 4 种情况进行讨论:①移动杆塔位置(杆高及数目不变);②增加杆塔高度(杆位及数目不变);③增设杆塔;④上述项目的结合。

线路改建要求改建后导线对地距离、导地线应力以及杆塔受力等都符合原线路的设计要求。改建施工常用方法是将改建的耐张段按新的情况重新紧线,重新安装线夹。这种方法施工比较复杂且不经济,而且导地线原来安装线夹的部位串入档内,将降低导地线的使用张力。另一种方法是不重新紧线,只串动少数几基杆塔上悬垂线夹的位置而完成改建。为了避免上述缺陷,可用下面推荐的简便方法。

(1)耐张不需要重新紧线。

(2)只串动少数几基杆塔上的悬垂线夹位置。在一定的条件下采用这种方法,所得导地线架设的精确程度将与重新紧线者相同。

计算的目的是确定线路改建前、后导地线的长度差 ΔL,在改建时进行线长的调整。以下分五种情况讨论具体计算方法。

一、移动杆塔位置

已知图 10-7-1 的代表档距为 l_{db},在气温为 $t(℃)$ 时改建前的导地线应力为 σ_t,要求改建后应力也为 σ_t,将 K 号杆塔在 $(K-1)$ 号和 $(K+1)$ 号杆塔间移动 Δl (m)至 K',杆塔等高,已知 $(K-1)$ 号和 $(K+1)$ 号杆塔间的线长在改建前为

$$L = (l_a + l_b) + \frac{\gamma^2 (l_a^3 + l_b^3)}{24\sigma_t^2} \qquad (10-7-1)$$

令 $l_a' = l_a + \Delta l, l_b' = l_b - \Delta l$,根据线长公式知道改建后的线长为

$$L' = (l_a + \Delta l) + (l_b - \Delta l) + \frac{\gamma^2 (l_a + \Delta l)^3 + (l_b - \Delta l)^3}{24\sigma_t^2}$$

$$= (l_a + l_b) + \frac{\gamma^2 (l_a'^3 + l_b'^3)}{24\sigma_t^2} \qquad (10-7-2)$$

改建前、后线长的增量为

$$\Delta L = L' - L = \frac{\gamma^2 (l_a'^3 + l_b'^3 - l_a^3 + l_b^3)}{24\sigma_t^2} \qquad (10-7-3)$$

若 ΔL 为正值,说明线长需增加;若 ΔL 为负值,说明线长需减少,同时只需串动 K 号杆上的悬垂线夹。在验算此档距中的导线对地距离之后,即可决定杆塔移动的位置。

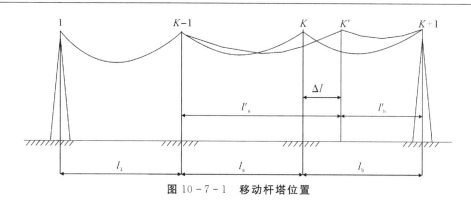

图 10-7-1 移动杆塔位置

二、杆塔在原地加高

已知图 10-7-2 的代表档距为 l_{db}[气温为 $t(℃)$],要求改建后的导地线应力与改建前一样,均为 σ_t,K 号杆塔在($K-1$)号和($K+1$)号杆塔间,杆塔加高 $\Delta H(m)$,已知($K-1$)号和($K+1$)号杆塔间的线长在改建前为

$$L=\left(\frac{l_a}{\cos\varphi_a}+\frac{l_b}{\cos\varphi_b}\right)+\frac{\gamma^2(l_a^3\cos\varphi_a+l_b^3\cos\varphi_b)}{24\sigma_t^2} \tag{10-7-4}$$

式中:$\varphi_a=\arctan(h_{K-1}/l_a)$,$\varphi_b=\arctan(h_K/l_b)$。

根据线长公式知道改建后的线长为

$$L'=\left(\frac{l_a}{\cos\varphi'_a}+\frac{l_b}{\cos\varphi'_b}\right)+\frac{\gamma^2(l_a^{'3}\cos\varphi'_a+l_b^{'3}\cos\varphi'_b)}{24\sigma_t^2} \tag{10-7-5}$$

式中:$\varphi'_a=\arctan(h'_{K-1}/l_a)$;$\varphi'_b=\arctan(h'_K/l_b)$。

改建前后线长的增量为

$$\Delta L=L'-L$$

若 ΔL 为正值,说明线长需增加;若 ΔL 为负值,说明线长需减少。同时只需串动 K 号杆上的悬垂线夹。在验算此档距中的导线对地距离之后,即可决定应加高的杆塔高度值。

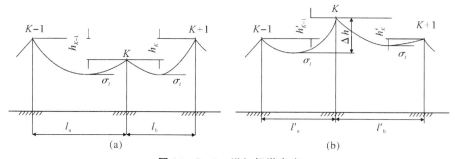

图 10-7-2 增加杆塔高度
(a)增加高度前;(b)增加高度后

三、移动杆塔位置及杆塔加高

已知图 10-7-3 的代表档距为 l_{db},要求改建后的导地线应力与改建前[气温为 $t(℃)$]一样为 σ_t,将 K 号杆塔在($K-1$)号和($K+1$)号杆塔间移动 $\Delta l(m)$,并将其加高 $\Delta H(m)$,可

按式(10-7-4)计算出($K-1$)号和($K+1$)号杆塔间在改建前的线长。

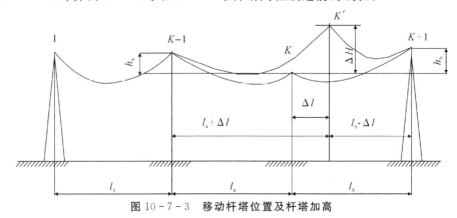

图 10-7-3　移动杆塔位置及杆塔加高

令 $l_a'=l_a'+\Delta l$，$l_b'=l_b-\Delta l$，$h_a'=h_a+\Delta H$，$h_b'=h_b-\Delta H$，改建后的线长为

$$L'=\left(\frac{l_a'}{\cos\varphi_a'}+\frac{l_b'}{\cos\varphi_b'}\right)+\frac{\gamma^2(l_a'^3\cos\varphi_a'+l_b'^3\cos\varphi_b')}{24\sigma_t^2} \qquad (10-7-6)$$

式中：$\varphi_a'=\arctan(h_a'/l_a')$；$\varphi_b'=\arctan(h_b'/l_b')$。

改建前、后线长的增量为

$$\Delta L=L'-L$$

若 ΔL 为正值，说明线长需增加；若 ΔL 为负值，说明线长需减少，同时只需串动 K 号杆上的悬垂线夹。在验算此档距中的导线对地距离之后，即可决定应加高的杆塔高度值与杆塔移动的位置。

四、增设一基杆塔

已知耐张段的代表档距为 l_{db}，要求改建前、后的导地线应力均为 σ_t（t 代表气温℃），现需要在 K 号和 $K+1$ 号杆塔之间增设一基杆塔 K'，使档距 l_K 分为 l_a 及 l_b 两档（见图 10-7-4）。

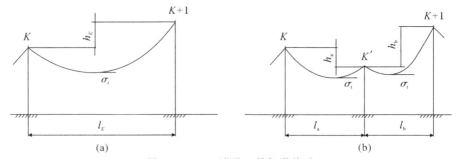

(a)　　　　　　　　　　　　　(b)

图 10-7-4　增设一基杆塔前后

(a)杆塔现状；(b)增设一基杆塔后

根据线长公式知道改建前的线长为

$$L=\frac{l_a}{\cos\varphi_K}+\frac{\gamma^2 l_K^3\cos\varphi_K}{24\sigma_t^2} \qquad (10-7-7)$$

式中：$\varphi_K=\arctan(h_K/l_K)$。

根据线长公式知道改建后的线长为

$$L' = \left(\frac{l_a}{\cos\varphi_a} + \frac{l_b}{\cos\varphi_b} \right) + \frac{\gamma^2 (l_a^3 \cos\varphi_a + l_b^3 \cos\varphi_b)}{24\sigma_t^2} \qquad (10-7-8)$$

式中：$\varphi_a = \arctan(h_a/l_a)$；$\varphi_b = \arctan(h_b/l_b)$。

改建前后线长的增量为

$$\Delta L = L' - L$$

若算得的 ΔL 为正值，说明需增加一段线长；若 ΔL 为负值，则说明需减去一段线长。

五、各种改建情况的组合

若耐张段的改建工作同时包括杆塔移动、杆塔加高及增设杆塔等项目，其改建前、后线长增量是前面所介绍的计算方法所得计算量的叠加。

【例 10-7-1】　某线路采用 GL/G1A-185 导线，$\gamma_1 = 35.7 \times 10^{-3}$ N/(m·mm)^2，导线的最大设计应力为 $[\sigma] = 116$ N/mm^2，临界档距 $l_L = 220$ m。

(1)某耐张段由 5 个档距组成(见图 10-7-5)，档距均为 260 m，现拟在 3 号杆与 4 号杆塔之间增设一基等高杆塔，$l_a = l_b = 130$ m，若改建工程在气温为 0 ℃时进行，试作线长调整量计算。

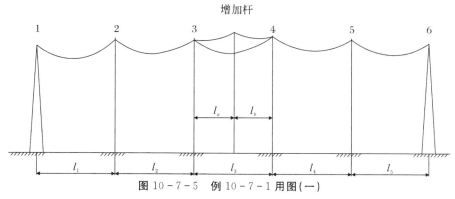

图 10-7-5　例 10-7-1 用图(一)

(2)某耐张段由 3 档组成，档距 $l_1 = 180$ m，$l_2 = l_3 = 220$ m，需将原 3 号杆向 4 号杆侧移动 60 m，同时原 2 号杆及 3 号杆间增设一基杆塔 2′号，如图 10-7-6 所示，图中虚线为改建后的耐张段。试作改建计算。

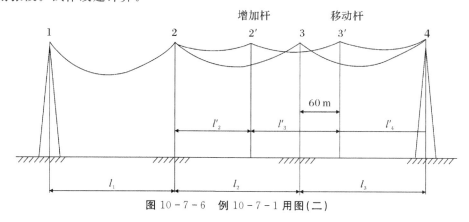

图 10-7-6　例 10-7-1 用图(二)

解 （1）由图 10-7-5 可知，线路改建前，各档均为 260 m（平地），增加等高杆塔后，$l_a=l_b=$ 130 m，计算得此时代表档距 $l_{db}'=240$ m，改建前的代表档距 $l_{db}=260$ m。根据改建前、后的代表档距，从应力曲线图查到：改建前应力 $\sigma_0=68.7$ N/mm^2，改建后应力 $\sigma_0'=70.7$ N/mm^2。

由式（10-7-7）和式（10-7-8）计算出改建前、后（应力不变的原则）的线长增量为

$$\Delta L=L_1-L\approx\frac{(l_a^3+l_b^3-l_k^3)\gamma_1^2}{24\sigma_t^2}=\frac{(130^3+130^3-260^3)\times 35.8\times 10^{-6}}{24\times 68.7^2}=-0.15\text{ m}$$

（2）已知线路改建前（见图 10-7-6）档距 $l_1=180$ m，$l_2=l_3=220$ m，算得改建前的代表档距 $l_{db}=207$ m，线路改建后 $l'_1=180$ m，$l'_2=l'_3=140$ m，$l'_4=160$ m，悬点仍等高。算得改建后的代表档距 $l'_{db}=158$ m。

现仍设 0 ℃进行改建，根据改建前、后曲线图查得：改建前应力 $\sigma_0=72.4$ N/mm^2；改建后应力 $\sigma'_0=66.5$ N/mm^2。

在 2 号杆与 4 号杆之间的导线，先算 3 号杆移动，后算在 2 号和 3 号之间加杆，分步进行：

第一步，先移动 3 号杆，移动后将其命名为 3′号，根据式（10-7-3），改建前、后线长的增量为

$$\Delta L=L_1-L=\frac{\gamma_1^2((l_2+60)^3+(l_3-60)^3-l_2^3-l_3^3)}{24\sigma_0^2}=0.05\text{ m}$$

第二步，在 2 号～3′号杆之间增加一基等高杆，根据式（10-7-10），则改建前、后导线长度增量为

$$\Delta l=l'-l=(l'_2+l'_3-l_k)+\frac{\gamma^2[(l'_2{}^3+l'_3{}^3-l_k{}^3)]}{24\sigma_0^2}$$

将已知数值 $l_k=280$ m，$l'_2=l'_3=140$ m 代入得

$$\Delta l=-0.17\text{ m}$$

进而得

$$\Delta L=-0.17+0.05=-0.12\text{ m}$$

计算结果表明：耐张段 1）在气温为 0 ℃时增设杆塔，为使导线应力不变，应将档距 l_3 中的导线减去 0.15 m 长的一段；耐张段（2）中，在 0 ℃气温下移杆并增杆，为使导线应力不变，应在 2 号杆与 4 号杆之间减去 0.17 m 长的导线。

习　　题

1. 观测架空输电线路导线和地线弧垂时观测档的选取需考虑哪些因素？

2. 简述观测弧垂的方法和原理。

3. 对运行线路进行弧垂调整时，计算应力和弧垂与新建线路有哪些不同？ 简述弧垂调整的计算步骤。

4.架线时为何需要过牵引？简述过牵引力对连续档和孤立档的影响的差异。当过牵引力超过杆塔使用条件或导线许用应力时,需要采取什么措施？

5.简述架空线紧线施工时高空划印法和地面划印法的步骤,及两者的区别。

6.推导采用平抛物线法计算跳线长度的公式。

7.对已建架空线路,当移动杆塔位置、增加杆塔高度（杆位及数目不变）、增加杆塔时,如何确定是否需要对电线进行改造？简述在什么情况下需要进行何种形式的改造。

第十一章　不平衡张力计算

第一节　概　述

架空输电线路由于外力破坏、雷击、严重覆冰和大风等原因,可能引发输电线路的断线事故。断线后,断线档两侧的输电杆塔承受断线产生的不平衡张力,即为断线张力。断线轻则可能使杆塔的局部构件产生变形,重则会导致杆塔的整体破坏,甚至还会引发多米诺骨牌效应——连续倒塔。因此,在线路设计中要从设计杆塔强度和塔型布置上限制断线后事故的影响范围。

输电线路架设时,一般要求保证悬垂型杆塔的悬垂绝缘子串铅垂,杆塔两侧导地线的水平张力相等,悬垂型杆塔上不出现不平衡的水平张力。但当气象条件改变时,由于耐张段内各档档距、高差、荷载等的不同,杆塔两侧导地线的水平张力不再相等。因为气象条件变化在杆塔上产生的水平张力差,称为导地线的不平衡张力。无论是因为气象的变化还是断线产生的不平衡张力,都属于导地线的纵向不平衡张力。

计算导地线的纵向不平衡张力,是为计算杆塔强度、验算导地线不均匀覆冰、验算导地线与杆塔的电气间隙、校验邻档断线后跨越档的交叉跨越距离等建立基础。

架空输电线路导地线断线情况比较复杂,可能是导线断线,也可能是地线断线,还可能是导地线都断线。

为了确保杆塔具有一定的抵抗纵向荷载的能力,在计算杆塔强度时,悬垂型杆塔的断线情况应按下列荷载组合进行计算:

(1)同塔架设导线总相数不大于3的杆塔,单导线断任意一相导线(分裂导线任意一相导线有纵向不平衡张力),地线未断;断任意一根地线,导线未断。

(2)同塔架设导线总相数为4~6的杆塔,同一档内,单导线断任意两相导线(分裂导线任意两相导线有纵向不平衡张力),地线未断;同一档内,断任意一根地线,单导线断任意一相导线(分裂导线任意一相导线有纵向不平衡张力);对于大跨越线路,还应计算同一档内断两根地线、导线未断情况。

(3)同塔架设导线总相数大于6的交流线路杆塔,同一档内,单导线断任意三相导线(分裂导线任意三相导线有纵向不平衡张力),地线未断;同一档内,断任意一根地线,单导线断任意两相导线(分裂导线任意两相导线有纵向不平衡张力);对于大跨越线路,还应计算同一档内断两根地线、任意一相导线有纵向不平衡张力的情况。

(4)防串倒的加强型悬垂杆塔,除计算上述荷载组合外,还应按所有导线、地线同时同侧有断线张力(分裂导线有纵向不平衡张力)计算。

在计算杆塔强度时,耐张型杆塔的断线情况应按下列荷载组合进行计算:

(1)同塔架设导线总相数为 2 的杆塔,同一档内,断任意一根地线,单导线断任意一极导线(分裂导线任意一极导线有纵向不平衡张力)。

(2)同塔架设导线总相数为 3~6 的杆塔,同一档内,单导线断任意两相导线(分裂导线任意两相导线有纵向不平衡张力),地线未断;同一档内,断任意一根地线,单导线断任意一相导线(分裂导线任意一相导线有纵向不平衡张力);对于大跨越和特高压线路,除计算上述荷载组合外,还应计算同一档内断两根地线、导线未断的情况。

(3)同塔架设导线总相数大于 6 的交流线路杆塔,同一档内,单导线断任意三相导线(分裂导线任意三相导线有纵向不平衡张力),地线未断;同一档内,断任意一根地线,单导线断任意两相导线(分裂导线任意两相导线有纵向不平衡张力);对于大跨越和特高压线路,除计算上述荷载组合外,还应计算同一档内断两根地线、任意一相导线有纵向不平衡张力的情况。

根据现行《架空输电线路荷载规范》(DL/T 5551—2018)及《重覆冰架空输电线路设计技术规程》(DL/T 5440—2020)规定:导地线断线张力(或分裂导线的纵向不平衡张力)取其最大使用应力的百分数,见表 11-1-1;出现断线张力(或分裂导线的纵向不平衡张力)的根数,根据悬垂型还是耐张型杆塔,是单回路、双回路还是多回路的组合确定;不均匀覆冰情况下的导地线的不平衡张力的取值见表 11-1-2,并考虑导地线同时同向有不均匀覆冰的不平衡张力。

表 11-1-1　导地线断线张力(或分裂导线的纵向不平衡张力)取值表

冰区/mm			断线张力(最大使用张力的百分数)/(%)					
			地线	悬垂塔导线			耐张塔导线	
				单导线	双分裂导线	双分裂以上导线	单导线	双分裂及以上导线
无冰区及轻冰区	≤10	平丘	100	50	25	20	100	70
		山地	100	50	30	25	100	70
		大跨越	100	60	70				
中冰区	15		100	50	40	35	100	70
	20		100	50	50	45	100	70
	大跨越	15	100	60			70	
		20	100	60			80	

冰区/mm		断线张力(最大使用张力的百分数)/(%)						
		地线	导线			单导线	双分裂及以上导线	
			一类	二类	三类		一类	二类	三类
重冰区	20	100	60	55	55	100	100	80	75
	30	100	65	60	60	100	100	85	80
	40	100	70	65	65	100	100	90	85
	50	100	75	70	70	100	100	100	90

注:一类:1000 kV、750 kV、500 kV、±1100 kV、±800 kV、±660 kV、±500 kV;

　　二类:330 kV、重要 220 kV;

　　三类:220 kV、110 kV。

表 11-1-2 不均匀覆冰情况导、地线不平衡张力取值表

冰区/mm		不均匀覆冰情况导、地线不平衡张力（最大使用张力的百分数）/（％）							
		悬垂型杆塔		耐张型杆塔					
		导线	地线	导线			地线		
				一类	二类	三类	一类	二类	三类
无冰区及轻冰区	≤10	10	20	30			40		
中冰区	15	15	25	35			45		
	20	20	30	40			50		
重冰区	20	25	46	56	46	42	65	57	54
	30	29	50	68	57	46	73	62	58
	40	33	54	78	65	50	82	68	63
	50	38	58	83	70	54	87	73	67

注：垂直冰荷载按 75％覆冰计算。

上述有关断线张力的计算规定，仅用于杆塔设计和强度校验。重冰区线路、邻档断线的交叉跨越间距校验，杆塔试验以及检查转动横担或释放线夹是否能动作等需要精确地知道断线张力和不平衡张力的情况，此时必须根据实际档距、高差、杆塔结构和气象等进行计算，但计算值不能超过上述的计算规定，否则不满足要求。

为提高输电线路的运行可靠性，近年建设的架空输电线路多采用固定横担和固定悬垂线夹，很少采用转动横担、压屈横担和释放线夹，因此本书仅对固定横担、固定线夹下断线张力进行研究、计算。

下面将分别介绍单导线、分裂导线断线时的不平衡张力计算，线路正常运行时的不平衡张力计算，导线断线时地线的不平衡张力（地线支持力）的计算。

第二节 固定横担固定线夹断线张力的计算

悬垂型杆塔采用悬垂绝缘子串和固定横担、固定线夹时，单根导线断落后断线张力变为零，在另一侧同相导线拉力的作用下，杆塔向未断线侧产生挠曲，悬垂绝缘子串向未断线侧偏斜，使得未断线侧导线比断线前松弛，张力减小。未断线侧的其余悬垂型杆塔也向同一方向挠曲，其杆塔上的悬垂绝缘子也向同一方向偏斜，但偏斜程度逐基减小，如图 11-2-1 所示。此时断线档杆塔承受的是断线冲击过程稳定后的已经衰减了的"残余张力"。绝缘子串越长，导线越松弛，张力衰减越多，残余张力也就越小。悬垂型杆塔的挠曲变形进一步增大了导线的松弛量，因此残余张力更小。

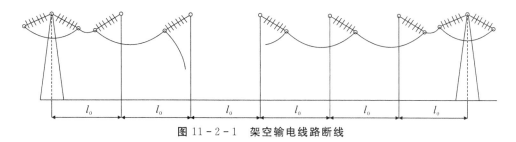

图 11-2-1　架空输电线路断线

断线引起的悬垂绝缘子串偏斜与杆塔挠曲变形,还使未断线侧各档的档距向减小的方向变化。紧邻断档的档距减少得最多,距离断线档越远,档距减小得越少。

残余张力的大小和档距的减少程度与断线后剩余档数有关。剩余档数是指断线档到耐张杆塔之间的档数。剩余档数越少,绝缘子偏斜越严重,导线越松弛,残余张力就越小,档距减小得也就越多。当断线后剩余档仅有一档时,悬垂绝缘子串偏斜得像耐张绝缘子串一样(见图 11-2-2)。一般情况下,认为第五档之后的导线张力衰减很小,可以不再考虑。断线档的相邻档的残余张力最小,弧垂最大,且该力完全由断线档侧的杆塔承受,故将其定义为断线张力。

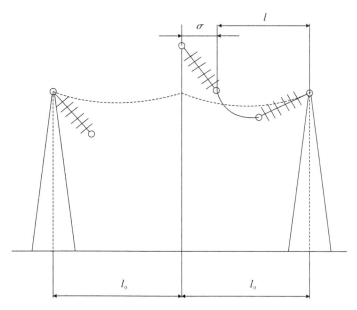

图 11-2-2　断线后剩余档数仅有一档的情况

一、断线档位置的选取原则

设计杆塔的荷载时断线档选在耐张段的第一档和最后一档,因该档断线时,悬垂型杆塔所受的张力最大。当校验跨越档的限距时,应选择在跨越档的邻档断线。由于断线张力与档距大小密切相关,不同档距分布下的断线档选择原则见表 11-2-1。

表 11-2-1　断线档选择原则一览表

档距分布形式	档距特点	断线档选择原则
l_1　l_2　l_3　l_4　l_5　l_6	各档档距大致相等	选在档距较多的一侧断线
l_1　l_2　l_3　l_4　l_5　l_6　l_7	跨越档两侧的档距为一大一小,即 $l_3 > l_5$	选在大档距内断线
l_1　l_2　l_3　l_4　l_5　l_6　l_7	跨越档两侧的档距一侧较大,一侧很小,且小档距的邻档为一大档距,$l_2 > l_5 > l_3$	先选在较大档距 l_5 内断线,若计算结果裕度不大,需再在小档距内断线计算,取裕度小的情况
l_1　l_2　l_3　l_4　l_5	跨越档一侧为大档距,且靠近非悬垂型杆塔,$l_1 > l_3$	先假定选在多档距一边,再计算大档距一边

二、求断线张力的图解法

图解法既是对固定线夹的线路计算断线张力的经典方法,也是计算各种线路断线张力和求解各种不平衡张力的图解法的基础。图解法计算断线张力时,根据精度要求,档距可取各档相同或按实际情况的不等档距。靠近断线档附近的档距越大,剩余档数越多,断线张力越大(超过 5 档则影响不显著)。现对作图方法介绍如下。

1.绘制断线后各档档距变化与张力变化的关系曲线 I

假如断线余档的档距布置如图 11-2-3 所示,由于断线后张力不平衡,这时未断线档档距由原来的 l_0 缩短为 l_i(l_1、l_2、l_3、l_4、l_k),导线 d 的水平张力由 T_0 减小为 T_i(T_1、T_2、T_3、T_4、T_k),导线弧垂最低的应力由 σ_0 减小为 σ_{0i}(σ_{01}、σ_{02}、σ_{03}、σ_{04}、σ_{0k})。这是因为各个悬垂型杆塔两侧导线的张力不平衡,使导线横担悬挂点偏移、悬垂型杆塔的头部弯曲和绝缘子串倾斜。

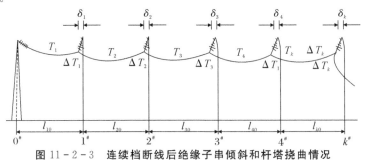

图 11-2-3　连续档断线后绝缘子串倾斜和杆塔挠曲情况

假设断线前气温为 t_0，比载为 γ，各档弧垂最低点水平应力为 σ_0，第 i 档的档距与悬挂点高差角分别为 l_{i0}、φ_{i0}，根据线长公式可得第 i 档断线前的线长为

$$L_{i0} = \frac{l_{i0}}{\cos\varphi_{i0}} + \frac{\gamma^2 l_{i0}^3 \cos\varphi_{i0}}{24\sigma_0^2} \tag{1}$$

假设断线后气温、比载不变，第 i 档档距 l_{i0} 缩短了 Δl_i，即档距变为 $l_{i0} - \Delta l_i$。弧垂最低点水平应力变为 σ_{0i}，忽略高差角变化的影响，则此时第 i 档的线长为

$$L_i = \frac{l_{i0} - \Delta l_i}{\cos\varphi_i} + \frac{\gamma^2 (l_{i0} - \Delta l_i)^3 \cos\varphi_{i0}}{24\sigma_{0i}^2} \tag{2}$$

第 i 档断线前、后两种状态的线长之差是由应力（张力）变化引起的，则有

$$L_i - L_{i0} = \frac{l_{i0}}{\cos\varphi_{i0}} \left(\frac{\sigma_{0i} - \sigma_0}{E\cos\varphi_{i0}} \right) \tag{3}$$

忽略高差角变化的影响，通过以上式(1)~式(3)可以求得第 i 档档距缩短量 Δl_i 为

$$\Delta l_i = \left[\frac{\gamma^2 l_{i0}^2 \cos^2\varphi_{i0}}{24} \left(\frac{1}{\sigma_{0i}^2} - \frac{1}{\sigma_0^2} \right) + \frac{\sigma_0 - \sigma_{0i}}{E} - \varphi_{i0} \right] \frac{l_{i0}}{\cos^2\varphi_{i0} \left(1 + \frac{\gamma^2 l_{i0}^2}{8\sigma_{0i}^2} \right)} \tag{11-2-1}$$

或用张力表示为

$$\Delta l_i = \left[\frac{p^2 l_{i0}^2 \cos^2\varphi_{i0}}{24} \left(\frac{1}{T_i^2} - \frac{1}{T_0^2} \right) + \frac{T_0 - T_i}{AE\cos\varphi_{i0}} \right] \frac{l_{i0}}{\cos^2\varphi_{i0} \left(1 + \frac{p^2 l_{i0}^2}{8T_i^2} \right)} \tag{11-2-2}$$

式中：γ——导地线比载，MPa/m；

p——导地线单位荷载，N/m；

σ_0——断线前该耐张段内导地弧垂最低水平应力，MPa；

σ_{0i}——断线后第 i 档档距 l_{i0} 变化为 $l_{i0} - \Delta l_i$ 后的导地线弧垂最低应力，MPa；

T_0——断线前该耐张段内导地线水平张力，N；

T_i——断线后第 i 档档距 l_{i0} 变化为 $l_{i0} - \Delta l_i$ 后的导地线水平张力，N；

l_{i0}——断线前的档距，m；

φ_{i0}——第 i 档的悬挂点高差角，(°)；

E——导地线弹性模量，N/mm²；

A——导地线截面积，mm²。

式(11-2-1)或式(11-2-2)表明了在 γ 或 p 不变时，应力 σ_{0i} 或张力 T_i 与 Δl 的函数关系，根据此函数关系作出的 $T = f(\Delta l)$ 曲线，称 I 曲线如图 11-2-4 曲线 I 所示。

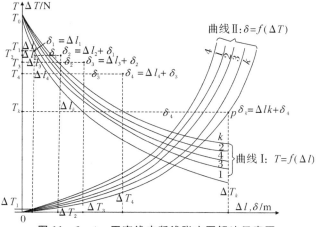

图 11-2-4 固定线夹断线张力图解法示意图

2. 绘制断线后各悬垂型杆塔上导地线悬挂点偏移与不平衡张力差的关系曲线Ⅱ

断线后，第 i 基悬垂型杆塔导地线悬挂点作用有不平衡张力时，悬垂型杆塔及悬垂绝缘子串将向张力大的一侧(断线侧)偏斜，其偏距为 δ_i，设悬垂型杆塔及悬垂绝缘子串向张力大的一侧偏距分别为 δ'_i、δ''_i，则有

$$\delta_i = \delta'_i + \delta''_i$$

悬垂型杆塔的偏斜，其实就是由张力不平衡时杆塔挠曲变形引起的，根据式(10 - 3 - 3)，第 i 档悬垂型杆塔偏距为

$$\delta'_i = B\Delta T_i = B(T_i - T_{i+1})$$

式中： B——柔性悬垂杆塔的挠度系数，m/N；

T_i、T_{i+1}——断线后第 i 档、第 $i+1$ 档的导地线水平张力，N；

ΔT_i——断线后第 i 档的水平张力差，N。

柔性悬垂型杆塔的挠度系数 B 包括塔身和横担两部分，它不仅与断线的相位、杆塔类型有关，还与未断导线和地线的支持作用有关。对于刚性较大的铁塔来说，断线后的挠度很小，一般略去不计。对架有地线的悬垂型杆塔来说，由于地线的支持，顺线路方向的挠度较小，一般情况下也可认为 $B=0$。这样求得的断线张力要比实际偏大一些。对无地线的水泥杆，挠度系数可采用 $B=5.6\times10^{-5}$ m/N。

根据绝缘子的平衡条件(见图 11 - 2 - 5)，悬垂型杆塔上悬垂串的偏移为

$$\delta''_i = \frac{\lambda_i \Delta T_i}{\sqrt{\left(G_{iD} + \dfrac{G_{iJ}}{2}\right)^2 + \Delta T_i^2}} = \frac{\lambda_i(T_i - T_{i+1})}{\sqrt{\left(G_{iD} + \dfrac{G_{iJ}}{2}\right)^2 + (T_i - T_{i+1})^2}}$$

式中：G_{iD}——作用于第 i 基悬垂线夹上的导地线的垂直荷载，N；

G_{iJ}——第 i 档悬垂绝缘子串的重量，N；

λ_i——第 i 档悬垂绝缘子串的长度，m。

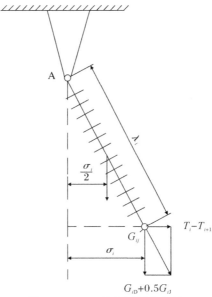

图 11 - 2 - 5 绝缘子平衡条件

根据以上分析可以得到第 i 基悬垂型杆塔及悬垂绝缘子串向张力大的一侧(断线侧)偏斜的偏距计算公式为

$$\delta_i = B(T_i - T_{i+1}) + \frac{\lambda_i(T_i - T_{i+1})}{\sqrt{\left(G_{iD} + \dfrac{G_{iJ}}{2}\right)^2 + (T_i - T_{i+1})^2}} \qquad (11-2-3)$$

根据式(11-2-3)可以分别求出悬垂型杆塔导线悬挂点偏移与导地线张力差的函数关系,据此作出 $\delta = f(\Delta T)$ 曲线,称曲线Ⅱ,如图 11-2-4 曲线Ⅱ所示。

3. 图解断线张力步骤

固定横担固定线夹断线张力图解法步骤如下:

将各档的 $T = f(\Delta l)$ 曲线Ⅰ与各悬垂型杆塔的 $\delta = f(\Delta T)$ 曲线Ⅱ分别以 T 和 ΔT 为纵坐标,以 δ 和 Δl 为横坐标绘于同一张坐标纸上(当档距、高差相同时,曲线Ⅰ、Ⅱ各作一条)。

利用试凑法,先假定靠耐张塔一档的导地线张力 T_1(见图 11-2-3),由 T_1 查曲线Ⅰ相应的曲线 1,得到 Δl_1,因 $\delta_1 = \Delta l_1$,由 δ_1 查曲线Ⅱ中相应的曲线 1,得到 ΔT_1,计算出 $T_2 = T_1 - \Delta T_1$。

由 T_2 查曲线Ⅰ相应的曲线 2,得到 Δl_2,计算出 $\delta_2 = \delta_1 + \Delta l_2$,由 δ_2 查曲线Ⅱ中相应的曲线 2,得到 ΔT_2,计算出 $T_3 = T_2 - \Delta T_2$。

由 T_i 查曲线Ⅰ相应的曲线 i,得到 Δl_i,计算出 $\delta_i = \delta_i + \Delta l_{i-1}$,由 δ_i 查曲线Ⅱ中相应的曲线 i,得到 ΔT_i,计算出 $T_{i+1} = T_i - \Delta T_i$。如此类推下去,直至算出断线相邻档的 T_k,由 T_k 查曲线Ⅰ相应的曲线 k,得到 Δl_k,计算出 $\delta_k = \delta_k + \Delta l_{k-1}$,由 δ_k 查曲线Ⅱ中相应的曲线 k,得到 ΔT_k。

如果 $T_k = \Delta T_k$,或者说 δ_k 的线段末端 P 正好落在曲线Ⅱ中相应曲线 k 上,则假定的导地线张力 T_1 正确,即 T_k 为所求的断线张力。否则应重新假定 T_1,重复上述步骤至 $T_k = \Delta T_k$ 为止。

如果 $T_k > \Delta T_k$,或者说 δ_k 的线段末端 P 点未到达曲线Ⅱ中相应曲线 k,则说明表面 T_1 设置大了;如果 $T_k < \Delta T_k$,或者说 δ_k 的线段末端 P 点超过曲线Ⅱ中相应曲线 k,则说明表面 T_1 设置小了。

用公式表示的图解法的简单步骤如下:

设已知 $T_1 \rightarrow \Delta l_1 \rightarrow \delta_1 = 0 + \Delta l_1 \rightarrow \Delta T_1 \rightarrow T_2 = T_1 - \Delta T_1$

$\qquad T_2 \rightarrow \Delta l_2 \rightarrow \delta_2 = \delta_1 + \Delta l_2 \rightarrow \Delta T_2 \rightarrow T_3 = T_2 - \Delta T_2$

$\qquad T_3 \rightarrow \Delta l_3 \rightarrow \delta_3 = \delta_2 + \Delta l_3 \rightarrow \Delta T_3 \rightarrow T_4 = T_3 - \Delta T_3$

$\qquad T_4 \rightarrow \Delta l_4 \rightarrow \delta_4 = \delta_3 + \Delta l_4 \rightarrow \Delta T_4 \rightarrow T_5 = T_4 - \Delta T_4$

$\qquad \cdots$

$\qquad T_i \rightarrow \Delta l_i \rightarrow \delta_i = \delta_{i-1} + \Delta l_i \rightarrow \Delta T_i \rightarrow T_{i+1} = T_i - \Delta T_i$

$\qquad \cdots$

$\qquad T_k \rightarrow \Delta l_k \rightarrow \delta_k = \delta_{k-1} + \Delta l_k \rightarrow \Delta T_k \rightarrow T_{k+1} = T_k - \Delta T_k = 0$

以上分析介绍的为用图解法求断线张力。也可以利用计算及采用试凑法按以上步骤求解断线张力。利用试凑求解时,初值 $T_1(\Delta l_1)$ 的取值对计算的反复次数影响很大。残余张力 T_1 一定小于未断线前的张力 $T_0 = \sigma_0 A$,剩余档数越多,T_1 与 T_0 的差值越小,档距的变化量 Δl_1 也越小。

三、求断线张力的公式法

求断线张力的主要目的是校核断线后校核跨越电气距离。通过前面介绍知,断线后剩余档数越少,张力衰减越严重,松弛弧垂越大,故断线后剩余一档的情况下张力衰减最严重,松弛弧垂最大。下面介绍断线剩余一档情况下断线张力的计算方法。

在计算中不考虑杆塔的挠度和绝缘子荷载的影响,其断线应力的公式为

$$\sigma - \frac{E\gamma^2 l_0^2 \cos^3\varphi}{24\sigma^2} = \sigma_0 - \frac{E\gamma^2 l_0^2 \cos^3\varphi}{24\sigma_0^2} - \frac{E\lambda\cos^2\varphi}{l_0} \qquad (11-2-4)$$

式中:γ——导地线比载,MPa/m;

σ_0、σ——断线前、后最后一档的导地线弧垂最低水平应力,MPa;

σ_{0i}——断线后第 i 档档距 l_{i0} 变化为 $l_{i0}-\Delta l_i$ 后的导地线弧垂最低应力,MPa;

l_0——剩余一档的档距,m;

φ_0——剩余一档的悬挂点高差角,(°);

λ——剩余一档的悬垂绝缘子串的长度,m;

E——导地线弹性模量,N/mm²。

通过式(11-2-4)计算出断线剩余一档情况下的断线应力,可以通过弧垂公式求出跨越弧垂,也可以通过导地线截面求出断线张力。

【例 11-2-1】 某 35 kV 架空输电线路,无地线。一耐张段内共有 10 档,档距基本相等,代表档距 $l_{db}=273$ m,如图 10-2-6 所示。导线截面积 $A=146.73$ mm²。在档距 l_8 内跨越 I 级通信线,通信线高 7 m,位于距 8 号杆 30 m 处;悬垂型杆塔悬挂点高 13 m,挠度系数 $B=0.0003$ m/N,悬垂绝缘子串长 $\lambda=0.886$ m,重 233.4 N。气温 15 ℃,无风、无冰时架空线应力为 $\sigma_0=75$ MPa,自重比载 $\gamma_1=35.2\times10^{-3}$ MPa/m。试核验邻档断线后的交叉垂直距离。

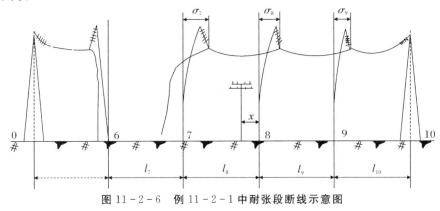

图 11-2-6 例 11-2-1 中耐张段断线示意图

解 欲核验跨越间距,应选取邻档断线进行计算。因断线后剩余档数越少,张力衰减越严重,松弛弧垂越大,所以取档距 l_7 为断线档。

1)作 $T=f(\Delta l)$ 曲线 I,通过式(10-2-2)得

$$\Delta l_i = \left[82\,839.45 \div \left(\frac{1}{T_i^2} - \frac{1}{121\,104\,522.6}\right) + \frac{11\,004.75 - T_i}{11\,151\,480}\right]\frac{273}{\left(1 + \dfrac{248\,518.35}{T_i^2}\right)} \ (\mathrm{m})$$

给出不同的 T,可求得相应的 Δl,数据示于表 11-2-2 中,曲线 I 绘制于图 11-2-7 中。

表 11-2-2　曲线计算表 $T=f(\Delta l)$

T/N	2 500	3 000	3 500	4 000	4 500	5 000	5 500
$\Delta l/m$	3.501	2.454	1.807	1.378	1.076	0.856	0.69
T/N	6 000	6 500	7 000	7 500	8 500	9 500	11 004.75
$\Delta l/m$	0.56	0.456	0.371	0.3	0.187	0.1	0

2)作 $\delta=f(\Delta T)$ 曲线 II。因各档距基本相等,垂直档距 l_v 等于水平档距 l_h,则垂点的垂直荷载根据式(10-2-3)得到:

$$P=\gamma_1 A l_v = 35.20 \times 10^{-3} \times 146.72 \times 273 = 1\ 410\ N$$

$$\delta = 0.000\ 3\Delta T + \frac{0.886\Delta T}{\sqrt{2\ 330\ 812 + \Delta T^2}}$$

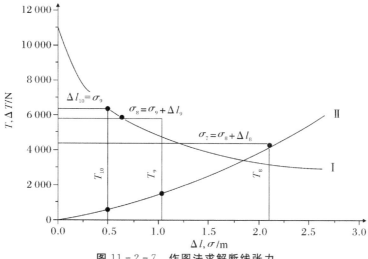

图 11-2-7　作图法求解断线张力

给出不同的 ΔT,求出相应的悬点偏移量 δ,见表 11-2-3。利用该组数值作出图 11-2-7 中的曲线 II。

表 11-2-3　曲线计算表 $T=f(\Delta l)$

$\Delta T/N$	250	500	750	1 000	1 500	2 000	2 500
δ/m	0.218 2	0.425 8	0.615 7	0.785 5	1.070 9	1.304 3	1.506 2
$\Delta T/N$	3 000	3 500	4 000	4 500	5 000	5 500	6 000
δ/m	1.689 6	1.862 1	2.027 8	2.189	2.347 4	2.503 7	2.658 6

3)按照作图法的步骤,根据图 11-2-7,求得各档导线的残余张力、不平衡张力差和悬挂点偏移量,列于表 11-2-4。

表 11-2-4　各档导线的残余张力、不平衡张力差和悬挂点偏移量

导线残余张力/N				不平衡张力差/N			悬点偏移量/m		
T_7	T_8	T_9	T_{10}	ΔT_7	ΔT_8	ΔT_9	δ_7	δ_8	δ_9
0	4 413	5 907	6 450	4 413	1 459	556	2.15	1.05	0.47

4)核验交叉垂直距离。由于断线张力 $T_8 = 4\,413\,\text{N}$,所以断线应力为

$$\sigma_0 = \frac{T_8}{A} = \frac{4\,413}{146.73} = 30.08\,\text{MPa}$$

跨越点处导线的弧垂为

$$f_x = \frac{\gamma_1 x(l-x)}{2\sigma_0} = \frac{35.2 \times 10^{-3} \times 30 \times (273-30)}{2 \times 30.08} = 4.265\,\text{m}$$

导线对 I 级通信线的交叉距离为

$$S = 13 - 7 - 4.265 = 1.735\,\text{m}$$

由规程知,该电压等级的输电线路,断线时对 I 级通信线交叉跨越距离应不小于 1 m,故本例满足要求。

第三节　分裂导线的断线张力

在架空输电线路上,为了提高输电容量和控制导线表面的电场强度,架空输电线路导线常采用分裂导线。分裂导线是在每相上架设两根及以上相隔一定距离的导线(称次或子导线)。正是由于这种相导线由数根子导线组成,所以一相全断的概率很小。因此,分裂导线不论其子导线根数多少,一般每相只考虑其中一根子导线断线,其余各根仅承受残余张力,于是断线后各档的张力不等。断线档两侧的直线杆塔上即承受张力差,此张力差即断线张力。

如图 11-3-1 所示,设相分裂有 n 根次导线,耐张段内有连续 m 档,各档为等高等档距,悬垂串绝缘子串长 λ,重 G_J,第 k 档相导线断线后尚剩 n' 根次导线。当一相内有次导线断裂时,断线档内的间隔棒由于承受不小断线后的张力差而被拉脱或损坏,故一般认为断线档内间隔棒不承受张力差,张力差全部作用在悬挂点上。如果档距为 l_0,断线前每根次导线的水平张力为 T_0,断线后第 i 档每根次导线的张力为 T_i。断线后断线档的档距及剩余 n' 根次导线的张力均要增加,其他档的档距及张力均要减小。断线后第 i 档的档距变化量 Δl_0 与每根导线张力 T_i 的关系,仍采用式(11-2-2)表示,即

$$\Delta l_i = \left[\frac{p^2 l_{i0}^2 \cos^2 \varphi_{i0}}{24} \left(\frac{1}{T_i^2} - \frac{1}{T_0^2} \right) + \frac{T_0 - T_i}{AE \cos \varphi_{i0}} \right] \frac{l_{i0}}{\cos^2 \varphi_{i0} \left(1 + \frac{p^2 l_{i0}^2}{8 T_i^2} \right)}$$

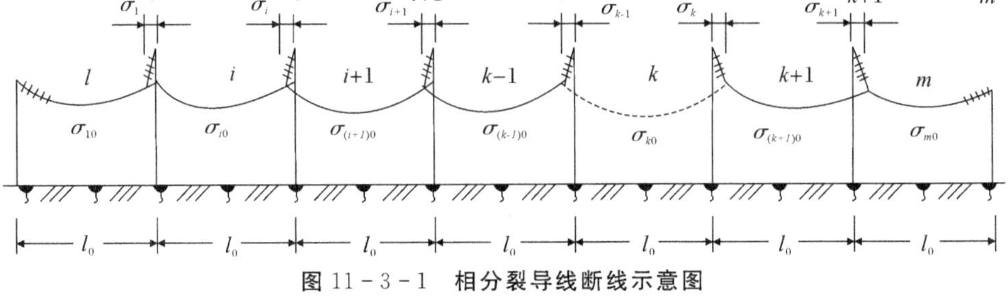

图 11-3-1　相分裂导线断线示意图

由于分裂导线断线后,剩余次导线的支持力使杆塔的刚度大为增强,因此可以忽略杆

塔的挠曲变形。本章第二节讨论了断线档的非相邻档的悬挂点偏移量 δ_i 与两侧每根次导线的张力差 ΔT_i 的关系,即

$$\delta_i = \frac{\lambda_i \Delta T_i}{\sqrt{\left(G_{iD} + \dfrac{G_{iJ}}{2n}\right)^2 + \Delta T_i^2}} = \frac{\lambda_i(T_i - T_{i+1})}{\sqrt{\left(G_{iD} + \dfrac{G_{iJ}}{2n}\right)^2 + (T_i - T_{i+1})^2}} \qquad (11-3-1)$$

断线档两侧悬垂型杆塔上的悬挂点偏移量 δ_{k-1} 与其两侧每根导线张力的关系为

$$\delta_{k-1} = \frac{\lambda_{k-1}\left(T_{k-1} - \dfrac{n'}{n}T_k\right)}{\sqrt{\left(G_{k-1D} + \dfrac{G_{k-1J}}{2n}\right)^2 + \left(T_{k-1} - \dfrac{n'}{n}T_k\right)^2}} \qquad (11-3-2)$$

$$\delta_k = \frac{\lambda_{k-1}\left(T_{k+1} - \dfrac{n'}{n}T_k\right)}{\sqrt{\left(G_{kD} + \dfrac{G_{kJ}}{2n}\right)^2 + \left(T_{k+1} - \dfrac{n'}{n}T_k\right)^2}} \qquad (11-3-3)$$

各档档距改变量 Δl_i 与悬挂点偏移量 δ_i 关系为

$$\Delta l_i = \delta_i - \delta_{i-1} \qquad (11-3-4)$$

根据上述各式即可采用试凑法或图解法求解分裂导线的断线张力,求解方法同本章第二节所述。

总的来说,杆塔带固定横担固定线夹的,不论导线是单导线还是分裂导线,用图解法计算断线张力都比较麻烦,为了减少计算的工作量和节约时间,在相关设计规程中,对作为悬垂型杆塔荷载的断线张力,规定用正常情况导线的最大使用张力的一个百分数来计算(见本章第一节)。显然这些百分数是在以往实践经验的基础上总结出来的。然而在输电线路的设计、施工、运行计算即杆塔制造、试验计算以及校验邻档断线时导线至跨物的限距时,有时需要较准确的断线张力值,所以,图解法仍不失为线路机械计算的基本方法。若采用电子计算机计算,图解法的曲线方程仍为编写程序的基础。

第四节　线路正常运行中的不平衡张力

凡杆塔左右两相邻档因导地线张力不等而承受的张力差,均称为不平衡张力。断线时杆塔所承受的断线张力,属事故情况下的不平衡张力;在线路正常运行、安装、检修情况下,悬垂型杆塔也会承受不平衡张力,称为正常情况下的不平衡张力;由事故断导线后导线的不平衡张力导致地线产生的不平衡张力,叫作地线支持力。对断线时的不平衡张力,本章第二和第三节已介绍过,地线支持力将在本章第五节介绍,本节主要介绍正常运行时导地线的不平衡张力。

在安装导地线路时,若悬垂串均处在垂直位置,则各悬垂型杆塔不存在张力差。但在正常运行中由于以下几种情况,耐张段中各档距中的导线和地线张力相差悬殊,致使各悬垂型杆塔承受较大的不平衡张力。

(1)耐张段中各档距长度、悬点高差相差悬殊,在气象条件变化后,引起各档张力不等;

（2）耐张段中各档不均匀覆冰或不同时脱冰时，引起各档张力不等；

（3）在检修线路时，采取先松下某悬点的导线或后挂上某悬点的导线，造成两档合为一档的情况，将引起其与相邻各档张力不等（见图11-4-1，图中虚线为检修前的耐张段）；

（4）耐张段中在某档进行飞车作业、绝缘梯作业等悬挂集中荷载时所引起的不平衡张力；

（5）高差很大的山区施工放松时，尤其是重冰区的连续倾斜档中，山上侧档距和山下侧档距中的张力不等。

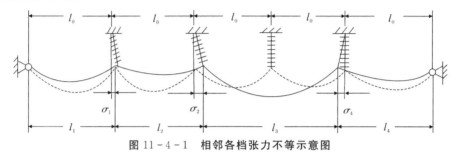

图11-4-1　相邻各档张力不等示意图

以上各种正常情况的不平衡张力中，耐张段各档不均匀覆冰或不同时脱冰是常见的较严重的情况之一，特别是重冰区更是如此。不均匀覆冰或不同时脱冰时产生的不平衡张力，有时可成为悬垂型杆塔强度和稳定设计的控制条件；在重冰区的连续倾斜档中，悬垂串偏移的结果，将可能造成导线对横担闪络的事故（见图11-4-2）。

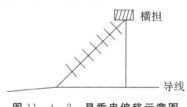

图11-4-2　悬垂串偏移示意图

由于影响不平衡张力的因素很多，例如耐张段内的档数、档距大小、脱冰和覆冰档的多少和位置、绝缘子串长度和导线型号等，所以在不平衡张力计算中仍同断线张力一样要进行简化（这种简化经过大量计算验证被证明是满足工程设计要求的）：认为各档距等长、悬点等高，忽略导地线的弹性变形，等等。根据分析可知，在其他条件一定时，档数多和档距大时的不平衡张力大；耐张段内连续地有半数档结冰，而另半数档距脱冰的情况最严重。但目前尚无充分的运行资料引以为据，故除应按相关规程规定以外，档数可仍使用5～7档。覆冰计算时认为一档为100%，而其他档均为50%；脱冰计算时，认为一档脱冰50%，而其他档均未脱冰。

由于不平衡张力涉及的因素很多，难以详细概括叙述各变化因素间的组合关系。下面仅列出计算不平衡张力（应力）的普遍方程组，可根据工程中的具体条件和计算用途，选择适应的参数，借助电算试凑求解。

一、不平衡张力近似求解

1. 档距变化与应力间的近似关系

假定在耐张段内有几个连续档,架线后无冰、无风架线气温为 t_m,导线初伸长尚未放出(架线应力为 σ_m)时,各悬垂型杆塔上悬垂绝缘子串均处于中垂位置,各档导线水平应力均为 σ_m。当出现需要计算不平衡张力的气象条件时(如不均匀覆冰),各档应力不同,悬垂型杆塔导线悬挂点发生偏移,档距发生变化。

通过本章第二节式(3)知,计算断线张力断线前、后两种状态的线长之差时只考虑应力(张力)引起的变化,但正常运行下,不平衡张力如不均匀覆冰等,还可能有温度变化引起的线长之差。故由应力(张力)及温度变化,忽略悬垂绝缘子串倾斜偏移对高差的影响,第 i 档断线前、后两种状态的线长之差为

$$L_i - L_{i0} = \frac{l_{i0}}{\cos\varphi_{i0}}\left(\frac{\sigma_{0i} - \sigma_0}{E\cos\varphi_{i0}}\right) + \frac{l_{i0}}{\cos\varphi_{i0}}(\alpha t + \Delta t_e - t_m)$$

通过本章第二节式(1)、式(2)以及上式可以解出第 i 档档距增量 Δl_i 与档内应力 σ_i 间的关系式为

$$\Delta l_i = \left[\frac{l_i^2 \cos^2\varphi_i}{24}\left(\frac{\gamma_m^2}{\sigma_m^2} - \frac{\gamma_i^2}{\sigma_i^2}\right) + \frac{\sigma_i - \sigma_m}{E\cos\varphi_i} + \alpha(t + \Delta t_e - t_m)\right]\frac{l_i}{\cos^2\varphi_i\left(1 + \frac{\gamma_i^2 l_i^2}{8\sigma_i^2}\right)} \qquad (11-4-1)$$

或用张力表示为

$$\Delta l_i = \left[\frac{l_i^2 \cos^2\varphi_i}{24}\left(\frac{p_m^2}{T_m^2} - \frac{p_i^2}{T_i^2}\right) + \frac{T_i - T_m}{AE\cos\varphi_i} + \alpha(t + \Delta t_e - t_m)\right]\frac{l_i}{\cos^2\varphi_i\left(1 + \frac{p_i^2 l_i^2}{8T_i^2}\right)} \qquad (11-4-2)$$

当第 i 档内在运行中上人检修或悬挂集中荷载时,其第 i 档档距增量 Δl_i 与档内应力 σ_i 间的关系式为

$$\Delta l_i = \left[\frac{l_i^2 \cos^2\varphi_i}{24}\left(\frac{\gamma_m^2}{\sigma_m^2} - \varepsilon_i\frac{\gamma_i^2}{\sigma_i^2}\right) + \frac{\sigma_i - \sigma_m}{E\cos\varphi_i} + \alpha(t + \Delta t_e - t_m)\right]\frac{l_i}{\cos^2\varphi_i\left(1 + \frac{\gamma_i^2 l_i^2}{8\sigma_i^2}\right)} \qquad (11-4-3)$$

或用张力表示为

$$\Delta l_i = \left[\frac{l_i^2 \cos^2\varphi_i}{24}\left(\frac{p_m^2}{T_m^2} - \varepsilon_i\frac{p_i^2}{T_i^2}\right) + \frac{T_i - T_m}{AE\cos\varphi_i} + \alpha(t + \Delta t_e - t_m)\right]\frac{l_i}{\cos^2\varphi_i\left(1 + \frac{p_i^2 l_i^2}{8T_i^2}\right)} \qquad (11-4-4)$$

$$\varepsilon_i = 1 + \left[\sum_{j=1}^{n} q_j a_j b_j\left(\frac{\gamma_i l_i}{\cos\varphi_i} + q_j\right) + 2\left(q_1 a_1 \sum_{j=2}^{n} q_j b_j + \right.\right.$$

$$\left.\left. q_2 a_2 \sum_{j=3}^{n} q_j b_j + \cdots + a_{n-1} b_n q_{n-1} q_n\right)\right]\frac{12\cos^2\varphi_i}{\gamma_i^2 l_i^4} \qquad (11-4-5)$$

式中:　　　　　　　l_i、φ_i——耐张段内悬垂串处于中垂位置第 i 档的档距,m,以及高差角,(°);

α、E——导地线的温度线膨胀系数，℃$^{-1}$，以及弹性模量，N/mm^2；

t_m、σ_m、T_m、Δt_e、γ_m、p_m——导地线架线时的气温，℃，相应气温下耐张段内的架线水平应力，N/mm^2，水平张力，N，架线时为考虑初伸长降低的等效温度（取正值），℃，架线时导地线的自重力比载，N/(m·mm^2)，单位荷载，N/m；

t、σ_i、T_i、γ_i、p_i、Δl_i——计算不平衡张力时的气温，℃，第 i 档的水平应力，N/mm^2，水平张力，N，比载，N/(m·mm^2)，单位荷载，N/m，档距的增量（缩短时为负值），m；

ε_i——当计算不平衡张力时第 i 档附加 n 个集中荷载所产生的系数；

q_i、a_j、b_j——第 i 档第 j 个单位截面的集中荷载，N/mm^2，该荷载距档距左、右（或前、后）端头的水平距离，m；

A——导地线截面积，mm^2。

2. 悬垂绝缘子串偏斜与两侧导线应力间的关系

由于待求情况下各档水平应力可能不同而在相邻档间悬垂串两侧出现不平衡水平张力差，使悬垂串产生偏斜，如图 11-4-3 所示。

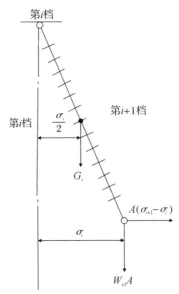

图 11-4-3 悬垂绝缘子串受力偏斜图

假定悬垂串为均布荷载的刚体直棒，依据刚体静力学，基于绝缘子串静态受力平衡，在悬垂绝缘子串在受力平衡时，对悬垂绝缘子串上端悬挂点列力矩方程式，即

$$(\sigma_{i+1} - \sigma_i)A \sqrt{\lambda_i^2 - \delta_i^2} = W_{ci}A\delta_i + G_i \frac{\delta_i}{2}$$

通过转换，有

$$\sigma_{i+1} = \sigma_i + \frac{\delta_i}{\sqrt{\lambda_i^2 - \delta_i^2}} \left(W_{ci} + \frac{G_i}{2A} \right) \qquad (11-4-6)$$

式中：W_{ci}——导（地）线悬挂在第 i 基悬垂型杆塔上悬垂串末端的荷载，由垂直档距的概念，有

$$W_{ci} = \left(\frac{\gamma_i l_i}{2\cos\varphi_i} + \frac{\sigma_i h_i}{l_i} \right) + \left(\frac{\gamma_{i+1} l_{i+1}}{2\cos\varphi_{i+1}} - \frac{\sigma_{i+1} h_{i+1}}{l_{i+1}} \right) \qquad (11-4-7)$$

通过式（11-4-6）和式（11-4-7）可以解得

$$\sigma_{i+1} = \frac{\left(\dfrac{G_i}{2A} + \dfrac{\gamma_i l_i}{2\cos\varphi_i} + \dfrac{\gamma_{i+1} l_{i+1}}{2\cos\varphi_{i+1}} + \dfrac{\sigma_i h_i}{l_i} \right) + \dfrac{\sigma_i}{\delta_i} \sqrt{\lambda_i^2 - \delta_i^2}}{\dfrac{\sqrt{\lambda_i^2 - \delta_i^2}}{\delta_i} + \dfrac{h_{i+1}}{l_{i+1}}} \qquad (11-4-8)$$

式中：σ_i、σ_{i+1}——第 i 及 $i+1$ 档内导地线的水平应力，N/mm^2；

　　δ_i——第 i 基悬垂型杆塔上悬垂串导地线悬挂点顺线路水平偏距，偏向大号侧为正值，反之为负值，m，$\delta_i = \Delta l_1 + \Delta l_2 + \cdots + \Delta l_i$；

　　λ_i、G_i——第 i 基悬垂型杆塔上悬垂串的串长，m，以及荷载，N；

　　h_i、h_{i+1}——悬垂串处于中垂位置时，第 i 基对第 $i-1$ 和 $i+1$ 基悬垂型杆塔上悬垂串导（地）线悬挂点间的高差，m，大号比小号杆塔悬挂点高者 h 为正值，反之为负值；

　　φ_i、φ_{i+1}——悬垂串处于中垂位置时，第 i 及 $i+1$ 档导地线悬挂点间的高差角，$(°)$，$\varphi_i = \arctan(h_i/l_i)$；

　　l_i、l_{i+1}——悬垂串处于中垂位置时，第 i 及 $i+1$ 档的档距（两端悬挂点间的水平距离），m。

当第 i 档内有集中荷载时，第 i 基悬垂型杆塔上悬垂串末端导地线悬挂点的顺线路水平偏移 δ_i 与两侧导地线应力差的关系为

$$\sigma_i = \frac{\left(\dfrac{G_{i-1}}{2A} + \dfrac{\gamma_{i-1} l_{i-1}}{2\cos\varphi_{i-1}} + \dfrac{\gamma_i l_i}{2\cos\varphi_i} + \dfrac{\Sigma q_j b_j}{l_i} + \dfrac{\sigma_{i-1} h_{i-1}}{l_{i-1}} \right) + \dfrac{\sigma_{i-1}}{\delta_i} \sqrt{\lambda_{i-1}^2 - \delta_{i-1}^2}}{\dfrac{\sqrt{\lambda_{i-1}^2 - \delta_{i-1}^2}}{\delta_i} + \dfrac{h_i}{l_i}} \qquad (11-4-9)$$

$$\sigma_{i+1} = \frac{\left(\dfrac{G_i}{2A} + \dfrac{\gamma_i l_i}{2\cos\varphi_i} + \dfrac{\gamma_{i+1} l_{i+1}}{2\cos\varphi_{i+1}} + \dfrac{\Sigma q_j b_j}{l_i} + \dfrac{\sigma_i h_i}{l_i} \right) + \dfrac{\sigma_i}{\delta_i} \sqrt{\lambda_i^2 - \delta_i^2}}{\dfrac{\sqrt{\lambda_i^2 - \delta_i^2}}{\delta_i} + \dfrac{h_{i+1}}{l_{i+1}}} \qquad (11-4-10)$$

3. 各档档距增量间的关系

对于整个耐张段内，各档档距增量之和应为零，即第 n 基杆塔（耐张杆塔）上导线悬挂点的偏距应为零，也就是

$$\delta_n = \sum_{i=1}^{n} \Delta l_i = 0 \qquad (11-4-11)$$

4.各档导线应力的求解步骤及不平衡张力计算

若耐张段内有 n 档,则有 $n-1$ 基悬垂型杆塔。利用式（11-4-1）可列出 n 个方程,利用式（11-4-8）可列出 $n-1$ 个方程,利用式（11-4-11）可列出一个方程,这样共列出 $2n$ 个方程。同时,有 Δl_i、σ_i 共 $2n$ 个未知数,可以利用电子计算求解得出。较为直接的求解方法是利用上述公式,假设初始应力,采用试凑法（满足 $\delta_n = \delta_{n-1} + \Delta l_n = 0$）求解出各档应力,然后通过下式求出各档的不平衡张力:

$$\Delta T_i = (\sigma_{i+1} - \sigma_i)A \tag{11-4-12}$$

二、不均匀覆冰最大张力计算

当耐张段内有无限多个等高的等档距时,设耐张段中央某悬垂型杆塔的一侧所有档距内导线覆有设计冰厚,而另一侧所有档距内均无冰或覆轻冰,则耐张段中央分界悬垂型杆塔上的不平衡张力可用图11-4-4中的曲线近似地解出。其求解方法如下。

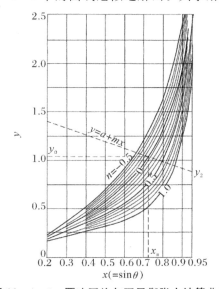

图 11-4-4　覆冰不均匀不平衡张力计算曲线

作直线 $y = a + mx$ 于图11-4-4中,相交于 $y_n = \dfrac{x}{\sqrt{1-x_0^2}}$（已知参数 n）曲线上,设其交点的对应横坐标为 x_0。由 x_0 查 $n=0$ 曲线上所对应的纵坐标 y_0,则覆冰不均匀分界悬垂型杆塔上的不平衡张力即可按下式求出:

$$\Delta T = \frac{x}{\sqrt{1-x_0^2}}G_0 = y_0 G_0 \tag{11-4-13}$$

参数 a、m、n 的计算式为

$$a = \frac{A}{G_0}(\sigma_1 - \sigma_2) \tag{11-4-14}$$

$$m = \frac{\lambda A}{G_0}(\sigma_1 M_1 + \sigma_2 M_2) \tag{11-4-15}$$

$$n=\frac{\lambda^2 A}{G_0}(\sigma_1 N_1-\sigma_2 N_2) \tag{11-4-16}$$

$$
\left.
\begin{aligned}
&M=\frac{1}{2d}-\sqrt{\left(\frac{1}{2d}\right)^2+\left(1+\frac{b}{2l}\right)/(cd)} \\
&b=\frac{\gamma^2 l^3}{4\sigma^2} \\
&d=\frac{A\sigma\lambda}{G} \\
&c=\frac{l\sigma}{E}+\frac{b}{3} \\
&N=\left(\frac{b}{2c}\right)\times\frac{(1-dM)M^2}{(1-dM)-dM(2+cM)} \\
&G_1=\frac{G_J}{2}+\gamma_{3(100\%)}Al \\
&G_2=\frac{G_J}{2}+\gamma_{3(x\%)}Al \\
&G_0=\frac{G_J}{2}+(\gamma_{3(100\%)}+\gamma_{3(x\%)})\frac{Al}{2}
\end{aligned}
\right\} \tag{11-4-17}
$$

式中：A——导地线截面积，mm^2；

　　　l——档距，m；

　　　E——导地线的弹性模量，N/mm^2；

　　　γ——导地线比载，$N/(m \cdot mm^2)$；

　　　λ——悬垂绝缘子串的串长度，m；

　　　G_0——覆冰不同分界杆塔上的垂直荷载，N；

　　　G——垂直荷载，N，按两侧覆冰大小计算，分别以 G_1、G_2 代表；

　　　G_J——悬垂绝缘子串荷载，N；

　　　σ——假想的导地线初始应力（即覆冰不均匀时，假想悬垂绝缘子串均不产生偏斜，即各档假想互相孤立变化时的应力），N/mm^2。

以上各项应分别附加注脚"1"或"2"，以区别不同覆冰的左、右侧，且应力大的一侧（即覆冰 100％ 设计冰重），加注脚"1"，覆冰轻的一侧加注脚"2"，使 $\sigma_1 > \sigma_2$；注脚"0"者为覆冰不同分解杆塔上的所属量。

不均匀覆冰时，一般存在四种情形，一是重冰档位于耐张段两端档和耐张段中央档两种情形，二是不均匀脱冰时轻冰档位于耐张段两端档和耐张段中央档两种情形。不均匀脱冰的轻冰档在耐张段中央时，靠耐张杆塔的一档有较大的张力，两种比载交界处的杆塔承受较大的不平衡张力；但是，它比不均匀脱冰时轻冰档位于耐张段两端档的不平衡张力要小些。针对这四种情形，有：

（1）不论不均匀覆冰或脱冰，重冰档张力最大，弧垂也最大；轻冰档张力最小，弧垂也最小。

（2）两侧冰载不等的悬垂型杆塔上受最大的不平衡张力，其悬垂串的偏斜角也最大。

（3）从重冰档和轻冰档所在位置来说，位于耐张段两端档者，靠耐张杆塔的悬垂型杆塔所受的不平衡张力较大，位于耐张段中央的轻冰档弧垂变化量也较大。

三、不均匀脱覆冰

不均匀脱覆冰会造成脱冰跳跃，脱冰跳跃是重覆冰线路主要运行特性之一。从理论上讲，导线覆冰后，随着覆冰增大，导线上势能和弹性能相应增加，气温回升或风震影响使得档内整相导线上覆冰同时一次脱落，此时导线上原储有的势能、弹性能将迅速转化为动能和新的势能，使导线以半波状向上弹起。随着能量的不断交换，导线以驻波形式上下波动，由于空气阻力、线股摩擦力和绝缘子串摆动惯性力等制约，跳跃幅值迅速衰减，达到新条件下的稳定状态。

不均匀脱覆冰时脱冰跳跃高度很大，对于垂直排列的导线、地线，为避免在档距中央瞬间动态接近闪络，在塔头布置中除考虑足够的上下线的垂直间距外，还需预留有足够的水平位移。

不均匀脱覆冰情况下有关参数的计算，可按照耐张段内各档应力的精确计算方法进行。在校验间距时还需考虑覆冰突然脱落，弹性能释放产生的导线跳跃。不均匀脱覆冰时，对于脱冰跳跃一般利用有限元软件建立典型耐张段输电线路覆冰及脱冰的有限元计算模型，计算模拟典型耐张段线路在不同脱冰工况下导线、地线的动力。计算连续档脱冰跳跃高度时可以采用下列简化计算公式：

$$H = 1.806\,9\Delta f \qquad (11-4-18)$$

在孤立档全部掉冰后，对脱冰跳跃幅值进行计算。20 世纪 50 年代，苏联进行过小比例的模拟试验，得到导线可能的跳跃幅值拟合式为

$$H = (2 - l/2\,000)m\Delta f \qquad (11-4-19)$$

式中：Δf——脱冰前和脱冰后的弧垂差值，m，$\Delta f = f_0 - f$，其中 f_0 为导线全覆冰时的弧垂，f 为导线部分脱冰时的弧垂；

l——档距，m；

m——导线截面校正系数，$m < 1$。

【例 11-4-1】 设一线路导线型号为 JL/G1A-120，截面 $A = 137\ mm^2$，弹性模量 $E = 85\,000\ N/mm^2$，设计冰厚为 20 mm，耐张段内档距均为 300 m，在耐张段中央某悬垂型杆塔的左侧档距均覆冰 20 mm，而右侧档距覆冰为设计冰重的 25%，悬垂绝缘子串长度 $\lambda = 1.625\ m$，重量 $G_J = 500\ N$。求分界选型型杆塔上的悬垂绝缘子串偏角及不平衡张力。

解 1）通过导线型号查其参数及覆冰情况得（下面用 1 表示 100% 冰载，2 表示 25% 冰载）

$$\gamma_{3(100\%)} = 1.94 \times 10^{-3}\ N/(m \cdot mm^2)$$

$$\gamma_{3(25\%)} = 0.787 \times 10^{-3}\ N/(m \cdot mm^2)$$

$$\sigma_1 = 112 \times 10^{-3}\ N/mm^2 = \sigma_3 \approx \sigma_7$$

$$\sigma_2 = 47.2 \times 10^{-3} \text{ N/mm}^2 = \sigma_{3(25\%)}$$

$$G_0 = \frac{500}{2} + 137 \times \frac{300}{2} \times (0.787 + 1.94) \times 10^{-3} = 5\ 855 \text{ N}$$

$$G_1 = \frac{500}{2} + 137 \times 300 \times 1.94 \times 10^{-3} = 8\ 230 \text{ N}$$

$$G_2 = \frac{500}{2} + 137 \times 300 \times 0.787 \times 10^{-3} = 3\ 500 \text{ N}$$

2）参数 a、m、n 计算：

$$a = \frac{137}{5\ 855} \times (112 - 47.2) = 1.52$$

$$b_1 = \frac{(1.94 \times 10^{-3})^2 \times 300^3}{4 \times 112^2} = 20.2$$

$$b_2 = \frac{(0.787 \times 10^{-3})^2 \times 300^3}{4 \times 47.2^2} = 18.8$$

$$c_1 = \frac{300 \times 112}{85\ 000} + \frac{20.2}{3} = 7.14$$

$$c_2 = \frac{300 \times 47.2}{85\ 000} + \frac{18.8}{3} = 6.43$$

$$d_1 = \frac{137 \times 112 \times 1.625}{8\ 230} = 3.04$$

$$d_2 = \frac{137 \times 47.2 \times 1.625}{3\ 500} = 3.01$$

$$M_1 = \frac{1}{2 \times 3.04} - \sqrt{\left(\frac{1}{2 \times 3.04}\right)^2 + \left(1 + \frac{20.2}{2 \times 300}\right) / (7.14 \times 3.04)} = -0.11$$

$$M_2 = \frac{1}{2 \times 3.01} - \sqrt{\left(\frac{1}{2 \times 3.01}\right)^2 + \left(1 + \frac{18.8}{2 \times 300}\right) / (6.43 \times 3.01)} = -0.118$$

$$m = \frac{1.625 \times 137}{5\ 855} [112 \times (-0.11) + 47.2 \times (-0.118)] = -0.681$$

$$N_1 = \left(\frac{20.2}{2 \times 7.14}\right) \times \frac{1 - 3.04 \times (-0.11) \times (-0.11)^2}{[1 - 3.04 \times (-0.11)] - 3.04 \times (-0.11) \times [2 + 7.14 \times (-0.11)]}$$
$$= 0.013\ 1$$

$$N_2 = \left(\frac{18.8}{2 \times 6.34}\right) \times \frac{1 - 3.01 \times (-0.118) \times (-0.118)^2}{[1 - 3.01 \times (-0.118)] - 3.01 \times (-0.118) \times [2 + 6.43 \times (-0.118)]}$$
$$= 0.015\ 35$$

$$n = \frac{1.625^2 \times 137}{5\ 855} (112 \times 0.013\ 1 - 14.2 \times 0.015\ 35) = 0.046$$

3）作直线 $y = a + mx$，绘制于图 11-4-4 中，由于 $y = 1.52 - 0.68x$，当 $x = 0.2$ 时，$y_1 = 1.38$，当 $x = 0.95$ 时，$y_2 = 0.873$。

4）求解分界塔上的不平衡张力及悬垂绝缘子串偏角。从图 11-4-4 中可查得直线与 $n = 0.046$ 时的曲线交点的横坐标 $x_0 = \sin\theta_0 = 0.725$，则 y_0 值可自 $n = 0$ 曲线上查得，当 $x =$

x_0 的纵坐标为 1.04。如果精确求解 y_0 值,可用下式计算:

$$y_0 = \frac{x_0}{\sqrt{1-x_0^2}} = 1.053$$

于是　　　　　　　　　$\Delta T = y_0 G_0 = 1.053 \times 5\ 855 = 6\ 165\ \text{N}$

悬垂串的偏角为

$$\theta = \arcsin 0.725 = 46.5°$$

由于曲线的假定条件为无穷多档,故计算结果一般偏大。

第五节　地线的支持力

当线路上一相导线断线时,杆塔沿线路方向倾斜。挂在杆顶地线的挂点亦发生偏移,地线在断线档被拉紧,因此相邻两档的地线产生了不平衡张力,即张力差,这个张力差起到限制杆塔挠曲的支持作用,此时的断线档的张力差就是地线的支持力。

地线支持力的大小与耐张段内档距的数量、大小,断导线位置以及断导线引起各杆塔的挠度等因素有关。地线支持力各处不相同。如果耐张段较长,档距小,则导线断线档在耐张段的中部,由于该档内侧悬垂型杆塔挠曲且方向相反,则地线的支持力最大。如果耐张段较短,档距大,断线档紧靠耐张杆塔,因耐张杆塔悬挂点小位移,仅有一侧的悬垂型杆塔挠曲,则地线的支持力相对较小。

导线断线时,断线档两侧的悬垂型杆塔上作用有导线的不平衡张力 ΔT_d 和地线的支持力 ΔT_b,二力的作用方向相反,如图 11-5-1(a)所示。杆塔可视为一端自由、一端固定的悬臂梁,其弯矩如图 11-5-1(b)所示。曲线 1、2 分别是地线最大支持力和最小支持力情况下杆塔的弯矩。从图中可以看出,地线支持力最小时,杆塔的弯矩在地面处最大,所以计算杆塔根部受弯和基础倾覆时,需用最小的地线支持力。地线支持力最大时,横担处的弯矩最大,所以计算横担受弯受扭时,需用最大的地线支持力。

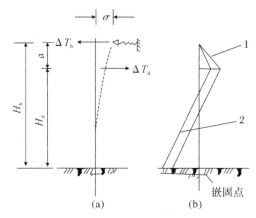

图 11-5-1　地线支持力

(a)断档杆塔受力;(b)杆塔的弯矩

地线支持力的精确计算是很复杂的,如忽略非事故悬垂型杆上导线不平衡张力所引起的杆顶挠度,并且不考虑导线不平衡张力与地线支持力的互相影响,则计算大为简化,因其计算结果误差甚小,所以很实用。

为计算地线较小的支持力,假定在 n 号杆塔和 $n+1$ 号杆塔(即靠耐张段一端)间档距中导线断线(见图 11-5-2),求地线对 n 号杆的支持力。

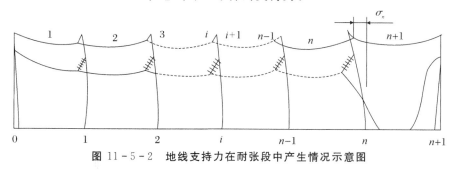

图 11-5-2　地线支持力在耐张段中产生情况示意图

1.计算地线线夹的位移 δ_n

如地线支持力 ΔT_b 假定为已知,则 n 号杆塔上地线线夹的位移可按下式计算:

$$\delta_n = \delta_d - \delta_b - \delta_J = B_d \Delta T_d - B_b \Delta T_b - \frac{\lambda \Delta T_b}{\sqrt{\Delta T_b^2 + \left(G_b + \dfrac{G_J}{2}\right)^2}} \qquad (11-5-1)$$

式中:　δ_n——n 号杆塔地线线夹的位移,偏向 0 号杆塔者为正,m;

　δ_d、δ_b——导线断线张力 ΔT_d 和地线支持力 ΔT_b 引起的杆顶位移,m;

　　δ_J——地线悬垂绝缘子串偏移量,m;

　　B_d——导线断线张力作用下杆塔顶挠度系数,m/N,$B_d = \dfrac{C_d H_b^3}{3K_0}$;

　　B_b——地线支持力作用下杆塔顶挠度系数,m/N,$B_b = \dfrac{C_b H_b^3}{3K_0}$;

　　H_b——地线悬垂绝缘子串挂点距杆塔根部的高度(一般取埋深的 1/3),m;

　　H_d——导线悬垂绝缘子串电杆悬挂点到电杆根部的高度,m;

　　K_0——杆塔根部嵌固点处的刚度,N·m²;

　　K_b——地线悬挂点处的杆塔刚度,N·m²;

C_d、C_b——与作用力位置有关的系数,对等径杆 $C_d = \dfrac{3}{2}\left(\dfrac{H_d}{H_b}\right)^2 - \dfrac{1}{2}\left(\dfrac{H_d}{H_b}\right)^3$,$C_b = 1$,对拔

　　　梢杆,根据高度比 $\dfrac{H_d}{H_b}$ 和刚度比 $\eta = \dfrac{K_0}{K_b}$,从图 11-5-3 中的曲线查得;

　ΔT_d——导线断线张力,N;

　ΔT_b——地线支持力,N;

　　λ——地线悬垂绝缘子串长度,m;

　　G_J——地线悬垂绝缘子串重量,N;

G_b——地线作用与悬垂绝缘子串上的垂直荷载,N。

断线时,断线档的档距增大,按式(11-5-1)计算的 δ_n 值应该为正值,如果计算出的 δ_n 值为负值,那表示断线档档距缩短,地线就不存在支持力了。如果断线档的档距实际是增大的,则原因是 ΔT_b 假定值过大,应减少后重新计算。

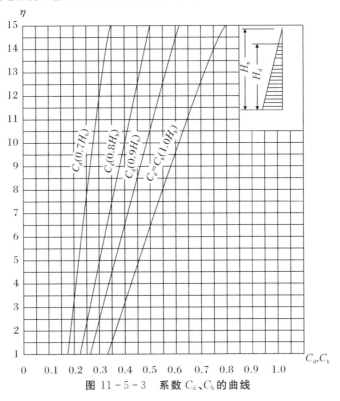

图 11-5-3　系数 C_d、C_b 的曲线

2.计算第 n 档地线张力 T_n

$$T_n = T_{n+1} - \Delta T_n = T_{n+1} - \Delta T_b \tag{11-5-2}$$

T_n 应为整个耐张段中地线张力最小的,并小于断线前的地线张力 T_0。从式(11-5-2)知,求 T_n 需要求出 T_{n+1} 值。

3.计算 $n+1$ 档地线张力 T_{n+1}

如 $n+1$ 号杆塔为耐张杆塔,则该档档距将增加 $\Delta l_{n+1} = \delta_n$。若 $n+1$ 号杆塔为悬垂型杆塔,位于耐张段的中部,则 $\Delta l_{n+1} = 2\delta_n$。

设断线前、后气温相同,地线比载(γ)不变,相应单位长度荷载为 p,第 i 档弧垂最低点水平应力分别为 σ_0、σ_{0i},水平张力分别为 T_0、T_i,断线前的档距为 l_{i0},参考本章第二节式(11-2-1)与式(11-2-2)的推导方法,可以得地线张力与档距的变化量 Δl_i 之间的关系为

$$\Delta l_i = \left[\frac{p^2 l_{i0}^2 \cos^2 \varphi_{i0}}{24} \left(\frac{1}{T_0^2} - \frac{1}{T_i^2} \right) + \frac{T_i - T_0}{AE\cos\varphi_{i0}} \right] \frac{l_{i0}}{\cos^2 \varphi_{i0} \left(1 + \frac{p^2 l_{i0}^2}{8T_i^2} \right)} \tag{11-5-3}$$

或用应力表示为

$$\Delta l_i = \left[\frac{\gamma^2 l_{i0}^2 \cos^2 \varphi_{i0}}{24} \left(\frac{1}{\sigma_0^2} - \frac{1}{\sigma_{0i}^2} \right) + \frac{\sigma_{0i} - \sigma_0}{E \cos \varphi_{i0}} \right] \frac{l_{i0}}{\cos^2 \varphi_{i0} \left(1 + \frac{\gamma^2 l_{i0}^2}{8 \sigma_{0i}^2} \right)} \qquad (11-5-4)$$

式中：φ_{i0}——第 i 档的悬挂点高差角，$(°)$；

　　　E——地线弹性模量，N/mm^2；

　　　A——地线截面积，mm^2。

同理可得第 $n+1$ 档地线张力与档距的变化量 Δl_{n+1} 之间的关系为

$$\Delta l_{n+1} = \left[\frac{p^2 l_{(n+1)0}^2 \cos^2 \varphi_{(n+1)0}}{24} \left(\frac{1}{T_0^2} - \frac{1}{T_{n+1}^2} \right) + \frac{T_{n+1} - T_0}{AE \cos \varphi_{(n+1)0}} \right]$$

$$\frac{l_{(n+1)0}}{\cos^2 \varphi_{(n+1)0} \left(1 + \frac{p^2 l_{(n+1)0}^2}{8 T_i^2} \right)} \qquad (11-5-5)$$

利用式(11-5-3)可以计算出当 $i=1,2,3,\cdots,n-1,n$ 时的各档档距的变化量 Δl_i。计算时先由第 n 档开始，代入 T_n 求 Δl_n，然后递减计算。因为非断线档的档距减小，计算的结果 Δl_i 应为负值。

4. 非断线档的地线线夹位移与档距变化量的关系

非断线档的地线线夹位移与档距变化量的关系为

$$\delta_{i-1} = \delta_i + \Delta l_i \qquad (11-5-6)$$

5. 第 i 基杆塔的地线张力差

第 i 基杆塔的地线张力差由下式确定：

$$\delta_i = B_b \Delta T_i - \lambda \Delta T_i / \sqrt{\Delta T_i^2 + \left(G_b + \frac{G_J}{2} \right)^2} \qquad (11-5-7)$$

式(11-5-7)适用于自第 $n-1$ 基开始递减的杆塔，式中第二项为地线张力差引起的杆顶挠度，对某些类型的杆塔(如拔梢杆)而言，其值影响很大。

6. 第 i 档地线的张力

第 i 档地线的张力为

$$T_i = T_{i+1} + \Delta T_i \qquad (11-5-8)$$

式中，i 的取值范围为 $i=1,2,3,\cdots,n-1$。

依次计算出 T_i 后代入式(11-5-3)、式(11-5-6)～式(11-5-8)反复进行计算，直至 0 号耐张杆塔，此时应有 $\delta_0 = 0$，即 0 号耐张塔上地线悬挂点不偏移。如 $\delta_0 \neq 0$，则应修正原假设的地线支持力 ΔT_b，再从头计算起，直到 $\delta_0 = 0$ 为止，此时 ΔT_b 即为所求的地线支持力。

习　　题

1.计算纵向不平衡张力的目的是什么？

2.悬垂型杆塔的断线情况应按哪些荷载组合进行计算？

3.设计杆塔时断线档怎么选择？

4.计算断线张力,什么情况下直接选用规程规定的数值？什么情况下采用图解法计算？

5.何为地线的支持力？当需要考虑地线的支持力计算杆塔的荷载时,根据校验杆塔根部和校验横担强度,各应如何选择导线的断线档？

第十二章　　输电线路的防雷保护

第一节　概　　述

输电线路在旷野纵横延伸,长期的暴露于大气中易受雷击,所以雷击线路造成的跳闸事故在电网总事故中占有很大比重。同时,雷击线路时自线路入侵变电站的雷电波也会威胁变电站的安全运行,因此,对线路的防雷保护应予以充分重视。

根据形成原因,输电线路上出现的大气过电压有两种:一种是雷击于输电线路引起的,称为直击雷过电压;另一种是雷击线路附近地面而由电磁感应所引起的,称为感应雷过电压。

雷直击导线,在无地线的线路最易发生,但即使有地线,雷电仍可能绕过地线的保护范围而击于导线,这样绕过地线的屏蔽,直接击于导线引起的相导线与地之间的绝缘闪络的现象称为绕击(见图 12-1-1)。雷击杆塔或地线强大的雷电流通过杆塔及接地电阻,使杆塔和地线的电位突然升高,当杆塔与导线的电位差超过线路绝缘子 $+U_{50\%}$ 闪络电压时绝缘子发生闪络,导线上出现很高的电压。这种由杆塔电位升高反过来对导线放电产生绝缘闪络的现象称为反击(见图 12-1-2)。

从运行经验来看,对 35 kV 及以下电压等级的架空线路,感应过电压可能引起绝缘闪络;而对 110(66) kV 及以上电压等级线路,由于其绝缘水平较高,一般不会引起绝缘子串闪络。

图 12-1-1 雷电绕击示意图

图 12-1-2 雷电反击示意图

雷电绕击是指地闪下行先导绕过地线和杆塔的拦截直接击中相导线的放电现象,如图 12-1-1 所示。雷电绕击相导线后,雷电流波沿导线两侧传播,在绝缘子串两端形成过电压导致闪络。当地面导线表面电场或感应电位未达到上行先导起始条件时,即上行先导还未起始,下行先导会逐步向下发展,直到地面导线上行先导起始条件达到并起始发展,这个阶段为雷击地面物体第一阶段。地面导线上行先导起始后,雷击地面导线过程进入第二个阶段。在该阶段,上下行先导会相对发展,直到上下行先导头部之间的平均电场达到末跃条件,上下行先导桥接并形成完整回击通道,从而引起首次回击。雷电绕击的发展过程如图 12-1-3 所示。

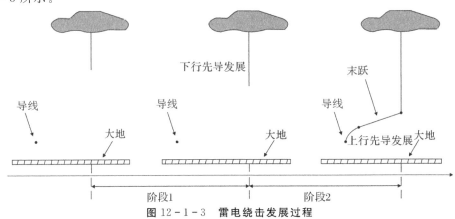

图 12-1-3 雷电绕击发展过程

造成输电线路绕击频发的原因主要有:①自然界中的雷电活动绝大多数为小幅值雷电流,而恰恰也是它们才能绕过地线击中导线;②在运行的输电线路地线保护角普遍较大,且山区地段地面倾角较大;③超特高压、同塔多回线路杆塔高度普遍增加,且线路多沿陡峭山区架设,大档距杆塔增多。②与③这两方面因素均使线路对地高度增加,因此降低了地面的屏蔽作用。

对于反击过电压,雷击地线或杆塔后,雷电流由地线和杆塔分流,经接地装置注入大地。塔顶和塔身电位升高,在绝缘子两端形成反击过电压,引起绝缘子闪络,如图 12-1-2 所示。雷击线路杆塔顶部时,由于杆塔顶电位与导线电位相差很大,可能引起绝缘子串的闪络,即发生反击。雷击杆塔顶部瞬间,负电荷运动产生的雷电流一部分沿杆塔向下传播,还有一部分沿地线向两侧传播,如图 12-1-4 所示;同时,自杆塔顶有一正极性雷电流沿主放电通道向上运动,其数值等于三个负雷电流数值之和。线路绝缘上的过电压即由这几个电流波引起。

如图 12-1-5 所示,雷击地线档距中央时,虽然也会在雷击点产生很高的过电压,但由于地线的半径较小,会在地线上产生强烈的电晕,又由于雷击点离杆塔较远,当过电压波传播到杆塔时,已不足以使绝缘子串击穿,因此通常只需考虑雷击点地线对导线的反击问题。

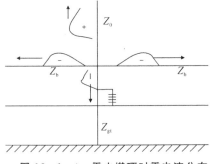

图 12-1-4 雷击塔顶时雷电流分布

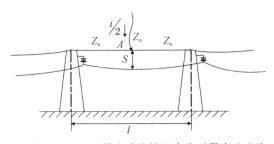

图 12-1-5 雷击地线档距中央时雷电流分布

在现代生活中,雷电以其巨大的破坏力给人类社会带来了惨重的灾难。据不完全统计,我国每年因雷击造成的财产损失高达上百亿元。输电线路是地面上最大的人造引雷物体,作为国民经济重要支柱的电力系统,长期以来雷击引起的输电线路跳闸对电网安全稳定运行构成了较大的威胁,所以要重视输电线路运行,总结经验进行相应的防雷分析,保证输电线路的安全运行。输电线路防雷性能的优劣主要由耐雷性能及雷击跳闸率来衡量。下面主要针对这两方面进行分析。

第二节　输电线路的雷电参数

雷电放电涉及气象、地形、地质等许多自然因素,有一定的随机性,因而表征雷电特性的参数也带有一定的统计性质。在架空输电线路防雷设计中,更注重雷暴日、雷电流波形和幅值等参数。

一、雷电流幅值

雷电流幅值与气象及其他自然条件有关,是一个随机变量,只有通过大量实测才能正确估算其概率分布的规律。

雷电流是单极性的脉冲波,约 90% 的雷电流为负极性,幅值是指脉冲电流所达到的最高值,可用波头、波长、陡度等参数表征。波头是指雷电流从零上升到幅值的时间。约 85% 的波头长度在 $1\sim5~\mu s$ 内,平均约为 $2.6~\mu s$。波长是指雷电流从零到衰减至一半幅值时的持续时间。一般在 $20\sim100~\mu s$ 范围内,平均约为 $50~\mu s$,大于 $50~\mu s$ 的仅占 $18\%\sim30\%$。陡度是指雷电流随时间上升的变化率。雷电流的平均陡度计算公式如下:

$$\bar{\alpha}=\frac{I}{\tau} \tag{12-2-1}$$

式中:$\bar{\alpha}$——雷电流的平均陡度,$kA/\mu s$;

　　I——雷电流幅值,kA;

　　τ——波头,μs。

在进行输电线路雷击瞬态过程计算时可采用雷电流波形为 $2.6/50~\mu s$ 的双斜角波。雷电流幅值分布存在地域差异,一般采用累积概率分布来表征。基于广域雷电地闪监测数据,可给出雷电流幅值累积概率分布。分布函数按下式计算:

$$P=\frac{1}{1+(I/a)^{b}} \tag{12-2-2}$$

$$f(I)=\frac{bI^{b-1}}{a^{b}\left[1+(I/a)^{b}\right]^{2}} \tag{12-2-3}$$

式中:P——幅值大于 I 的雷电流概率;

　　$f(I)$——雷电流幅值分布概率密度函数;

　　a——中值电流(超过该幅值的雷电流出现概率为 50%),kA,取值可参考表 $12-2-1$;

　　b——雷电流幅值分布的集中程度参数,取值可参考表 $12-2-1$。

表 12-2-1　雷电流幅值累积概率分布函数 a、b 值

省份或地区		广东	广西	云南	贵州	海南	广州	深圳
参数	a/kA	28.96	27.73	34.82	34.22	28.02	27.25	30.81
	b	3.4	3.72	3.8	4.23	3.4	3.67	3.51
省份或地区		冀北	河北	北京	天津	山西	山东	上海
参数	a/kA	35.962	39.488	34.855	37.738	36.217	35.977	18.727
	b	2.816	2.939	2.506	2.801	3.141	2.839	1.722
省份或地区		浙江	江苏	安徽	福建	湖北	江西	河南
参数	a/kA	25.21	28.14	32.389	23.643	36.127	34.118	35.546
	b	2.237	2.251	2.501	2.374	2.84	2.667	2.744
省份或地区		湖南	蒙东	辽宁	吉林	黑龙江	陕西	甘肃
参数	a/kA	30.547	30.485	25.799	27.708	33.693	39.422	35.202
	b	2.363	2.767	2.503	2.717	2.757	2.944	2.557
省份或地区		宁夏	青海	新疆	四川	重庆	西藏	
参数	a	45.277	24.298	29.148	38.679	39.798	25.24	
	b	2.961	2.253	2.739	2.607	3.115	2.102	

注：表中"省份或地区"根据电网分布划分。

当中值电流、雷电流幅值分布的集中程度参数无资料可以查时，除不包括陕南的西北地区和内蒙古自治区的部分地区外，我国一般地区雷击输电线路杆塔雷电流幅值概率分布可按下式计算：

$$\lg P = -\frac{I}{88} \tag{12-2-4}$$

陕南以外的西北地区、内蒙古自治区中年雷暴日数在 20 d 及以下的部分地区雷电流幅值较小，雷击输电线路杆塔雷电流幅值概率分布可按下式计算：

$$\lg P = -\frac{I}{44} \tag{12-2-5}$$

二、雷暴日及地闪密度

雷暴日指某地区一年中的有雷天数。一天中只要听到一次以上的雷声或看到一次以上的闪电，就为一个雷暴日。地闪密度指每平方千米区域内每年的地面落雷次数。雷暴日表征地区雷电活动的频繁程度，包括雷云之间和雷云对地的放电，而地闪密度仅表征雷云对地放电频繁程度，对防雷保护具有更实际的意义。

各地区地闪密度的统计应以当地雷电监测数据为基础来进行，对于无法直接测量的地区，地闪密度可依据雷暴日数和相关经验公式折算。气象学上将雷暴日定义为一年中发生过闪电雷响的天数，它与雷电次数无关，是反映雷电活动频度的一个较为宽泛的参数。

地闪密度 N_g 与雷暴日数 T_d 的折算，普遍采用的是国际大电网会议（CIGRE）1980 年提出的以下关系式：

$$N_g = 0.023 T_d^{1.3} \qquad (12-2-6)$$

式中：N_g——地闪密度，次/($km^2 \cdot a$)，各省电网的地闪密度平均值可参考表 12-2-2；

　　　T_d——雷暴日，d。

表 12-2-2　各省电网范围内地闪密度平均值　　单位：次/($km^2 \cdot a$)

省份或地区	广东	广西	云南	贵州	海南	广州	深圳
参数	8.13	7.44	2.48	3.95	7.36	17.73	8.96
省份或地区	冀北	河北	北京	天津	山西	山东	上海
参数	1.81	1.82	2.56	2.75	2.12	2.23	7.06
省份或地区	浙江	江苏	安徽	福建	湖北	江西	河南
参数	6.75	5.19	4.74	4.60	2.67	4.51	2.19
省份或地区	湖南	蒙东	辽宁	吉林	黑龙江	陕西	甘肃
参数	2.54	0.45	1.59	0.75	0.35	1.08	0.19
省份或地区	宁夏	青海	新疆	四川	重庆	西藏	
参数	0.23	0.16	0.02	2.33	3.36	0.19	

为了便于雷电预警，可将区域雷电活动按强弱分为多个等级。通常采用地闪密度或雷暴日对某地区的雷电活动强弱进行等级划分，具体见表 12-2-3。

表 12-2-3　雷区等级划分原则

雷区	等级	地闪密度 N_g/[次·($km^2 \cdot a$)$^{-1}$]	年雷暴日 T_d/d
少雷区	A	$N_g \leqslant 0.78$	$T_d \leqslant 15$
中雷区	B1	$0.78 < N_g \leqslant 2.0$	$15 < T_d \leqslant 31$
	B2	$2.0 < N_g \leqslant 2.78$	$31 < T_d \leqslant 40$
多雷区	C1	$2.78 < N_g \leqslant 5.0$	$40 < T_d \leqslant 63$
	C2	$5.0 < N_g \leqslant 7.98$	$63 < T_d \leqslant 90$
强雷区	D1	$7.98 < N_g \leqslant 11.0$	$90 < T_d \leqslant 115$
	D2	$N_g > 11.0$	$T_d > 115$

注：(1)地区雷区分级宜采用 10 年及以上监测数据进行统计、确定，至少要有 5 年雷电监测数据的积累；

　　(2)一般情况下，不宜以特定年份或较短时间段的地闪密度统计参数作为地区雷区分级的评判依据。

三、雷电流波形

雷电流波头大多在 $1 \sim 5\ \mu s$ 范围，平均约为 $2.6\ \mu s$；雷电流波尾大多在 $20 \sim 100\ \mu s$ 范围，平均约 $50\ \mu s$。防雷保护设计采用 $2.6/50\ \mu s$ 的雷电流波形。

防雷保护计算用雷电流波形，一般采用双斜角波（三角波）（见图 12-2-1）或双指数波（见图 12-2-2）进行等效。双斜角波用下式表示：

$$i = \begin{cases} \bar{\alpha} t & (1 < t \leqslant \tau) \\ I(-\alpha t + b) & (t \geqslant \tau) \end{cases} \qquad (12-2-7)$$

双指数波分别用下式表示：

$$i = I_m(e^{-\alpha t} - e^{-\beta t}) \tag{12-2-8}$$

式中：α、β——常数，由雷电流波形决定；

$\quad$ t——时间，μs，

$\quad$ τ——雷电流波头，μs。

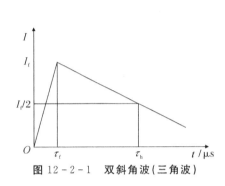

图 12-2-1 双斜角波（三角波）

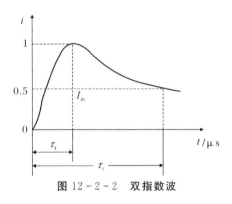

图 12-2-2 双指数波

四、其他参数

雷电小时：听到雷声的小时数，一般用年雷电小时统计。

地面落雷密度：γ 值，等于地闪密度 N_g 除以年雷暴日[次/($km^2 \cdot d$)]。

第三节　输电线路的感应雷过电压

感应雷过电压是指在架空输电线路的附近不远处发生闪电，虽然雷电没有直接击中线路，但在导线上会感应出大量的和雷云极性相反的束缚电荷，形成雷电过电压，如图 12-3-1 所示。在输电线路附近有雷云，当雷云处于先导放电阶段时，先导通道中的电荷对输电线路产生静电感应，将与雷云异性的电荷由导线两端拉到靠近先导放电的一段导线上成为束缚电荷。在主放电阶段雷云先导通道中的电荷迅速中和，这时输电线路导线上原有束缚电荷立即转为自由电荷，自由电荷向导线两侧流动而造成的过电压为感应过电压。在导线上所形成感应雷过电压的大小，可按有、无地线两种情况分布计算。

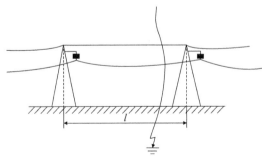

图 12-3-1 雷击输电线路附近地面

一、雷击线路附近时,线路导线上的感应电压

(一)无地线导线上的感应电压

根据理论分析和实测结果,按规程规定,当雷击点距离线路 $S > 65$ m 时, $I \leqslant 100$ kA 时,导线上的感应雷过电压最大值 U_{gd} 可按下式计算:

$$U_{gd} \approx 25\, \frac{Ih_{dv}}{S} \qquad (12-3-1)$$

式中: I ——雷电流幅值,kA;

　　 h_{dv} ——导线悬挂的平均高度,m, $h_{dv} = h_d - \dfrac{2}{3} f_d$(其中, h_d 为杆塔导线悬挂点高度, f_d 导线弧垂);

　　 S ——雷击点离线路的距离,m。

由此可见,感应过电压与雷击点到线路的距离 S 成反比, S 越大,感应过电压越小;感应过电压与雷电流幅值和导线悬挂平均高度成正比,导线悬挂的平均高度越大则导线对地电容越小,感应电荷产生的电压就愈大。

由于雷击地面时雷击点的自然接地电阻较大,雷电流幅值 $I \leqslant 100$ kA。实测证明,感应雷过电压幅值一般不超过 $300 \sim 400$ kV。

感应雷过电压对 35 kV 及以下输电线路,可能造成绝缘闪络,而对于 110 kV 及以上线路,由于线路的绝缘水平较高,一般不会引起闪络。感应雷过电压在三相导线中存在,三相导线上感应过电压在数值上的差别仅仅是由导线高度的不同而引起的,故相间电位差很小,所以感应过电压不会引起架空线路的相间绝缘闪络。

(二)有地线导线上的感应电压

如果导线上方挂有地线,由于地线的屏蔽效应,导线上的感应电荷会减少,导线上的感应过电压就会降低。地线不接地情况下的屏蔽作用可用下面方法求得,设地线的对地平均高度为 h_{bv} ,则地线的感应过电压分布按下式计算,导线的感应电压的计算与式(12-3-1)方法一样:

$$U_{gb} \approx 25\, \frac{Ih_{bv}}{S} \qquad (12-3-2)$$

则知地上感应电压与导线上的感应电压的关系为

$$U_{gb} \approx U_{gd} \frac{h_{bv}}{h_{dv}} \qquad (12-3-3)$$

式中: h_{bv} ——地线悬挂的平均高度,m, $h_{bv} = h_b - \dfrac{2}{3} f_b$(其中, h_b 为杆塔地线悬挂点高度, f_b 地线弧垂);

　　 S ——雷击点离线路的距离,m。

然而,地线实际上是通过每基杆塔接地的,地线上的电位应该为 0,因此可以设想在地

线上尚有一"$-U_{gb}$"电压存在,其与感应过电压联合作用,以此来保持地线为零电位。由于地线与导线间的耦合作用,这一设想的"$-U_{gb}$"将在导线上产生耦合电压 $k_0(-U_{gb})$,导线上的实际电位即绝缘子串上的电压差:

$$U'_{gd} \approx U_{gd} - k_0 U_{gb} = 25 \frac{I h_{dv}}{S}\left(1 - k_0 \frac{h_{bv}}{h_{dv}}\right) \tag{12-3-4}$$

$$k_0 = \frac{\ln \dfrac{D_{bd}}{d_{bd}}}{\ln \dfrac{2h_{bv}}{r_b}} \tag{12-3-5}$$

式中:k_0——地线与导线的(几何)耦合系数;

$\quad r_b$——地线的半径,m;

$\quad d_{bd}$——地线和导线间的距离,m;

$\quad D_{bd}$——地线和导线镜像间的距离,m。

式(12-3-4)表明,由于接地地线的存在,U_{gd} 可下降到 $U_{gd}\left(1 - k_0 \dfrac{h_{bv}}{h_{dv}}\right)$。几何耦合系数越大,则导线上的感应过电压越低,加在绝缘子串上的电压差 U'_{gd} 也就越低。

二、雷击线路杆塔或地线时,导线上的感应过电压

上述内容只适用于 $S > 65$ m 的情况,对于更近的落雷,因为线路的引雷作用,雷电直接命中线路。当雷击线路杆塔时,由于主放电通道所产生的磁场的迅速变化,将在导线上感应出与雷电流极性相反的过电压。其形成机理与雷击地面的情况相似,但对引起的过电压计算问题至今尚有争论。

《交流电气装置的过电压保护和绝缘配合》(GB/T 50064—2014)中推荐感应电压分量按下式计算:

$$U_{gd} = \frac{60\alpha h_{gd}}{k_\beta c}\left[\ln \frac{h_T + d_R + k_\beta c t}{(1 + k_\beta)(h_T + d_R)}\right]\left(1 - \frac{h_{bv}}{h_{dv}} k_0\right) \tag{12-3-6}$$

$$k_\beta = \sqrt{i/(500 + i)} \tag{12-3-7}$$

$$d_R = 5 i^{0.65} \tag{12-3-8}$$

式中:i——雷电流瞬时值,kA;

$\quad a$——雷电流陡度,kA/μs;

$\quad k_\beta$——主放电速度与光速 c 的比值;

$\quad h_T$——杆塔高度,m;

$\quad h_{gd}$——导线在杆塔处的悬挂高度,m;

$\quad h_{dv}$——导线对地平均高度,m;

$\quad h_{bv}$——地线对地平均高度,m;

$\quad d_R$——雷击杆塔时,迎面先导的长度,m;

$\quad t$——放电时间,μs;

k_0——地线和导线间的几何耦合系数。

式(12-3-6)~式(12-3-8)计算相对复杂,对一般杆塔高度小于 40 m 的线路,也可以采用经验公式对导线上的感应电压进行计算。在无地线时,我国有关规程推荐导线上感应雷过电压的幅值可采用下式计算:

$$U_{gd} = \alpha h_{dv} \tag{12-3-9}$$

式中:a——感应过电压系数,kV/m,等于雷电流平均陡度 $\dfrac{I}{2.6}$。

有地线时,由于屏蔽作用,此感应雷过电压最大值为

$$U'_{gd} = \alpha h_{dv}\left(1 - k_0\,\frac{h_{bv}}{h_{dv}}\right) \tag{12-3-10}$$

第四节　输电线路的防雷保护计算

一、输电线路击杆率、建弧率及落雷次数

(一)击杆率

雷击线路杆塔的次数与雷击线路总次数的比值称为击杆率 g。击杆率在线路雷击跳闸次数计算中影响很大,因此,准确确定击杆率是很重要的。运行经验表明,在线路落雷总数中雷击杆塔的次数与地线的根数和经过地区的地形有关。采用双地线时,击杆率一般平原为 1/6,山区为 1/4;采用单地线时,平原为 1/4,山区为 1/3。

(二)建弧率

架空输电线路的绝缘子串和空气间隙在雷电冲击闪络之后,转变为稳定的工频电弧的概率即为建弧率。建弧率与沿绝缘子串和空气间隙的平均运行电压梯度有关,也和去游离条件有关。根据实验及运行经验,《交流电气装置的过电压保护和绝缘配合》(GB/T 50064—2014)推荐按下式计算建弧率:

$$\eta = (4.5E^{0.75} - 14) \times 10^{-2} \tag{12-4-1}$$

式中:E——绝缘子串的平均运行电压梯度有效值,kV/m。

对于有效接地系统 E 可按下式计算:

$$E = U_n/(\sqrt{3}\,l_i) \tag{12-4-2}$$

对于中性点绝缘、消弧线圈接地系统 E 可按下式计算:

$$E = U_n/(2l_i + 2l_m) \tag{12-4-3}$$

式中:V_n——额定电压,kV。

l_i——绝缘子串的放电距离,m。

l_m——木横担线路的线间距离,m,对铁横担和钢筋混凝土横担线路,l_m 取 0。

当 E 不大于 $6\ kV/m$ 时,建弧率接近于 0。

(三)落雷次数

前面介绍了一天中只要听到一次以上的雷声或看到一次以上的闪电,就为一个雷暴日,但这不表示架空输电线路遭受雷击。为了更好地表示输电线路遭受雷击情况,一般采用线路落雷次数表示线路受雷击的情况。线路落雷次数,指每 $100\ km$ 线路每年遭受雷击的次数($100\ km \cdot a$)。根据《交流电气装置的过电压保护和绝缘配合》(GB/T 50064—2014),线路落雷次数按下式计算:

$$N_L = \gamma \times \frac{(28h_T^{0.6}+b)}{1000} \times 100T = 0.1\gamma T(28h_T^{0.6}+b) = 0.1N_g(28h_T^{0.6}+b) \quad (12-4-4)$$

$$\gamma = \frac{N_g}{T_d} \quad (12-4-5)$$

式中:h_T——杆塔高度,m;

$\quad\quad b$——两根地线之间的距离,m;

$\quad\quad \gamma$——地面落雷密度,次/($km^2 \cdot d$);

$\quad\quad N_g$——地闪密度,次/($km^2 \cdot a$);

$\quad\quad T_d$——年平均雷暴日数,d。

二、输电线路反击耐雷水平及反击跳闸率

雷击杆塔塔顶或地线时,雷电通道中的负电荷与杆塔及地线上的正电荷迅速中和,形成雷电流。雷击瞬间自雷击点(即塔顶)有一负雷电流波沿杆塔向下运动,另有两个相同的负电流波分别从塔顶沿两侧地线相邻杆塔运动,与此同时自塔顶有一正雷电流波沿雷电通道向上运动,此正雷电流波的数值与 3 个负电流波数值之和相等。线路绝缘上的过电压即由这几个电流所引起的。

线路反击计算宜采用电磁暂态数值计算方法,通过对雷电流、雷电通道波阻抗、杆塔、导地线、绝缘子(空气间隙)、接地电阻、感应电压等分别建模,同时考虑线路运行电压,雷击点为杆塔塔顶或地线,最后综合求解获得线路的反击耐雷性能。

(一)反击耐雷水平

雷击线路或附近时线路绝缘不发生闪络的最大雷电流幅值叫作耐雷水平。架空输电线路绝缘子串和空气间隙的闪络模型宜采用先导法,也可采用相交法或 $U_{50\%}$ 经验公式法。

1. 先导法

先导法是通过绝缘间隙中先导发展长度来判断绝缘是否发生闪络的。如先导贯穿间隙,即先导长度大于或等于间隙长度时,即认为发生闪络。先导发展速度可用下式计算:

$$\frac{dL}{dt} = k_J u(t)\left[\frac{u(t)}{D-L}-E_0\right] \quad (12-4-6)$$

式中:L——先导已发展长度,m;

$u(t)$——绝缘间隙承受的电压,kV;

　D——绝缘间隙长度,m;

　E_0——先导起始场强,一般可取 500 kV/m;

　k_J——经验系数,$\text{m}^2/(\text{s} \cdot \text{kV}^2)$,在 E_0 取值为 500 kV/m 时,k_J 可取为 1.1×10^{-6}。

　E_0 和 k 也可按 CIGRE 推荐取值,见表 12-4-1。

表 12-4-1　雷电冲击闪络先导发展模型的推荐取值

项　目	极性	$k/[\text{m}^2 \cdot (\text{s} \cdot \text{kV}^2)^{-1}]$	$E_0/[(\text{kV} \cdot \text{m}^{-1})]$
空气间隙、柱状绝缘子、长棒复合绝缘子	正极性	0.8×10^{-6}	600
	负极性	1.0×10^{-6}	670
瓷或玻璃的盘形绝缘子串	正极性	1.2×10^{-6}	520
	负极性	1.3×10^{-6}	600

2. 相交法

相交法通过比较绝缘间隙两端电压波形和绝缘间隙的雷电冲击伏秒特性曲线来判断闪络是否发生。如图 12-4-1 所示,若电压波形与伏秒特性曲线直接相交或电压波形峰值的水平延长线与伏秒特性曲线相交,均认为发生闪络;当电压波形与伏秒特性曲线不相交或电压波形峰值的水平延长线与伏秒特性曲线不相交时,即不闪络。绝缘间隙的伏秒特性曲线可通过实测获得,当无实测数据时,可根据以下经验公式计算、绘制:

$$U_{s-l} = 400l + 710 \frac{l}{t^{0.75}} \tag{12-4-7}$$

式中:l——绝缘间隙距离,mm;

　U_{s-l}——放电电压,kV;

　t——放电时间,μs。

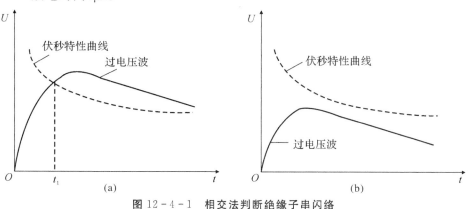

图 12-4-1　相交法判断绝缘子串闪络

(a)与伏秒特性曲线相交;(b)与伏秒特性曲线不相交

3. 经验公式法

经验公式法就是当雷击杆塔或地线时,导线上承受的电压 U_{gd} 大于或等于杆塔塔头绝缘（绝缘子串或塔头间隙）的 50% 冲击放电电压（$+U_{50\%}$）时判断为闪络。当导线上的感应电压 U_{gd} 与 50% 冲击放电电压 $U_{50\%}$ 相等时,装有地线的杆塔,雷击杆塔顶时的耐雷水平为

$$I_i = \frac{+U_{50\%}}{(1-k)\beta R_{su} - \frac{L_t}{2.6}\left(\frac{h_{gd}}{h_T} - k\right)\beta + \frac{h_{dv}}{2.6}\left(1 - \frac{h_{bv}}{h_{dv}}k_0\right)} \qquad (12-4-8)$$

$$\beta = \frac{1}{1 + \frac{L_t + 1.3R_{su}}{L_g}} \qquad (12-4-9)$$

式中:β——杆塔分流系数,按式（12-4-9）计算,一般长度档距的线路可按表 12-4-2 选取;

R_{su}——冲击接地电阻,Ω;

L_t——杆塔电感,μH,可按表 12-4-3 选取;

L_g——杆塔两侧邻档地线的电感并联值,μH,对单地线,L_g 约等于 $0.67l$（l 为档距长度,m）,对双地线,L_g 约等于 $0.42l$;

k—— 地线和导线间的耦合系数,$k = k_1 k_0$;

k_1——电晕校正系数,可按表 12-4-4 选取。

表 12-4-2　一般长度档距的线路杆塔分流系数 β

额定电压/kV	地线根数	β 值	额定电压/kV	地线根数	β 值
110	单地线	0.90	220	单地线	0.92
	双地线	0.86		双地线	0.88
330~500	双地线	0.88			

表 12-4-3　杆塔电感平均值 L_t

杆塔形式	杆塔电感/μH	杆塔形式	杆塔电感/μH
无拉线钢筋混凝土单杆	0.84	铁塔	0.50
有拉线钢筋混凝土单杆	0.42	门型铁塔	0.42
无拉线钢筋混凝土双杆	0.42		

表 12-4-4　雷击塔顶时的电晕校正系数 k_1

额定电压/kV	20~35	60~110	220~330	500~750
双地线	1.1	1.2	1.25	1.28
单地线	1.15	1.25	1.3	—
双地线有耦合线	1.1	1.15	1.2	1.25
单地线有耦合线	1.1	1.2	1.25	—

当线路未装地线时,对于中性点不直接接地系统,由雷击无地线的塔顶造成第一相导线反击放电时不会引起线路跳闸,必须有第二相导线反击放电,才会引起线路跳闸造成故障。因此,导致第二相导线闪络放电的雷电流才是所需的耐雷水平。此时,由于第一相导线已对地（对杆塔）放电,其具有了塔顶电位。这对第二相导线来讲,就相当于有了一根地线,只是

雷电流没有分流而已。因此,其耐雷水平可按式(12-4-8)并令 $\beta = 1$ 来计算,即

$$I_{\mathrm{f}} = \frac{U_{50\%}}{(1-k)R_{\mathrm{su}} - \dfrac{L_{\mathrm{t}}}{2.6}\left(\dfrac{h_{\mathrm{gd}}}{h_{\mathrm{T}}} - k\right) + \dfrac{h_{\mathrm{dv}}}{2.6}\left(1 - \dfrac{h_{\mathrm{bv}}}{h_{\mathrm{dv}}}k_0\right)} \qquad (12-4-10)$$

对中性点直接接地系统,当雷击无地线的杆塔时,只要有一相导线绝缘发生放电即导致线路跳闸。因此,雷击塔顶时的耐雷水平可按式(12-4-10)并令 $k=0$、$k_0=0$ 来计算,即

$$I_{\mathrm{f}} = \frac{U_{50\%}}{R_{\mathrm{su}} - \dfrac{L_{\mathrm{t}}}{2.6} \times \dfrac{h_{\mathrm{gd}}}{h_{\mathrm{T}}} + \dfrac{h_{\mathrm{dv}}}{2.6}} \qquad (12-4-11)$$

导线杆塔塔头绝缘(绝缘子串或塔头间隙)上能承受的最大电压值 U_{gd} 可以按式(12-3-4)、式(12-3-9)及式(12-3-10)计算。如果采用经验公式,也可以按下式计算:

$$U_{\mathrm{gd}} = \beta I\left[R_{\mathrm{su}}(1-k) + \frac{L_{\mathrm{t}}}{2.6} \times \left(\frac{h_{\mathrm{gd}}}{h_{\mathrm{T}}} - k\right)\right] + \alpha h_{\mathrm{bv}}\left(1 - \frac{h_{\mathrm{bv}}}{h_{\mathrm{dv}}}k_0\right) \qquad (12-4-12)$$

式中:I——雷电流幅值,kA。

4.线路的反击耐雷水平

《交流电气装置的过电压保护和绝缘配合》(GB/T 50064—2014)规定,有地线线路的反击耐雷水平不宜低于表12-4-5所列数值。

表 12-4-5　有地线线路的反击耐雷水平

系统标称电压/kV	35	66	110	220	330	500	750	1 000
单回路线路的反击耐雷水平/kA	24～36	31～47	56～68	87～96	120～151	158～177	208～232	200
同塔双回线路反击耐雷水平/kA	—	—	50～61	79～92	108～137	142～162	192～224	

注:(1)反击耐雷水平的较高值和较低值分别对应线路杆塔冲击接地电阻7 Ω和15 Ω。

(2)雷击时刻工作电压为峰值,且与雷击电流反极性。

(3)发电厂、变电站进线保护段杆塔耐雷水平不宜低于表中的较高数值。

(4)1 000 kV 系统为《1 000 kV 架空输电线路设计规范》(GB 50665—2011)推荐值。

(二)反击跳闸率

输电线路单基杆塔折算至每百公里每年的反击跳闸率按下式进行:

$$R_{\mathrm{f}} = \eta N_{\mathrm{L}} g P(i > I_{\mathrm{f}}) \qquad (12-4-13)$$

式中:　　R_{f}——杆塔反击跳闸率,次/(100 km·a);

I_{f}——杆塔反击耐雷水平,kA;

$P(i > I_{\mathrm{f}})$——雷电流幅值大于反击耐雷水平的概率。

三、输电线路绕击耐雷水平及绕击跳闸率

装设地线的架空输电线路,仍然有雷绕过地线而击于导线(即发生绕击)的可能性。虽然绕击的概率较低,但其危害较大,一旦发生绕击,往往会引起线路绝缘子的闪络。

(一)绕击耐雷水平

线路运行经验和模拟试验均证明,雷电绕击导线的概率与地线与导线的空间布置、保护角、杆塔高度、导地线弧垂,以及线路经过地区地形、地貌、地质条件有关。目前,绕击耐雷水平计算方法基本上可分为以下 3 种:

1)20 世纪 60 年代发展起来的电气几何模型法(也称击距法)。现行的《交流电气装置的过电压保护和绝缘配合》(GB/T 50064—2014)、《1 000 kV 特高压交流输变电工程过电压和绝缘配合》(GB/T 24842—2018)推荐采用此种方法。

2)原来应用较多的《交流电气装置的过电压保护和绝缘配合》(DL/T 620—1997)中及苏联规程中所用的方法,一般称之为经验法。

3)先导发展模型法。

1. 电气几何模型法

电气几何模型绕击计算(英文简写为 EGM)的基本原理为:在由雷云向地面发展的先导放电通道头部到达被击物体临界击穿距离(简称"击距")的位置以前,雷击点是不确定的,但对某个物体先达到相应击距时,则向该物体放电。绕击计算的基础是雷电流击距,击距可按下列公式计算:

$$r_s(I) = 10I^{0.65} \tag{12-4-14}$$

$$r_c(I) = 1.63(5.015I^{0.578} - 0.001U_{ph})^{1.125} \tag{12-4-15}$$

$$r_g(I) = \begin{cases} [3.6 + 1.7\ln(43 - h_{dv})]I^{0.65} & (h_{dv} < 40 \text{ m}) \\ 5.5I^{0.65} & (h_{dv} \geqslant 40 \text{ m}) \end{cases} \tag{12-4-16}$$

式中:$r_s(I)$——雷电流幅值为 I 时对地线的击距,m;

$r_c(I)$——雷电流幅值为 I 时对导线的击距,m;

$r_g(I)$——雷电流幅值为 I 时对大地的击距,m;

U_{ph}——导线上工作电压瞬时值,kV。

自然界中雷电流可能从不同角度绕击导线,对于较高杆塔先导入射角 φ 的概率分布密度函数按下式计算:

$$\rho(\varphi) = 0.75\cos^3(\varphi) \tag{12-4-17}$$

架空输电线路雷电绕击计算应考虑导地线沿线弧垂的影响。当输电线路经过山区时,雷电绕击的计算应计及地形的影响。地线对多层导线保护时应考虑层间相互屏蔽效应。地线与导线的 EGM 模型示意如图 12-4-2 所示。

随着雷电流增加,击距逐渐增大,地线屏蔽弧、导线暴露弧、地面屏蔽线逐渐外推。当雷

电流大到一定程度时,地线屏蔽弧和地面屏蔽线最终将导线暴露弧全部包住,即实现对导线的保护。因此基于杆塔尺寸、地形参数和 EGM 方法可以计算得到线路的最大绕击雷电流 $I_{r(\max)}$。

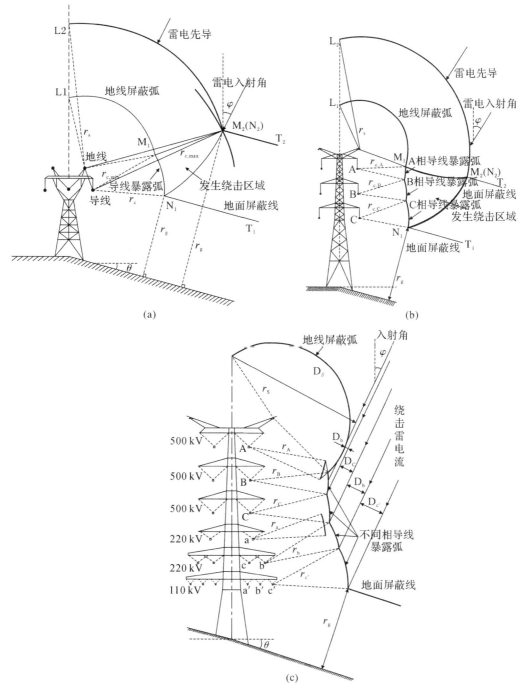

图 12-4-2　雷电绕击导线的 EGM 模型示意图

(a)地线与单相导线情况;(b)地线与多相导线情况;(c)复杂输电线路地线与导线情况

绕击雷电流为 I 时的第 k 相绕击率应由该入射角范围内绕击概率积分得到,可按下式计算:

$$\chi_k(I) = \int_{-\pi/2}^{\pi/2} \frac{D_k[r_c(I),\varphi]}{D_s[r_s(I),\varphi] + \sum D_k[r_c(I),\varphi]} \rho(\varphi)\mathrm{d}\varphi \qquad (12-4-18)$$

式中: $\chi_k(I)$——雷电流为 I 时的第 k 相导线绕击率;

$D_s[r_s(I),\varphi]$——雷电流 I 下入射角为 φ 时的地线屏蔽弧投影长;

$D_k[r_c(I),\varphi]$——雷电流 I 下入射角为 φ 时的第 k 相导线暴露弧投影长。

在《交流电气装置的过电压保护和绝缘配合》(GB/T 50064—2014)中推荐雷电为负极性时,绕击耐雷水平 $I_{r(\min)}$ 可按下式计算:

$$I_{r(\min)} = \left(U_{-50\%} + \frac{2Z_0}{2Z_0 + Z_c}U_{\mathrm{ph}}\right)\frac{2Z_0 + Z_c}{Z_0 Z_c} \qquad (12-4-19)$$

式中: $I_{rk(\min)}$——绕击耐雷水平,kA;

$U_{-50\%}$——绝缘子负极性 50% 闪络电压绝对值,kV;

Z_0——闪电通道波阻,Ω;

Z_c——导线波阻抗,Ω。

2. 经验法

线路装设了地线,雷电绕过地线直击导线的可能性虽然不大,但一旦发生绕击,所产生的雷电过电压很高,即使是绝缘水平很高的超高压线路也往往难免闪络。雷直击导线,或雷绕过地线击于导线时,导线上的雷电过电压按下式计算:

$$U_d = \frac{IZ_c}{4} \qquad (12-4-20)$$

若令式(12-4-20)中的 U_d 等于绝缘子串(或塔头空气间隙)的 50% 放电电压($U_{-50\%}$),导线波阻抗 $Z_0 \approx 400\ \Omega$,则可求得雷击导线时的绕击雷耐雷水平为

$$I_{rN} = \frac{4U_{-50\%}}{Z_c} \approx \frac{U_{-50\%}}{100} \qquad (12-4-21)$$

3. 先导发展模型法

先导发展模型通过模拟雷电下行先导发展,上行先导起始、发展,以及先导末跃过程对雷电击中的目标物进行判断。利用该模型计算线路导、地线的引雷宽度时,可假设雷电下行先导起始位置在线路横截面中均匀分布,按照间隔 ΔL(宜小于或等于 0.1 m)循环模拟计算先导发展过程,判断雷击中对象,利用扫描的方式划分导线单侧引雷宽度 D_c 和地线单侧引雷宽度 D_x,如图 12-4-3 所示。先导发展模型一般可用于全高 60 m 以上的高杆塔。雷电先导发展过程模拟的步骤如图 12-4-4 所示,计算过程如下。

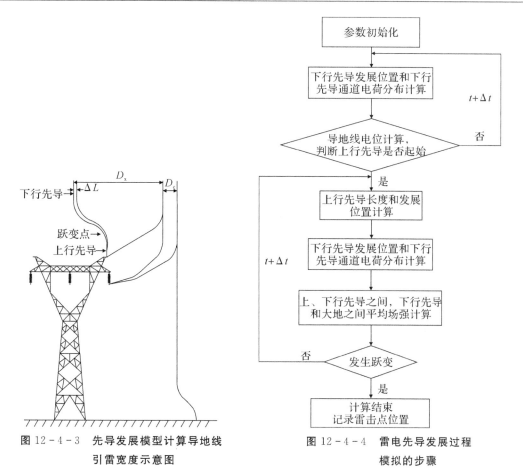

图 12 - 4 - 3　先导发展模型计算导地线　　　　图 12 - 4 - 4　雷电先导发展过程
引雷宽度示意图　　　　　　　　　　　模拟的步骤

1)参数初始化包括时间步长 Δt、地线空间坐标、雷云高度、下行先导初始长度和电荷分布,以及下行先导与线路的相对坐标。其中,时间步长 Δt 宜小于或等于 $2~\mu s$,雷云高度可取 2 km,下行先导初始长度可取 10 m,电荷分布可采用下式计算:

$$
\left.
\begin{aligned}
&\rho(l)=a_0\left(1-\frac{1}{H-z_0}\right)G(z_0)I_p+\frac{I_p(\alpha+bl)}{1+cl+dl^2}H(z_0) \\
&G(z_0)=1-z_0/H \\
&H(z_0)=0.3\alpha+0.7\beta \\
&\alpha=e^{-(z_0-10)/75} \\
&\beta=G(z_0)=1-z_0/H
\end{aligned}
\right\}
\qquad (12-4-22)
$$

式中:$\rho(l)$——先导通道中距离先导头部为 l(单位 m)处的电荷密度,C/m;

H——雷云高度,m;

z_0——先导头部对地高度($z_0>10$ m),m;

I_p——回击电流幅值,kA。

式中相应系数可取 $a_0=1.476\times10^{-5}$,$\alpha=4.857\times10^{-5}$,$b=3.909~7\times10^{-6}$,$c=0.522$,$d=3.73\times10^{-3}$。

2)下行先导发展速度取 2×10^5 m/s,在上行先导起始前,垂直向下发展,导地线上行先导起始后向最大电场强度方向发展,下行先导电荷分布可采用式(12-4-22)计算。

3)当导地线电位达到先导起始电压 U_c 时,上行先导产生,单导线和地线先导起始电压 U_c 计算公式如下:

分裂导线先导起始电压 U_c 计算公式如下:

$$U_c = \frac{2247}{1+\dfrac{5.15-5.49\ln r_c}{h_e \ln 2h_e/r_c}} \qquad (12-4-23)$$

$$U_c = \frac{2247}{1+\dfrac{5.15-5.49\ln a_c}{h_e \ln 2(h_e+a_e)/a_e}} \qquad (12-4-24)$$

式中:U_c——上行先导起始电压,kV;

$\quad h_e$——导线高度,m;

$\quad r_c$——导地线半径,m;

$\quad a_e$——分裂导线等效半径,m。

4)上行先导发展速度可取 0.8×10^5 m/s,向最大电场强度方向发展。

5)当下行先导头部与导线(地线)或导线(地线)上行先导头部之间平均电场强度达 500 kV/m 时,下行先导与导线(地线)或导线(地线)上行先导之间发生跃变,雷电击中导线(地线);当下行先导头部与大地之间平均电场强度达 750 kV/m 时,下行先导与大地之间发生跃变,雷电击中大地。

(二)绕击跳闸率

1.电气几何模型法

有多相导线的输电线路单基杆塔发生绕击闪络的概率按下式计算:

$$R_r = \sum_{k=1}^{m} R_{rk} \qquad (12-4-25)$$

$$R_{rk} = \eta_k N_L \int_{I_{rk\min}}^{I_{rk\max}} \chi_k(I) f(I) \mathrm{d}I \qquad (12-4-26)$$

式中:R_r——单基杆塔及对应水平档距折算至每百公里每年的总绕击跳闸率,次/(100 km·a);

$\quad R_{rk}$——单基杆塔及对应水平档距折算至每百公里每年的第 k 相绕击跳闸率,次/(100 km·a);

$\quad \eta_k$——第 k 相绝缘子串建弧率,按式(12-4-1)计算;

$\quad I_{rk(\min)}$——第 k 相绕击耐雷水平,kA;

$\quad I_{rk(\max)}$——第 k 相最大绕击雷电流 kA,由 EGM 方法计算获得;

$\quad N_L$——线路落雷次数,次/(100 km·a),按式(12-4-4)计算;

$\quad f(I)$——雷电流幅值分布密度函数,按式(12-2-3)计算。

2. 经验法

尽管全线装设了地线,并使三相导线都处于它的保护范围之内,但仍然存在雷电绕过地线直击导线的可能性的,发生这种绕击的概率称为绕击率 $P_α$。线路运行经验、现场实测和模拟试验均证明,$P_α$ 之值与地线对边相导线的保护角 $α$、杆塔高度 h_T,及线路经过地区的地形、地貌、地质条件有关。平原和山区线路的绕击率可用下列公式计算:

对平原线路,有

$$\lg P_α = \frac{α\sqrt{h_T}}{86} - 3.9 \qquad (12-4-27)$$

对山区线路,有

$$\lg P'_α = \frac{α\sqrt{h_T}}{86} - 3.35 \qquad (12-4-28)$$

式中:$P_α$、$P'_α$——平原、山区的绕击率;

　　　$α$——保护角,(°);

　　　h_T——杆塔高度,m。

山区线路因为地面附近的空间电场受山坡地形、地貌、地质等影响,其绕击率为平原线路的 3 倍,或相当于保护角增大 $8°$。

四、架空输电线路雷击综合跳闸率计算

(一)电气几何模型法

单基杆塔折算至每百公里每年的雷击跳闸率 R_i 可按下式计算:

$$R_i = R_{fi} + R_{ri} \qquad (12-4-29)$$

式中:R_i——第 i 基杆塔折算至每百公里每年的雷击跳闸率,次/(100 km·a)。

　　R_{fi}——第 i 基杆塔折算至每百公里每年的反击跳闸率,次/(100 km·a);

　　R_{ri}——第 i 基杆塔折算至每百公里每年的绕击跳闸率,次/(100 km·a)。

单基杆塔的绕、反击系数 k_{rf} 可按下式计算:

$$k_{rf} = \frac{R_{ri}}{R_{fi}} \qquad (12-4-30)$$

全线总的雷击跳闸率 R 可按下式计算:

$$R = R_f + R_r = \sum_{i=1}^{M} \frac{L_i R_i}{L} \qquad (12-4-31)$$

$$R_f = \sum_{i=1}^{M} \frac{L_i R_{fi}}{L} \qquad (12-4-32)$$

$$R_r = \sum_{i=1}^{M} \frac{L_i R_{ri}}{L} \qquad (12-4-33)$$

式中:R——全线折算至每百公里每年的雷击综合跳闸率,次/(100 km·a);

R_f——全线折算至每百公里每年的平均反击跳闸率,次/(100 km·a);

R_r——全线折算至每百公里每年的平均绕击跳闸率,次/(100 km·a);

L_i——第 i 基杆塔的水平档距,km;

L——全线路径长度,km;

M——全线路径杆塔数量,基。

实际雷击跳闸率折算至年 40 雷暴日下的雷击跳闸率可按下式计算:

$$R_z = R_s \times \frac{2.78}{N_g} \tag{12-4-34}$$

式中:R_s——实际线路或单基杆塔雷击跳闸率,次/(100 km·a);

R_z—— 折算至年 40 雷暴日下的线路或单基杆塔雷击跳闸率,次/(100 km·a);

N_g—— 实际地闪密度,次/(km²·a)。

(二)经验法

1. 中性点不直接接地系统

对于中性点不直接接地系统的配电线路,一般高度的铁塔或钢筋混凝土杆,无地线的线路的雷击跳闸率可按下式计算:

$$R = N_L \eta P \tag{12-4-35}$$

式中:R——实际线路或单基杆塔雷击跳闸率,次/(100 km·a);

N_L——线路落雷次数,按式 (12-4-4) 计算;

η——建弧率,按式(12-4-1)计算;

P——绕击雷耐雷水平电流的雷电流概率,按式(12-2-2)计算。

2. 中性点直接接地系统

在中性点直接接地系统中,一般高度的铁塔或钢筋混凝土杆,无地线线路的雷击跳闸率可按下式计算:

有地线线路的雷击跳闸率可按下式计算:

$$R = N_L \eta [gR_f + (1-g)R_r] \tag{12-4-36}$$

$$R = N_L \eta [gR_f + P_a R_r] \tag{12-4-37}$$

式中:R——实际线路或单基杆塔雷击跳闸率,次/(100 km·a);

R_f——反击跳闸率,次/(100 km·a);

R_r——绕击跳闸率,次/(100 km·a);

R_a——平原或山区的绕击率。

g——击杆率;

【例 12-4-1】 某 220 kV 双地线线路杆塔如图 12-4-2 所示。绝缘子串由 13×XP-70 组成。其正极性电压 $U_{50\%} = 1\,200$ kV,杆塔冲击接地电阻 R_i 为 7 Ω,地线半径 $r = 5.5$ mm,弧垂 9 m,导线弧垂 12 m。试求该线路的耐雷水平。

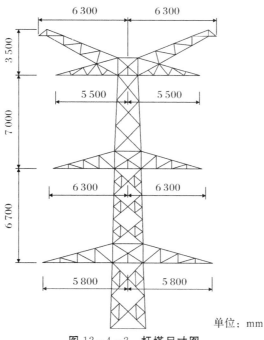

单位：mm

图 12-4-2 杆塔尺寸图

解 1)计算导地线的平均高度 h_c、h_g。

$$h_g = (23 + 6.7 + 7.0 + 3.5) - \frac{2}{3} \times 9 = 34.2 \text{ m}$$

$$h_{c3} = (23 + 6.7 + 7.0 - 2.3) - \frac{2}{3} \times 12 = 26.4 \text{ m}$$

$$h_{c4} = (23 + 6.7 - 2.3) - \frac{2}{3} \times 12 = 19.4 \text{ m}$$

$$h_{c5} = (23 - 2.3) - \frac{2}{3} \times 12 = 12.70 \text{ m}$$

2)计算双地线对一侧导线的几何耦合系数。

$$Z_{11} = \ln\left(\frac{2H}{r}\right) = \ln\frac{2(23 + 6.7 + 7 + 3.5)}{0.0055} = 9.59$$

$$Z_{12} = \ln\frac{\sqrt{[(23 + 6.7 + 7.0 + 3.5) \times 2]^2 + (6.3 + 6.3)^2}}{(6.3 + 6.3)} = 1.865$$

$$Z_{13} = \ln\frac{\sqrt{[(23 + 6.7 + 7.0 - 2.3) \times 2 + 2.3 + 3.5]^2 + (6.3 - 5.5)^2}}{\sqrt{(6.3 - 5.5)^2 + (3.5 + 2.3)^2}} = 2.545$$

$$Z_{23} = \ln\frac{\sqrt{[(23 + 6.7 + 7.0 - 2.3) \times 2 + 2.3 + 3.5]^2 + (6.3 + 5.5)^2}}{\sqrt{(6.3 + 5.5)^2 + (2.3 + 3.5)^2}}$$

$$= \ln\frac{75.527}{13.143} = 1.748$$

$$Z_{14} = \ln \frac{\sqrt{[(23+6.7-2.3) \times 2+7.0+2.3+3.5]^2+(6.3-6.3)^2}}{\sqrt{(6.3-6.3)^2+(2.3+3.5+7.0)^2}}$$

$$= \ln \frac{67.6}{12.8} = 1.66$$

$$Z_{24} = \ln \frac{\sqrt{[(23+6.7-2.3) \times 2+7.0+2.3+3.5]^2+(6.3+6.3)^2}}{\sqrt{(6.3+6.3)^2+(2.3+3.5+7.0)^2}}$$

$$= \ln \frac{68.764}{17.961} = 1.342$$

$$Z_{15} = \ln \frac{\sqrt{[(23-2.3) \times 2+6.7+7.0+2.3+3.5]^2+(6.3-5.8)^2}}{\sqrt{(6.3-5.8)^2+(2.3+3.5+7.0+6.7)^2}}$$

$$= \ln \frac{60.902}{19.506} = 1.139$$

$$Z_{25} = \ln \frac{\sqrt{[(23-2.3) \times 2+6.7+7.0+2.3+3.5]^2+(6.3+5.8)^2}}{\sqrt{(6.3+5.8)^2+(2.3+3.5+7.0+6.7)^2}}$$

$$= \ln \frac{62.09}{22.949} = 0.995$$

$$k_{1.2-3} = \frac{V_3}{V_1} = \frac{Z_{13}+Z_{23}}{Z_{11}+Z_{12}} = \frac{2.545+1.748}{9.59+1.865} = 0.375$$

$$k_{1.2-4} = \frac{V_4}{V_1} = \frac{Z_{14}+Z_{24}}{Z_{11}+Z_{12}} = \frac{1.66+1.342}{9.59+1.865} = 0.262$$

$$k_{1.2-5} = \frac{V_5}{V_1} = \frac{Z_{15}+Z_{25}}{Z_{11}+Z_{12}} = \frac{1.139+0.995}{9.59+1.865} = 0.186$$

应电晕影响。查 12-4-4 表知电晕校正系数 $k_1 = 1.25$，修正耦合系数为

$$k_{C3} = 1.25 \times K_{1.2-3} = 1.25 \times 0.375 = 0.469$$

$$k_{C4} = 1.25 \times K_{1.2-4} = 1.25 \times 0.262 = 0.3275$$

$$k_{C5} = 1.25 \times K_{1.2-5} = 1.25 \times 0.186 = 0.233$$

查 12-4-2 表得分流系数 $\beta = 0.88$，查表 12-4-3 得杆塔的电感为 0.5 μH，则 $L_t = 0.5 \times 40.2 = 20.1$ μH。

3）计算雷击杆塔顶的耐雷水平：

$$I_{1c} = \frac{1\,200}{(1-0.469) \times 0.88 \times 7+\left(\frac{36.7}{40.2}-0.469\right) \times 0.88 \times \frac{20.1}{2.6}+\left(1-\frac{34.2}{26.4} \times 0.375\right) \times \frac{26.4}{2.6}}$$

$$= 104.24 \text{ kA}$$

$$I_{1b} = \frac{1\,200}{(1-0.3275) \times 0.88 \times 7+\left(\frac{29.7}{40.2}-0.3275\right) \times 0.88 \times \frac{20.1}{2.6}+\left(1-\frac{34.2}{19.4} \times 0.262\right) \times \frac{19.4}{2.6}}$$

$$= 109.53 \text{ kA}$$

$$I_{1a} = \frac{1\ 200}{(1-0.233) \times 0.88 \times 7 + \left(\dfrac{23}{40.2} - 0.233\right) \times 0.88 \times \dfrac{20.1}{2.6} + \left(1 - \dfrac{34.2}{12.7} \times 0.186\right) \times \dfrac{12.7}{2.6}}$$

$$= 126.717\ \text{kA}$$

可见,从上至下耐雷水平降低。

【例 12 - 4 - 2】 某 220 kV 双地线线路杆塔导线水平架设如图 12 - 4 - 3 所示。绝缘子串由 $13 \times$ XP - 70 组成。其正极性电压 $U_{50\%} = 1\ 200$ kV,杆塔冲击接地电阻 R_i 为 7 Ω,地线半径 $r = 5.5$ mm,弧垂 7 m,导线弧垂 12 m。试求该线路的耐雷水平。

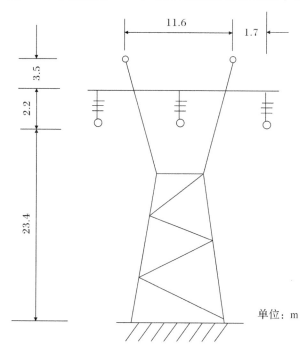

图所 12 - 4 - 3　某 220 kV 双地线线路杆塔

解　1)计算地线和导线的平均高度:

$$h_{g1} = (23.4 + 2.2 + 3.5) - \frac{2}{3} \times 7 = 24.5\ \text{m}$$

$$h_{c3} = 23.4 - \frac{2}{3} \times 12 = 15.4\ \text{m}$$

$$h_{c4} = 23.4 - \frac{2}{3} \times 12 = 15.4\ \text{m}$$

2)计算中相线耐雷水平:双避雷线对中线的几何耦合系数为

$$D_{kn} = \sqrt{5.8^2 + (24.5 - 15.4)^2} = 10.79$$

$$H_{kn} = \sqrt{5.8^2 + (24.5 + 15.4)^2} = 40.32$$

$$Z_{31} = Z_{32} = \ln \frac{H_{kn}}{D_{kn}} = ln \frac{40.32}{10.79} = 1.32$$

$$Z_{11} = \ln \frac{H_{kk}}{r_k} = \ln \frac{24.5 \times 2}{0.0055} = 9.10$$

$$Z_{12} = \ln \frac{\sqrt{11.6^2 + 49^2}}{11.6} = 1.47$$

$$k_0 = k_{1-2,3} = \frac{u_3}{u_1} = \frac{Z_{31} + Z_{32}}{Z_{11} + Z_{12}} = 0.25$$

$$k = k_1 k_0 = 0.25 \times 1.25 = 0.313$$

$$L = 29.1 \times 0.5 = 14.5$$

分流系数 $\beta = 0.88$。

$$I_1 = \frac{1\ 200}{(1-0.313) \times 0.88 \times 7 + \left(\frac{25.6}{29.1} - 0.313\right) \times 0.88 \times \frac{14.5}{2.6} + \left(1 - \frac{24.5}{15.4} \times 0.25\right) \times \frac{15.4}{2.6}}$$

$$= 113.42 \text{ kA}$$

3）计算边相线耐雷水平：对边导线的几何耦合系数为

$$k_0 = \frac{\ln \dfrac{\sqrt{39.9^2 + 1.7^2}}{\sqrt{9.1^2 + 1.7^2}} + \ln \dfrac{\sqrt{13.3^2 + 39.9^2}}{\sqrt{9.1^2 + 13.3^2}}}{\ln \dfrac{24.5 \times 2}{0.0055} + \ln \dfrac{\sqrt{11.6^2 + 49^2}}{11.6}} = 0.237$$

$$k = k_1 k_0 = 0.237 \times 1.25 = 0.296$$

$$L = 29.1 \times 0.5 = 14.5$$

分流系数 $\beta = 0.88$

$$I_1 = \frac{1\ 200}{(1-0.296) \times 0.88 \times 7 + \left(\frac{25.6}{29.1} - 0.296\right) \times 0.88 \times \frac{14.5}{2.6} + \left(1 - \frac{24.5}{15.4} \times 0.237\right) \times \frac{15.4}{2.6}}$$

$$= 110 \text{ kA}$$

从以上计算可以看出中线耐雷水平比较高。

第五节　输电线路的防雷措施

输电线路防雷保护的目的是要提高线路的耐雷性能，降低线路的雷击跳闸率。根据线路上的雷电过电压的形成原理以及由此引起的跳闸分类，按照线路防雷的四原则，采取具体防雷措施，构筑线路防雷的四道防线。在确定具体措施时，应综合考虑系统运行方式、线路电压等级和重要程度、所经过地区雷电活动的强弱、地形地貌等因素，以采取尽可能合理的措施。

一、架空地线

架空地线设置在导线上方,是输电线路最基本的防雷措施,起到拦截雷电下行先导的作用,对导线形成屏蔽,防止雷直击导线。此外,架空地线对雷电流还有分流作用,可以减小流入杆塔的雷电流,使塔顶电位下降;架空地线与导线之间的耦合也可降低绝缘上的过电压。

110 kV 输电线路宜沿全线架设地线,在年平均雷暴日数不超过 15 d 或运行经验证明雷电活动轻微的地区,可不架设地线。无地线的输电线路,宜在变电站或发电厂的进线段架设 1～2 km 地线。220～330 kV 输电线路应沿全线架设地线,年平均雷暴日数不超过 15 d 的地区或运行经验证明雷电活动轻微的地区,可架设单地线,山区宜架设双地线。500 kV 及以上交流输电线路与直流输电线路应沿全线架设双地线,1 000 kV 线路在变电站 2 km 进、出线段的线路宜适当加强防雷措施。

另外,架空地线可逐塔接地。考虑节能、融冰技术要求,也可采用全线单点接地或分段单点接地。此时应保证地线绝缘间隙可靠。

二、地线保护角

通过地线的垂直平面与通过地线和被保护受雷击的导线的平面之间的夹角就是保护角,如图 12-5-1 所示。地线对导线的屏蔽是线路防雷的主要措施,屏蔽效果与地线和导线的相对位置紧密相关。一般来说,地线保护角越小,保护效果越好,绕击跳闸率越低。

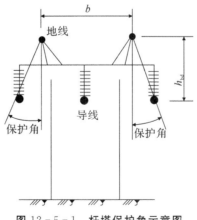

图 12-5-1　杆塔保护角示意图

随着地线水平坐标增大(即地线外移),保护角减小,输电线路的绕击率会随之下降,从而使输电线路的绕击跳闸率降低。根据电气几何模型的观点,减小地线的保护角,可以提高地线对导线的屏蔽性能,在相同幅值雷电流下可以减小导线的暴露距离,同时还可以减小可能发生的最大绕击电流,这两个因素使线路绕击跳闸率减小。

三、杆塔接地装置

杆塔接地装置由接地体和接地引下线组成,其作用是将雷电流迅速泄放入地。减小接地装置电阻值可降低线路反击跳闸率。

杆塔接地装置的型式和尺寸应综合考虑运行经验、杆塔类型、环境条件、土壤电阻率等因素确定,并满足接地电阻限值要求,其电阻不得大于表 12-5-1 的电阻值。在土壤电阻率较高地段的杆塔,可采取增大水平/垂直接地体长度、增加垂直接地体数量、优化接地网形式、加装接地模块、换土等措施。钢筋混凝土杆的铁横担、地线支架、爬梯等铁附件与接地引下线应有可靠的电气连接。

表 12-5-1　有地线的线路杆塔不连地线的工频接地电阻

土壤电阻率/(Ω·m)		100 及以下	100~500	500~1 000	1000~2 000	2 000 以上
工频接地 电阻/Ω	一般线路	10.0	15.0	20.0	25.0	30.0
	大跨越	5.0	7.5	10.0	12.5	15.0

注:一般线路,如土壤电阻率超过 2 000 Ω·m,接地电阻很难降到 30 Ω 时,可采用 6~8 根总长不超过 500 m 的放射形接地体或连续伸长接地体,其接地电阻不受限制。大跨越线路,如土壤电阻率超过 2 000 m,接地电阻很难降到 15 Ω 时,接地电阻也不宜超过 20.0 Ω。

通过耕地的输电线路,其接地体应埋设在耕作深度(0.7~0.8 m)以下。位于居民区和水田的接地体应敷设成环形。

为提高输电线路反击耐雷水平,可降低杆塔接地电阻。传统的降低杆塔接地电阻的方法主要分为物理降阻和化学降阻两种。物理降阻包括更换接地电极周围土壤、延长接地电极、深埋接地电极、使用复合接地体等;化学降阻主要是指在接地电极周围敷设降阻剂,通过降低土壤电阻率来达到降低接地电阻的目的。通过降低杆塔接地电阻来降低输电线路雷击跳闸率的原理是:当杆塔接地电阻降低时,雷击塔顶时塔顶电位升高的程度降低,绝缘子所承受的过电压程度也降低,从而使线路的反击耐雷水平提高,有效降低了线路的雷击跳闸率。

四、线路避雷器

线路避雷器并联连接在线路绝缘子(串)两端,用于保护线路绝缘子(串)免受雷电引起的绝缘闪络,避免线路跳闸。受有效保护距离限制,线路避雷器只能为与之并联安装的线路绝缘子(串)提供可靠保护。

线路避雷器按标称电流分为 10 kA、20 kA 和 30 kA 三种,按结构型式分为无间隙和带串联间隙两种。带串联间隙又分为纯空气间隙和带支撑件间隙两种,典型结构示意如图 12-5-2 所示。纯空气间隙由上、下两个电极构成,一个电极固定在避雷器本体高压端,另一个电极固定在线路导线上或绝缘子串下端,间隙为空气绝缘。带支撑件间隙由上、下两个电极及固定电极用的复合绝缘支撑件构成。应用带支撑件间隙线路避雷器时应保证支撑件与避雷器之间的机械连接安全可靠。

在对串联间隙距离进行选择时,应对带间隙的整只避雷器进行雷电冲击50%放电电压试验,其数值应与线路绝缘水平相配合,以保证避雷器在雷电过电压下放电。雷电冲击50%放电电压试验用来确定串联间隙的最大距离。对带间隙的整只避雷器进行工频湿耐受电压试验,其数值应与线路绝缘水平相配合,以保证避雷器在操作及工频过电压下不放电。工频湿耐受电压试验用来确定间隙的最小距离。

线路避雷器应根据线路重要性、地闪密度、雷击跳闸信息、雷击风险等级等实际情况进行合理配置,配置原则应遵循安全可靠、技术经济性优、便于运行维护等要求。

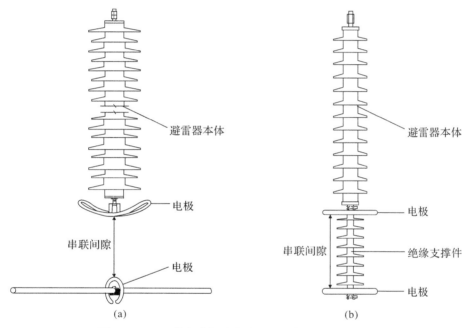

图 12-5-2　带串联间隙线路避雷器典型结构示意图

(a)纯空气间隙线路避雷器;(b)带支撑件间隙线路避雷器

五、并联间隙

并联间隙安装在线路绝缘子(串)两端,雷电过电压作用下,并联间隙击穿放电,释放雷电能量,疏导雷击闪络后工频续流电弧沿电极向离开绝缘子(串)方向移动,保护绝缘子(串)免于工频电弧烧伤。并联间隙自身没有熄灭工频电弧能力,需要配合变电站内重合闸装置使用。

线路绝缘子(串)应根据线路重要性、地闪密度、雷击跳闸指标、绝缘子受损记录等信息,确定并联间隙的安装需求和安装方式。配置并联间隙并不能提高线路耐雷水平,其主要用于防止雷击闪络时绝缘子受损或实现不同回路差异化绝缘配置。并联间隙典型结构示意如

图 12 - 5 - 3 所示。

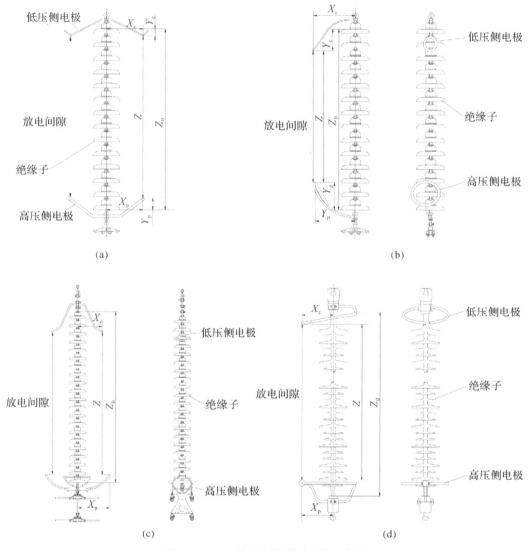

图 12 - 5 - 3　并联间隙典型结构示意图

(a)羊角形状并联间隙;(b)球拍形状并联间隙;(c)半跑道形状并联间隙;(d)开口圆环形状并联间隙

六、杆塔避雷针

杆塔避雷针可增强杆塔附近拦截雷电下行先导的作用,对杆塔附近的导线形成屏蔽,降低雷电绕击概率。

杆塔避雷针包括竖直安装在杆塔顶部的塔顶避雷针和水平安装在横担边沿的塔头侧针两种。受线路反击耐雷水平限制,对 110 kV 交流线路,不应使用杆塔避雷针;对 220 kV 及以上交流线路和±400 kV 及以上直流线路,可将杆塔避雷针作为一种辅助防雷措施。

七、耦合地线

耦合地线一般设置在导线下方,能增加导线与大地间的耦合作用,减小绝缘子串上的雷电过电压,并分流雷电流,抑制杆塔塔顶电位升高,降低线路反击跳闸率。

对 220 kV 及以下交流线路,当降低杆塔接地电阻有困难或经济成本过大时,可采用耦合地线。加装耦合地线时应考虑导线覆冰、舞动、风偏及地形地貌等因素,对杆塔机械载荷、间隙绝缘配合及弧垂等进行校核,它们应满足有关规程的相关规定。

耦合地线宜采用逐塔接地方式,与杆塔的电气连接应可靠有效,避免感应电流造成连接处发热,必要时可增加引流线或将杆塔前、后侧耦合地线连通。

八、加强绝缘

由于输电线路个别路段需采用大跨越高杆塔(例如跨江杆塔),这就增加了杆塔落雷的机会。高杆塔落雷时,塔顶电位高,感应过电压大,而且受绕击概率也大,所以为了降低线路雷击跳闸率,相关规程规定,对全高超过 40 m 的有地线杆塔,每增高 10 m,应增加一片绝缘子,对全高超过 100 m 的杆塔,绝缘子数量应结合运行经验,通过雷电过电压计算确定。增加绝缘子片数可提高耐雷水平,但也增加了费用,增大了杆塔尺寸,所以一般线路不采用此措施提高耐雷水平。

习　　题

1.线路遭受雷击的类型有哪些? 衡量线路防雷性能的综合指标有哪些? 常用的雷电参数有哪些?

2.通过公式说明有地线和无地线时导线上遭受感应雷的感应电压差异。

3.雷击塔顶时线路的耐雷水平与哪些因素有关?

4.有地线的线路档中遭受雷击时,通常地线首先遭受雷击,为避免导线遭受反击,相关国家标准和规程对档距中央的导线和地线距离做了哪些规定?

5.何为绕击雷? 绕击雷与哪些因素有关?

6.作图示意地线对导线的保护角。

7.架空输电线路的防雷措施有哪些?

第十三章 杆塔的外形尺寸

第一节 概 述

杆塔是支承架空输电线路导线和地线并使它们之间及其与大地之间保持一定安全距离的杆型或塔型构筑物。其外形尺寸主要取决于导线、地线电气方面的因素,如导线对地面、对交叉跨越物的空气间隙距离,导线与导线之间、导线与地线之间的空气间隙距离,导线与杆塔塔身部分的空气间隙距离,地线对边导线的防雷保护角,双地线对中央导线的防雷保护,考虑带电检修带电体与地电位人员之间的空气间隙,等等。以上各类间隙距离与地线条件和气象条件有关。

杆塔外形尺寸如图 13-1-1 所示,主要有杆塔呼称高度 H、导线横担长度 $D_3 \sim D_5$、导线上下横担的垂直距离 D_v、地线横担长度 D_1 和 D_2、地线支架高度 h_b、双地线挂点之间水平距离 D_b 上下导线偏移距离 L_{dd}、导地线偏移距离 L_{db} 及保护角 α 等。

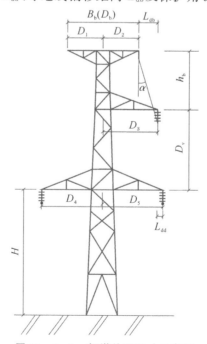

图 13-1-1 杆塔外形尺寸示意图

杆塔外形尺寸,除要满足电气条件外,还要满足结构的合理性、经济性,且要外形美观。所以杆塔选择是否适当,对于架空输电线路建设速度和经济性、供电的可靠性以及维修的方便性等影响都很大。因此,合理选择杆塔型式、结构,是杆塔设计工作首要的一环。

第二节 杆塔呼称高度与设计档距

一、杆塔高度的确定

杆塔下横担的下弦边线到地面的垂直距离 H(见图 13-2-1),称为杆塔的呼称高度。杆塔的呼称高度代表杆塔的基本高度,它对杆塔的安全性、经济性起着关键的作用。它是由绝缘子串的长度(包括金具长度)、导线的最大弧垂和导线对地面的限距决定的,即

$$H=\lambda+f_{\max}+h_x+\Delta h \qquad (13-2-1)$$

式中:λ——悬垂绝缘子串的长度(耐张杆塔不考虑),m;

$f_{\max}$——导线的最大弧垂,m;

h_x——导线到地面及跨越物的安全距离,m,其值见表 15-3-14~表 15-3-28;

Δh——考虑测量、施工误差等所预留的裕度,m,一般 110 kV 及以下线路不宜小于 0.5 m,220 kV 及以上线路不宜小于 0.8 m,大跨越应适当增加。

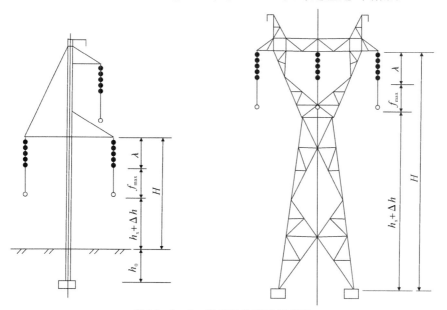

图 13-2-1 杆塔呼称高度示意图

杆塔总高度等于呼称高度加上导线间的垂直距离和地线支架高度,对于电杆还要加上埋入地下深度 h_0。

为了保护环境,特别是森林、自然保护区等,采取高塔跨越。对于树木、经济林等,其跨越高度由主要树种自然生长高度决定,其他少数树种则宜砍伐。对于山区线路,杆塔定位位置可能在斜坡地带,杆塔的呼称高度的确定一般采用将标准呼称高度的杆塔的塔腿增或减

一段高度的方法。增减的高度为 3 m 的倍数,高低腿长短一般采用 1~1.5 m,不够部分可以采用基础露出地面高度解决。

二、杆塔的标准呼称高度

杆塔的呼称高度是决定杆塔总高度的重要因素。杆塔总高度又是决定材料用量的重要因素,显然总高越大,杆塔材料用量就越大。杆塔的呼称高度与档距有直接关系,档距越大,导线的弧垂越大,杆塔的呼称高度也就越大。但档距增大时,每公里的杆塔数量减少了,因此对一定电压等级的线路来说,一定有一个最优的呼称高度,使得整个线路杆塔材料用量最少,将这个最优呼称高度称为标准呼称高度,又称经济呼称高度。与杆塔标准呼称高度相应的档距(即充分利用杆塔高度的档距),称为标准档距或经济档距。在平地,当已知杆塔标准呼称高度 H 时,可根据式(13-2-1)导出该杆塔的经济档距 L_{jj} 的计算公式,即

$$l_{jj} = \sqrt{\frac{8\sigma}{\gamma}(H - \lambda - h_x - \Delta)} \text{(m)} \tag{13-2-2}$$

三、杆塔的设计档距

杆塔的设计档距决定了杆塔的荷载及其结构尺寸。

(1)水平档距:水平档距决定杆塔的水平荷载。杆塔的水平档距应等于由杆塔标准呼称高度确定的标准档距,但考虑到实际地形的起伏变化,水平档距宜较标准档距略大约 10%。在丘陵和山地,水平档距的变动范围较大,故应备有多种高度的杆塔,其相应的水平档距按设计经验确定。

(2)垂直档距:垂直档距决定杆塔的垂直荷载。覆冰地区一般对杆塔不起决定性作用。垂直档距一般为水平档距的 1.25~1.7 倍,通常取 1.5 倍左右,或按水平档距加大 50~100 m 设计。

(3)代表档距:导线的张力与代表档距有关。代表档距随电压等级和地形条件而变化。根据设计经验:220 kV 线路,一般平地上,可取 300~450 m,山地可取 300~700 m;110 kV 线路,平地可取 200~350 m,山地可取 200~600 m。

(4)最大档距:最大档距决定导线间距离和导线与地线在档距中央的距离。根据设计经验,对杆塔的最大档距,一般平地可取水平档距加大 50 m,丘陵地区可取水平档距加大 50~100 m,山地可取水平档距加大 100~150 m。

有时线间距离主要决定于某种因素(如带电检修等),此时须对最大档距予以修正。

第三节 杆塔头部尺寸的确定

杆塔的头部尺寸,如横担长度、上下层导线的间距、地线支架的高度等,主要取决于杆塔电气方面距离的要求,通常由以下三方面决定:① 导线间的距离;②导地线间及地线间距离;③导线对杆塔构件间的安全间隙。

一、导线间的距离

(一)档中导线水平排列时的线间距离

在正常运行电压气象条件下,因风荷载的作用,导线发生摇摆,档距中央的导线摆动的幅度最大。当导线摇摆不同步时,档距中央导线部分就要靠近或接触,会导致线间空气间隙击穿,从而发生线间闪络。因此,根据 GB 50061－2010、GB 50545－2010、GB 50665－2011、GB 50790－2013 等的规定,导线的水平线间距离可根据运行经验确定。35 kV 及以上轻冰区或无冰区的单回路架空输电线路导线水平线间的距离宜按下式计算:

$$D=k_i\lambda+k_u\frac{U}{110}+k_f\sqrt{f_{max}} \qquad (13-3-1)$$

式中:D——导线水平线间距离,m;

$\quad\lambda$——悬垂绝缘子串长度,m;

$\quad k_i$——悬垂绝缘子串系数,见表 13－3－1;

$\quad k_u$——系数,对交流线路,$k_u=1.0$,对于直流线路 $k_u=\sqrt{2}$;

$\quad k_f$——系数,1 000 m 以下档距取 0.65,1 000 m 以上档距根据经验确定,1 000 m～2 000 m 取 0.8～1.0;

$\quad U$——线路电压,kV,对于交流线路取标称线电压,对于直流线路取标称电压;

$\quad f_{max}$——导线最大弧垂,m。

表 13－3－1 系数 k_i 取值

悬垂串形式	Ⅰ－Ⅰ串	Ⅰ－Ⅴ串	Ⅴ－Ⅴ串
k_i	0.4	0.4	0

重冰区导线的水平线间距离应根据线路的运行经验确定,当缺乏运行经验时,可较轻冰区导线水平线间距离要求值加大 5%～15%。

对于双回路及多回路杆塔的不同相(极)导线间的水平距离,应比以上计算值增加 0.5 m。

(二)导线垂直排列的垂直线间距离

当架空输电线路导线垂直排列时,决定垂直线间距离的主要因素是导线不均匀覆冰或导线脱冰时产生的导线跳跃导致的导线上下大幅度的舞动。为了保证舞动时不产生两相导线碰撞,两相导线必须保证一定的安全距离。在覆冰较少的地区,根据 GB 50545－2010、GB 50665－2011、GB 50790－2013 等标准推荐导线垂直排列的垂直线间距离,宜采用式(13－3－1)计算得出的水平线间距离的 75%。交流线路使用悬垂绝缘子串的杆塔,其垂直线间距离不宜小于表 13－3－2 所列数值;直流线路使用悬垂绝缘子串的杆塔,其最小垂直线间距离可参考表 13－3－3 所列数值。

表 13 - 3 - 2　单回路交流线路使用悬垂绝缘子串的直线型杆塔的最小垂直线间距离

电压/kV	35	110	220	330	500	750	1 000
垂直线间距离/m	2.00	3.50	5.50	7.50	10.0	12.5	16.0

表 13 - 3 - 3　单回路直流线路使用悬垂绝缘子串的直线型杆塔的最小垂直线间距离

电压/kV	±500	±660	±800	±1 100
垂直线间距离/m	13.5	—	20.5	28.5

GB 50061—2010 规定,10 kV 及以下多回路杆塔和不同电压等级同杆架设的杆塔,横担间最小垂直距离应满足表 13-3-4 的规定。

表 13 - 3 - 4　10 kV 及以下横担间最小的垂直距离　　　　　单位:m

组合方式	直线杆	转角或分歧杆
3～10 kV 与 3～10 kV	0.8	0.45/0.6
3～10 kV 与 3 kV 以下	1.2	1.0
3 kV 以下与 3 kV 以下	0.6	0.3

注:表中"0.45/0.6"指距上面的横担 0.45 m,距下面的横担 0.6 m。

对于双回路及多回路杆塔,不同回路的不同相(极)导线间的垂直距离,在以上计算值基础上增加 0.5 m。

(三)导线三角形排列的垂直等效线间距离

导线按三角形排列时,由上、下两相斜线距离间的水平投影和垂直投影距离计算得到的线距称为等效水平间距,GB 50061—2010、GB 50545—2010、GB 50665—2011、GB 50790—2013 等标准推荐按下式计算:

$$D_d = \sqrt{D_p^2 + \left(\frac{4}{3}D_z\right)^2} \qquad (13-3-2)$$

式中:D_p——斜线距的水平投影距离,m;

D_z——斜线距的垂直投影距离,m。

按式(13-3-2)式计算得到的 D_d 不应小于按式(13-3-1)计算得到的水平线距。

(四)导线和地线间的水平偏移

覆冰地区上、下层相邻导线间或地线与相邻导线间要有水平偏移。110 kV 及以上一般线路,如无运行经验,轻冰区及中冰区,上、下层相邻导线间或地线与相邻导线间的水平偏移,不宜小于表 13-3-5 中规定的数值,应对重冰区导线与地线间的水平偏移进行电气间隙校验,并不宜小于表 13-3-6 中的规定数值。

表 13 - 3 - 5　　上、下层相邻导线间或地线与相邻导线间的水平偏移(m)

冰区及设计冰厚/mm			标称电压/kV					
			110	220	330	500	750	±500～±660
一般线路	轻冰区	10	0.50	1.00	1.50	1.75	2.00	1.75
	中冰区	15	0.75	1.25	1.75	2.00	2.25	2.50
		20	1.00	1.15	2.00	2.25	2.50	2.50
大跨越	轻冰区	10	0.75	1.25	1.75	2.25	2.50	2.25
	中冰区	15	1.00	1.75	2.25	2.75	3.50	2.75

注：无冰区可不考虑水平偏移。设计冰厚 5 mm 地区，上、下层相邻导线间或地线与相邻导线间的水平偏移，可根据运行经验参照本表适当减少。

表 13 - 3 - 6　　重冰区导线与地线间的最小水平偏移(m)

标称电压/kV		110	220	330	500	750	±500～±660
设计冰厚/mm	20	1.5	2.0	2.5	3.0	3.5	3.0
	30	2.0	2.5	3.0	3.5	4.0	3.5

40 mm 及以上覆冰地区导线与地线间的最小水平偏移考虑满足导线与地线之间在不同期脱冰时静态和动态接近的电气间隙要求，静态接近距离不应小于操作过电压的间隙值，动态接近距离不应小于工频(工作)电压的间隙值。

1 000 kV 交流一般线路和 ±800 kV 及以上直流一般线路，覆冰地区导线和地线间的水平偏移应进行电气间隙校验。1 000 kV 交流大跨越线路和 ±800 kV 及以上直流大跨越线路，上、下导线间及导线与地线间的水平偏移，应进行电气间隙校验，并不小于 1 m(无冰的大跨越可根据运行经验适当减小)。

特高压线路和大跨越，导线和地线不均匀脱冰时，导线间和导线与地线间的电气间隙校验应按静态接近距离不小于操作过电压的间隙值、动态接近距离不小于工频(工作)电压的间隙值进行。

经过易舞动地区时，导线间和导线与地线间的电气间隙校验应按动态接近距离不小于工频(工作)电压的间隙值进行。

根据以上计算得到的导线水平、垂直或三角形排列时的线间的距离，确定导线最小距离要求，然后根据导线风偏后导线与杆塔构件的最小空气间隙确定导线的横担的最小长度参数。空气间隙将在本节后面介绍。

二、导地线间及地线间距离

导线与地线，地线与地线间的距离必须满足在雷电过电压气象条件下，地线对最危险的边导线防雷保护的作用和双地线系统对中导线防雷的保护作用，以及导线与地线之间最小距离的要求。

(一)地线支架高度

地线支架高度是指地线金具挂点到上横担导线绝缘子串挂点之间的高度,如图 13-3-1 中 h_b 所示,有

$$h_b = h_{db} - \lambda_d + \lambda_b \qquad (13-3-3)$$

式中:h_{db}——导线与地线间的垂直投影距离,m;

λ_d——导线绝缘子串长度,m;

λ_b——地线金具长度,m。

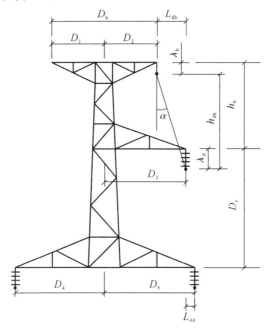

图 13-3-1　地线支架示意图

(二)保护角

不考虑风偏,地线对水平面的垂线和地线与导线或分裂导线最外侧子导线连线之间的夹角即为保护角 α,如图 13-3-1 所示。

相关规程规定,一般输电线路杆塔上地线对导线的保护角轻冰区一般不宜大于表 13-3-7 中的规定数值,中冰区一般不宜大于表 13-3-8 中的规定数值,重冰区一般不宜大于表 13-3-9 中的规定数值。大跨越地线对边导线的保护角宜小于一般线路保护角,紧凑型线路地线对边导线的保护角宜采用负保护角。

表 13-3-7　轻冰区线路杆塔上地线对导线的保护角(°)

额定电压 kV	110	220	330	500	750	1000		±500	±660		±800		±1 100	
						平丘	山区		平丘	山区	平丘	山区	平丘	山区
单回路	15	15	15	10	10	6	−4	10	0	−10	0	−10	−2	−15
双回路	10	10	10	0	0	−3	−5	0	—		—		—	

表 13 - 3 - 8　　中冰区线路杆塔上地线对导线的保护角（°）

额定电压 kV	110	220	330	500	750	1 000		±500	±660		±800		±1 100	
						平丘	山区		平丘	山区	平丘	山区	平丘	山区
单回路	15	15	15	10	10	6	−4	10	0	−10	0	−10	−2	−15
双回路	10	0	0	0	0	−3	−5	0	—		—		—	

表 13 - 3 - 9　　重冰区线路杆塔上地线对导线的保护角（°）

额定电压 kV	110	220	330	500	750	1 000	±500	±660	±800	±1 100
单回路	20	20	20	15	15	−4	15	−10	−10	−15

66 kV 及以下的架空线路，杆塔上地线对边导线的保护角宜采用 20°～30°。110 kV 及以下的山区单根地线的杆塔可采用不大于 25°的保护角。高杆塔或雷害比较严重地区，可采用 0°或负保护角，对多回路杆塔宜采用减小保护角等措施。

根据导线的挂线点和防雷保护角便可确定地线支架高度，即

$$\tan\alpha = \frac{D_3 - D_2}{h_{db}} \quad 或 \quad h_{db} = \frac{D_3 - D_2}{\tan\alpha} \qquad (13-3-4)$$

式中：D_3——上横担导线悬挂点到杆塔中心线的距离，m；

D_2——上横担侧地线悬挂点到杆塔中心线的距离，m；

α——杆塔防雷保护角，（°）。

(三)地线间的水平距离

输电线路地线间的水平距离是指双地线系统两地线挂点之间的水平距离 D_b，如图 13-3-1所示。GB 50061—2010、GB 50545—2010、GB 50665—2011、GB 50790—2013 等标准规定，双地线之间的水平距离不应超过导线与地线垂直距离的 5 倍，即

$$D_b \leqslant 5h_{db} \qquad (13-3-5)$$

(四)档距中央导线与地线间的距离

GB 50061—2010、GB 50545—2010、GB 50665—2011、GB 50790—2013 等标准规定，在雷电过电压气象条件(气温 15℃，无风、无冰)下，应保证线路档距中央，导线与地线间的距离满足规定的最小距离要求，其具体计算参考第六章式(6-1)～式(6-5)。

三、导线对杆塔构件间的安全间隙

杆塔的导线横担长度可根据导线线间距和最小空气间隙并考虑带电作业的要求来确定。最小空气间隙是指在工频(运行)电压、操作过电压、雷电过电压及带电作业时，导线和悬垂绝缘子串在风荷载作用下，使悬垂绝缘子串偏移一定的角度后，导线(或其他带电体)对杆塔构件所应保持的最小距离。因此，为确定杆塔的间隙尺寸，必须对悬垂绝缘子串(含跳线)的风偏大小进行计算。

(一)悬垂绝缘子串摇摆角

在风荷载作用下,悬垂绝缘子串会偏移,悬垂绝缘子串偏移后的角度称悬垂绝缘子串的摇摆角,又称悬垂绝缘子串的风偏角,如图 13-3-2 所示。

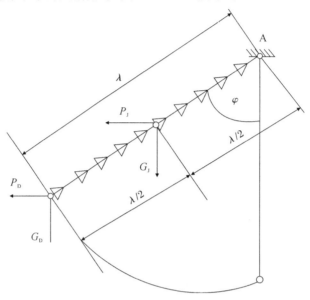

图 13-3-2　摇摆角示意图

计算悬垂绝缘子串摇摆角时,通常把悬垂绝缘子串视为均布荷载的刚性直棒,设悬垂绝缘子串的垂直荷载为 G_J,横向水平风荷载为 P_J,导线垂直荷载为 P_D,横向水平风荷载为 P_D,如图 13-3-2 所示。对 A 点列力矩平衡方程式,有

$$\sum M_A = 0$$

$$\frac{G_J \lambda}{2} \sin\varphi + G_D \lambda \sin\varphi - \frac{P_J \lambda}{2} \cos\varphi - P_D \lambda \cos\varphi = 0$$

整理得

$$\varphi = \arctan \frac{\dfrac{P_J}{2} + P_D}{\dfrac{G_J}{2} + G_D} = \arctan \frac{\dfrac{P_J}{2} + \gamma_h A l_h}{\dfrac{G_J}{2} + \gamma_v A l_v} \tag{13-3-6}$$

式中:φ——悬垂绝缘子串风偏角,(°);

P_J——悬垂绝缘子串水平风荷载,N;

G_J——悬垂绝缘子串垂直荷载,N;

P_D——导线水平风荷载,N;

G_D——导线垂直荷载(自重),N;

γ_v——导线垂直比载(自重或覆冰总重),MPa/m;

γ_h——相应于工频电压(含覆冰有风)、操作过电压及雷电过电压气象条件下的导线水平比载,MPa;

　　A——导线截面积，mm^2；

　　l_h——悬垂绝缘子串风偏角计算用杆塔水平档距，m；

　　l_v——悬垂绝缘子串风偏角计算用杆塔垂直档距，m。

　　下面对式(13-3-6)中部分参数数值的选取进行说明：

　　1)悬垂绝缘子串水平风荷载见第九章第二节。

　　2)杆塔水平档距选取。在杆塔设计时，规划塔头间隙圆图时，可根据地形及拟规划杆塔的档距的使用范围、既有实际经验，确定相应的水平档距。应该注意，塔头规划使用的水平档距，应使其所规划的塔头尺寸满足该型塔的水平档距使用范围。在 α、T 等参数一定时，往往选用拟规划杆塔水平档距使用范围的下限(或接近下限的某一水平档距)，否则摇摆角偏小。因此，杆塔水平档距与杆塔荷载规划用的水平档距是不一致的。

　　3)杆塔垂直档距的选取。垂直档距(l_v)由式(8-2-3)得到：

$$l_\text{v} = \frac{l_1 + l_2}{2} + \frac{\sigma_0}{\gamma_\text{v}}\left(\frac{h_1}{l_1} - \frac{h_2}{l_2}\right) = l_\text{h} + \frac{\sigma_0}{\gamma_\text{v}}\left(\frac{h_1}{l_1} - \frac{h_2}{l_2}\right) = l_\text{h} + \alpha\frac{\sigma_0}{\gamma_\text{v}} \qquad (13-3-7)$$

式中：$\alpha = (h_1/l_1) - (h_2/l_2)$——塔位高差系数(高差为大号侧即前侧与小号侧即后侧的悬挂点高程之差，所以这里公式与一些教程有差异)。

　　从式(13-3-7)中可看出，l_h、l_v、σ_0、α 四个参数的选取是相互有关的。根据式(13-3-7)可以计算出导线垂直荷载(自重)，即

$$G_\text{D} = \gamma_\text{v} A l_\text{v} = \gamma_\text{v} A\left(l_\text{h} + \alpha\frac{\sigma_0}{\gamma_\text{v}}\right) = \gamma_\text{v} A L_\text{h} + \alpha\sigma_0 A = \gamma_\text{v} A L_\text{h} + \alpha T \qquad (13-3-8)$$

将式(13-3-8)代入式(13-3-6)，得悬垂绝缘子串摇摆角(风偏角)为

$$\varphi = \arctan\frac{\dfrac{P_\text{J}}{2} + \gamma_\text{h} A l_\text{h}}{\dfrac{G_\text{J}}{2} + \gamma_\text{v} A l_\text{v}} = \arctan\frac{\dfrac{P_\text{J}}{2} + \gamma_\text{h} A l_\text{h}}{\dfrac{G_\text{J}}{2} + \gamma_\text{v} A l_\text{h} + \alpha T} \qquad (13-3-9)$$

式中：α——塔位高差系数；

　　T——相应于工频电压、操作过电压及雷电过电压气象条件下的导线张力，N。

　　有些设计者习惯于用 l_h、α、T 三参数来确定风偏角，有些设计者则习惯于用 l_h 及 l_v 两参数来确定风偏角。当用 l_h、α、T 三参数来确定风偏角时，对平地，α 一般取$-0.03\sim-0.05$，对丘陵及低山地，α 一般取$-0.06\sim-0.08$，对山地(包括大山地)，α 一般取$-0.08\sim-0.15$。至于导线张力(T)，则与代表档距有关，因而也就与地形有关。一般取在相应地形下可能出现的代表档距范围内张力稍大一点的代表档距。

　　当用 l_v 及 l_h 来确定风偏角时，其数值的选取可根据经验来确定。从杆塔定位验证来看，$K = l_\text{vd}/l_\text{h}$(其中，$l_\text{vd}$表示最大弧垂工况时的垂直档距)，平地一般取 0.75 左右，丘陵及低山地一般取 $0.65\sim0.75$，山地及大山地一般取 $0.55\sim0.65$。当按 l_vd/l_h 的值及 l_h 值确定 l_vd之后，即可用下式将 l_vd换算到工频、操作或雷电条件下的 l_v：

$$l_\text{v} = l_\text{h}\left[1 + (K-1)\frac{T\gamma_\text{v} A}{T_\text{d} P_\text{J}}\right] = l_\text{vd} - \alpha\left(\frac{T_\text{d}}{\gamma_\text{v} A} - \frac{T}{P_\text{J}}\right) \qquad (13-3-10)$$

式中：T_{vd}——导线最大弧垂的张力，N，最高气温或覆冰。

将式（13-3-10）算得的不同条件下的 l_v 代入式（13-3-6），即可得到不同条件下的绝缘子串摇摆角（风偏角）。

（二）杆塔空气间隙校验

在正常运行电压（工频电压）、操作过电压和雷电过电压相应气象条件下，相应的风荷载致使悬垂绝缘子串风偏一定角度，使得导线与杆塔部分（杆塔身、拉线、脚钉等）空气间隙距离减小，为确保导线（带电体）与杆塔部分（接地体）之间的空气间隙而不被击穿，需对设计的塔头外部尺寸进行校验。

按照设计的塔头外部尺寸画出塔头，并计算雷电过电压、操作过电压及工频电压相应气象条件的绝缘子串风偏角 φ_1、φ_2、φ_3，查取雷电过电压、操作过电压及工频电压相应气象条件的空气间隙值 R_1、R_2、R_3（见表13-3-10～表13-3-12），同时考虑雷电过电压、操作过电压及工频电压相应气象条件时塔身边缘与导线弧垂影响的裕度 δ_1、δ_2、δ_3；以绝缘子串挂点为圆心、绝缘子串长度为半径（一般取绝缘子串允许的最短与最长值），画弧；根据计算出的风偏角，标出绝缘子串的相应偏离的位置，再以偏离的位置下的导线挂点为圆心，以各自规定的最小空气间隙 R 及考虑的裕度值 δ 之和为半径，画间隙圆，如图13-3-3所示。验证间隙圆是否与杆塔部分（含爬钉及拉线等）相切或相离，若不满足要求，则需要调整或加大塔头横向尺寸。一般来说，操作过电压和雷电过电压情况下的间隙圆控制着塔头横向尺寸。

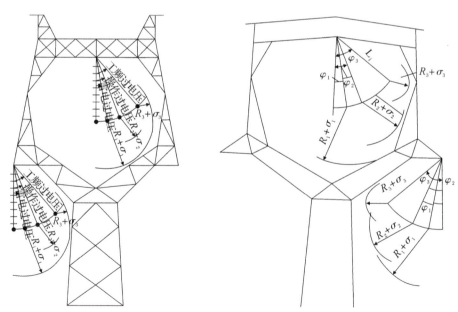

图 13-3-3　间隙圆校核

表 13-3-10 110~500 kV 带电部分与杆塔构件(包括拉线、脚钉等)的最小间隙(m)

标称电压/kV	<3	3--10	35	66	110	220	330	500	
海拔/m	1 000	1 000	1 000	1 000	1 000	1 000	1 000	500	1 000
工频电压	0.05	0.20	0.10	0.20	0.25	0.55	0.90	1.20	1.30
操作过电压	0.05	0.20	0.25	0.50	0.70	1.45	1.95	2.50	2.70
雷电过电压	0.05	0.20	0.45	0.65	1.00	1.90	2.30	3.30	3.30

注:(1)220~500 kV 紧凑型线路的相对地间隙与表中的普通线路相同。

(2)500 kV 线路的海拔低于 500 m 时,应采用表中 500 m 海拔的间隙值。

表 13-3-11 750 kV 及 1 000 kV 单回路带电部分与杆塔构件
(包括拉线、脚钉等)的最小间隙(m)

标称电压/kV		750				1 000			
回路数		单回路		双回路		单回路		双回路	
海拔/m		500	1 000	500	1 000	500	1 000	500	1 000
工频电压	Ⅰ串	1.8	1.9	1.9	2	2.7	2.9	2.7	2.9
操作过电压	边相Ⅰ串	3.8	4	4.3	4.5	5.6	6	6	6.2
	中相V串	4.6	4.8	—	—	6.7(7.9)	7.2(8.0)	—	—
雷电过电压		4.20(或按绝缘子串放电电压的0.80配合)		4.2	4.4	—	—	6.7	7.1

注:(1)按运行电压情况校验间隙时风速采用将基本风速修正至相应导线平均高度处及相应气温的值。

(2)当因高海拔而需增加绝缘子数量时,雷电过电压最小间隙也应相应增大。

(3)括号内数值为对上横担最小间隙值。

表 13-3-12 直流线路带电部分与杆塔构件的最小间隙 (m)

标称电压/kV	±500				±660		标称电压/kV	±800		标称电压/kV	±1 100	
回路数	单回路		双回路		单回路							
海拔/m	500	1 000	500	1 000	500	1 000	海拔/m	500	1 000	海拔/m	500	1 000
工作电压	1.30	1.40	1.30	1.40	1.70	1.85	工作电压	2.1	2.3	工作电压	3	3.2
操作过电压 1.7 p.u.	2.45	2.65			3.90	4.10	操作过电压 1.6 p.u.	4.9	5.3	操作过电压 1.5 p.u.	7.8	8.1
操作过电压 1.8 p.u.			2.75	2.95			操作过电压 1.7 p.u.	5.5	5.8	操作过电压 1.58 p.u.	8.6	8.9
雷电过电压	—		4.2				雷电过电压			雷电过电压		

确定杆塔横担尺寸时,还应适当考虑带电作业对安全距离的要求。GB 50061—2010、GB 50545—2010、GB 50665—2011、GB 50790—2013 等标准规定在海拔 1 000 m 以下地区,为方便带电作业,带电部分对杆塔接地部分的校验间隙不应小于表 13-3-13 所列数值。带电作业条件校验时,人体活动范围为 0.5 m,气象条件为:风速 $V=10$ m/s,气温 $t=15$ ℃。

带电作业安全距离校验如图 13 - 3 - 4 所示。

表 13 - 3 - 13　带电作业时带电部分对杆塔与接地部分的校验间隙

标称电压/kV	10	35	66	110	220	330	500	750		1 000		±500	±660	±800	±1 100
								单回路	双回路	单回路	双回路				
校验间隙/m	0.4	0.6	0.7	1.0	1.8	2.2	3.2	4.00/4.30（边相 I 串/中相 V 串）	4.1	6.0/6.7（边相 I 串/中相 V 串）	5.8/6.0/7.1（塔身/下侧横担/上侧横担）	2.90	4.60	6.90	9.90

注:对操作人员需要停留工作的部位,还应考虑人体活动范围 0.5 m。

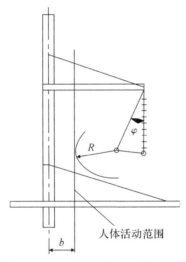

人体活动范围

图 13 - 3 - 4　带电作业安全距离校验

习　　题

1.选用杆塔高度时要考虑哪些因素?

2.简述设计杆塔时水平档距、垂直档距、代表档距、最大档距代表的意义。

3.何为经济档距?其受哪些因素的影响?

4.塔头尺寸主要受哪些因素制约?

5.简述在海拔高度不超过 1 000 m 的地区,220 kV 线路带电部分与杆塔构件(包括拉线、脚钉等)间的空气间隙确定方法。

6.某 220 kV 线路直线塔,挂点高度为 33 m,导线线平均高度为 15 m,悬垂串长度为 3.5 m,复合绝缘子结构高度为 2.4 m,悬垂串质量为 43 kg,导线采用 GL/G1A - 400/35,设计基本风速为 33 m/s,雷电过电压风速为 15 m/s,操作过电压风速为 17.6 m/s,垂直档距为 345 m,水平档距为 300 m。求最大风、雷电过电压和操作过电压时悬垂串的风偏角。

7.某 220 kV 线路直线塔塔头尺寸如图题 - 13 - 1 所示(标注尺寸单位:mm),已知悬垂串长度为 3.6 m,复合绝缘子结构高度为 2.4 m,悬垂串质量为 43 kg,导线采用 GL/G1A -

400/35,设计基本风速为 35 m/s。画出铁塔间隙圆,计算铁塔允许最小 K_v 值(K_v=垂直档距/水平档距)。

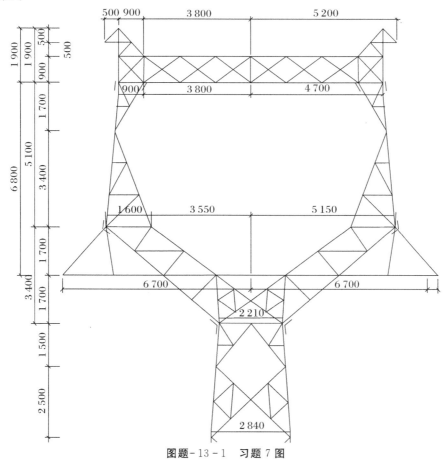

图题-13-1 习题7图

8.影响档中导线间距的因素有哪些?双回路及多回路杆塔不同回路不同相导线间的水平距离与相应单回路距离有何不同?

9.简述计算档距中斜方向的最小线间距离的方法。

10.为了保证地线对导线的防雷保护作用,导线与地线的垂直和水平距离需要满足哪些要求?

第十四章　输电线路杆塔的定位及定位校验

在已选好的线路路径上,进行定线、平断面测量,在平断面图上合理配置杆塔位置,此过程称为杆塔定位。杆塔定位是线路设计的重要组成部分,杆塔位置安排得是否合理,直接关系到输电线路的造价以及施工、运行的方便与安全。杆塔定位工作分为室内定位和室外定位两部分。室内定位是用弧垂曲线模板在线路勘测所取得的平断面图上排定杆塔位置(现在的实际设计工作中一般采用电子计算机通过专业软件进行定位)。室外定位是将在平断面图上确定的杆塔位置到现场复核校正,并用标桩固定下来。

第一节　杆塔定位准备工作

定位工作开始前,应准备好适当比例的线路平断面图、定位用弧垂曲线模板、空白的线路杆塔位明细表(见表 14-1-1)等,并需要将线路的有关技术资料、要求以及注意事项等汇编成"工程定位手册"。

一、工程定位手册

工程定位手册一般包括下列主要内容:

1)线路特点概要,如线路起止点、长度及线路主要技术性能等。

2)送、受电端的进出线平面图或进出线构架数据,如构架位置、挂线点标高、线间距离、相序排列及允许张力等。

3)导线、地线型号及力学特性曲线,使用两种或两种以上的不同电线型号或应力标准时,应标明各自架设的区段。

4)悬垂绝缘子串型式、串长及使用地点,如有加强绝缘区段,应说明绝缘子型式、串长、片数及使用地点和附加要求。

5)防振措施的安装规定。

6)按档距长度需要安装间隔棒的数量。

7)全线计划换位系统图及换位塔位的附加要求。

8)不同气象区分段(有两种或两种以上气象区时)。

9)各型杆塔接地装置选配一览表及接地装置型式选配的有关规定。

10)各种悬垂绝缘子串允许的垂直档距。

11)线路采用飞车进行带电作业时,与被跨越线路交叉垂直距离的规定。

12)各队划分(如有两个及以上勘测队)及标桩编号的有关规定。

13)杆塔及基础使用条件一览表。

14)导线对地及对各种交叉物的距离及交叉跨越方式的要求。

图14-1-1　线路杆塔位明细表

设计＿＿＿＿＿　校核＿＿＿＿＿

耐张段长度—m	代表档距—m	塔位里程—百米×米	运行塔号	设计塔号	杆塔型式	呼称高度	档距	转角度数度/分	水平档距—m	垂直档距—m	接地型式	设计高差—m	导线金具串[悬挂方式×每基组数×每组片(支)数及绝缘子型式]	重锤片数—片/相	地钱金具串		分流线金具串		防振锤			导地线接头情况	间隔棒个/档	被交叉跨(穿)越物名称及保护措施	备注
															悬垂	耐张	悬垂	耐张	导线	地线	分流线				
															组/基	组/基	个/基		个/基						

填表说明：

1.设计高差栏填写"—"值时，代表基础加高。

2.导线、地线不许接头时，应在导线与地线接头栏填入"不许"二字。

3.间隔棒栏内应填写：导线分裂相(极)数×n[n为档内每相(极)用量]。

4.被跨越设施名称及保护措施填写被跨越电力线、通信线、果园、铁路、公路、鱼塘及特殊跨越物等信息。

5.备注栏一般填写塔(杆)位有否变动、转角、换位杆塔位移距离、气象区分界点、不同地线(包括OPGW)架设范围及不同导线的分界点等需特殊说明的事项。

6.本表仅供参考，根据工程需要可增加相应内容。

15)各型杆塔使用的原则（各型杆塔使用地点及其要求）。

16)耐张段长度的有关规定。

17）线路纵断面图的比例、图幅及边线测量的有关要求。

18）定位使用的模板 K 值曲线、摆摆角等各种校验曲线及图表。

19）对地裕度及有关交叉跨越特殊校验条件的规定。

20）对各型转角杆（塔）位位移距离的规定。

21）采用重锤片数的计算原则。

22）线路边导线与建筑物之间距离的有关规定。

23）基础型式的选用原则。

24）通信保护要求及明确一、二级通信线位置。

25）其他特殊要求，如水淹区、蓄洪区的水位标准和定位原则，路径协议中有关杆塔的特殊要求等。

二、线路平断面图

线路路径方案选定后，即可进行详细的勘测工作，为杆塔定位等施工设计和以后的运行提供必要的资料和数据。测量工作包括定线测量、平面测量和断面测量。

定线测量：根据选定的路径，定出线路的中心线，把线路的起讫点、转角点、方向点用标桩实地固定下来，并测出线路路径的实际长度，钉好里程桩。

平面测量：测量线路路径中心线左右各 20~50 m（特高压线路 75 m）带状区域的地物地貌，并绘制平面图。应将中心线两侧对线路有影响的地形地物在图上标出，如建筑物的位置和接近距离，陡坡、冲沟的位置和范围，耕地、树林、沼泽地等的位置和边界，还应绘制出交叉跨越物（电力线、通信线、铁路、道路、河流、管道、索道等）与线路的交叉角度、去向或与线路平行接近的位置、长度，为杆塔定位提供依据。

断面测量：分纵断面测量和横断面测量。沿线路中心线（及高边线）测量各断面点的标高、交叉跨越物的位置和高程，绘制成纵断面图，供排定杆塔位置使用。高程的误差不超过 ±0.5 m。当边线地面高出中线地面 0.5 m 时，应施测边线断面。当边坡坡度大于 1:4 或起伏极不规则时，进行垂直线路中心线的横断面测量，测量宽度一般为 50 m（特高压线路 75 m），绘出横断面图，供校验最大风偏与覆冰有风时导线对地安全距离使用。

绘制纵断面图的比例尺，对平地或起伏不大的丘陵，水平采用 1:5 000，高差采用 1:500；对起伏较大的丘段、山区或交叉跨越地区，水平采用 1:2 000，高差采用 1:200。横断面图纵横比例尺一般均为 1:500。

将线路经过地区的平面图、纵面图、横断面图绘制在一起，构成平断面图。在平断面图中，线路路径中心线展为直线，线路转向（左转或右转）用箭头表示，并注明转角值。中心线两边的地形地物，凡对线路有影响的，如房屋、铁路、河流、公路、池塘、树木等，均应在图上标出。在平断面图的下方，填写塔位标高、塔位里程、定位档距和耐张段长度及其代表档距等数据。图 14-1-1 是线路平断面图的典型例子。

一条输电线路很长,常需绘制多张平断面图,最好在转角处、固定桩处分幅。

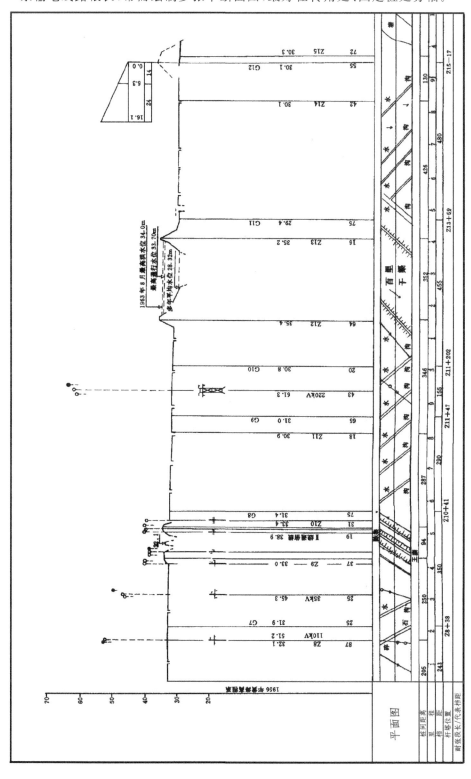

图14-1-1 线路平断面图示例

三、弧垂曲线模板及其选用

杆塔定位要保证导线对地和交叉跨越的电气距离,为此需依据最大弧垂气象条件下导线的悬链线形状,比量档内导线各点对地及跨越物的垂直距离,来配置杆塔位或杆塔高度。为方便起见,常将导线最大弧垂时的形状制作成模板。

(一)弧垂曲线模板

在平断面上确定杆塔位置时,最简便的方法是利用刻有不同档距的导线最大弧垂曲线的模板排定杆塔位。这样的模板称为最大弧垂模板,简称"最大模板"或"模板"。定位最大弧垂模板的方法如下:

1)首先计算代表档距为 l_{db} 时,各个档距 l 的导线最大弧垂。

2)在透明赛璐珞板上,以横坐标为 $l/2$,纵坐标为相应的最大弧垂,可绘出一条导线最大弧垂曲线,如图 14-1-2 的曲线 A。

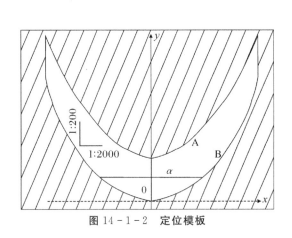

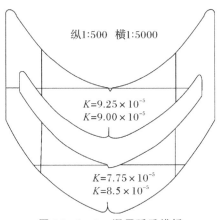

图 14-1-2　定位模板　　　　图 14-1-3　通用弧垂模板

3)将曲线 A 垂直向下平移 α 距离即得曲线 B。该透明赛璐珞板即为定位模板。

距离 α 等于允许的导线对地的最小距离 h 再加一定的裕度 Δh。一般 110 kV 及以下线路 Δh 不宜小于 0.5 m,220 kV 及以上线路 Δh 不宜小于 0.8 m,大跨越应适当增加。

定位模板曲线的比例尺应与平断面图的比列尺一致。在定位模板上应注明导线型号及最大使用应力、导线安全系数、典型气象区或最大风速、覆冰厚度、最高和最低温度、比例尺(纵比和横比)、代表档距及距离 α。

在制作定位模板时,根据第五章的式(5-3-10)知导线最大弧垂公式为

$$f_{\max}=\frac{\gamma l^2}{8\sigma}+\frac{\gamma^3 l^4}{384\sigma^3}=Kl^2+\frac{4}{3l}(Kl^2)^3 \qquad (14-1-1)$$

式中:γ——最大弧垂时的导线比载,MPa/m。若最高气温时出现最大弧垂,则 $\gamma=\gamma_1$,若覆冰无风时出现最大弧垂,则 $\gamma=\gamma_3$。

σ——导线最大弧垂时的应力,MPa。即确定的控制气象区、确定的代表档距下最大弧垂时的导线应力。σ 随 l_{db} 而变,也专属控制气象区。

K——常数，$K=\dfrac{\gamma}{8\sigma}$。

l——档距，m。

从式(14-1-1)可以看出，只要$\dfrac{\gamma}{\sigma}$相等，那么不论何种型号的导线，弧垂大小只随档距大小变化，其弧垂形状完全相同，因此，可按不同的K值，以l为横坐标、$f_{\max}$为纵坐标，档距中央为坐标原点弧垂最低点，采用线路平断面图相同的比例尺画出抛物线曲线，此曲线即为最大弧垂模板曲线。

工程实际中，由于平断面K值较小，l值较大(几十米到上千米)，计算出的$f_{\max}$也比较小。故此一般纵坐标为1:500，横坐标为1:5 000。将此曲线刻在透明胶板上，即得工程中所用的最大弧垂模板(见图14-1-3)。

(二)不同比例的模板K值换算

在定位时，如果没有与断面比例尺一致的弧垂模板，也可按导线弧垂曲线性质相同的原则选用其他比例尺的等价K值模板。不同比例尺的模板K换算采用下式：

$$K_{x}=\left(\dfrac{m_{a}}{m_{x}}\right)^{2}\times\dfrac{n_{x}}{n_{a}}\times K_{a} \tag{14-1-2}$$

式中：K_{a}——比例为纵$\dfrac{1}{n_{a}}$、横$\dfrac{1}{m_{a}}$的K值；

K_{x}——K_{a}值换算至模板(或断面图)比例为纵$\dfrac{1}{n_{x}}$、横$\dfrac{1}{m_{x}}$的等价K值。

【例14-1-1】　有一块比例为纵$n_{a}=200$、横$m_{a}=2\ 000$、$K_{a}=20\times10^{-5}$的模板，拟用到纵$n_{x}=500$、横$m_{x}=5\ 000$的断面图上，求等价K值。

解　$K_{x}=\left(\dfrac{m_{a}}{m_{x}}\right)^{2}\times\dfrac{n_{x}}{n_{a}}\times K_{a}=\left(\dfrac{2\ 000}{5\ 000}\right)^{2}\times\dfrac{500}{200}\times20\times10^{-5}=8\times10^{-5}$

(三)弧垂曲线模板的选用

由于各耐张段的代表档距不同，导线最大弧垂时的应力和控制气象条件不同，对应的弧垂模板K值也不同。为方便定位时选择模板，可事先根据不同的代表档距，得到导线最大弧垂时的应力和比载，算出相应的K值，绘制成模板K值曲线，如图14-1-4所示。

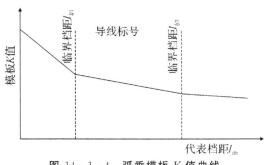

图14-1-4　弧垂模板K值曲线

开始定位时，可先根据地形及常用的各种杆塔排位来估计待定耐张段的代表档距，并从

K 值曲线中查出初步选用的模板。在整个耐张段定位完毕后,应计算实际的代表档距 $(l_{db}^2 = l^3/l)$,核对所估选的模板是否正确。其误差应在 $0.2 \times 10^{-5} \sim -0.5 \times 10^{-5}$ 范围内,否则应按实际模板 K 值重新画弧垂线(即断面图中的安全地面线)并调整杆位、杆高,重新计算代表档距,直至所选用的模板与最终确定的代表档距相符为止。

第二节 杆 塔 定 位

一、杆塔定位原则

(一)塔位的选择原则

1)尽量少占耕地和农田,减少林木(特别是经济果木林)砍伐和房屋拆迁,减少土石方量,在市区时原则上要满足规划的要求。

2)要充分注意杆塔位的地形地质条件,应尽量避开水文地质条件不良的处所,如洼地、泥塘、水库、陡坡、冲沟、熔岩、断层、矿脉、滑坡、塔脚地质差异悬殊以及对杆塔具有威胁性的滚石、危石等地段。

3)当在陡坡布置杆塔时,应注意基础可能受到的冲刷,要采取适当的防护措施,如挖排水沟、砌护坡等。

4)非悬垂型杆塔应立于地势较平坦的地方,以便于施工紧线、机具运输和运行检修。

5)杆塔位处应具有较好的组杆、立塔条件。

6)在使用拉线杆塔时,应特别注意拉线位置。在山区,应避免因斜坡而使拉线过长,拉线落地点之间(有几根拉线)高差不应超过 15 m,与主柱基础之间高差不超过 10 m;在平地及丘陵区,应避免拉线打在公路、河流及泥塘洼地、坟头、稻场等地方。

(二)档距的配置原则

1)排杆塔位时应最大限度地利用杆塔的高度和强度。

2)尽量不要使相邻杆塔之间的档距相差太悬殊,以免在正常运行中杆塔承受过大的纵向不平衡张力。

3)应尽量避免出现孤立档,尤其是档距较小的孤立档,因其易使杆塔的受力情况变坏,施工较困难,检修不便。如受地形条件、交叉跨越而不得已必须设立较小的孤立档,则应对两侧的耐张杆塔进行安装条件和运行条件的验算。

4)避免出现特大和过小的档距,避免使用特高杆塔。

5)当不同杆塔型式或不同导线排列方式的杆塔相邻时,应注意档距中央导线的接近情况。

(三)杆塔的选用原则

1)尽可能地使用经济的杆塔型式和杆塔高度,充分发挥杆塔的使用条件,注意尽可能避免使用特殊杆塔和特殊设计的杆塔。

2)大转角耐张杆塔应尽可能降低高度,在山区要特别注意跳线的对地距离。

3)导线布置方式不同的杆塔、不同结构的杆塔(有无拉线、铁塔和钢筋混凝土杆)应结合运输、塔位条件使用。在人口密集区和重要交叉跨越处不采用拉线杆塔。

4)输电线路在跨越河流时,应满足航运安全和河道泄洪能力的要求。对标准轨距铁路、高速公路等重要设施,宜采用独立耐张段跨越,杆塔结构安全度宜适当提高。对重要交叉跨越,在路径选择及杆塔排位时,应合理选择跨越点和跨越杆塔的塔型及高度,减少对被跨输电线路等设施的影响,以利于实施。

二、常用定位方法

杆塔定位是一项实践性很强的工作,与勘测工作密切相关。杆塔位、杆塔高度和杆塔型式需要依据现场的地形地物情况确定,以保证线路的设计经济、合理。常用的定位方法有室内定位法、现场定位法和现场室内定位法。

(一)室内定位法

勘测人员到现场进行勘测后,回到单位整理出勘测的测量、地质、水文等资料,提供给设计人员进行排位,然后再到现场交桩修正部分杆塔位。

室内定位的主要特点是测断面、定位和交桩三项工作串接进行,因而工序流程实际较长,近年来已很少采用。

(二)现场定位法

由测量、地质、水文、设计人员在现场边测断面边定杆塔位。定位后按杆塔位进行地质鉴定,供设计基础及选配接地装置用。

现场定位的主要特点是测断面、定位和交桩三项工作在一道工序内进行,工序简单。同时现场定位具有"以位正线"的反馈作用,即在定位过程中发现某些杆塔位非常不合理时,可通过修改部分路径来解决。其缺点主要是不易对整个定位段进行方案比较,经济合理性比较差。现场定位法常用于 110 kV 及以下线路。

(三)现场室内定位法

测量人员先在现场测平断面,完成两转角杆塔或两固定杆塔位之间够一定位段(一般为 3~8 km)的平断面后,即交给设计人员在现场驻地进行室内定位,然后共同到现场交桩,同时由地质、水文人员按杆塔位进行地质、水文鉴定。

现场室内定位法的主要特点是测断面、定位和交桩三项工作可平行、交叉进行,因而工序流程时间接近于现场定位(以具有"以位正线"的反馈作用)。投资较高的 220 kV 及以上线路多采用现场室内定位法。

三、杆塔的定位高度

杆塔的高度主要是根据导线对地面的允许距离确定的。为了便于检查导线各点对地的距离,通常在断面图上绘制的弧垂曲线并非导线的真实高度,而是导线的对地安全线,即将导线在杆塔上向下移动一段对地距离值后,画出的弧垂曲线(见图14-2-1),只要该线不切地面,即满足对地距离要求。

对悬垂型杆塔,杆塔定位高度为

$$H_D = H - d - \lambda - h - \sigma \qquad (14-2-1)$$

对耐张型杆塔,杆塔定位高度为

$$H_D = H - d - h - \sigma \qquad (14-2-2)$$

式中:H——杆塔的呼称高度,即杆塔下横担的下弦边线到地面的垂直距离,m;

d——导线的对地安全距离,m;

λ——悬垂绝缘子串的长度,m;

h——杆塔的施工基面,m,施工基面指有坡度的塔位计算基础埋深的起始基面, 也是计算杆塔定位高度的起始基面;

δ——考虑勘测、设计和施工误差,在定位时预留的限距裕度,一般档距200 m以下取0.5 m,700 m以下取1.0 m,大于700 m以及孤立档取1.5 m,大跨越取2~3 m。

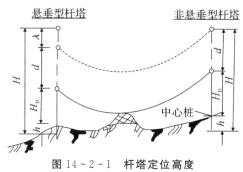

图14-2-1 杆塔定位高度

四、杆塔定位的具体内容和步骤

(一)确定转角塔和耐张塔位

线路转角处必须要先安排一基转角杆塔,可先行确定,再根据各类交叉跨越物的类别(如重要交叉跨越需采用独立耐张段)、耐张段的长度的规定等,确定出其他需要立耐张杆塔的地点。在丘陵、山区,要注意充分利用有利地形,并尽量使用减低型杆塔。

(二)用弧垂曲线模板排定悬垂型杆塔位

在转角、终端等耐张型杆塔先行定位后,即可使用弧垂曲线模版在平断面上对各耐张段进行悬垂型杆塔的排位工作。

1)针对待定耐张段,根据地形及常用杆塔的排位经验,估计待排耐张段的代表档距,计算或查得相应的模板 K 值,初选最大弧垂曲线模板,并确定杆塔的定位高度 H_D。

2)对每一耐张段,用选好的最大弧垂模板和已知的定位高度先自左向右排杆塔位。自耐张杆位 A 点起进行排位,如图14-2-2所示,左右平移模板,使所选的模板曲线经过 A 杆塔的 B 点高处(A 为转角杆塔,其中 B 点为导线在 A 杆上的挂点高度,终端等耐张型杆塔先行定位后,即可在平断面图上使用弧垂曲线模板对各耐张段确定耐张杆塔的定位高度H_{D1}),并和地面相切,再在模板曲线的右侧找出 C 点,使 CD 等于所用悬垂型杆塔的定位高度H_{D2},则 C 点(在地形适宜时)即为所排的第一基直线杆塔的位置。然后向右平移模板,使模板曲线经过 D 点,并和地面相切,再在模板曲线上找出 E 点,使 EF 等于 E 点所用杆塔的定位高H_{D3},此时 E 点即为第二基悬垂型杆塔的位置。依次排完整个耐张段。用同样的方法,再自右向左排杆塔位。根据左、右向排位情况,综合确定杆塔位置。

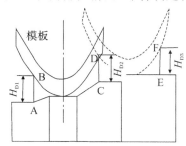

图 14-2-2　用最大弧垂模版排定悬垂型杆塔

若定位时不能充分利用标准杆塔的设计档距,可考虑使用减低型杆塔。由于河流、洼地等控制点的限制,虽然采用了减低型杆塔,但其高度仍然不能充分利用时,应考虑减少杆塔数量后重新排位,或考虑重新布置杆塔位置,将耐张段内的导线对地距离均匀提高,避免在同一耐张段内某些档距的导线对地电气间距特别小而另一些档距特别宽裕的不合理现象。

若杆塔位地面起伏不平,应确定一标高,作为施工基面,杆塔定位高度从该处算起。

3)根据所排的杆塔位置,算得该耐张段的代表档距,查取或计算出导线应力,再求出模板 K 值,检查该值是否与所选用模板 K 值相符(误差应在 0.05×10^{-4} 以内)。如果相符,则表明模板选得恰当,该耐张段杆塔位置即排妥。否则,应按计算出的 K 值再选模板,重新排位,直至前、后两次的模板 K 值相符时为止。

排定杆塔工作先应自左向右再自右向左在平断面图上反复进行,通过各种杆塔位方案的比较和各项校验,使耐张段内杆塔数量和杆塔型式从技术、经济方面考虑排布比较合理。

4)排完一个耐张段以后,再排下一个耐张段,直至排完全线路的杆塔。

(三)现场修正落实

当定位工作在平断面图上全部完成后,全线杆塔位、杆塔型式基本确定。但现场的地质、地形是否完全和定位使用的勘测资料一致,尤其是山地和丘陵地带地形起伏很大,地质变化复杂,而定位所掌握的地形情况,仅为顺线路中心线的纵断面,有时虽测有横断面可提供垂直线路方向的一些地形变化,但其范围有限,平面图的比例又很小,很难看出立杆塔处现场的地形全貌。此外,杆塔位不可能完全是地质钻探时钻孔的地点。因此,有必要对定位方案进行现场修正。具体工作包括逐基查看杆塔的施工、运行条件,校测和补测危险点和控制点断面。根据实际情况调整定位方案,埋设杆塔位标桩,测量施工基面、高低腿等,并填绘于断面图上。

(四)进行内业整理

在平断面图的下方标注出杆塔位标高、杆塔档距、耐张档距、耐张段长度、代表档距以及

弧垂模板 K 值等,在纵断面上绘出杆塔位置、定位高度、弧垂安全地面线等,并标注杆塔编号、型号、呼称高度及施工基面等数据。填写线路杆塔明细表(见表 14-1-1)。完成其他内业整理。

(五)手工排位

在计算机广泛应用之前,手工排位在输电线路设计工作中不可或缺。电气专业根据测量专业提供的手工断面图,结合线路地形、走廊内障碍物信息,选用适宜本工程的常用杆塔,预估待定耐张段的代表档距,初选模板 K 值进行初步排位。整个耐张段初步排位完毕后,应计算实际的代表档距,核对所估选的模板是否正确,并调整杆位、杆高等完成手工排位。至 20 世纪 90 年代,随着计算机的不断普及,手工排位逐渐被计算机排位所取代。

(六)计算机排位

计算机排位是指利用勘测数据及相关的经济、技术参数,按照有关规程及标准,根据动态规划的原理,由计算机排出全线或指定区段累计造价最低的方案,供现场交桩使用,并通过与制图软件接口绘制杆塔塔位明细表和平断面定位图。

第三节　杆塔定位校验

在拟定杆塔型式、呼称高度及初步排定杆塔位置后,应对线路的使用条件进行全面检查和校验,以保证各使用条件在规定的允许范围内。

一、杆塔使用条件校验

杆塔使用条件校验是检查杆塔的水平档距、垂直档距、最大档距、转角值等是否在允许范围之内。

(一)杆塔水平档距和垂直档距校验

杆塔的水平档距和垂直档距可在初步排定的断面图上直接量得。现在设计基本都是计算机辅助设计,一般断面图的定位杆塔上会有相应的水平档距和垂直档距数据。在通过量取法获得数据时,大高差时,水平档距应取两档悬挂点连线的平均值;垂直档距应量取最大弧垂时的数值。若实际水平档距超过杆塔设计允许值,则应调整位置或换用强度大的杆塔。若垂直档距接近或超过杆塔设计条件,应换算成杆塔设计气象条件(如大风、覆冰或低温)下的数值,换算后的垂直档距不应超过设计条件,否则应调整杆塔位置或换用强度大的杆塔。

(二)杆塔最大档距校验

最大档距常受线间距离和断线张力等控制。在杆塔选定后,杆塔线间距离是一定的。为保证最大风速时档距中央导线的相间距离,不同型式的杆塔所能使用的最大档距为

$$l_{max} = \sqrt{\frac{8\sigma_0 f_{max}}{\gamma_1}} \qquad (14-3-1)$$

式中：σ_0——最大风速时的导线应力，MPa；

　　γ_1——导线自重比载，MPa/m；

　　f_{max}——杆塔线距所允许的最大弧垂，m。

对 35 kV 及以上轻冰区或无冰区的单回路架空输电线路，导线水平排列时，杆塔线距所允许的最大弧垂为

$$f_{max}=\frac{1}{k_f^2}\left(D-k_i\lambda-k_u\frac{U}{110}\right)^2 \qquad (14-3-2)$$

式中：D——水平线距，m；

　　λ——悬垂绝缘子串长度，m；

　　k_i——悬垂绝缘子串系数，见表 14-3-1；

　　k_u——系数，对交流线路，$k_u=1.0$，对于直流线路 $k_u=\sqrt{2}$；

　　k_f——系数，1 000 m 以下档距取 0.65，1 000 m 以上档距根据经验确定，1 000～2 000 m 取 0.8～1.0；

　　U——线路额定电压，kV，对于交流线路取标称线电压，对于直流线路取标称电压。

表 14-3-1　系数 k_i 值

悬垂串形式	Ⅰ－Ⅰ串	Ⅰ－Ⅴ串	Ⅴ－Ⅴ串
k_i	0.4	0.4	0

导线三角形排列时将先计算出等效线距，然后代入式(14-3-2)计算出最大弧垂。其等效距离按下式计算：

$$D_x=\sqrt{D_h^2+(4D_v/3)^2} \qquad (14-3-3)$$

定位的档距均应小于此 l_{max}。当档距两端杆塔的水平线距(或等效水平线距)不等时，可取其平均值进行计算。

(三)转角值校验

转角杆塔的转角值超过设计值时，应变动杆塔位或校核转角杆塔的强度，必要时更换杆塔。

(四)不平衡张力校验

两侧档距、高差相差悬殊的悬垂型杆塔，风压或不均匀覆冰会产生不平衡张力，应校验不平衡张力，特别是线路通过覆冰季节风的迎风面侧和背风面侧时，对山顶的悬垂型杆塔尤其应校验不平衡张力。

对两侧代表档距相差悬殊或两侧气象条件、安全系数不同的耐张型杆塔，也应验算不平衡张力。

二、悬垂型杆塔悬垂绝缘摇摆角(风偏角)校验

定位后的各悬垂型杆塔应保证在各种运行情况(外过电压、内过电压、最大风速及带电作业时)下，带电部分与杆塔构件间保持必要的安全间隙(具体值参见第十三章表 13-3-10～表

13-3-13)。

在定位时,那些位于地势较低处的悬垂型杆塔,或平地上的低杆塔,因为其垂直档距较小,当风吹导线时,悬垂绝缘子串的摇摆较大,当超过杆塔设计的极限摇摆角时,将使带电部分对塔身或拉线间的空隙不够,所以必须进行摇摆角校验。校核时采用摇摆角公式[见第十三章式(13-3-6)~式(13-3-9)]计算出需校核杆塔校验气象条件下的实际摇摆角,计算出来的实际摇摆角应不大于杆塔相应的最大允许摇摆角,即$[\varphi]_{ii} \geqslant \varphi$。

采用摇摆角公式计算工作量大,工程上为方便起见,常利用悬垂杆塔定位图上的垂直档距和水平档距来校验。为此,需要将校验气象条件下的垂直档距转化为最大弧垂气象条件下的数据。若杆塔的水平档距为l_h,最大弧垂时的垂直档距为l_{vm},校验气象条件下的垂直档距为l_v,由于任意气象条件下,垂直档距的换算公式可根据式(8-2-2)导出:

$$l_{vm} = l_h + \left(\frac{h_1}{l_1} - \frac{h_2}{l_2}\right)\frac{\sigma_{0m}}{\gamma_m}$$

$$l_v = l_h + \left(\frac{h_1}{l_1} - \frac{h_2}{l_2}\right)\frac{\sigma_0}{\gamma_1}$$

所以垂直档距为l_{vm}与l_v的关系为

$$l_v = l_h + (l_{vm} - l_h)\frac{\sigma_0 \gamma_m}{\sigma_{0m} \gamma_1} \tag{14-3-4}$$

当摇摆角达到最大允许摇摆角时,通过摇摆角计算公式[式(13-3-6)]可以计算出校验气象条件下的垂直档距l_v为

$$l_v = \frac{\gamma_4 A l_h + (P_J - G_J \tan[\varphi])/2}{\gamma_1 A \tan[\varphi]}$$

将上式与式(14-3-4)联合,解得最大弧垂时的垂直档距l_{vm}为

$$l_{vm} = \frac{\sigma_{0m}}{\sigma_0 \gamma_m A}\left[\frac{P_J - G_J \tan[\varphi]}{2\tan[\varphi]} + l_h A\left(\frac{\gamma_4}{\tan[\varphi]} + \frac{\sigma_0 \gamma_m}{\sigma_{0m}} - \gamma_1\right)\right] \tag{14-3-5}$$

若最大弧垂发生在最高气温,$\gamma_m = \gamma_1$,则式(14-3-5)简化为

$$l_{vm} = \frac{\sigma_{0m}}{\sigma_0 \gamma_1 A}\left[\frac{P_J - G_J \tan[\varphi]}{2\tan[\varphi]} + \gamma_1 A l_h\left(\frac{\gamma_4}{\gamma_1 \tan[\varphi]} + \frac{\sigma_0}{\sigma_{0m}} - 1\right)\right] \tag{14-3-6}$$

若杆塔为悬垂转角型杆塔,则有

$$l_{vm} = \frac{\sigma_{0m}}{\sigma_0 \gamma_1 A}\left\{\frac{P_J - G_J \tan[\varphi]}{2\tan[\varphi]} + 2\sigma_0 A \sin\left(\frac{\alpha}{2}\right) + \gamma_1 A l_h\left[\frac{\gamma_4 \cos\left(\frac{\alpha}{2}\right)}{\gamma_1 \tan[\varphi]} + \frac{\sigma_0}{\sigma_{0m}} - 1\right]\right\} \tag{14-3-7}$$

式中:l_{vm}——验算条件要求的最大弧垂气象下的垂直档距,m;

σ_{0m}——最大弧垂时的应力,MPa;

σ_0——验算气象条件下的应力,MPa;

γ_m——最大弧垂时的导线比载,MPa/m;

γ_1——验算气象条件下(导线自重)的比载,MPa/m;

α——线路转角,(°);

A——导线的截面积,mm²。

根据求得的各种运行情况下的最大允许摇摆角,用式(14-3-6)、式(14-3-7)计算出

水平档距与最大弧垂时垂直档距的关系,取各种运行情况下水平档距(相同)与垂直档距的最大值的包络线,即得到各种悬垂型杆塔的摇摆角临界曲线,四种验算条件可以作出四条曲线。给出一系列代表档距,可得到一簇临界曲线,图14-3-1给出了两种运行情况下的摇摆角临界曲线。当对悬垂型杆塔的摇摆角进行校验时,可由断面图上量得的杆塔的实际水平档距和最大弧垂时的垂直档距在曲线图上找点,若交点落在临界曲线上方,表明实际摇摆角小于允许值,若交点落在临界曲线下方,则表明摇摆角太大,电气距离不满足要求。

在平原地区,摇摆角不符合要求的情况较少,在丘陵及山区(含高山及峻岭)地带,由于地势起伏高差较大,可能存在摇摆角不满足杆塔设计允许值的要求。当摇摆角超过允许值时,一般有以下解决办法:

1)调整杆塔位置;

2)换用较高杆塔,或用允许摇摆角较大的杆塔;

3)采用人字形、人形和V字形绝缘子串;

4)降低导线设计应力;

5)将悬垂型杆塔换成耐张杆塔;

6)将单联悬垂绝缘子串改为双联串或加挂重锤(见图14-3-2)。

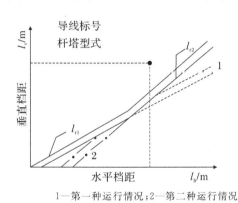

1—第一种运行情况;2—第二种运行情况

图14-3-1　摇摆角临界曲线

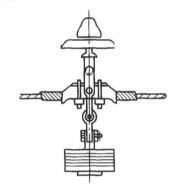

图14-3-2　悬垂绝缘子串加挂的重锤

当悬垂绝缘子串加挂重锤时,相当于增大了绝缘子串重量,根据摇摆角计算公式知道,此时可以使摇摆角减小。加挂重锤后,同样可以作出相应的摇摆角曲线,如图14-3-3所示。使用重锤时,还应根据所用重锤串的宽度、长度,画出相应的允许摇摆角 φ',并按下式作出控制条件下的临界直线,进行校核:

$$l_{vm}=\frac{\sigma_{0m}}{\sigma_0\gamma_1 A}\left[\frac{P_J-G_J\tan[\varphi]}{2\tan[\varphi]}+\gamma_1 Al_h\left(\frac{\gamma_4}{\gamma_1\tan[\varphi]}+\frac{\sigma_0}{\sigma_{0m}}-1\right)-W\right]\quad(14-3-8)$$

式中:W——重锤重量,N。

值得注意的是,正常运行情况下采用加重锤的措施,相当于接了一集中荷载,这样将使导线应力加大,在一年内的运行时间里,运行安全系数将降低,故应尽量避免采用较重的重锤。

重锤片数 n 由下式计算:

$$n = \frac{\dfrac{\sigma_0 \gamma_m}{\sigma_{0m} \gamma_1}(\gamma_m \Lambda \Delta l_v)}{W_G} \qquad (14-3-9)$$

式中：Δl_v——校验杆塔的垂直档距缺少量，m；

W_G——每片重锤重量（在计算每片重量时应计入重锤座重量），N。

如果 Δl_v 很小，也可不加重锤，而将防振锤的重量计入。当导线截面较大时，一般需要重锤重量较大，则片数增多，但由于电气空气间隙限制，重锤的数量是有限的，从而导致用重锤效果不明显。

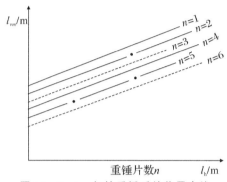

图 14-3-3　加挂重锤后的临界直线

三、悬垂型杆塔的上拔校验

在不等高悬挂点的档距中，当导线最低点位于实际档距之外时，低悬挂点处将产生上拔力。杆塔产生上拔的临界条件是其垂直档距等于零。上拔力使悬垂绝缘子串上扬，导线与横担电气距离减小，严重时横担会承受较大的上拔力，甚至电杆受破坏，因此应对上拔力进行校验。

最大上拔力发生在最低气温或最大风速气象条件下，理论上最大风速时的上拔力有可能大于最低气温时的上拔力，但最大风速延续时间非常短，且邻近两档同时出现最大风速的可能性较小，故一般不考虑。工程定位中，通常将最低气温作为校验悬垂型杆塔上拔的气象条件。

若定位时发现位于低处的悬垂型杆塔（如图 14-3-4 中的 3 号杆塔）在最大弧垂时的垂直档距较小，则在最低气温时因架空线收缩其垂直档距可能变为负值而产生上拔，对此应予以校验。校验上拔的常用方法有最小弧垂模板（冷线模板）和上拔临界直线两种。

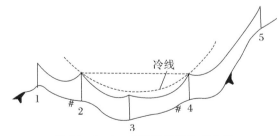

图 14-3-4　用冷线模板检查上拔

(一)最小弧垂模板校验

利用定位时最大弧垂模板采用的代表档距,在应力弧垂曲线上查得最低气温时的架空线应力,计算出模板 K 值,选出相应的模板。因为该模板是根据最低气温时的架空线应力选出的,所以称之为冷线模板或最小弧垂模板。用最小弧垂模板在定位图上进行杆塔上拔校验时,平移该模板,使其曲线通过被校验杆塔的两基相邻杆塔的架空线悬挂点,如图 14-3-4 所示。如被校验杆塔的悬挂点 3 在最小弧垂模板曲线以下,即表示有上拔力存在,否则不会产生上拔。

由于导线和地线在最低气温时的应力和比载不同,所用最小弧垂模板的 K 值也就不同,因此应该采用不同的模板进行校验。

(二)上拔临界直线校验

对于山区线路,也有利用上拔临界直线来进行校验的。由于排完杆塔后,在断面图上只能知道最大弧垂(即定位条件下)的导线垂直档距 l_{vm},为了便于校验,一般将控制气象条件(最低气温)下的垂直档距 l_v 折算为最大弧垂气象下的垂直档距 l_{vm}。根据式(14-3-4)可得

$$l_{vm} = l_h + (l_v - l_h)\frac{\sigma_{0m}\gamma_1}{\sigma_0 \gamma_m} \tag{14-3-10}$$

考虑到上拔的临界条件 $l_v = 0$,则有

$$l_{vm} = l_h\left(1 - \frac{\sigma_{0m}\gamma_1}{\sigma_0 \gamma_m}\right) \tag{14-3-11}$$

式中:l_h——水平档距,m;

σ_{0m}——最大弧垂时的应力,MPa;

σ_0——最低气温时的应力,MPa;

γ_m——最大弧垂时的导线比载,MPa/m;

γ_1——最低气温时的(导线自重)比载,MPa/m。

以 l_h 为横坐标、l_{vm} 为纵坐标,利用式(14-3-11)即可作出上拔临界直线,如图 14-3-5 所示。一种代表档距对应一条临界直线。临界直线的上方为不上拔区(也称安全区),下方为上拔区(也称倒拔区)。若最大弧垂时杆塔的实际垂直与水平档距的坐标交点落在临界直线下方,则表示该杆塔在最低气温时产生上拔。

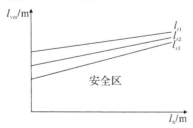

图 14-3-5　上拔临界直线

产生上拔时的解决方法和摇摆角的解决方法基本相同。若仅地线上拔,扬起无碍时可不采取措施,否则可将地线在杆塔处断开,改为耐张连接。

杆塔上拔不仅仅存在于悬垂型杆塔,也可能存在于耐张杆塔。对于上拔的混凝土电杆,若采用的是吊杆构件,则应改为撑杆,若另一侧悬挂点导线最低点在实际档距之内,则说明不上拔,可以继续采用吊杆。另外,耐张绝缘子串和地线附件上扬,使得跳线对横担距离接近,此时要注意导线跳线带电部分对杆塔构件的电气安全距离。

四、导线及地线悬挂点应力校验

一般地区的线路,由于高差不大,通常不需校验导线及地线的悬挂点应力。对于山区线路,由于高差较大,应检查导线与地线的悬挂点应力是否超过允许值。

当相邻两杆塔的悬点高差过大时,高处杆塔导线悬点的应力可能超过允许值,故定位中应校验某些大高差档距是否超过由悬点应力决定的允许档距。现行标准规定,悬挂点的设计安全系数不应小于 2.25,地线的设计安全系数不应小于导线的设计安全系数。高悬点应力决定的容许高差 h 可按下式计算:

$$
\begin{aligned}
h &= \frac{2[\sigma_0]}{\gamma} \mathrm{sh} \frac{\gamma l}{2[\sigma_0]} \mathrm{sh}\left(\mathrm{arcch} \frac{[\sigma_g]}{[\sigma_0]} - \frac{\gamma l}{2[\sigma_0]}\right) \\
&= \frac{2[\sigma_0]}{\gamma} \mathrm{sh} \frac{\gamma l}{2[\sigma_0]} \mathrm{sh}\left(\mathrm{arcch} \frac{k}{2.25} - \frac{\gamma l}{2[\sigma_0]}\right)
\end{aligned}
\tag{14-3-12}
$$

式中:h——悬挂点间高差,m;

$\quad [\sigma_g]$——导线悬挂点允许应力,MPa;

$\quad [\sigma_0]$——控制气象条件下架空线弧垂最低点的应力,MPa;

$\quad \gamma$——控制气象条件下架空线比载,MPa/m;

$\quad l$——档距,m;

$\quad k$——架空线在弧垂最低点的设计安全系数。

工程上常利用式(14-3-12)作出悬挂点应力临界曲线(见图 14-3-6),供校验悬挂点应力时使用。控制条件不同,可有多条临界曲线。若被检查挡的实际定位档距和悬挂点高差的交点落在所用曲线的下方,则表明悬挂点应力未超过允许值。否则表明超过允许值,需采取相应措施,具体如下:

1)调整杆塔位置及高度,以降低悬挂点间高差。

2)降低该耐张段架空线的使用应力,即按照放松系数放松架空线。架空线放松后,应根据此时的水平应力求出最大弧垂时的应力,再选弧垂模板重新对该耐张段进行定位。

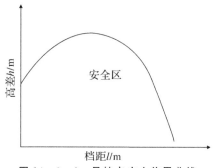

图 14-3-6 悬挂点应力临界曲线

五、悬垂角校验

对于山区线路，由于高差较大，高处杆塔的垂直档距较大时，可能使导线、地线的悬垂线夹出口处的悬垂角超过其线夹的允许悬垂角，致使附加弯曲应力增大，导线、地线在线夹出口处受到损坏，所以需要对导线、地线的悬垂角进行校验。显然，导线的最大悬垂角发生在最大弧垂时。对于一般船体能自由转动的线夹两侧悬垂角，根据图 14-3-7 可以得

$$\theta_1 = \arctan\left(\mathrm{sh}\,\frac{\gamma l_{1v}}{\sigma_0}\right) \approx \arctan\frac{\gamma l_{1v}}{\sigma_0}$$

$$\theta_2 = \arctan\left(\mathrm{sh}\,\frac{\gamma l_{2v}}{\sigma_0}\right) \approx \arctan\frac{\gamma l_{2v}}{\sigma_0}$$

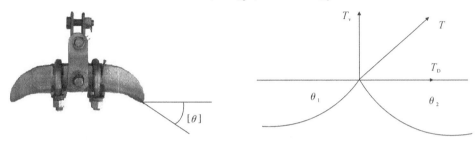

图 14-3-7　**杆塔两侧导线悬垂角示意图**

对于一般船体能自由转动的线夹两侧悬垂角，其临界条件为

$$\theta_1 + \theta_2 = 2[\theta] = \arctan\frac{\gamma l_{1v}}{\sigma_0} + \arctan\frac{\gamma l_{2v}}{\sigma_0}$$

整理上式得

$$l_{1v} = \frac{\sigma_0}{\gamma}\tan\left(2[\theta] - \arctan\frac{\gamma l_{2v}}{\sigma_0}\right)$$

利用三角恒等式上式可进一步简化为

$$l_{1v} = \frac{\dfrac{\sigma_0}{\gamma}\tan 2[\theta] - l_{2v}}{1 + \dfrac{\gamma l_{2v}}{\sigma_0}\tan 2[\theta]} \tag{14-3-13}$$

式中：$[\theta]$——悬垂线夹的允许悬垂角，可取 25°；

　　　σ_0——架空线最大弧垂时的应力，MPa；

　　　γ——架空线最大弧垂时的比载，MPa/m；

　　　l_{1v}——被验杆塔前侧的单侧垂直档距，m；

　　　l_{2v}——被验杆塔后侧的单侧垂直档距，m。

根据式（14-3-13）作出的悬垂角临界曲线如图 14-3-8 所示，其中一种代表档距对应一条临界曲线。定位时，要注意校验悬挂点最高杆塔的悬垂角。从图上量得被验杆塔两侧的垂直档距 l_{1v} 和 l_{2v}，交点位于悬垂角临界曲线的下方为安全，否则为不安全。

当悬垂角超过线夹的允许值时，可以通过调整杆塔位置或杆塔高度，减少一侧或两侧的悬垂角，或者用悬垂角较大的线夹，或用两个悬垂线夹组合在一起悬挂。

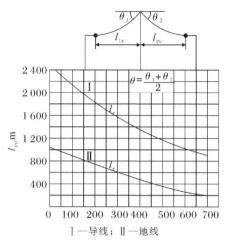

Ⅰ—导线；Ⅱ—地线

图 14 - 3 - 8　悬垂角临界曲线

六、绝缘子串的强度校验

在山区线路中,由于杆塔立于高处,其垂直档距往往比水平档距大很多,有的甚至达两倍以上,因而会发生导线的垂直荷重超过绝缘子串的允许机械强度的问题。故在定位时,应对绝缘子串的机械荷载进行校验。

对于悬垂绝缘子串,正常运行情况下,检查悬垂绝缘子串强度的气象条件是最大比载和年均气温。以“Ⅰ”型悬垂绝缘子串为例,由于靠近杆塔横担的第一片绝缘子所受荷载最大,悬垂绝缘子串强度检查的临界状态是其所受综合荷载等于允许机电荷载,即 $T_J = [T_J]$,也就是

$$\sqrt{(\gamma_v A l_v + G_J)^2 + (\gamma_h A l_h + P_J)^2} - g_1 = [T_J]$$

因此,校验气象条件下的垂直档距与悬垂绝缘子串允许机电荷载的关系为

$$l_v = \frac{\sqrt{([T_J] + g_1)^2 - (\gamma_h A l_h + P_J)^2} - G_J}{\gamma_v A}$$

式中:l_v——导线最大荷重时悬垂绝缘子串所允许的垂直档距,m;

G_J——绝缘子串的垂直荷载,N;

P_J——绝缘子串的水平风荷载,N;

g_1——绝缘子串近杆塔横担第一片绝缘子及其上金具的综合荷载,N;

γ_v——校验气象下架空线的垂直比载,MPa/m;

γ_h——校验气象下架空线的水平比载,MPa/m;

A——架空线的截面积,mm²。

将上式的垂直档距 l_v 代入式(14 - 3 - 10)(定位气象条件下的垂直档距 l_{vm})有

$$l_{vm} = l_h + (l_v - l_h)\frac{\sigma_{0m}\gamma_1}{\sigma_0\gamma_m}$$

$$= l_h + \frac{\sigma_{0m}\gamma_1}{\sigma_0\gamma_m}\left[\frac{\sqrt{([T_J] + g_1)^2 - (\gamma_h A l_h + P_J)^2} - G_J}{\gamma_v A} - l_h\right] \quad (14 - 3 - 14)$$

若杆塔为悬垂转角型杆塔,则有

$$l_{vm}=l_h+\frac{\sigma_{0m}\gamma_1}{\sigma_0\gamma_m}\left\{\frac{\sqrt{\left(\left[T_J\right]+g_1\right)^2-\left[\gamma_hAl_h\cos\left(\frac{\alpha}{2}\right)+P_J+2\sigma_0A\sin\left(\frac{\alpha}{2}\right)\right]^2}-G_J}{\gamma_vA}-l_h\right\} \quad (14-3-15)$$

式中:l_h——水平档距,m;

σ_{0m}——定位气象条件下的架空线的应力,MPa;

σ_0——校验气象条件下的架空线的应力,MPa;

γ_m——定位气象条件下的架空线的垂直比载,MPa/m;

α——线路转角,(°);

γ_v——校验气象条件下的架空线的垂直比载,MPa/m。

根据式(14-3-15)作出悬垂绝缘子串强度临界曲线,如图14-3-9所示。定位时,若 l_{vm} 与 l_h 交于临界曲线的下方,表示满足单联绝缘子串机电强度的要求,否则需采取措施,如调整杆塔位置、改用双联或多联绝缘子串、换高吨位额定机械破坏强度绝缘子等。同时,对杆塔的横担也应采取相应的强度校验和补强措施。

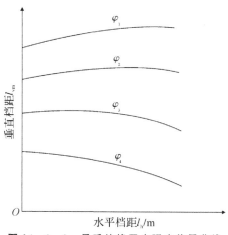

图 14-3-9　悬垂绝缘子串强度临界曲线

V型绝缘子串近年来在工程中也普遍应用,校验其强度时,应注意检查整串受力或单支受力情况绝缘子的机械强度。

耐张绝缘于串的允许荷载应等于或大于导线最大悬挂点张力。导线悬挂点张力 T_{gm} 可按下式计算:

$$T_{gm}=\sqrt{(\sigma_0A)^2+(\gamma_vAl_{vdd})^2+(\gamma_hAl_{hdd})^2} \quad (14-3-16)$$

式中:l_{hdd}——计算工况架空线单侧的水平档距,m;

l_{vdd}——计算工况架空线单侧的垂直档距,m;

σ_0——计算工况的架空线弧垂最低点的应力,MPa;

A——架空线的截面积,mm²;

γ_h——计算工况的架空线的水平比载,MPa/m;

γ_v——计算工况的架空线的垂直比载,MPa/m。

对于超过荷载的绝缘子串,可采用增加绝缘子联数或改用较高吨位的绝缘子、放松耐张段内的导线张力等方法。

七、耐张绝缘子串倒挂校验

山区线路因地形起伏较大,某些杆塔的耐张绝缘子串可能经常上扬,此时绝缘子串如仍按正常形式悬挂,会导致绝缘子瓷裙槽中积存雨、雪、污垢等难以清除的杂物(通过雨水冲刷、人工清洗),从而降低绝缘强度,如图 14-3-10 所示。因此宜将上扬耐张绝缘子串倒挂。

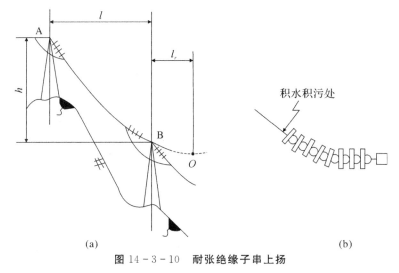

(a)   (b)

图 14-3-10　耐张绝缘子串上扬

检查耐张绝缘子串是否需要倒挂的气象条件是年均气温、无风、无冰。倒挂的临界条件是架空线产生的上拔力等于耐张绝缘子串重量的一半。根据倒挂的临界条件,有

$$\gamma_1 A l_v = \frac{G_J}{2}$$

$$l_v = -\left(\frac{l}{2} - \frac{\sigma_0 h}{\gamma_1 l}\right) = \frac{\sigma_0 h}{\gamma_1 l} - \frac{l}{2}$$

根据以上两式可得

$$h = \frac{l}{2\sigma_0 A}(G_J + \gamma_1 A l) \tag{14-3-17}$$

式中:h——需要倒挂时的临界高差,m;

　　　σ_0——年均气温、无风、无冰时的架空线应力,MPa;

　　　A——导线的截面积,mm^2;

　　　γ_1——架空线自重比载,MPa/m;

　　　G_J——耐张串的自重,N;

　　　l——档距,m。

当定位高差小于式(14-3-12)的计算值时,耐张串不倒挂,否则需倒挂。若以定位气象条件下的有关参数表示,则由于

$$l_{vm} = \frac{\sigma_{0m} h}{\gamma_m l} - \frac{l}{2}$$

将式(14-3-17)代入上式,解得

$$l_{vm} = \frac{\sigma_{0m} \gamma_1}{\sigma_0 \gamma_m} \left(\frac{G_J}{2\gamma_1 A} + \frac{l}{2} \right) - \frac{l}{2} \tag{14-3-18}$$

式中：l_{vm}——折算到定位气象下的倒挂临界垂直档距；

　　　σ_{0m}——最大弧垂时的应力,MPa；

　　　γ_m——最大弧垂时的导线比载,MPa/m。

利用式(14-3-13)检查耐张绝缘子串是否倒挂时,常事先制出耐张绝缘子串倒挂临界曲线,如图14-3-11所示。在耐张绝缘子串所在某档距下,若耐张杆塔的负垂直档距大于临界曲线的相应数值,则该耐张绝缘子串需倒挂。

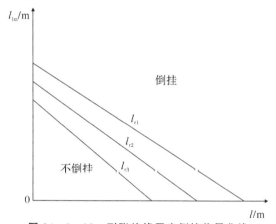

图14-3-11　耐张绝缘子串倒挂临界曲线

八、交叉跨越间距的校验

当线路与通航河流、高速公路、铁路、电力线路及弱电线路等交叉跨越时,按照规程规定及有关协议,要保证导线在最大弧垂时对其有足够的电气安全距离 s,如图14-3-12所示。

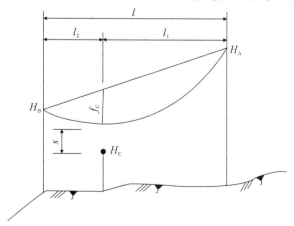

图14-3-12　交叉跨越距离示意图

正常运行情况下,跨越间距的最小值发生在最大弧垂气象条件下,其大小一般可由杆塔定位图直接量得。当量得值与规程规定值接近时,为避免因误差造成的间距不足,需用公式进行计算。利用几何知识得计算式为

$$s = (H_A - H_C) - f_c - (H_A - H_B)\frac{l_1}{l} \qquad (14-3-19)$$

式中:f_c——交叉跨越点导线弧垂,m;

$\quad H_A$——前侧导线悬挂点标高,m;

$\quad H_B$——后侧导线悬挂点标高,m;

$\quad H_C$——被跨越设施标高,m;

$\quad l_1$、l_2——超越点距离左右杆塔的距离,m;

$\quad l$——档距,m。

当采用悬垂型杆塔跨越各种设施时,如需验算邻档断线后导线与被跨越物间的垂直距离,仍可利用式(14-3-19)。但应注意此时的 f_c 须使用导线断线后的残余应力和断线时的比载计算,并应以断线后导线与被跨越设施的间距最小为原则选定断线档。此间距应与相关规程要求相比较,如不能满足规程,应调整杆位或采用高杆塔来解决。

九、边线风偏后对地或物体距离的校验

定位后,导线在纵断面图上不仅要校验导线对线路中心线上导线对导线下跨越物的各点距离(这个距离能直接量出导线静止时其对线路中心线上各点的距离),同时为确保运行安全,也要检查边导线及导线风偏时其对地、物的距离是否满足规程要求。为此,还应在断面图上把靠近线路两侧突出的地形、地物测绘出来,画出此处的横断面图,如图14-3-13所示。

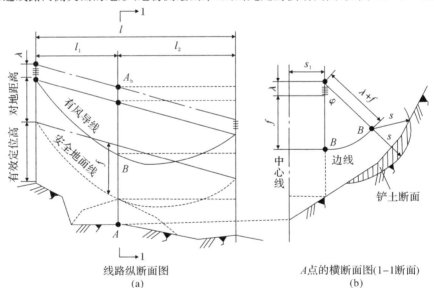

线路纵断面图 A点的横断面图(1-1断面)

(a)   (b)

A——被检查横断面处线路中心线地面标高;

A_b——边导线悬垂绝缘子串悬挂点连线在被检查横断面处的标高;

B——被检查横断面处边导线的标高;f——导线在最大风偏时的弧垂;

φ——绝缘子串和导线风偏角;λ——绝缘子串长度;s——导线风偏后要求的净空距离

图14-3-13 边导线风偏后对地距离

(a)横断面图的位置;(b)在横断面图上进行风偏校验

当发现边线断面比中心线断面高出较多,边导线风偏时,其对地的净空距离(见图 14-3-13),应按下列两种情况中较严重的情况检查:①导线覆冰、-5 ℃、有相应风速 10 m/s;②导线无冰、最大风速及相应气温。

被检查的危险点处定位条件下的导线最大弧垂可在断面图上量得,然后换算成风偏时的弧垂:

$$f=\frac{\gamma\sigma_{0m}f_m}{\gamma_m\sigma_0}$$

(14-3-20)

式中:f——校验气象下危险点处的导线弧垂,m;

f_m——定位条件下危险点处的导线最大弧垂,m;

σ_0——校验(风偏)情况下导线的导线应力,MPa;

σ_{0m}——定位条件下的导线应力,MPa;

γ——校验(风偏)情况下的导线比载,MPa/m;

γ_m——定位条件下的导线比载,MPa/m。

风偏后对地间距不足时,可采取下述措施:

1)土方量较少时,可铲土解决;

2)采用较高杆塔;

3)调整杆位;

4)改变路径。

第四节　杆塔中心位移及施工基面

一般情况下,输电线路杆塔的中心就在线路的杆位中心桩上,但当线路走向发生变化时,线路走向就有了转角,此时,为避免与之相邻的直线杆塔受到角度荷载的作用,转角上用的转角杆塔中心的位置应保证其中相导线在线路的中心线上,就需要将线路转角杆塔中心的位置向转角内侧(横担宽与长短横担引起)或外侧(中相挂点偏移)的转角的角平分线上移动(下列的位移方向都指转角的角平分线),这样杆塔中心位置与线路杆位中心桩在转角的角平分线上有一定的距离,此距离就是杆塔中心位移。

一、悬垂型换位杆塔的中心位移

当采用悬垂塔换位时,为了尽量减少由导线位置变换(相当于转角)引起的直线杆塔及其绝缘子串上的附加水平分力,可将换位杆塔中心桩移动一段距离。悬垂型换位杆塔的中心桩移动方向和大小,与档距和采用的杆塔类型有关。采用的求位移值方法是:作出导线换位的平面布置图,试画出换位杆塔的位移方向与大小,使各杆塔导线的悬挂点向杆塔侧出现的水平分量最小,然后根据几何关系得计算公式,算出悬垂换位杆塔的位移值。

(一)导线直角三角形排列

换位杆塔导线为直角三角形排列时的位移如图 14-4-1 所示,根据几何关系得换位杆塔的位移距离为

$$d_1 = \frac{D(l_2 + l_3)}{2(l_1 + l_2 + l_3)} \qquad (14-4-1)$$

$$d_2 = \frac{D(l_2 + l_3)}{2(l_1 + l_2 + l_3)} \qquad (14-4-2)$$

式中：　　　D——水平排列的导线间的距离，m；

　　　l_1、l_2、l_3——换位档内各档档距，m；

　　　d_1、d_2——换位杆塔中心的位移值，方向如图 14-4-1 所示，m。

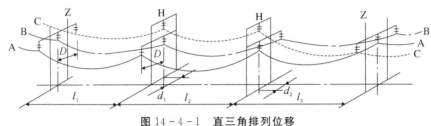

图 14-4-1　直三角排列位移

(二)导线斜三角形排列

换位杆塔导线为斜三角形排列时的位移如图 14-4-2 所示，根据几何关系得换位杆塔的位移距离为

$$d_1 = \frac{Dl_1}{l_1 + l_2 + l_3} \qquad (14-4-3)$$

$$d_2 = \frac{Dl_3}{l_1 + l_2 + l_3} \qquad (14-4-4)$$

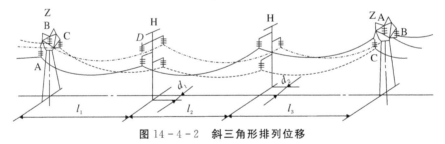

图 14-4-2　斜三角形排列位移

(三)导线上字形排列

换位杆塔导线为上字形排列时的位移如图 14-4-3 所示，根据几何关系得换位杆塔的位移距离为

$$d_1 = \frac{(D_1 + D_2)l_1}{2(l_1 + l_2 + l_3)} \qquad (14-4-5)$$

$$d_1 = \frac{(D_1 + D_2)l_3}{2(l_1 + l_2 + l_3)} \qquad (14-4-6)$$

式中：D_1——换位杆塔上横担导线悬挂点至杆塔中心的水平距离，m；

　　　D_2——换位杆塔下横担导线悬挂点至杆塔中心的水平距离，m。

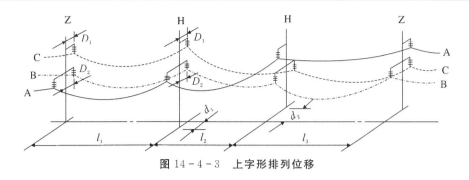

图 14 - 4 - 3 上字形排列位移

二、耐张转角塔中心位移

耐张型杆塔除支承导线和架空地线的垂直荷载和风荷载外,还承受顺线路张力。导线和地线在耐张型杆塔处开断,且被定位于导线和架空地线呈直线的线段中,用来减小线路沿纵向的连续档的长度,以便于线路施工和维修,并控制线路沿纵向杆塔可能发生串倒的范围。耐张型杆塔分耐张直线杆塔、耐张转角杆塔及终端杆塔。耐张直线杆塔两侧横担等长,一般不需要中心桩位移,部分因为中相导线挂至塔身主材时需要考虑位移,其他耐张型杆塔也存在此情况;耐张转角杆塔转角较小时横担一般等长,较大时一般为长短头横担,所以转角大时一般需要考虑位移;纯粹的终端杆塔一般为等长横担,但部分终端杆塔兼大转角的杆塔会采用长短头横担,故大部分时候需要考虑位移。

虽然线路所使用的杆塔结构型式很多,但对于导线挂点来说只有两种:一种是三相挂点相对于杆塔中心轴对称,另一种是三相挂点不对称。但无论哪一种,两边导线挂点相对于线路中心线来说可以做成绝对对称(两点相对于一线)的,所有的不对称均为中相挂点不对称。为此,将转角耐张杆塔的中心桩位移计算分为两部分:一是两边导线挂点杆塔中心桩位移计算,二是中相导线挂点杆塔中心桩位移计算,如图 14 - 4 - 4 所示。根据以上两点可以得出耐张转角塔中心位移计算式如下:

$$S=\frac{d_1-d_2}{3}+\frac{\tan\frac{\theta}{2}}{6}(C_左+C_中+C_右)+\frac{S_3}{3\cos\frac{\theta}{2}}-\frac{e}{3} \qquad (14 - 4 - 7)$$

式中:$C_左$、$C_中$、$C_右$——左、中、右相横担两侧悬挂点的间距,m;

e——中相导线挂点与杆塔中心的水平偏移,在转角中心内侧取正,反之取负,m;

θ——线路转角,(°)。

d_1——耐张转角杆塔外角侧横担的导线挂点至杆塔中心的距离,m;

d_2——耐张转角杆塔内角侧横担的导线挂点至杆塔中心的距离,m;

S_3——与耐张转角杆塔相邻的悬垂型杆塔中相导线挂线点至悬垂型杆塔中心距离,m。

当前、后侧悬垂杆塔横担伸展方向一致且相同时,横担伸展方向位于耐张转角塔内角侧时取正值,反之取负值。两侧相邻悬垂型杆塔中相横担长度及方向不一致时,按下式计算:

$$S_3 = \frac{l_1}{l_1 + l_2} S_1 + \frac{l_2}{l_1 + l_2} S_2$$

式中：l_1、l_2——耐张转角杆塔相邻的前、后侧档距，m；

       S_1——对应相邻档距 l_1 的悬垂型杆塔的中相横担长度，横担伸展方向位于耐张转角塔内角侧时取正，反之外角侧取负值，m

       S_2——对应相邻档距 l_2 悬垂型杆塔的中相横担长度，横担伸展方向位于耐张转角塔内角侧时取正，反之外角侧取负值，m。

当计算值 S 为正值时，耐张转角塔应向转角内侧位移；S 为负值时，耐张转角塔应向转角外侧位移。

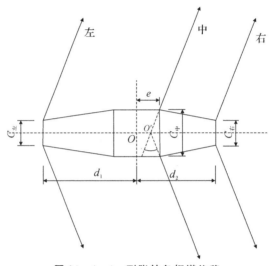

图 14 - 4 - 4　耐张转角杆塔位移

三、悬垂型转角杆塔的中心位移

一般悬垂型杆塔用于支撑导线、架空地线的垂直荷载以及作用于它们上面的风荷载，而在施工和正常运行时不承受线条张力的杆塔，悬垂型杆塔反作为线路中悬挂导线和架空地线的支撑结构。导线和架空地线在悬垂型杆塔处不开断，用于导线和架空地线呈直线的线段中。悬垂型杆塔又分悬垂型直线杆塔（不带转角）与悬垂型转角杆塔（带小转角）。但当采用带小转角的悬垂型转角杆塔时，由于角度力的作用，其悬垂绝缘子串产生一定的偏斜。为使悬垂型转角杆塔顺线路前、后相邻的悬垂型直线杆塔的悬垂绝缘子串不产生偏移或偏移较小，应将悬垂型转角杆塔的中心桩朝转角内侧或外侧进行中心桩移动，如图 14 - 4 - 5 所示。

此时的杆塔中心桩位移大小 S，可以根据图 14 - 4 - 5 得出如下计算公式：

$$S = S_1 - \lambda \sin\varphi$$

$$= S_1 - \lambda \sin\left(\arctan \frac{2\sigma_{cp} A \sin\dfrac{\theta}{2}}{\dfrac{G_J}{2} + \gamma_1 A l_v + \sigma_{cp} A\left(\dfrac{h_1}{l_1} + \dfrac{h_2}{l_2}\right)}\right) \qquad (14 - 4 - 8)$$

式中：　λ——悬垂绝缘子串长度，m；

　　　　G_J——悬垂绝缘子串重力，N；

　　　　φ——年平均温、无风、无冰时的悬垂绝缘子串偏斜角，(°)；

　　　　θ——线路转角，(°)；

　　　　S_1——悬挂点向转角外侧预留距离，m；

　　　　σ_{cp}——年平均温时的导线应力，MPa；

　　　　A——导线的截面，mm^2；

　　　　γ_1——导线的自重比载，MPa/m；

　　　　l_v——年平均温度时的垂直档距，m；

　　l_1、l_2——悬垂型转角杆塔相邻的前、后侧档距，m；

　h_1、h_2——悬垂型转角杆塔相邻的中导线悬挂点高差，悬垂型转角杆塔悬挂点较高时为
　　　　　正，反之为负，m。

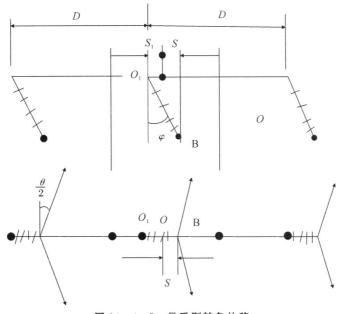

图 14-4-5　悬垂型转角位移

当计算值 S 为正值时，悬垂型杆塔应向转角内侧位移；S 为负值时，悬垂型杆塔应向转角外侧位移。当位移量不大于 0.5 m 时，一般情况下可以不位移。

四、施工基面及长短腿

施工基面是指有坡度的塔位计算基础埋深的起始基面，亦是计算定位塔高的起始基面。施工基面根据以下原则确定：在基础上部应保证有足够的土壤体积，以满足基础受上拔力或受倾覆力矩时的稳定要求。对受上拔力的基础，在基础边缘沿土壤上拔角 α 方向与天然地面相交（交线在图 14-4-6 中投影为 b 点），通过该交线的水平面即为施工基面。

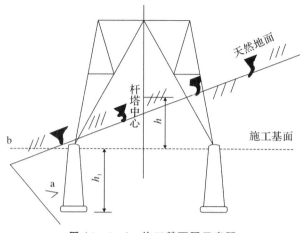

图 14-4-6 施工基面图示意图

施工基面与塔位中心桩之间的高差,称为施工基面值。施工基面值应根据不同的杆塔型式实测确定。当施工基面值过大时,为保护环境,减少施工铲土量,一般采用长短腿和不等高基础。施工基面及长短腿测定方法如图 14-4-7 所示。

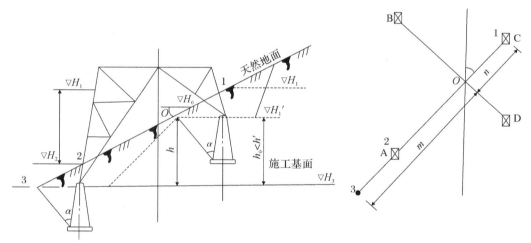

H_0——塔位中心桩标高 ;H_1——短腿地面标高;H_2——长腿地面标高;

H_3——长腿的施工基面标高;H_1'——短腿的施工基面标高;l——确定测点 b 的一个计算值;

h——施工基面值;h'——长短腿之间地面高差;h_0——长短腿之间设计高差。

图 14-4-7 施工基面及长短腿测定方法图

图中测点 1 是 C、D 腿(短腿)中较低的那个腿的位置,测点 2 是 A 、B 腿(长腿)中较低的那个腿的位置,测点 1、2 的高差用以确定长短腿的高差。测点 3 是四腿对角线方向上最低的一点,用以确定施工基面值。测点 3 应根据基础的埋深、宽度以及土壤特性来确定。一般,在直线铁塔中可取 l 为 2.5 m;在非悬垂型铁塔中取 l 值为 3~3.5 m。

在实际工作中,为了制造方便,长短腿的种类不宜设计过多,目前一般仅设计一种长短腿。对于定型杆塔,长短腿的设计高差一般为 1 m、1.5 m、2 m 其中一种。对于特殊地形的塔位,亦可先测出塔脚断面图(见图 14-4-8),然后根据实际情况进行长短腿的设计。

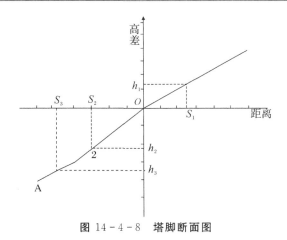

图 14-4-8　塔脚断面图

长短腿的采用与否,可根据实际测量结果进行选择,一般分下述三种情况:

1)$h_1 = h_0$ 时,采用长短腿。此时的长短腿的施工基面分别为 H_3 及 H'_1,而 $H'_1 = H_3 + h_0$。

2)$h_1 < h_0$ 时,一般可不采用长短腿,当需采用时,则需将长腿的施工基面标高降低$(h_0 - h')$值,定位塔高亦降低此值。

3)$h_1 > h_0$ 时,采用长短腿。此时长腿的施工基面为 H_3,短腿施工基准面标高降低$(h' - h_0)$值。

习　　题

1. 何为杆塔定位? 工程定位手册通常包括哪些内容?

2. 平断面图中平面图和断面图的比例一般为多少? 各包括哪些内容?

3. 简述定位 K 值模板的制作步骤,K 值与哪些因素有关? 一般取什么工况下的 K 值作为定位 K 值模板? 采用 K 值模板定位时需要注意哪些问题?

4. 某 220 kV 线路,经过Ⅲ区典型气象区,导线选用 JL/G1A-300/40,耐张段代表档距 350 m,计算并绘制 K 值模板。

5. 定位时杆塔选用、塔位选择和档距配置需要注意哪些事项?

6. 简述杆塔定位的步骤和主要内容。

7. 定位完成后耐张塔的校验有哪些内容? 当耐张绝缘子串倒挂时需要采取哪些措施?

8. 定位完成后直线塔的校验有哪些内容? 当悬垂串的摇摆角超过设计条件时需要采取哪些措施?

9. 定位完成后导地线、绝缘子串的校验有哪些内容? 当导线悬点应力超过设计条件时需要采取哪些措施?

10. 定位完成后需要重点校验哪些交叉跨越距离?

11. 耐张塔中心桩为什么需要位移? 位移的方向和距离如何确定?

12. 何为施工基面和施工基面值? 施工基面值较大时通常采取哪些措施? 此时校验导线对地距离时高度如何取值?

第十五章 架空输电线路路径选线

第一节 概 述

架空输电线路的路径是指线路从起点变电站到终点变电站在地面上的全部路由。输电线路选择的目的，就是要在线路起讫点间综合施工、运行维护、工程投资等因素，选出一条既符合地方规划又满足技术可行、经济合理要求，并有利环境保护等的线路路径。选择出的路径需满足电网线路的现状，同时兼顾电网未来的发展趋势，使得路径选线近期与长远结合，经济合理；路径选择必须结合地形、地貌以及社会等因素，其中社会因素非常重要，许多历史经验与教训值得我们借鉴。经济性和合理性都是相对概念。欠发达地区一般选用架空线路设计。但是在经济发达地区，由于土地资源非常短缺，线路路径受限，能够有一条让架空线路或电缆通过的路径极为不易，通常会采用电缆或架空与电缆混合设计。经济发达地区架空线路杆塔宜采用占地较少的窄基塔或多回路同塔架设的紧凑型塔型结构，规划新建的66 kV 及以上架空输电线路，不宜穿越市中心地区或重要风景区。

在工程选线阶段，选线深度尽可能做得深入，有时需要达到可行性乃至初步设计深度。深度越深、资料越翔实，越有利于后期工作，出现颠覆性的可能性就越小。目前一个输电工程从选线到建成的周期很短，如果前期不够深入，可能会带来颠覆性的后果。输电线路的路径选择一般分两个阶段进行，即初勘选线和终勘选线。

工程选线由深度不够导致的教训是相当深刻的，如有的在初步设计审查时发现深度不够或线路走廊走不通，则可行性研究必须重做。线路行走不通有三种情况：①青苗赔偿或拆迁量太大；②自然条件不理想，或地质条件、水文条件太差；③没有尊重当地的民俗、民风，如经过老百姓认为是"龙脉"的山，任意跨越风景区或"风水"树，还有的从自然村中间穿过等，导致路径不通，这些在选线过程中要极力避免。

第二节 路径选择及初勘选线

输电线路路径选择就是要在线路起讫点之间，选择一条全面符合国家各项方针政策及相关方要求的输电线路路径。

一、路径选择的原则

输电线路路径方案的选择是输电线路设计的重要内容之一，应结合电力系统论证、变电站站址选择等,开展路径的选择工作。在输电线路路径选择时应充分考虑地方规划、压覆矿产、自然条件(海拔、地形、地貌)、水文和气象条件、地质条件、交通条件、自然保护区、风景名胜区和重要交叉跨越等因素,重点解决线路路径的可行性问题,避免出现颠覆性的结果。

结合有关规范、规程及导则中对线路选择的要求,并本着保障线路安全和贯彻以人为本、环境友好(与自然环境及与其他建设项目相协调)的精神,本书认为输电线路路径选择应遵循以下原则:

1)贯彻国家的基本建设方针和技术经济政策,做到安全可靠、技术先进、经济合理、资源节约、环境友好、符合国情。

2)输电线路路径选择应具有前瞻性、科学性、严肃性。结合地方总体规划及电力系统规划的要求,统筹规划输电线路走廊,优化输电线路的走向和走廊宽度,提高其整体利用率。

3)对输电线路的路径方案应进行综合技术经济比较,考虑电网结构、线路长度、地形地貌、地质、冰区、城镇规划、环境保护、交通条件、施工和运行等因素。进行可行性研究时及在初步设计阶段原则上应选择两个及以上可行的线路路径,大规模线路宜采用高分辨率卫星影像或航空影像、全数字摄影测量系统等技术辅助路径方案的选择,力求获得准确沿线地形、地貌、地物等基本特征,对线路方案进行精细优化。

4)输电线路路径宜避开军事设施、大型工矿企业等,以及原始森林、风景名胜区、一级水源地保护区、自然保护区的核心区和缓冲区等,当无法避让时,应进行充分论证并采取必要的措施;输电线路路径宜避开不良地质地带、采动影响区、重冰区、易舞动、微气象微地形等影响线路安全运行的区域,当无法避让时,应进行充分论证并采取必要的措施;输电线路路径宜避开林木密集覆盖区,对协议允许通过的集中林区、果园、经济作物区,一般应根据树木自然生长高度按跨越设计,以减少树木砍伐和对生态环境的影响。

5)路径选择应考虑线路与地磁台(站)、电台、机场、电信线路、油气管线等邻近设施的相互影响。

6)输电线路路径选择应尽可能靠近现有国道、省道、县道及乡村公路,改善交通条件,方便施工和运行。

7)设计过程中要充分跟踪沿线在建或拟建输电线路、公路、铁路、管线、航道及其他设施的建设进展,避免发生冲突。

8)大跨越段线路的跨越位置的选择应结合陆上线路路径方案,通过综合技术性、经济性比较确定。跨越所在的区域的规划、民航、队部、航道、海事、水利、环保等应符合相关部门的要求,大跨越的位置的选择应综合考虑水文、地质条件,宜避开河道不稳定、地震断裂、崩塌滑坡和山洪冲刷等影响线路安全运行的地带,对于无法避开的,应采取可靠措施。

9)输电线路路径选择应以人为本,尊重当地民俗,尽量少拆迁房屋,选择利用率较低的土地通过。路径选择时应充分征求地方政府及有关部门对路径方案的意见和建议,应取得规划、国土、军事、环保、林业等部门对路径方案的批准协议。路径方案应满足与铁路、高速公路、机场、雷达、电台、军事设施、管线、油(气)库、爆破器材生产或储存仓库、采石场、烟花爆竹工厂等各类障碍物之间的安全距离要求或相关协议要求。

10)设计人员在路径方案的选择中,应充分利用"线中有位,以位正线"及"线位结合,以线为主"的原则指导路径方案的比选。"线中有位,以位正线"及"线位结合,以线路为主"的原则主要体现在如下三个方面:

a.路径方案的选择应以线为主,坚持合理的路径走向,不要因局部塔位布局不合理而随意改变路径走向。

b.当路径走向遇有极不合理或难于立塔(如倒石堆、地下溶洞、陡峭山坡)的不良塔位时,应适当修正路径走向予以避让。

c.当对路径方案进行比选时,若两方案在地形、地物等的分布及路径长度上难以取舍,则可对两方案进行优化排杆位,比较其技术经济性,以决定优劣。

二、初勘选线

初勘(初步勘察)选线工作分三步进行,即图上选线、资料搜集和现场初勘选线。

(一)图上选线

图上选线的目的是把输电线路的整体情况直观地展现在地形图上,形成设计、施工及后期运行能了解输电线路走向及各种地形地物情况的路径经过地形图(简称"路径图")。路径图是描述输电线路综合走向的综合性图纸。

图上选线一般在室内进行(或称室内选线),即根据地图(1:10 000~1:50 000)或正射影像(1:10 000~1:50 000)上的地形地物,按照线路起讫点间最短的原则,避开城市、工厂、矿山发展规划区,避开军事设施、炸药库、水利设施、地下资源、文物古迹、风景名胜区、林区及经济作物区,避开已有的输电线路、通信线、导航台、收发信台或其他重要管线的影响范围。然后考虑沿线自然地理,地形地貌,林区分布,冰区分布,交通情况,交叉跨越的铁路、公路及电力线路等各种限制条件,拟出若干条路径初步方案来根据拟定的路径方案进行沿线的有关资料的搜集和野外重点踏勘工作,以核对所选路径,有时还要作必要修改。经过充分的调查研究和技术经济比较,并与有关单位进行协商和订立协议,即从若干个路径方案中,通过比较确定出一个较好的路径方案,作为路径的推荐方案。

图上选线一般按下列方法实施:

1)了解工程任务的必要性、工程概况及系统规划,明确线路的起讫点及中间必经点的位置[所经市、县(区)、镇及村名称]、负荷等级、额定电压、回路数、导线标号、输送容量以及是否预留其他路径等。

2)向自然资源部门申请(或购买)比例为1:10 000 或1:50 000 的地形图。

3)确定各站址方案进出线的位置、方向、与已建和拟建线路以及规划线路的相互关系。

4)搜集起讫点沿线勘测设计方面的有关资料,然后在地形图上标注这些资料:①有关城市规划;②军事设施;③工厂、矿山发展规划;④地下埋藏资源开采范围;⑤水利设施规划;⑥文物古迹、自然环境保护区;⑦采石场、炸药库、加油站等易燃易爆保护范围;⑧机场及空管限制区;⑨自然保护区、风景区、林区及经济作物区;⑩已有电力线、通信线或其他重要管线等的位置、范围。

5)避开上述影响范围,标出线路起讫点及中间必经点位置(转角点),沿每个可能的方案走向,将转角点用不同颜色的线连起来。然后还要按照表 15-2-1 所列的内容进行比较,绘出若干个路径方案(一般经反复选择比较后,保留两至三个方案)进行最终比选、确定。

6)对已选定的几个方案,如果还有架空电信线路(含光纤线路),则根据远景系统规划的短路电流及地区大地导电率计算对其的干扰和危险影响,并根据计算结果对已选定的路径方案进行修正或提出解决措施。

有些地方规定在可研(可行性研究)阶段依据初步拟定的路径方案对以下几种情况制定航空摄影或新版卫星影像方案:

a.220 kV 及以上电压等级,且线路规模不小于 50 km 的输电线路工程,应采用航空摄影测量技术优化设计方案;同区域多条线路路径累计大于 50 km 的 220 kV 及以上电压等级的输电线路工程也要求参照执行。

b.环境复杂、通道走廊紧张的输电线路。

c.220 kV 及以上电压等级,且线路规模小于 50 km 的输电线路工程,在可研阶段可对是否采用航空摄影测量技术进行技术经济性比较后确定。

航空摄影宜沿输电线路中心线进行,航带宽度不小于 2 km,线路转角点与航带边缘距离不小于 400 m。

表 15-2-1　路径方案比较要求

序号	项目	路径比较方案应比较的内容
1	线路长度	线路长度以及曲折系数
2	地形地貌	熟悉概预算对大范围地形的划分:峻岭、高山,一般山地,丘陵,平地、沼泽、河网所占的百分比以及沿线地面附着物情况
3	海拔高程	
4	冰区情况	冰区划分
5	水文条件	跨越河流和洪涝区的基础以及安全距离设计洪水位问题
6	交叉跨越	通航河流需要封航或动用船只才能放线的水域铁路、高速公路、高压线、通信线路、索道、等级公路需要有跨越措施和费用的地方
7	穿越林区	林区主要树种,高跨还是砍伐林木
8	使用导线重量	导线型号及数量
9	杆塔及材料用量	杆塔基数(其中直线杆塔基数、耐张杆塔基数、特重塔基数);钢材:t;水泥:t
10	地质情况	地层特征、水文地质特征建议的基础形式

续 表

序　号	项　目	路径比较方案应比较的内容
11	交通情况	沿线主要公路,以及还是否有垂直线路方向的公路可以利用。交通条件总的来比较
12	施工及运行维护条件	施工条件总的来说是距主干公路远近,是否为重冰区、交叉跨越,各类运输工具和人力的平均运距
13	通信干扰	是否通信线均可满足要求,是否需要加装保护措施
14	有无重要军事设施和其他避开的中设施	部队情况是保密的,特别是重要的高电压等级的长线路应向部队征询路径意见;爆炸品仓库一般比较偏僻且隐蔽不易察觉,需向质量监督检验检疫局征询
15	协议取得难易程度	包括对当地政府规划部门协议的取得难易程度和工程实施难易程度两个问题,实施过程中以及投入运行后当地百姓对工程的抵制情绪程度关系到社会和谐稳定

（二）资料搜集及办理有关协议

资料搜集是为线路路径的选择、线路的控制测量、现场踏勘、路径优化等提供所需要的基础资料,作为勘测和设计的依据。资料搜集主要是搜集对线路路径有影响的地上、地下障碍物的有关资料,以及取得路径所经过地区所属单位对线路通过的意见,由所属单位以书面文件或在路径图上签署意见的形式提供资料,作为设计依据。若同一地区涉及单位较多又相互关联时,可邀请有关单位共同协商,并形成会议纪要。

资料搜集阶段,调查了解的单位一般应包括大行政区及省、市地区的有关部门和重要厂、矿企业、航空及军事等部门。资料搜集的内容一般为有关部门所属现有设施及发展规模、占地范围、对线路的技术要求及意见等。在取得对方的书面意见前,应充分了解对方的设施情况与要求,并详细向对方介绍线路的情况,在协商的基础上取得对方同意线路通过的文件。

搜集沿线资料时要多看、多问,有些构筑物较为隐蔽,如炸药仓库、地下石油管线等,还有线路经过地区是否为待开发的新规划区,在线路路径拥挤地带是否有获得批准待建的其他电力线路等。资料搜集时一定要仔细认真,否则可能出现颠覆性结果。

图上选线工作完成后应由有经验的专业技术人员到有关单位和部门征求对图上选线方案的意见并签订协议(见表15－2－2)。

从事协议工作的人员应充分了解本线路建设的目的和重要性,要熟悉线路的技术经济指标及路径方案选定的理由,并携带必要的资料、数据。协议时要有全局观点,弄清双方互相影响的情况,既不使线路增加不必要的投资,也不能只强调线路重要而对其他设施造成不当的影响。经双方共同协商后,应将一致同意的路径注明于地形图上,并签署相应的文件备案。

随着国民经济的飞速发展,各行业、各部门的发展规划将不断更新,建设规模也不断扩大,可能导致原先所签订的路径协议受到影响,难以实施。尤其当协议签订后的间隔时间较长时,更可能会使已签订的协议失效。这就充分体现了协议的时效性,即路径方案选择的时效性。鉴于此,输电线路设计人员必须在每个设计阶段(如初步设计、施工图设计阶段),对路径协议进行复查。即使在同一设计阶段(如初步设计阶段),当持续时间较长(如在初步设计过程中出现缓建、暂时停建等)时,也应对路径协议进行复查。

将搜集到的各路径方案沿线的有关资料及路径协议办理期间各单位的要求补绘于选线地形图上,对各保留方案进行修正。剔除明显不合理和不可行的路径方案。对剩下的路径方案进行更深入、细致的分析和比较,必要时可再与严重影响路径走向的有关设施所属单位进一步协商,使路径方案更为科学和合理。经过上述过程,确定出初勘的路径方案。

表 15-2-2　资料搜集及办理协议的内容和要求

序 号	搜集内容	来源单位
1	征求各地方政府对线路走向的意见,取得各级政府对路径的批复文件或者书面许可意见	地方政府及沿线各乡镇
2	搜集地形图,收集范围及精度应满足设计需要,其搜集工作应由具有测绘资质及设有保密人员的单位进行。全面收集地方规划和影响区的范围和要求,包括近期、远期和自然保护区、风景区等的规划图及书面资料,沿线基本农田、矿产资源等、采石场及煤矿等的分布情况,结合沿线踏勘。取得书面许可意见(审批文件)	环境资源局
3	了解驻地部队及现有和拟建军事设施(含国防军事光缆)的位置、影响范围及对线路在附近通过的有关规定,取得对路径通过的要求	省军区、沿线相关部队及人民武装部
4	了解靶场及军事设施情况以及民爆物资、炸药库位置及储存量等	公安局
5	搜集沿线属于保护等级的文物、遗址,取得协议	文物管理局
6	搜集沿线现有及拟建的地上及地下通信设施资料及运行中的风、冰等灾害资料,征求对通信保护方面的意见	各级邮电局、电信局、邮电设计单位
7	调查线路沿线现有及拟建的跨越铁路的区段和设施,了解并落实对其影响程度,包括铁路电信线路的信号种类,要明确交叉跨越的地点和距离等。取得沿线所跨铁路部门的书面许可意见	各级铁路局及铁道设计单位
8	搜集现有及拟建的民航与农用机场、导航台的位置、等级、起降方向、空管范围、气象等资料,了解影响线路通过的有关规定	机场、民航局

续　表

序　号	搜集内容	来源单位
9	搜集设计所需要的气象资料及取得有关气象资料数据的鉴定性意见,了解沿线有无"微地形"并搜集特殊气象资料。搜集临近输电线路设施运行中的风、冰等灾害资料	气象局(台) 供电局运维管理部门
10	搜集沿线矿藏分布、储量、品位、开采价值及沿线地质构造、地震烈度等资料。搜集矿区矿藏分布、开采情况、采空区范围、深度及沉陷情况,露天开采时的爆破影响范围;了解矿区对线路走线有影响的有关技术规定,并取得对线路通过的意见	自然资源局矿权管理部门、地矿局
11	搜集沿线自然保护区、环境保护区、水源保护区、森林公园等综合信息,取得书面许可意见	林业局、环保局
12	搜集旅游规划、风景名胜等信息,取得书面许可意见	旅游局
13	搜集江河上现有及规划的水库、电站、排灌系统等水利设施的位置、淹没范围和河流水文资料等,其中包括历年最高洪水位、常年洪水位、50 年一遇洪水位、流速、漂浮物、河道变迁等。河流如果浮运或通航,尚应搜集浮运或航行时的最高水位、船舶种类、桅杆高度、航道位置、封冻期的最高冰面的流冰水位、流速、冰块大小等。若在水库下方通过时还应搜集水坝建设标准、溢洪道位置、排流方向及水坝的可靠性等资料,征求对线路跨越的意见	各地水利局、航运管理局
14	搜集沿线现有及拟建的公路走向、等级及重要桥涵等设施资料,并了解农村简易公路的情况,对高速公路交叉跨越的技术要求和同意文件	各地交通(或公路)局
15	搜集线路进出线走廊平面图、走廊内地上地下设施以及所涉及的单位,征求走线的意见。搜集已有线路的运行与气象资料等	电厂、变电所、 电业局、设计单位
16	搜集沿线森林分布及采伐情况,其中包括树木种类、密度、高度、直径等资料。如果是果木、桑茶等经济作物,尚应了解自然生长高度或修剪高度,以及对线路通过的要求	各地林业局(部分地区可以在环境资源局搜集)

续 表

序 号	搜集内容	来源单位
17	搜集现有及拟开发的油田范围、地上地下管线、设备等建设位置以及线路穿过油田时对线路的要求,搜集化工及炼油厂排出气体、水、灰等的扩散范围以及对线路的影响等资料	石油化工管理局、油田、炼油厂
18	搜集现有及拟建电台、电视台天线位置、高度、用途以及对线路通过的要求等资料	电视、广播事业管理局
19	搜集建筑设施的位置,正常及事故时对线路的影响等资料	砂石管理所、采石场、火药库、油库、沿线工矿企业
20	搜集 35 kV 及以上电力线的现状与规划,不允许跨越与改建的线路名称及地段,要求出具明确的书面意见	供电局(电业局)
21	搜集基本农田、耕地影响等资料	自然资源局
22	搜集城镇规划、现代乡村建设等资料	自然资源局、城乡规划局
23	搜集输油、气管道设施的资料,要求出具明确的书面意见	石油管道、天然气管道产权单位

(三)现场初勘选线

现场初勘是按图上选定的路径方案到现场进行实地勘察,验证是否符合实际并决定各方案的取舍,也称踏勘。根据实际需要,可以采取沿线了解、重点勘查或仪器初测的方法进行。初勘结束后,根据获得的新资料修正路径方案,并组织各专业人员对路径方案进行技术经济性比较,填写路径方案技术经济性比较表。

由于室内选线时掌握的资料未必齐全,又因建设的快速发展,一些建设项目或构筑物未能及时反映到图上,且地形图也不可能详尽反映实际地形、地貌;目前在发达地区和城市附近的地区建设速度比较快,地图更新需要时间,即使利用卫星地图也存在更新的问题,所以在这些地区踏勘线路路径一定要取得规划部门最新的规划资料。

因此,除根据图上选线后提出的资料收集提纲进行广泛的资料收集外,还必须进行野外实地踏勘。野外踏勘是指按图上选定的线路路径到现场进行实地勘查,以验证它是否符合客观实际,进而拾遗补漏并决定各方案的取舍。踏勘方法可以是沿线了解、重点查看或仪器初勘,按实际需要确定。

1)沿线了解,即沿图上选定的路径全线踏勘了解。沿线了解的主要工作内容如下:

a.核对图上的地形、地物、地貌并加以修正、补充。

b.核对图上选线方案是否合理可行,有无障碍物及如何通过,确定具体走向。

c. 了解沿线道路交通情况,交叉跨越、林木、建筑及地下资源情况。

d. 对特殊气象(风、冰、雷)、污染、地质、水文、地震等情况向沿线居民及有关单位进行调查。

2)重点踏勘,即对各方案中较复杂的地段,如重要跨越,尤其是大的河流、拥挤地带、不良地质地段或运输条件很困难的地段等,以及其他需要进一步弄清实际情况的地段,均应进行重点查看。

3)仪器初勘,即各方案如有特大跨越、地下采空区、建筑物密集需预留走廊地段或协议单位有特殊要求的个别地段,应进行仪器初测,取得更为实际的必要数据。

初勘结束后,根据协议和踏勘中获得的新资料修正图上选线路径方案,并组织各专业进行详细方案比较,即可从若干个方案中最后确定出一个比较合理的线路路径方案。

第三节　终勘选线

终勘选线是将批准的初勘路径在现场具体落实,所以也叫作现场选线。现场选线为定线、定位工作确定线路的最终走向,对线路的经济技术指标和施工运行条件起着决定性作用。

现场选线时,要考虑杆塔位的经济合理性,对特殊点应该反复比较,即做到"以线为主、线中有位",必要时,应草绘断面图进行定位比较后优选。线路情况简单时,现场选线可与定线工作合并进行。

终勘选线一般应在定线、定位工作之前进行,也可以与定线工作合并进行,视线路条件的复杂程度而定。终勘选线应使用测量仪器选定线路中心线的走向。在选线中应做到"以线为主、线中有位",即在选线中要同时顾及杆塔位的技术、经济合理性和关键塔位成立的可能性(如转角点、跨越点、大跨距、必须设立杆塔的位置等),个别特殊地形应反复选线比较,必要时草测断面图进行定位比较和选定。

一、终勘选线的基本原则

1)线路路径尽量选取路径长度最短的路径,与起讫点之间的航空距离相比,曲折系数越小越好。

2)尽量减少转角次数,尽量减少转角的角度和避免出现 60°以上的大转角。转角地形要好,在运行、施工条件允许的前提下,两个转角间的距离越大越好。

3)沿线地形、地质、水文、气象条件较好,特殊跨越少,尽量避开洼地、涝区、地质不稳定地带、地震烈度Ⅶ级及以上地区、严重覆冰地区(覆冰厚度≥20 mm)、原始森林区、风口以及严重影响线路安全的其他地区等。

4)线路沿线的交通应较为方便,为施工、运行创造有利条件,不应单纯为了靠近道路而使线路长度增加过多。

5)线路应尽可能避开森林、绿化区、果木林、公园、防护林带等,注意保护名胜古迹,当必须穿越时应尽量选取最窄处通过,应减少树木砍伐和采用高塔跨越。

6)线路选择应尽量避免拆迁房屋及其他建筑,并应尽量少占农田。通过村庄时特别要尊重民风、民俗。

7)线路应注意避开对基础施工大量挖土石方或排水量大以及杆塔稳固受威胁的不良地形、地质地段。

8)选线时要考虑各种杆塔的使用条件,以充分利用杆塔强度,放大档距,避免需特殊设计的特大档距。

9)对发电厂和变电站的进、出线走廊现状和备用作统一规划,避免以后出线困难。为减少交叉跨越,经论证后可采用电力电缆线路出线。

10)按照系统规划要求,预留可能出现的其他平行线路路径,以免影响今后线路建设,特别是在狭窄通道处走线,这一点更加重要。

11)处理线路与其他障碍物的关系,与城乡规划、通信、航空、铁路、航运等部门建立协议。

12)由于大跨越技术复杂、工程量大和投资大,若线路途中实在无法避开特大跨越,一般要先选好跨越点,然后再定出整个线路路径。

二、转角点选择

理想的输电线路起讫点间是一条直线,但受各种障碍物的影响,实际线路不可避免地要出现转角而成折线,合理的路径只要做到转角数量少、转角值小就可以了。

为了施工方便,转角点不宜选在高山顶、深沟、河岸、堤坝、悬崖的边缘以及坡度较大的山坡或易被洪水淹没冲刷和低洼积水之处。线路转角点应放置在平地或山麓缓坡上,并应考虑有足够的施工紧线场地和便于施工机械的到达。选择转角点时应考虑前、后两档杆塔位置安排的合理性,以免造成相邻两档过大、过小,因而造成不必要的升高杆塔或增加杆塔数量或张力差过大等不合理现象。

转角点应尽可能利用地势较低,本来不能使用悬垂型杆塔(因上拔和间隙不足等)或原拟设置耐张杆塔的处所,即转角点选择应根据运行、施工条件并结合耐张段长度一起考虑。耐张段的长度一般采用 3~5 km,如运行施工条件许可,可适当延长;在悬挂点高差或档距差非常悬殊的山区和重冰区,应适当缩小耐张段长度。

三、跨河段路径选择

跨越江河容易出现大跨越,是线路中比较重要也比较薄弱的区段,跨越点的选择十分重要。跨河点力求选择在河道最窄、河床平直、河岸稳定、两岸地形较高、不被冲刷、地质较好的地段,线路与河流尽量垂直。跨河方案一般可采用耐张杆塔—悬垂型杆塔—悬垂型杆塔—耐张杆塔的方式,金具采用独立挂点的双悬垂串。河面较宽时,可考虑在江心岛上立杆塔;河水较浅时,如果可能可考虑在河中立杆。

(一)线路与河流交叉角的选择

线路与河流交叉角要选择角度小的跨河方案,而尽量避免大角度的跨越。跨河点线路与河流的交角(或称为线路与河流横断面的交角),一般以接近 0° 或小于 5° 为佳,最好不要超过 30°。对河中杆塔来说,线路与河流的交角越大,基础迎水面的宽度就越大,从而使基础局部冲刷深度加深,投资增加,同时给施工带来困难。对通航河流来说,交叉角最好不要超过 15°。线路与河流的交叉角越大,跨河跨度增加越大。用一档就可以跨过的,由于交角增大从而引起跨度增大,有时会造成河中立杆,如图 15-3-1 所示。

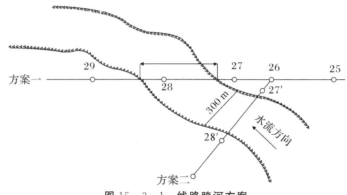

图 15-3-1 线路跨河方案

(二)跨河点应避开或尽量避开自然裁夺与人工取直的河段

河流的侵蚀有三种特性:垂直侵蚀(它造成河床下切,使河底形成深潭,造成山区河流的峡谷等,对河中杆塔来说形成自然冲刷与局部冲刷)、向源侵蚀和向旁侵蚀。后两种侵蚀的结果,往往会造成河流的自然裁夺。这种现象的发生,表现在弯曲的河道上,则水流的溪线偏向凹岸,旁蚀作用(横向冲刷)及水流的挟砂能力将凹岸冲下来的泥沙带到下游凸岸,结果凹岸越凹,凸岸越凸,河流的弯曲越来越大,形成自然的大河湾。弯曲过甚则发生裁弯取直,两岸接通,如图 15-3-2 所示。在自然裁夺或有出现这种可能性的情况下,从图 15-3-2 中Ⅱ断面处跨越是不允许的,应争取从Ⅰ或Ⅲ断面处跨越。显然,河流裁夺后使原来作为岸边杆塔的 31 号杆塔变成了河中杆塔,严重地危害了线路安全。特别是裁夺往往发生在洪水时期,杆塔处将带来大的局部冲刷和垂直侵蚀(图 15-3-2 中的虚线表示裁夺后的新河道),对杆塔不利。

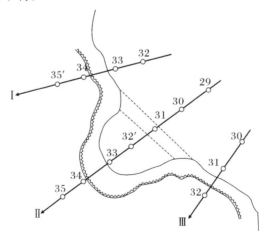

图 15-3-2 线路跨越有自然裁夺的河段

对于人工裁弯取直的河段,也应尽量避开而另选路径。实在不能避开时,应在选线前从水利部门取得详细资料,诸如裁弯取直的地点、新河道的走径、宽度、水深等,作为排杆塔位的依据。

(三)有弯道河段的方案选择

一般说来,在选择线路路径时应避开弯道,因为如果弯道附近地质条件不良,常常易造成上述的自然裁弯取直的现象,同时弯道下移也会造成不良后果。如图 15-3-3 所示,弯道顶点(A 点)移动造成下游断面左岸扩展(如图中方案 Ⅱ 的 B 点处),增大跨河距离,影响岸边杆塔的安全。因此,宜从弯道上游跨越,即采用图中方案 Ⅰ 为妥。

对于极度弯曲而又冲刷频繁的河流,则需特别注意弯道下移及险工脱险后的连锁反应。如黄河的下游段常因弯道下移造成险工脱险,而引起一系列变化,使下游各个弯道逐次下移,各个险工逐次脱险。对于这种情况,选线时要详细研究,免得岸边杆塔出现上游造成的新的横向冲刷,以及岸边杆塔或滩地杆塔变成河中杆塔。因此,要求选线时对弯道作重点的调查研究工作,除地质条件良好的弯道、缓弯之外,对那些有下移可能者应设法避开,重新选择良好的跨河点。

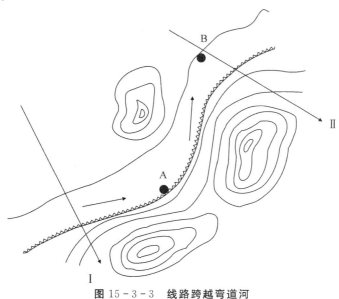

图 15-3-3 线路跨越弯道河

(四)有支流入口及有河心滩河段的方案选择

跨河点在支流入口处,当高水期时,往往形成很宽的水面,造成跨越的困难。如图 15-3-4 中 20 号杆塔位处,在行洪时易受洪水侵袭而形成河中杆塔,不如在入口下游方案 Ⅱ 处跨越,这样不但避开了入汇口,且跨越段顺直而窄,更为妥当。

图 15-3-5 中的河心滩若为活动滩,汛期滩上行洪造成宽阔的水面,而且由于滩地活动、不稳定,缺乏立杆塔条件,形成复杂的跨越。选线时,对滩地进行调查研究之后,一旦确定为活动滩,应予避开。若该滩为固定滩则不同,正好可利用该滩为立杆基地,达到缩短跨距的目的。若图 15-3-5 中的滩地为固定滩,则方案Ⅰ比方案Ⅱ优越,反之方案Ⅱ比方案Ⅰ优越。

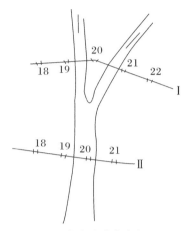

图 15-3-4　线路跨越支流入汇口

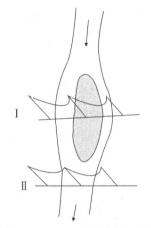

图 15-3-5　线路跨越河心滩

(五)线路路径平行河流时的方案选择

线路走向一般不宜与河流平行,特别是河岸地质情况不稳定地区,容易受到冲刷的地方一定要注意线路路径不要与河流长距离平行走向。当短距离平行或可避开(或不存在)岸边淹没区时,允许平行通过,如图 15-3-6 所示。不过要注意经过弯道时河岸横向冲刷对非跨河杆塔的影响。

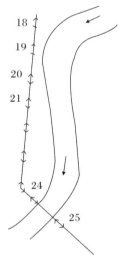

图 15-3-6　线路路径有一小段平行于河流

(六)利用可利用的地形或建筑物选择跨河方案

跨越点要尽可能地利用可利用的地形或建筑物。注意利用有利地形往往可以缩短跨距,减小杆塔高。如图 15-3-7 所示为某线路跨越黄河利用山顶的情况,这样左岸由高杆塔改成低杆塔,节约了钢材,也简化了河中组杆塔的施工条件(因为缩短了跨距)。线路设计中,不考虑桅杆高度亦可减小跨河杆塔塔高,节约工程造价。利用拦河建筑物,如闸、坝等,可以省去河中立塔,节约投资,增加线路运行的安全性,减少施工困难。可能的话,选线时应有意地去利用拦河建筑物。

在确定线路跨河之前,水文工作者除预先掌握好跨河点的有关水文、地质、地貌、建筑物等资料外,一般应先行一步,到野外预定的跨河段沿河流走向向上、下游踏勘,以便选择良好的跨河点。踏勘应协同电气、结构、地质等专业一起进行,以便对不良的跨河点及时提出建议。切不可待平断面组测到跨河点时再提出有关跨河意见,造成野外作业的返工和停工。更不允许为了不返工而勉强采用不良的跨河方案。

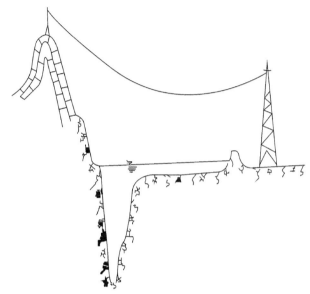

图 15 - 3 - 7　充分利用有利地形跨河

(七)跨越通航河流的导线最低高度

电力线路跨越通航河道的净高,应按导线最大垂弧最低点至设计最高通航水位的距离计算,其净高值应不小于最大船舶空载高度与安全富裕高度之和。设计最高通航水位一般向水文局索取。最大船舶空载高度由内河航道的等级决定。

根据《内河通航标准》(GB 50139—2014)内河航道分级,按可通航内河船舶的吨级划分见表 15 - 3 - 1。

表 15 - 3 - 1　内河航道分级表

航道等级	I	II	III	IV	V	VI	VII
船舶吨级/t	3 000	2 000	1 000	500	300	100	50

注:船舶吨级按船舶设计载重吨位确定,通航 3 000 吨级以上船舶的航道列入 I 级航道。

当水上过河建筑物轴线的法线方向与水流流向的交角不大于 5°时,其通航净空尺度(导线的最低高度)应根据代表船型和代表船队经计算决定:代表船型为确定通航尺度通过技术经济论证优选确定的设计载重量可达到相应吨级的船型,代表船队为确定通航尺度通过技术经济论证优选确定的。根据代表船型和代表船队的不同,不同级别的通航河流有不同的通航净空尺度,一般地,不应小于表 15 - 3 - 2 所列数值,在选线阶段就应该征询航道部门的意见,确定出合理的跨越方式。天然河流设计最高通航水位的洪水重现期见表 15 - 3 - 3。

表 15-3-2　不同级别的通航河流的通航净空尺度

航道等级	Ⅰ	Ⅱ	Ⅲ	Ⅳ	Ⅴ	Ⅵ	Ⅶ
通航净空尺度/m	18 或 24	10 或 18	10.0 或 18.0	8.0	5 或 8	4.5 或 6	3.5 或 4.5

表 15-3-3　天然河流设计最高通航水位的洪水重现期

航道等级	Ⅰ～Ⅲ	Ⅳ、Ⅴ	Ⅵ、Ⅶ
洪水重现期/年	20	10	5

对出现高于设计最高通航水位历时很短的山区性河流,Ⅲ级航道的洪水重现期可降低为10年一遇,Ⅳ、Ⅴ级可降低为5年一遇,Ⅵ、Ⅶ级可按2～3年一遇执行。

跨越河流时要按航道部门的要求提供跨越点的坐标位置和按要求比例尺提供平断面图以及根据河道的等级要求提供洪水重现期下的设计通航水位。

四、山区路径选择

线路经过山区时应避免通过陡坡、悬崖峭壁、滑坡、不稳定岩(石)堆、泥石流、喀斯特溶洞等不良地质地带。当线路与山脊交叉时,尽量从平缓处通过。线路沿山麓通过时,需注意山洪排水沟位置,尽量能一档跨过。线路不宜沿山坡走线,以免增大杆塔高度和数量。山区河流多为间歇性河流,其特点是流速大,冲刷力强,因此应避免沿山涧、干河沟架设线路,如必须通过时,杆塔位应设在最高洪水位以上不受冲刷的地方。山区交通运输困难,应从技术经济与施工运行条件上做好方案比较,既保证线路安全可靠地运行,又降低线路投资。

五、覆冰区路径选择

线路经过覆冰区时,应调查该地区覆冰出现的各种情况,特别要注意地形对覆冰的影响,避免从重冰区通过。如必须通过时,应调查该地区线路附近的已有电力线路、电信线路、植物等的覆冰情况和覆冰厚度,调查突变范围、覆冰时季节风向、覆冰类型、雪崩地带等。应特别注意地形对覆冰的影响,避免在覆冰严重地段通过,如必须通过时,应调查了解易覆冰的地形特征,选择较为有利的地形通过(如线路宜在地势低下的背风坡通过)。在开阔地区尽量避免靠近湖泊,且在结冰季节的下风向侧通过,以免由于湿度大,大量过冷却水滴吹向导线,造成严重覆冰。应选择有利地形,尽量避免大档距,并要注意交通情况,尽量创造抢修条件。

六、矿区、采动影响区路径选择

输电线路应避免通过富矿区,不要压矿,尽量绕行于矿区的边沿、断层处;必须通过地下开采区或采动影响区时,不宜通过采深采厚比小于30的区域,宜选择老采动影响区。采动影响区的线路宜采用单回路、单极线路,且耐张角度不宜过大,路径选择时宜避免出现大档距、大高差、孤立档等。通过富矿区时,应在与矿区主管部门协商取得同意后方可进行下一步工作。

线路经过采动影响区时塔位宜选择在下列地段:

1)地势较为平坦的地段,避开陡峭地形;已充分采动,且无重复开采可能的地表移动盆地的中心区,老采动影响区。

2)地质构造简单,采动影响区顶板岩体厚度较大,且坚硬完整、地表变形小的地段。

3)矿区的无矿带或不具备开采价值的有矿带,矿山禁采区。

4)靠近高速公路、铁路、村庄、重要建(构)筑物等留有矿柱的地段。

线路经过采动影响区时应根据矿区的开采范围、深度、厚度、层数、地质及下沉等情况,计算和判断地层的稳定度,保证杆塔地基的下沉不影响线路的安全运行。线路宜经过以下地段:采深采厚比小于 30 的地段;采深小,上覆岩层极坚硬的老采动影响区;由采动引起的地表倾斜大于 10 mm/m,地表曲率大于 0.6 mm/m² 或地表水平变形大于 6 mm/m 的地段。

线路经过采动影响区时,塔位不应在开采过程中出现非连续变形的地段;不应在地表移动活跃的地段;不应在特厚矿层和倾角大于 55°的厚矿层露头地段;不应在由地表移动和变形易引起边坡失稳和山崖崩塌的地段;不应在地表移动盆地的边缘地带。

七、接近易爆区域附近时的路径选择

相关规程规定,输电线路经过厂库房附近时,线路与甲类火灾危险性的生产厂房,甲类物品库房,易燃、易爆材料堆场 ,以及可燃或易燃 、易爆液(气)体储罐的防火间距,不应小于杆塔高度加 3 m,还应满足其他相关规定。在通道非常拥挤的特殊情况下,可与相关部门协商,在适当提高防护措施、满足防护安全要求后,相应压缩防护间距。下面介绍几种常见的具体要求。

(一)爆破作业距离要求

输电线路边导线与可能威胁线路安全运行的露天爆破作业矿场、采石场(含石场规划区域)等的水平距离应满足国务院令第 239 号《电力设施保护条例》和《爆破安全规程》(GB 6722—2014)的要求。1999 年公安部第 8 号令(2011 年国家发展和改革委员会第 10 号令修改)《电力设施保护条例细则》规定,任何单位和个人不得在距电力设施周围 500 m 范围内(指水平距离)进行爆破作业。在无其他路径可供选择的情况下可考虑降低线路对矿场、采石场的水平距离,但不低于 300 m,同时设计人员应进行调研并开展专题论证。根据爆破开采对线路的影响,一般分三种情况,即地震波、冲击波、个别飞散物,专题论证时一般计算出三个值后,取其中的最大值。

1)爆破地震波安全距离计算:

$$S_1 = \left(\frac{K}{V}\right)^{\frac{1}{\alpha}} Q^{\frac{1}{3}} \qquad (15-3-1)$$

式中:S_1——爆破地震安全距离,m;

Q——炸药量,kg,齐发爆破取总炸药量,延时爆破取最大单段药量;

V——保护对象所在地安全允许质点振速,cm/s,按露天浅孔爆破考虑,取 0.6~0.9 cm/s。

K、α——与爆破点至保护对象间的地形、地质条件有关的系数和衰减指数,应通过现场试验确定,在无试验数据的条件下,可参考表 15-3-4 选取。

表 15-3-4　爆区不同岩性的 K、a 值

表 15-3-4　爆区不同岩性的 K、a 值

岩　性	K	a
坚硬岩石	50~150	1.3~1.5
中硬岩石	150~250	1.5~1.8
软岩石	250~350	1.8~2.0

2)爆破空气冲击波安全距离。露天裸露爆破时,一次爆破的炸药量不得大于 25 kg。空气冲击波对在掩体内避炮作业人员的安全距离按下式计算:

$$S_2 = 25\sqrt[3]{Q} \qquad (15-3-2)$$

式中:S_2——空气冲击波对掩体内人员的最小安全距离,m;

Q——一次爆破梯恩梯炸药当量,kg,秒延时爆破为最大一段药量,毫秒延时爆破为总药量。

3)个别飞散物安全距离。爆破时(抛掷爆破除外)个别飞散物对人员的安全距离不得小于表 15-3-5 的规定;对设备或建筑物的安全距离,应通过设计计算确定。

表 15-3-5　爆破个别飞散物对人员的安全距离

爆破类型和方法		最小安全允许距离/m
露天岩土爆破	浅孔爆破法	300
	浅孔台阶爆破	200(复杂地质条件下或未形成台阶工作面时不小于 300)
	深孔台阶爆破	由设计确定,但不小于 200
	翻室爆破	由设计确定,但不小于 300
水下爆破	水深小于 1.5 m	与露天岩土爆破相同
	水深小于 1.5~6 m	由设计确定
破冰工程	爆破薄冰凌	50
	爆破覆冰	100
	爆破阻塞的流冰	200
	爆破厚度大于 2 m 的冰层或爆破阻塞流冰一次用药量超过 300 kg	300
金属物爆破	在露天爆破场	1 500
	在装甲爆破坑中	150
	在厂区内的空场中	由设计确定
	爆破热凝结物和爆破压接	由设计确定,但不小于 30
	爆炸加工	由设计确定
拆除爆破、城镇浅孔爆破及复杂环境深孔爆破		由设计确定
地震勘探爆破	浅井或地表爆破	由设计确定,但不小于 100
	在深孔中爆破	由设计确定,但不小于 30

注:沿山坡爆破时,下坡方向的个别飞散物安全允许距离应增大 50%。

(二)民用爆炸物品生产区与仓库区距离要求

用于非军事目的的各种火药、炸药及其制品和火工品都属于民用爆炸物品,输电线路在路径选择时一定要注意线路与生产区、存储仓库的安全距离。

1.危险品生产区外部距离

危险品生产区内的危险性建(构)筑物与其高压输电线路的外部距离应自危险性建筑物的外墙面或储罐的外壁算起。危险品生产区内 1.1 级、1.2 级建(构)筑物的外部距离参考表 15-3-6。危险品生产区内 1.3 级建(构)筑物的外部距离参考表 15-3-7。危险品生产区内,1.4 级建筑物的外部距离不应小于 50 m;总储量小于或等于 80 m³ 的硝酸铵水溶液储罐(区)的外部距离不应小于 50 m;总储量大于 80 m³ 的硝酸铵水溶液储罐(区)的外部距离不应小于 100 m;建在室外的水相制备罐和水相储罐亦应按硝酸铵水溶液储罐考虑外部距离;硝酸铵仓库的外部距离不应小于 200 m。

表 15-3-6　危险品生产区 1.1 级、1.2 级建(构)筑物的外部距离(m)

序号	项　目	单个建筑物内计算药量/kg										
		20 000	18 000	16 000	14 000	12 000	10 000	9 000	8 000	7 000	6 000	5 000
1	220 kV 架空输电线路、110 kV 区域变电站围墙	830	800	770	730	700	660	630	610	580	550	520
2	220 kV 以上架空输电线路、220 kV 及以上的区域变电站围墙	1040	1010	970	940	880	830	810	770	740	700	670
3	110 kV 架空输电线路	440	420	410	390	370	350	340	320	310	290	280
4	35 kV 架空输电线路	260	250	240	230	220	210	200	190	180	170	160
序号	项　目	单个建筑物内计算药量/kg										
		4 000	3 000	2 000	1 000	500	300	200	100	50	30	10
1	220 kV 架空输电线路、110 kV 区域变电站围墙	480	440	390	310	250	220	200	180	180	140	120
2	220 kV 以上架空输电线路、220 kV 及以上的区域变电站围墙	610	560	490	400	350	320	300	280	250	230	200
3	110 kV 架空输电线路	260	230	200	170	150	120	100	90	80	70	60
4	35 kV 架空输电线路	150	140	120	100	90	80	70	60	55	50	45

注:计算药量为中间值时,外部距离采用线性插入法确定。

表 15-3-7　危险品生产区 1.3 级建(构)筑物的外部距离(m)

序号	项目	单个建筑物内计算药量/kg										
		30 000	25 000	20 000	15 000	10 000	5 000	1 000	500	100	50	10
1	220 kV 架空输电线路、110 kV 区域变电站围墙	330	315	300	280	260	240	230	220	150	120	90
2	220 kV 以上架空输电线路、220 kV 及以上的区域变电站围墙	410	385	360	340	320	300	280	260	200	150	120
3	110 kV 架空输电线路	190	185	180	170	160	150	140	110	90	70	55
4	35 kV 架空输电线路	170	165	160	150	140	130	120	100	80	60	45

注:计算药量为中间值时,外部距离采用线性插入法确定。

2. 危险品总仓库区外部距离

危险品总仓库区内仓库与其高压输电线路的外部距离,应根据仓库的危险等级和计算药量通过计算确定。外部距离应自危险性仓库的外墙面算起。危险品总仓库区内 1.1 级建(构)筑物的外部距离参考表 15-3-8。危险品生产区内 1.3 级建(构)筑物的外部距离参考表 15-3-9。危险品总仓库区内,1.4 级仓库的外部距离不应小于 100 m;硝酸铵仓库的外部距离不应小于 200 m。危险品总仓库区内,储存火炸药及其制品的覆土库的外部距离不应小于表 15-3-10 的规定。

表 15-3-8　危险品总仓库区 1.1 级建(构)筑物的外部距离(m)

序号	项目	单个建筑物内计算药量/kg										
		20 000	18 000	16 000	14 000	12 000	10 000	9 000	8 000	7 000	6 000	5 000
1	220 kV 架空输电线路、110 kV 区域变电站围墙	1 470	1 420	1 360	1 300	1 240	1 160	1 120	1 080	1 030	980	920
2	220 kV 以上架空输电线路、220 kV 及以上的区域变电站围墙	2 000	1 930	1 850	1 760	1 680	1 580	1 530	1 480	1 400	1 330	1 260
3	110 kV 架空输电线路	830	800	770	740	700	660	640	620	590	560	530
4	35 kV 架空输电线路	500	490	470	450	420	400	390	370	360	340	320

序号	项目	单个建筑物内计算药量/kg										
		45 000	40 000	35 000	30 000	25 000	20 000	18 000	16 000	14 000	12 000	10 000
1	220 kV 架空输电线路、110 kV 区域变电站围墙	900	860	820	780	740	680	660	630	610	580	540

续表

序号	项目	单个建筑物内计算药量/kg										
		45 000	40 000	35 000	30 000	25 000	20 000	18 000	16 000	14 000	12 000	10 000
2	220 kV 以上架空输电线路、220 kV 及以上的区域变电站围墙	1 210	1 170	1 120	1 060	990	940	900	860	830	770	740
3	110 kV 架空输电线路	500	490	470	440	410	390	380	360	350	320	310
4	35 kV 架空输电线路	310	300	280	270	250	240	230	220	210	200	190

序号	项目	单个建筑物内计算药量/kg									
		9 000	8 000	7 000	6 000	5 000	2 000	1 000	500	300	100
1	220 kV 架空输电线路、110 kV 区域变电站围墙	520	500	480	460	430	320	250	220	190	170
2	220 kV 以上架空输电线路、220 kV 及以上的区域变电站围墙	720	680	650	630	590	430	380	310	290	280
3	110 kV 架空输电线路	300	290	270	260	250	190	160	140	110	90
4	35 kV 架空输电线路	180	170	160	150	140	110	90	80	70	60

注:计算药量为中间值时,外部距离采用线性插入法确定。

表 15-3-9 危险品总仓库区 1.3 级建(构)筑物的外部距离(m)

序号	项目	单个建筑物内计算药量/kg											
		100 000	90 000	80 000	70 000	60 000	50 000	40 000	30 000	20 000	10 000	5 000	1 000
1	220 kV 架空输电线路、110 kV 区域变电站围墙	500	480	460	440	420	400	370	330	290	250	230	220
2	220 kV 以上架空输电线路、220 kV 及以上的区域变电站围墙	620	595	570	545	520	490	460	410	360	300	280	270
3	110 kV 架空输电线路	260	250	240	230	220	200	190	170	150	150	140	130
4	35 kV 架空输电线路	230	220	210	200	190	170	160	150	140	130	120	120

注:计算药量为中间值时,外部距离采用线性插入法确定。

表 15-3-10 危险品总仓库区覆土库的外部距离(m)

序号	项目	单个建筑物内计算药量/kg								
		200 000	150 000	100 000	90 000	80 000	70 000	60 000	50 000	45 000
1	220 kV 架空输电线路、110 kV 区域变电站围墙	1 030	940	825	795	765	730	695	655	630
2	220 kV 以上架空输电线路、220 kV 及以上的区域变电站围墙	1 310	1 190	1 040	1 005	965	925	880	830	800
3	110 kV 架空输电线路	655	595	520	500	485	460	440	415	400
4	35 kV 架空输电线路	415	375	330	320	305	295	280	260	250

序号	项目	单个建筑物内计算药量/kg								
		40 000	35 000	30 000	20 000	18 000	16 000	14 000	12 000	10 000
1	220 kV 架空输电线路、110 kV 区域变电站围墙	605	580	550	480	465	445	430	405	380
2	220 kV 以上架空输电线路、220 kV 及以上的区域变电站围墙	770	735	695	610	590	565	540	515	485
3	110 kV 架空输电线路	385	370	350	305	295	285	270	255	240
4	35 kV 架空输电线路	240	230	220	190	185	180	170	160	150

序号	项目	单个建筑物内计算药量/kg								
		8 000	6 000	5 000	4 000	3 000	2 000	1 000		
1	220 kV 架空输电线路、110 kV 区域变电站围墙	355	320	300	280	255	225	180		
2	220 kV 以上架空输电线路、220 kV 及以上的区域变电站围墙	450	410	385	355	325	280	225		
3	110 kV 架空输电线路	225	205	190	180	160	140	115		
4	35 kV 架空输电线路	140	130	120	115	105	90	70		

注:计算药量为中间值时,外部距离采用线性插入法确定。

　　除需要考虑以上易爆物品主产区和仓库区外,输电线路路径还应尽量远离危险品厂房(仓库)、汽车加油加气站、油气井、氧气站及城镇燃区埋地管等影响线路安全运行的设施。线路杆塔位及接地体对石油、天然气管道的最小水平距离也应满足相关规范、规程、标准的规定。

八、跨越、接近电信线路时的路径选择

为减少对电信线路的影响,输电线路跨越电信线路时的交叉角应符合表 15-3-11 的规定。输电线路与电信线路接近时,应计算对电信线路的干扰和危险影响程度,保证其在允许值范围内,计算方法可参考《输电线路对电信线路危险和干扰影响防护设计规程》(DL/T 5033—2006)和《直流架空输电线路对电信线路危险和干扰影响防护设计技术规程》(DL/T 5340—2015)。其跨越安全距离见线路对地距离和交叉跨越的有关规定部分。

表 15-3-11　输电线路与电信线路的交叉角

电信线路等级	一级	二级	三级及光缆、埋地电缆
交叉角	≥45°	≥30°	不限制

电信线路等级的划分应符合下列规定:

一级电信线路:首都与各省(市)、自治区所在地及其相互间联系的主要线路;首都至各重要工矿城市、海港的线路以及由首都通达国外的国际线路;由工业和信息化部指定的其他国际线路和国防线路;铁道部与各铁路局及各铁路局之间联系用的线路,以及铁路信号自动闭塞装置专用线路。

二级电信线路:各省(市)、自治区所在地与各地(市)、县及其相互间的通信线路;相邻两省(自治区)各地(市)、县相互间的通信线路;一般市内电话线路;铁路局与各站、(段)及站(段)相互间的线路,以及铁路信号闭塞装置的线路。

三级电信线路:县至区、乡的县内线路和两对以下的城郊线路;铁路的地区线路及有线广播线路。

九、接近机场时的路径选择

输电线路距军用机场(含军民合用机场)、民用机场等距离较近时,线路对机场净空和障碍物限制等应满足国发(2001) 29 号《国务院、中央军委关于印发〈军用机场净空规定〉的通知》《民用机场飞行区技术标准》(MH 5001—2021)等有关文件及标准要求。

十、接近无线电台时的路径选择

当输电线路与调幅广播收音台、监测台、电视差转台、收转台、航空无线电通信台、导航台等接近时,宜从非无线电接收方向通过,利用接近段的地形地物的屏蔽作用。为防止导线的电晕或其他原因的放电造成对无线电的干扰,保证无线电台(站)的正常工作,输电线路的导线与无线电台(站)的天线边缘之间应保持一定的最小距离。根据《交流架空输电线路对无线电台影响防护设计规范》(DL/T 5040—2017)及《直流架空输电线路对无线电台影响防护设计规范》(DL/T 5536—2017),其防护距离见表 15-3-12,当不能满足规定的防护距离时,可根据输电线路和无线电台的具体情况,通过计算、测试或采取一定的防护措施协商解决。

表 15-3-12 输电线路对无线电台的防护距离(m)

无线电台名称		电压等级/kV			
		110	220、330±400、±500	500±660、±800	750、1 000
短波无线电收信台	一级	1 000	1 600	2 000	2 600
	二级	600	800	1 100	1 600
	三级	500	600	700	1 000
短波无线电测向台		1 000	1 600	2 000	2 600
调幅广播收音机	一级	800	1 000	1 200	1 800
	二级	500	700	900	1 000
	三级	300	400	500	700
调幅广播监测台	一级	1 400	1 600	2 000	2 400
	二级	600	800	1 000	1 250
	三级	300	400	500	750
电视差转台	VHF(Ⅰ)	300	400	500	750
	VHF(Ⅲ)	150	250	350	450(550)
VHF/UHF 航空无线电通信台		200	250	300	300
对空情报雷达站	80~300 MHz	1 000	1 200	1 600	1 600
	300~3 000 MHz	700	800	1 000	1 000
无方向信标台		500			
超短波定向台		700			
常规、多普勒全向信标台		500			
常规测距仪台		500			
对海远程无线电导航台发射天线		500			
对海远程无线电导航台、监测台接收天线		—			—(250)

注:(1)表中括号内防护间距值用于 1 000 kV 交流线路;

(2)短波无线电测向台还应验算无源干扰防护间距;

(3)雷达站、全向信标台应考虑遮蔽角影响;

(4)独立的调频广播差转台、转播台应按照 VHF(Ⅲ)频段电视差转台、转播台的防护间距加以保护。

根据《高压交流架空输电线路无线电干扰限值》(GB/T 15707—2017)规定,交流输电线路在海拔不超过 1 000 m 时,距边相导线投影线之外 20 m 且离地 2 m 高处,80%时间、80%置信度、频率为 0.5 MHz 时的无线电干扰限值见表 15-3-13。

表 15-3-13 无线电干扰限值

标称电压/kV	110	220~330	500	750	1 000
限值/[dB(μV/m)]	46	53	55	58	58

直流输电线路在海拔不超过 1 000 m 时,距正极性边相导线对地水平投影外 20 m 且离地 2 m 高处、80%时间、80%置信度、频率为 0.5 MHz 时的无线电干扰限值不应大于 58 dB(μV/m)。

十一、线路对地距离和交叉跨越的有关规定

为了人身安全,减轻静电感应产生的暂态电击给人们造成的不舒服感,减小对被跨越物的影响,必须保证输电线路对地面和各种跨越物之间的电气距离。

一般情况下,检查电气限距的气象条件是最大弧垂气象(最高气温或覆冰无风)和最大风偏气象(最大风或覆冰有风),同时考虑初伸长的影响和设计、施工误差,可不考虑电流和太阳辐射等引起的弧垂增大。对重冰区线路,还应计算不均匀覆冰情况下的导线弧垂增大。

大跨越的电气距离应按导线实际能够达到的最高温度校验。输电线路跨越标准轨距铁路、高速公路和一级公路,当交叉跨越档距超过 200 m 时,应按导线温度为 70 ℃或 80 ℃校验电气限距。

(一)导线对地限距

在最大计算弧垂情况下,交流线路导线对地面的最小距离,应符合表 15 – 3 – 14 规定的数值;直流线路导线对地面的最小距离,应符合表 15 – 3 – 15 和表 15 – 3 – 16 规定的数值。表中的居民区是指工业企业地区、港口、码头、火车站、城镇等人口密集区。居民区以外地区,均属非居民区。虽然时常有人、车辆或农业机械到达,但未遇房屋或房屋稀少的地区,亦属非居民区。交通困难地区是指车辆、农业机械不能到达的地区。在最大风气象条件下,交流线路导线与山坡、峭壁、岩石之间的净空距离不应小于表 15 – 3 – 17 所列数值;直流线路导线与山坡、峭壁、岩石之间的净空距离不应小于表 15 – 3 – 18 所列数值。

表 15 – 3 – 14　交流线路导线对地面最小距离(m)

线路经过的地区		标称电压/kV						
		110	220	330	500	750	1 000	
							单回	同塔双回(逆相序)
居民区		7.0	7.5	8.5	14.0	19.5	27.0	25.0
非居民区	农业耕作区	6.0	6.5	7.5	11.0 (10.5*) (10.0**)	15.5	22.0	21.0
	人烟稀少的非农业耕作区					13.7	19.0	18.0
	交通困难地区	5.0	5.5	6.5	8.5	11.0	15.0	

注:标*的值用于导线三角形排列的单回路。

标**的值对应紧凑型导线等边倒三角形布置。

表 15 – 3 – 15　±500～±660 kV 线路导线对地最小距离(m)

标称电压/kV		±500						±660
导线截面面积/mm²		4×300	4×400	4×500	4×630	4×720	4×900	4×1 000
居民区		16.0	16.0	15.5	15.5	15.0	15.0	18.0
非居民区	农业耕作区	12.5	12.5	12.0	12.0	11.5	11.5	16.0
	人烟稀少的非农业耕作区	9.5	14.0					
	交通困难地区	9.0	13.5					

注:(1)表中±500 kV 和±660 kV 数值用于单回路及采用＋－/－＋极性布置的同塔双回路。

(2)表中海拔高度按 1 000 m 考虑。当海拔高度超过 1 000 m 时,每增加 1 000 m 海拔高度,导线与地面的最小距离增加 6%。

(3)在灰尘严重和气候干燥地区,宜适当增加极导线对地距离。

表 15-3-16 ±800～±1100 kV 线路导线对地最小距离(m)

标称电压/kV		±800									±1 100
导线截面		6×630		6×720/50	6×800/55	6×900/40	6×1 000/45	6×1 125/50	6×1 250/70	8×1 250/70	8×1 250
面积/mm²		水平 V串	水平 I串	水平 V串	水平 V串	水平 V串	水平 V串	水平 V串	水平 V串	水平 V串	水平 V串
居民区		21.0	21.5	21.0	20.0	20.0	19.5	19.0	18.5	18.5	28.5
非居民区	农业耕作区	18.0	18.5	18.0	18.0	17.5	17.0	16.5	16.0	16.0	25.0
	人烟稀少的非农业耕作区	16.0	17	16.0	15.5	15.5	15.5	15.0	14.5	13.0	22.0
	交通困难地区	15.5	15.5	15.5	15.0	14.5	14.5	14.0	13.5	13.0	21.0

注:(1)表中海拔高度按1 000 m考虑。当海拔高度超过1 000 m时,每增加1 000 m海拔高度,导线与地面的最小距离增加6%。

(2)在灰尘严重和气候干燥地区,宜适当增加极导线对地距离。

表 15-3-17 交流线路导线与山坡、峭壁、岩石之间的最小净空距离(m)

线路经过地区	标称电压/kV					
	110	220	330	500	750	1 000
步行可以到达的山坡	5.0	5.5	6.5	8.5	11.0	13.0
步行不能到达的山坡、峭壁和岩石	3.0	4.0	5.0	6.5	8.5	11.0

表 15-3-18 直流线路导线与山坡、峭壁、岩石之间的最小净空距离(m)

线路经过地区	标称电压/kV			
	±500	±660	±800	±1 100
步行可以到达的山坡	9.0	11.0	13.0	15.5
步行不能到达的山坡、峭壁和岩石	6.5	8.5	11.0	13.5

(二)导线对建筑物限距

当输电线路跨越建筑物时,在最大弧垂气象情况下,导线与建筑物之间的垂直距离不应小于表15-3-19所列数值。当输电线路与建筑物接近时,在最大风偏气象情况下,边导线和建筑物之间的最小距离不应小于表15-3-20所列数值。与城市多层建筑物或规划建筑物之间的距离指其水平距离。当输电线路与不在规划范围内的建筑物接近时,在无风气象情况下,边导线与建筑物之间的水平距离不应小于表15-3-21所列数值。

500 kV及以上交流输电线路跨越非长期住人的建筑物或邻近民房时,房屋所在的位置离地面1.5 m处的未畸变电场不得超过4 kV/m。直流线路邻近民房时,房屋所在地面湿导线情况下未畸变合成电场不应超过15 kV/m。

表 15-3-19 导线与建筑物之间的最小垂直距离

标称电压/kV	110	220	330	500	750	1000	±500	±660	±800	±1 100
垂直距离/m	5.0	6.0	7.0	9.0	11.5	15.5	9.0	14.0	16.0	21.5

表 15-3-20 边导线与建筑物之间的最小净空距离

标称电压/kV	110	220	330	500	750	1000	±500	±660	±800	±1 100
净空距离/m	4.0	5.0	6.0	8.5	11.0	15.0	8.5	13.5	15.5	21.0

表 15-3-21 边导线与建筑物之间的最小水平距离

标称电压/kV	110	220	330	500	750	1000	±500	±660	±800	±1 100
水平距离/m	2.0	2.5	3.0	5.0	6.0	7.0	5.0	6.5	7.0	7.0

(三)线路通过森林及绿化区时的要求

输电线路通过经济作物和集中林区时,宜采用加高杆塔、跨越林木、不砍通道的方案。当跨越时,应考虑树木自然生长高度、导线与树木之间的最小垂直距离;最大计算风偏情况下,导线与树木之间的最小净空距离应符合表 15-3-22 的规定。需要砍伐树木时,所伐范围应按表 15-3-22 确定,并考虑导线静止时,按照工作电压间隙对树木的倾倒距离进行校核。

线路通过果树、经济作物、城市绿化灌木及街道行道树木时,不应砍伐通道,导线与这些树木之间的最小垂直距离应符合表 15-3-22 的规定。

表 15-3-22 导线与树木之间的最小距离

标称电压/kV	110	220	330	500	750	1000 单回	1000 同塔双回 (逆相序)	±500	±660	±800	±1100
与树木之间最小垂直距离/m	4.0	4.5	5.5	7.0	8.5	14.0	13.0	7.0	10.5	13.5	17.0
导线与树木的最小净空距离/m	3.5	4.0	5.0	7.0	8.5	10.0	10.0	7.0	10.5	10.5	14
导线与果树、经济作物、城市绿化灌木及街道树之间的最小垂直距离/m	3.0	3.5	4.5	7.0	8.5	16.0	15.0	8.5	12.0	15.0	19.5

(四)线路跨越或接近铁路、道路、河流、管道、索道及各种架空线路时的基本要求

交流输电线路与铁路、道路、河流、管道、索道及各种架空线路交叉或接近的距离应符合表 15-3-23 和表 15-3-24 的规定。

表 15-3-23　110～1 000 kV 线路与铁路、道路、河流、管道、
索道及各种架空线路交叉最小垂直距离

标称电压/kV			最小垂直距离/m						备 注
			110	220	330	500	750	1 000	
								单回路	双回路（逆相序）	
铁路	至轨顶	标准轨	7.5	8.5	9.5	14.0	19.5	27.0	25.0	
		窄轨	7.5	7.5	8.5	13.0	18.5			
		电气轨	11.5	12.5	13.5	16.0	21.5			
	至承力索道或接触线		3.0	4.0	5.0	6.0	7.0 (10)	10.0 (16)	10.0 (14)	括号内的数值用于跨杆（塔）顶
	邻档断线情况	至轨顶	7.0	—	—	—	—	—	—	
		至承力索或接触索	2.0	—	—	—	—	—	—	
公路	至路面		7.0	8.0	9.0	14.0	19.5	27.0	25.0	
	邻档断线情况	至路面	6.0	—	—	—	—	—	—	
电车道（有轨及无轨）	至路面		10.0	11.0	12.0	16.0	21.5	27.0	25.0	
	至承力索道或接触线		3.0	4.0	5.0	6.5	7.0 (10)	10.0 (16)	10.0 (14)	括号内的数值用于跨杆（塔）顶
	邻档断线情况	至承力索道或接触线	2.0	—	—	—	—	—	—	
通航河流	至最高航行水位船舶人员最高活动面		6.0	7.0	8.0	9.5	11.5	14.0	13.0	最高洪水位需考虑抗洪抢险船只时,垂直距离应协商确定
	至最高航行水位桅顶		2.0	3.0	4.0	6.0	8.0	10.0	10.0	
	至五年一遇洪水位		6.0	7.0	8.0	9.5	11.5	14.0	13.0	
不通航河流	至百年一遇洪水位		3.0	4.0	5.0	6.5	8.0	10.0	10.0	
	冬季至冰面		6.0	6.5	7.5	11.0(水平) 10.5(三角)	15.5	22.0	21.0	
电信线	至被跨越物		3.0	4.0	5.0	8.5	12.0	18.0	16.0	
	邻档断线情况（Ⅰ级）		1.0	—	—	—	—	—	—	
电力线	至被跨越物		3.0	4.0	5.0	6.0 (8.5)	7.0 (12)	10.0 (16)	10.0 (16)	括号内的数值用于跨杆（塔）顶
架空特殊管道	至管道任何部分		4.0	5.0	6.0	7.5	9.5	18	16	
	邻档断线情况（至管道任何部分）		1.0	—	—	—	—	—	—	
索道	至索道任何部分		3.0	4.0	5.0	6.5	8.5 (顶部)	11.0(顶部) 13.5(底部)		

表 15-3-24　110~1 000 kV 线路与铁路、道路、河流、管道、
索道及各种架空线路水平接近距离

项目			最小水平距离/m						备注
标称电压/kV110			220	330	500	750	1000		
铁路	杆塔外缘至轨道中心		交叉:杆(塔)高加 3.1,无法满足要求时可适当减小,但不得小于 30,1000 kV 线路不小于 40;平行:杆(塔)高加 3.1,困难时双方协商确定						①交叉式时 交叉角不宜小于 45°,困难情况下双方协商确定,但不应小于 30°;②一般情况下,不应在铁路车站出站信号机以内跨越;③满足相关部门协议要求
公路	交叉	杆塔外缘至路基边缘	8			10	15		满足相关部门协议要求
	平行	边导线至路基边缘	开阔地区			最高塔高			①高速公路路基边缘指公路下缘的排水沟;②满足相关部门协议要求。③按规划要求在城市绿化带中走线时不受平行距离要求限制
			路径受限制地区	5.0	5.0	6.0	8.0(高速:15)	10.0(高速:20)	15/13(单回/双回)
电车道(有轨及无轨)	交叉	杆塔外缘至路基边缘	8.0			10.0	15.0		或按协议取值
	平行	边导线至路基边缘	开阔地区			最高杆(塔)高			
			路径受限制地区	5.0	5.0	6.0	8.0	10.0	15/13(单回/双回)
通航河流——不通航河流	塔位至河堤		河堤保护范围之外或按协议取值						①不通航河流指不能通航,也不能浮运的河流;②满足相关部门协议要求

续 表

标称电压/kV			最小水平距离/m						备注
			110	220	330	500	750	1000	
电信线	与边导线间（平行）	开阔地区	最高杆（塔）高						输电线路应架设在上方
		路径受限制地区（最大风偏情况下）	4.0	5.0	6.0	8.0	10.0	13/12（单回/双回）	
电力线	与边导线间（平行）	开阔地区	最高杆（塔）高						电压较高的线路一般架设在电压较低线路的上方
		路径受限制地区 杆塔同步排列	5.0	7.0	9.0	13.0	16.0	20.0	
		杆塔交错排列（导线最大风偏情况下）	3.0	4.0	5.0	7.0	9.5	13.0	
架空特殊管道（索）	边导线至管索道任何部分	开阔地区	平行：最高杆（塔）高＋3 m 交叉：最高杆（塔）高						①与索道交叉，若索道在上方，索道的下方应装保护设施；②交叉点不应选在管道的检查井（孔）处；③与管、索道平行、交叉时，管、索道应接地。④管、索道上的附属设施，均应视为管、索道的一部分；⑤特殊管道指架设在地面上输送易燃、易爆物品管道
		路径受限制地区（最大风偏情况下）	4.0	5.0	6.0	7.5	9.5（管道）8.5（顶部）11.0（底部）	13.0	

注：(1)邻档断线情况的计算条件：15℃，无风。表中有邻档断线检验要求的交叉跨越物如表15-3-25所示。

(2)杆塔为固定横担，且采用分裂导线时，可不检验邻档断线时的交叉跨越垂直距离。

(3)对于500 kV及以上线路，走廊内受静电感应可能带电的金属物应予以接地。

(4)1 000 kV交流线路宜远离低压用电线路和通信线路，在路径受限制地区，与低压用电线路和通信线路的平行长度不宜大于1 500 m，与边导线的水平距离宜大于50 m，必要时，通信线路应采取防护措施，对受静电或电磁感应影响电压可能异常升高的入户低压线路应给以必要的处理。

表 15-3-25　交叉跨越物邻档检验要求

项　目	是否检验
铁路	标准轨距:检验;窄轨:不检验
公路	高速公路、一级公路:检验 二、三、四级:不检验
电车道	检验
电信线路	Ⅰ级:检验 Ⅱ、Ⅲ级:检验
特殊管道	检验

直流线路与铁路、道路、河流、管道、索道及各种架空线路交叉或接近的距离不应小于表 15-3-26~表 15-3-28 的规定。

表 15-3-26　±500 kV、±660 kV 和 ±1 100 kV 线路与铁路、道路、河流、管道、索道及各种架空线路交叉最小垂直距离(m)

标称电压/kV		最小垂直距离/m			备注
		±500	±660	±1 100	
铁路	至轨顶	16.0	18.0	28.5	括号内的数值用于跨杆(塔)顶
	至承力索或接触线	6.0(8.5)	8.0(10.5)	19.5	
公路	至路面	16.0	18.0	28.5	
通航河流	至最高航行水位船舶人员最高活动面	9.0	12.5	19.5	最高洪水位需考虑抗洪抢险船只时,垂直距离应协商确定
	至五年一遇洪水位	9.0	12.5	19.5	
	至最高航行水位桅顶	6.0	8.0	13.0	
不通航河流	至百年一遇洪水位	8.0	10.0	15.0	
	冬季至冰面	12.0	16.0	25.0	
电信线	至被跨越物	8.5	14.0	22.0	
电力线	至被跨越物(杆顶)	6.0(8.5)	8.0(10.5)	13.0(19.5)	括号内的数值用于跨杆(塔)顶
特殊管道	至管道任何部分	9.0	14.0	22.0	
索道	至索道任何部分	6.0	8.0	13.0	

注:(1)垂直距离中,括号内的数值用于跨杆(塔)顶。

(2)当线路跨越拟建铁路桥梁地段,应考虑到铁路架桥机施工情况。

(3)重覆冰地区的交叉跨越应考虑不均匀冰荷载情况校验弧垂增大,校验与被跨越物的垂直距离。

表 15-3-28　直流线路与铁路、道路、河流、管道、索道及各种架空线路的最小水平接近距离

项目			最小水平接近距离/m				备注
标称电压/kV			±500	±660	±800	±1100	
铁路	杆塔外缘至轨道中心	交叉	30.0	35.0	杆(塔)高加3.1 m,无法满足要求时可适当减小,但不得小于40 m		①交叉时交叉角不宜小于45°,困难情况下双方协商确定,但不应小于30°;②一般情况下,不应在铁路车站出站信号机以内跨越;③满足相关部门协议要求
		平行	最高杆(塔)高加 3.1m,困难时双方协商确定				
公路	交叉	杆塔外缘至路基边缘	8.0	15.0	15.0	15.0	满足相关部门协议要求
	平行	边导线至路基边缘 开阔地区	最高杆(塔)高				
		路径受限制地区	8.0	10.5	12.0	15.0	
通航河流 不通航河流	塔位至河堤		河堤保护范围之外或按协议取值				①不通航河流指不能通航,也不能浮运的河流;②满足相关部门协议要求
电信线	与边导线间(平行)	开阔地区	最高杆(塔)高				输电线路应架设在上方
		路径受限制地区(最大风偏情况下)	8.0	11.0	13.0	15.5	
电力线	与边导线间(平行)	开阔地区	最高杆(塔)高				
		路径受限制地区 杆塔同步排列	13.0	18.0	20.0	22.0	
		杆塔交错排列(导线最大风偏情况下)	8.5	11.0	13.0	15.5	
特殊管道、索道	边导线至管道、索道任何部分	开阔地区 交叉	杆(塔)高				①与索道交叉,若索道在上方,索道的下方应装保护设施;②交叉点不应选在管道的检查井(孔)处;③与管、索道平行、交叉时,管、索道应接地;④管、索道上的附属设施,应视为管、索道的一部分;⑤特殊管道指架设在地面上输送易燃、易爆物品的管道
		平行	最高杆(塔)高				
		路径受限制地区(最大风偏情况下)	9.0	13.0	15.0	17.5	

注:(1)走廊内受静电感应可能带电的金属物应予以接地。

(2)±800 kV 及以上直流线路当平行接近低压用电线路和通信线路时在路径受限制地区,与低压用电线路和通信线路的平行长度不宜大于1 500 m,与边导线的水平距离宜大于50 m。当不满足要求时,需按照相关要求进行分析,并采取相应防护措施。

习 题

1.输电线路路径选择的目的是什么? 路径选择通常包括哪些阶段?

2.初勘阶段选线的原则有哪些? 需要搜集哪些资料? 需要避让哪些设施?

3.简述初勘阶段选线的步骤和内容。路径方案对比的主要内容有哪些?

4.简述路径协议的作用和意义。通常需要取得路径协议的部门有哪些?

5.简述终勘选线的原则、步骤和主要内容。

6.架空输电线路跨越铁路、高速公路和一级公路等重要设施时选线需要注意哪些事项?

7.架空输电线路跨越河流时,选线需要注意哪些事项?

8.架空输电线路靠近矿区和采动区时,选线需要注意哪些事项?

9.架空输电线路靠近无线电台或易燃易爆设施时,选线需要注意哪些事项?

10.线路设计规范对各类交叉跨越物的安全距离有哪些规定?

第十六章　架空输电线路设计内容简介

第一节　概　　述

目前国内的架空输电线路设计通常分为四个阶段,分别为可行性研究、初步设计、施工图设计和竣工图设计阶段。可行性研究通常简称"可研",是项目的前期阶段,主要对工程项目的技术先进性、经济合理性和建设可能性进行对比分析,以确定项目是否值得投资,规模应有多大,建设时间和投资应如何安排,重点通过多方案比选得到最为科学合理的推荐方案,为项目投资决策提供依据,同时为筹集项目资金和申请贷款及后期设计提供依据。初步设计通常简称"初设",是在可行性研究之后进行的,是在可行性研究的基础上进一步论证项目在技术和经济上的可行与合理性,重点明确工程设计的主要设计原则,因此,初步设计阶段是工程设计承前启后的重要阶段,可以被视为整个工程设计的草图阶段。如果说可行性研究阶段主要用来确定做什么的问题,初步设计阶段则主要回答怎么做的问题,为下一步施工图设计提供依据。施工图设计通常简称"施设",是在初步设计确定的主要设计原则基础上,对工程进行详细的设计,是为了满足工程施工和安装的需要,对各设计原则进行图纸细化,以达到满足指导现场施工、安装和验收的要求。初步设计是施工图设计编制的依据,同时,初步设计审查时提出的问题和初步设计遗留的问题,都应在施工图设计中得到修正和完善。施工图设计是在初步设计阶段回答怎么做的基础上进一步回答每一步做法和细节要求。竣工图设计重点反映工程竣工时的实际情况,通过对工程实施过程中出现的变更进行汇总,在施工图基础上按照变更后的现场实际进行竣工描述,以设计资料如实反映工程竣工投运时的真实面貌,作为后续运行维护的指导性文件。

各个设计阶段的设计内容通常根据工程对本阶段的要求而定的,因此,除满足规程要求外,各设计阶段的设计内容及深度存在差异,同时,因工程大小或性质不同,对各设计阶段的内容和深度要求也存在差异,但就普通工程而言,架空输电线路各个阶段的主要设计内容存在一定的普遍性,因此,本章重点对普通架空输电线路各设计阶段(除竣工图设计阶段外)的重点设计内容进行介绍,以方便读者对架空输电线路设计实践有更深入的了解,同时为在校同学进行毕业设计提供参考。

第二节 可行性研究

可行性研究是项目前期工作阶段的一个主要阶段,设计成果为可行性研究报告书;重点是从技术经济性上论证项目建设的必要性和可行性问题,确定接入系统方案、工程建设规模、最佳投产时间;选择并推荐合理的线路路径(或大跨越)方案,避免后续工作中出现颠覆性因素;提出项目的主要技术原则和工程设想;合理评估项目建设投资的经济性和可行性。

根据《输变电工程可行性研究内容深度规定》(DL/T 5448—2012)的规定,架空输电线路可行性研究设计内容主要包括输电线路路径选择及工程设想、投资估算等。

一、输电线路路径选择及工程设想

(一)工程概况

1. 编制依据

1)工作任务依据,经批准或上报的前期工作审查文件或指导文件。

2)与工程有关的重要文件。

3)委托文件或合同。

2. 工程概述

1)简述工程概况、电网规划情况及前期工作情况。

2)说明变电站进出线位置、方向、与已建和拟建线路的相互关系。对新建变电站,应结合近远期情况对进出线走廊进行规划布置。

3)说明线路工程所经过地区的行政区划、工程规模及相关协议落实情况。简述近期电力网络结构,明确与本工程相连的线路起讫点及中间点的位置、输电容量、电压等级、回路数、线路长度、导线截面及是否需要预留其他线路通道等。

4)说明本工程静态投资估算。

3. 设计年水平

根据电网规划合理选定工程设计水平年及远景水平年。远景水平年用于校核分析,应取设计水平年后5～15年的某一年。

4. 主要设计原则

1)根据电网规划的要求,结合工程建设条件等提出的本项目的设计特点和相应的措施。

2)各专业的主要设计原则和设计指导思想。

3)工程设计遵循的主要规程、规范。

5. 设计范围及分工

1)说明本设计应包括的内容和范围。

2)说明与外部协作项目以及设计的分工界限。

3)对扩建、改建工程,说明原有工程情况与本期建设的衔接和配合部分。

(二)线路路径方案

1.路径选择基本要求

应结合系统论证、站址选择等,开展路径选择工作。输电线路路径选择应充分考虑地方规划、压覆矿产、自然条件(海拔高程、地形地貌)、水文条件、气象条件、地质条件、交通条件、军事设施、自然保护区、风景名胜和重要交叉跨越等,重点解决线路路径的可行性问题,避免出现颠覆性因素。

1)应结合系统一次结论,说明线路起讫点及中间落点的位置、输电容量、电压等级、回路数、导线截面及是否需要预留其他线路通道等,说明变电站进出线位置、方向、与已建和拟建线路的相互关系,对于新建变电站,需要做好进出线走廊统一规划,明确远近期过渡方案。

2)原则上应选择两个及以上可行的线路路径,在此基础上提出推荐路径方案。应优化线路路径,避开环境敏感地区,降低线路走线对环境的影响。宜采用高分辨率卫星影像或航空影像、全数字摄影测试系统等技术辅助路径大方案的选择,力求准确获得沿线地形、地貌、地物等基本特征,准确获得走廊清理工程量统计数据,优化线路路径。

2.线路路径方案

1)根据搜集资料、室内选线、现场踏勘和协议等情况,原则上应提出不少于两个可行的路径方案以进行对比。明确线路进出线位置、方向、与已建和拟建线路的相互关系,重点了解与现有线路的交叉关系。

2)概述各方案所经市、县及镇的名称,以及沿线的自然条件(海拔高程、地形地貌)、水文条件和气象条件(包括主要河流、雷电活动及微气象条件等)、地质条件(含矿产分布及沿线地震基本烈度)、交通条件、城镇规划、重要设施(含军事设施)、自然保护区、环境特点、重要交叉跨越等。

3)说明各路径方案对电信线路和无线电台站的影响。

4)若路径中有大跨越工程,则应结合跨越点位置、跨越方案等进行方案比选。

5)简述各路径方案的林木砍伐、房屋拆迁情况,对环境保护情况进行初步分析。

6)说明各路径方案跨越重要线路的情况,以及施工期间对现有线路运行的影响。

7)如需采用三回及以上的同塔多回路,应说明其理由,并结合系统安全可靠性、各回路的布置方式及电气方案进行综合论证。

8)对各比选方案,如从路径长度、地形比例、曲折系数、建筑物拆迁量、节能降耗效益、主要材料耗量、投资差额等方面进行技术经济性比较后提出推荐的线路路径方案,附上各路径方案所经复杂地段的现场图片资料。

9)说明推荐路径方案,以及与沿线规划、国土、林业、交通、水利、航道、军事、矿业、风景名胜区、自然保护区等主要部门的协议情况,取得相关部门的协议批复意见,说明地方相关单位对线路走廊赔偿的意见、所跨林区的主要树种高度数据等。

(三)线路工程设想

1.推荐路径方案主要设计气象条件

论述设计风速及覆冰厚度的取值过程。对通过重冰区的线路,特别是经过微地形、微气候地段的线路,要进行详细调查和论证,必要时增加验算冰厚。

2.导地线型式选择

根据系统要求的输送容量及工程海拔高程、冰区划分、大气腐蚀等条件,提出推荐的导线型号。根据导地线配合、地线热稳定、系统通信和覆冰状况等要求,推荐地线型号。说明推荐的导地线机械电气特性及相应的防振方案。

3.线路绝缘配合

确定绝缘配置原则,提出推荐的绝缘子型式及片数,并列出推荐绝缘子的机械电气特性。确定空气间隙。

4.主要杆塔和基础型式

结合工程特点,进行全线塔型规划并提出杆塔主要型式。

对三回及以上的同塔多回路塔型,应按塔头的布置方式进行杆塔的技术综合论证,通过技术经济性比较,提出推荐的铁塔构件截面型式及所选材质。

结合工程特点和沿线主要地质情况,提出推荐的主要基础型式。

如有特殊气象区,则需进行杆塔型式的论证。

提出铁塔、基础钢材和基础混凝土、土石方等主要工程量技术指标,必要时进行技术指标分析。

5.拆除工程量及闲置物资利用

对于π接或改接线路,应根据工程需要分析对旧线路的拆除情况,提出拆除工程量及对拆除物资的处置情况。当项目有闲置物资再利用计划时,应分析线材、绝缘子、金具及塔型等线路类闲置物资是否满足本工程的技术条件要求。

6.大跨越情况

大跨越的跨越点位置选择应结合线路工程的路径方案,重点解决跨越位置的可行性问题,避免出现颠覆性因素。应说明跨越点位置选择过程。大跨越工程原则上应提出两个或两个以上可比的跨越点位置方案,并按要求对每个跨越点位置和跨越方式进行论述和对比。提出大跨越工程设想。

根据输电线路规模和性质不同,在可行性研究阶段会对上述设计内容做出适当增减或调整。

(四)节能措施分析和抵御自然灾害评估

1)应从导线型式、导线材质及架设方式等方面论述线路节能降耗措施。

2)针对地震、雪灾、冰灾、台风和洪水等自然灾害进行抗灾评估。评估系统方案在遇自然灾害情况下的抵御能力,如当地有无保障电源,能否通过周边地区供电等,提出相应措施。对线路路径沿线的覆冰、风力等情况,设计防护标准。

(五)劳动安全与劳动防护

提出劳动安全与劳动防护的对策与措施。应根据劳动安全法律、条例、国家标准的有关规定,对危险因素进行分析,对危险区域进行划分,并采取相应的防护措施。对作业场所、辅助建筑、附属建筑、生活建筑、易燃易爆的危险场所以及地下建筑物,设计防火分区、防火隔断、防火间距、安全疏散通道和消防通道。高杆塔应采取高空作业人员的防坠安全保护措施,以及在架线、组塔高空作业时的安全措施等。

(六)附图

可行性研究阶段除编制可行性研究报告中的线路路径和工程设想外,一般还要求提供必要的附图。一般包括线路路径方案图(比例一般取 1:50 000)、变电站进出线示意图、杆塔一览图和基础一览图。

二、投资估算

1)根据推荐路径和工程设想的主要技术原则、方案及工程量,编制输电线路工程投资估算,其内容及表达形式应满足控制工程概算的要求。

2)估算应包括工程规模、估算编制说明、估算造价分析、总估算表、单位工程估算表、其他费用计算表、建设场地征用及清理费用估算表、编制年价差计算表、建设期贷款利息计算表及勘测设计费计算表等。

3)编制说明应包括估算编制的主要原则,采用的定额、指标以及主要设备和材料价格,建设场地征用及清理费用计算依据等,并应列出主要技术经济指标及主要建设场地征用和清理费用指标等。

4)估算造价应与类似工程的造价、最新的《电网工程限额设计控制指标》进行对比,并结合工程特点对工程量及投资合理性进行分析。

第三节 初 步 设 计

初步设计阶段对输电线路在技术和经济上的可行与合理性进行进一步论证,重点明确工程设计的主要设计原则。根据《架空输电线路工程初步设计内容深度规定》(DL/T 5451—2012)的规定,设计成果主要包括初步设计说明书(包括附图)、主要设备材料清册、施工组织大纲、概算书,同时,初步设计阶段会根据工程需要提供相关的专题报告。

一、初步设计说明书

初步设计说明书首先应列出卷册总目录、分卷目录、附件目录及附图目录。

(一)总论

1. 工程设计的主要依据

1)政府和上级有关部门批准、核准的工程文件。

2)可行性研究报告及评审文件。

3)委托文件或中标通知。

4)工程设计有关的规程、规范。

5)城乡规划、建设用地、水土保持、环境保护、防震减灾、地质灾害、压覆矿产、文物保护及劳动安全卫生等相关依据。

2. 工程建设规模和设计范围

1) 线路起落点、额定电压(是否降压运行)、输送功率、导线型号、线路长度和回路数(是否同塔架设)及引接方式。

2)线路的本体设计及其影响范围内的电信线路和无线电台(站)的干扰与危险影响的保护设计、工程概算,以及运行维护的辅助设施等。

3)线路走廊清理设计。

3. 接入系统概况

1)电力系统电网现状及发展规划。

2)导线截面的选择。

3)两端变电站进出线规模。

4. 建设单位及建设期限

1)建设单位。

2)设计单位。

3)建设期限。

5. 主要技术经济特性

1)线路路径长度、曲折系数、杆塔数量(悬垂型杆塔与耐张型杆塔比例等)。

2)沿线地形、地貌、地质条件和交通概况。

3)线路沿线风区及冰区划分。

4)线路沿线主要交叉跨越情况。

5)主要造价表(见表16-3-1)。

表 16-3-1 主要技术经济特性

项 目	造 价			
	可研 万元	初设 万元	初设-可研 万元	初设单位造价 万元/km
一般线路本体工程投资				
大跨越本体工程投资				
辅助设施工程投资				
场地征用及清理费				
静态投资				
动态投资				

6)主要工程量单公里指标(见表 16-3-2)。

表 16-3-2 主要工程量单公里指标

项目名称	导线	地线	金具	接地钢材	绝缘子	塔材	基础钢材	混凝土量	土石方量
单位	t/km	t/km	t/km	t/km	片/km	t/km	t/km	m³/km	m³/km
本工程									
通用造价									

注:绝缘子根据工程实际情况分类统计。

6.走廊通道清理及协议

1)厂矿企业拆迁数量,民房拆迁面积及结构类型,三线(电力线、通信线、广播线)拆迁数量,其他拆迁数量。

2)林区主要树种自然生长高度、长度,树木跨越长度及砍伐数量等。

3)涉及补偿费用较高的项目情况说明(资金、协议内容)。

7.造价分析

1)与可研指标对比分析,说明主要工程量增减情况。若初设概算超可研投资,应进行专项分析。

2)与其他已建或在建输电线路工程指标对比分析,说明工程量与造价的合理性。

(二)路径方案

1.变电站进出线布置

变电站进出线布置包括:变电站本期和远期间隔排列,进出线终端塔布置和方向;与已有和拟建线路相互关系,远近期过渡方案。

2.线路路径方案

1)路径选择的原则和方法。

2）线路预选线工作要根据 1∶50 000 或更大比例地形图,利用高清卫片、航片等进行。

3）路径复杂或拆迁量较大的工程应采用全数字摄影测量技术进行路径方案优化。

4）路径方案应满足与铁路、高速公路、机场、雷达、电台、军事设施、油气管道、油库、民用爆破器材仓库、采石场、烟花爆竹工厂等各类障碍物之间的安全距离要求或相关协议要求。

5）路径方案应结合规划区、环境敏感区、林区、重冰区、舞动区、微地形、微气象区等因素进行优化调整。

6）详细描述各路径方案,包括线路走向、行政区、沿线海拔高程、地形、地质、水文、交通运输条件、林区、重冰地段、舞动区范围及等级、主要河流、城镇规划、自然保护区、文物保护区、风景保护区、其他重要设施及重要交叉跨越等。

7）各路径方案技术经济比较和论证结果。

8）路径推荐方案简要说明,包括行政区、地形比例、林区长度及重要交叉跨越等。

3. 通道清理

1）应说明拟拆迁或跨越的房屋情况,包括建筑物的属性、规模、结构分类、价格。

2）拆除或迁移"三线"(电力线、通信线、广播线)的情况说明。

3）林区主要树种自然生长高度、长度,树木跨越长度及砍伐数量、价格等。

4）对拟拆迁或封闭的厂矿、企业等障碍设施,应在设计文件中明确说明其法人(公有、私人、企业)、性质(军用、民用)、类型(建筑物、矿产、工厂、通信设施等)、规模、面积、数量、年限(设立年限,矿权期限等),以及矿产资源的储量、开采深度、采厚比、开采方式等。

5）拟拆除或迁移改造道路或管线的所属单位、类型、等级、数量、费用。

6）对导航台、雷达站、通信基站等特殊障碍物的影响。

7）当走廊清理规模较大时,应提供相应专题报告或由建设方委托第三方完成的评估报告。

8）其他。

4. 路径协议

1）应取得沿线规划、国土、林业、文物、军事、公路、铁路、民航、水利等单位同意路径方案的协议。

2）对于规划区、保护区、风景区、旅游区、矿产资源范围、军事设施等涉及控制范围的协议,协议中应明确其准确的控制边界。对于暂时无准确的控制边界的,设计单位应根据所掌握的边界范围在路径图上标注并请相关协议部门签字、盖章,备案。

3）初步设计阶段应取得县级人民政府协议和乡镇级协议。

4）初步设计阶段应对项目可研阶段取得的协议进行复核并备案。

5）列表说明沿线主要单位协议情况。

6）复核可研阶段所有相关协议。

(三)气象条件

1.气象条件的选择

1)气象资料来源,包括气象台(站)的名称、周围环境、与线路的相对距离、风速记录表、记录方式等。

2)根据气象资料经数理统计并换算为线路设计需要的基本风速计算值,结合所经地区荷载风压图和风压值换算的基本风速、沿线风灾调查资料以及所经地区已有线路运行经验,综合分析提出设计采用的基本风速值和区段划分,以及必要的稀有验算风速。

3)调查沿线冰凌情况,结合附近已有线路采用的设计覆冰值与运行经验,提出设计选用的覆冰值及需验算的稀有覆冰值和区段划分。

4)搜集路径所经地区最高气温、最低气温、年平均气温、平均年雷暴日数和土壤冻结深度等数据。

5)调查沿线已建成线路运行情况(风灾、冰灾、雷害、沙尘、舞动等),必要时进行专项论述。

6)对线路沿线微地形、微气象情况进行调查描述,明确需要采用的加强措施或说明进行避让的情况。

2.设计采用的气象条件一览表

设计采用的气象条件一览表见表 16-3-3。

表 16-3-3　主要气象一览表

项　目	气温/℃	风速/(m·s^{-1})	覆冰厚度/mm
最高气温			
最低气温			
平均气温			
基本风速			
操作过电压			
雷电过电压			
安装			
带电作业			
覆冰			
平均年雷暴日数/d			
冰的密度/(g·cm^{-3})			

(四)导线和地线

1.导地线选型

1)根据系统要求的输送容量确定导线截面,结合工程特点,如高海拔、重冰区、大气腐蚀等因素,对不同材料结构的导线进行电气和机械特性比选,采用年费用最小法进行综合技术经济比较后,确定导线型号、分裂根数。论述分裂间距和排列方式。推荐方案应满足输送容量、环境影响、施工、运行维护的要求,体现可靠性、经济性和社会效益。

2)根据系统通信、导地线配合和地线热稳定等要求确定地线型号。采用良导体地线时,应论证其必要性并进行技术经济比较;采用 OPGW 光缆时,应论证其选型及分流地线。

3)列表给出导线和地线(含 OPGW 光缆)的机械电气特性。

2.导地线防振

1)确定导线和地线的最大使用张力、平均运行张力及其防振措施。根据工程实际情况,选择防振锤的型式。

2)说明分裂导线采用的间隔棒型式及布置方式。

3.导线防舞

1)结合工程具体情况,论述舞动区范围及等级确定过程。

2)根据舞动区等级划分,采取相应的防舞措施。

(五)绝缘配合

1.污区划分原则

1)参照电力系统污区分级与外绝缘选择标准的有关规定。

2)污区划分按沿线等值附盐密度、附灰密度、污湿特征、运行经验,并结合各省最新污区分布图的定级来确定污秽等级。

2.污区划分

1)沿线污染源、污湿特征、沙尘天气等调查及分析。

2)根据邻近线路运行经验,结合污秽发展情况,确定污区等级及泄漏比距。

3.绝缘子选型

分析瓷、玻璃、棒式(复合、瓷棒)等绝缘子技术特点,结合运行经验(污闪、冰闪等)和工程实际情况,推荐绝缘子型式。

4.绝缘子强度选择

根据选定的绝缘子型式及其各工况要求的安全系数,计算悬垂和耐张串所需绝缘子吨位和联数,通过综合经济比较,确定绝缘子强度及联数。

5.绝缘子片数选择

1)工作电压要求的绝缘子片数。按泄漏比距法或污耐压法确定绝缘子片数。一般情况下采用泄漏比距法,若有各污区绝缘子的等值附盐密度、附灰密度,并有长串绝缘子污秽试验成果等确切资料,宜采用污耐压法。

2)操作过电压要求的绝缘子片数。

3)雷电过电压要求的绝缘子片数。

4)在覆冰严重的地区还应满足冰闪对绝缘子片数的要求。

5)高海拔地区的绝缘子片数按相关规定进行修正。

6)列表给出绝缘子配置及绝缘子机械电气特性。

6.空气间隙

1)提出各种运行工况下相应的空气间隙值。

2)对高海拔地区的空气间隙值按相关规定进行修正。

3)列表给出各种情况下的空气间隙值。

(六)防雷和接地

1.防雷设计

1)调查沿线雷电活动情况和附近已有线路的雷击跳闸率。

2)根据防雷需要,确定地线布置型式和保护角,以及档距中央导线与地线间的最小距离。对雷电活动较强地区应采取相应措施。

3)计算基本塔型的耐雷水平和雷击跳闸率。

4)对雷电活动较多地区和特殊区段应提出相应的防雷措施。

2.接地设计

1)因地制宜采用不同接地装置型式。

2)高土壤电阻率地段采用环保的降阻措施。

3)论述特殊地区(高土壤电阻率地区、强雷电活动地区等)的接地设计方案。

3.地线绝缘设计

1)说明地线绝缘的目的、使用地段和绝缘方式、绝缘子片数和联数、间隙取值。

2)列表给出地线绝缘子型号及其机械电气特性。

3)线路经过直流接地极附近时,应根据线路与其相对距离确定地线运行方式。

(七)绝缘子串和金具

1)导线和地线的悬垂串、耐张串组装型式和特点。说明导线和地线的悬垂串、耐张串组装型式和特点;提出各种工况下绝缘子串和金具的安全系数;说明接续、防振等金具的型式及型号;对于高海拔地区线路,提出绝缘子组装串的电晕、无线电干扰水平及采取的相应措施。

2)论述跳线型式及悬挂方式。

3)新设计金具的名称、作用及其机械电气特性。

4)说明工程中金具通用设计的应用情况、所用模块和应用率、未采用通用设计的原因。

5)说明节能型金具使用情况。

6)说明金具、绝缘子串的防电晕设计。

7)线路经过舞动区时应对绝缘子串型及金具进行论证说明。

(八)导地线换位及换相

1)说明两端和中间变电站相序。

2)说明导线是否换相或换位。

3)说明导线换位次数、换位节距、换位方式及换位杆塔型式。

4)说明地线是否换位及换位方式。

(九)导线对地和交叉跨越距离

1)导线对地最小距离。

2)导线对各种交叉跨越物的最小距离。

3)说明树木跨越的主要原则,包括主要树种类型及自然生长高度、林木跨越及砍伐原则。

4)重要交叉跨越的跨越原则。

5)交叉跨越和平行各种金属管道的跨越原则和防护措施。

6)线路工程安装或预留防舞装置时,应校验导线安全系数及对地和交叉跨越距离。

7)线路走廊清理原则。

(十)杆塔和基础

1.杆塔

应论证新设计塔型技术经济特点和使用意义,采用通用设计的原则,并对以下内容进行说明。

(1)杆塔规划。

1）悬垂型塔杆系列规划。

2）耐张型杆塔系列规划。

3）特殊杆塔规划（悬垂转角塔、高跨塔、换位塔等）。

4）杆塔规划成果列表。

5）杆塔间隙圆图。

（2）杆塔荷载。

1）杆塔正常、事故、安装工况下的荷载及其组合。

2）杆塔设计荷载在断线、不均匀覆冰或脱冰及施工临锚等工况下的纵向张力，悬垂型杆塔、耐张型杆塔采用纵向张力的数值。

3）说明安装条件和附加荷重。

4）如有其他特殊荷载工况应进行说明。

（3）杆塔选型。

1）比选杆塔型式。

2）说明杆塔构件的材质和截面类型。

3）杆塔防腐措施、登塔设施；螺栓和脚钉的级别，防松、防盗措施。

4）说明高强钢的使用情况及应用率。

5）提出全线杆塔汇总表，包括各种杆塔使用条件、呼称高度及材料用量。

6）需做试验的杆塔，应给予说明，并提出专项立项报告。

7）线路经过舞动区时，应对杆塔荷载、杆塔型式、杆塔构造及防松措施等方面进行论证。

8）结合运行经验和沿线灾害调查，论证局部地段防强风倒塔措施。

2．基　础

1）说明沿线的地形、地质和水文情况、土壤冻结深度、地震烈度、施工、运输条件，对软弱地基、膨胀土、湿陷性黄土等特殊地质条件作详细的描述。

2）综合地形、地质、水文条件以及基础作用力，因地制宜选择适当的基础类型，优先选用原状土基础。说明各种基础型式的特点、适用地区及适用杆塔的情况。对基础尺寸应进行优化。

3）线路通过软地基、湿陷性黄土、腐蚀性土、活动沙丘、流沙、冻土、膨胀土、滑坡、采空区、地震烈度高的地区、局部冲刷和滞洪区等特殊地段时，应说明采取的措施。

4）应依据地质灾害危险性评估报告和设计规范，合理避让地质灾害易发区。如确需通过地质灾害易发区，应当在充分论证的基础上，采取差异化设计，适当提高工程设防标准，提出地质灾害防治方案和措施。

5）对新型基础应论证其技术特点和经济效益、安全性和施工可行性。对需做试验的基础，应给予说明，并提出专项立项报告。

6）说明基础材料的种类、强度等级。

7)线路经过直流接地极附近时,应论述基础防腐措施。

8)如需设置护坡、挡土墙和排水沟等辅助设施时,应论述设置方案和对环境的影响。

(十一)通信保护

1.设计原则及依据

1)中性点接地系统单相零序短路电流计算结果及所依据的电力系统发展规划的期限。

2)线路沿线大地电导率的分布及取值。

3)收集输电线路影响范围内电信线路、无线电台站的位置及资料,绘制沿线影响范围内与各部门电信线路(含架空线与地下电缆)接近位置平面图。

2.计算分析及推荐意见

1)对临近线路进行危险和干扰影响计算,并对有关参数,如屏蔽系数、降低系数等进行分析和采用。

2)结合工程具体情况,对采用的防护措施进行技术经济性比较,提出推荐方案。

3)列出对沿线各电信线路的影响计算结果及其防护措施一览表,其中包括电信线路所属单位、电信线路型式、等级、感应纵电动势、对地电压、杂音电动势的最大值,以及防护措施、协议情况等。

4)列出对沿线无线电台(站)的影响计算结果及其防护措施。

(十二)环境保护及劳动安全

1.环境保护

1)说明电磁环境影响和区域环境影响程度,提出减小对环境影响所采取的措施。

2)说明相关自然保护区、风景名胜区、生态保护区等情况。

3)说明水土流失及植被保护措施。

4)提出施工和运行的环保注意事项。

2.劳动安全

1)说明线路工程应满足国家规定的有关劳动安全与卫生等要求。

2)说明高空作业人员的安全保护措施。

3)说明线路受到邻近输电线路电磁感应影响的区段,提出施工应采取的安全措施。

4)说明对平行和交叉的其他电力线、通信线等的影响情况,提出邻近线路在运行和检修时需要采取的安全措施。

(十三)附属设施

说明配备的交通工具,以及通信方式和设备;列出检修工器具及备品、备件的配置与数量;提出杆塔号牌、相序牌、警示牌等线路运行设施的数量及规格;必要时提出线路在线监测方案。

(十四)附件

附件应包含与工程有关的主管部门文件和批文、可行性研究报告的评审意见、工程设计委托文件、输电线路建设所涉及的有关单位协议和会议纪要外委项目有关协议等。

(十五)科研试验项目

研究试验项目清单和项目立项报告。

(十六)大跨越

线路跨越通航大河流、湖泊或海峡等,因档距较大或杆塔较高,导线选型或杆塔设计需特殊考虑,且对于发生故障时严重影响航运或修复特别困难的耐张段,需按大跨越进行设计。由于大跨越的重要性和复杂性,需要对大跨越段进行加强设计。大跨越段设计必要时可单独列为单项工程或列为初步设计文件中的一卷。初步设计阶段,大跨越段路径的测晕、水文、地质勘察等应达到施工图设计深度的要求。

(十七)附图

1.必备图纸

1)路径方案图一般应有 1:100 万、1:25 万(1:50 万)及 1:5 万三种比例;

2)杆塔型式一览图;

3)基础型式一览图;

4)变电站进、出线规划图;

5)导线全线相序示意图;

6)导线特性曲线或表;

7)地线或 OPGW 光缆特性曲线或表;

8)绝缘子串及金具组装图(主要型式);

9)输电线路单相接地零序短路电流曲线;

10)接地装置图。

2.视情况需要的图纸

1)拥挤地段平面图和走廊清理平面图;

2)特种(或新设计)金具图;

3)与线路路径方案相关的其他图;

4)沿线海拔高程图;

5)电力系统现状地理接线图(在初步设计报告中插图);

6)电力系统远景地理接线图(在初步设计报告中插图);

7)输电线路与电信线路接近位置平面图;

8)T接或π接线路路径方案示意图;

9)重要交叉跨越平断面图;

10)重要房屋拆迁平面图;

11)主要新设计杆塔的间隙圆图。

二、主要设备材料清册

1.工程概况

1)线路本体部分:导线、地线、绝缘子、间隔棒、金具、钢材(杆塔、基础、接地)、螺栓、防盗(防松)螺栓、混凝土等;

2)在线监测设备;

3)通信保护所需材料;

4)巡检站、运修维护道路修筑所需材料。

2.编制依据

3.设备材料清册

主要设备材料表应包括名称、规格、数量等栏目,并说明是否包括运行维护工器具和备品、备件,以及是否计入设备材料损耗等。必要时应包含拆旧工程量(含电压等级、线路长度、回路数、杆塔数量等)。

三、施工组织大纲

一般线路施工组织设计大纲可作为说明书的一个章节,对投资影响较大的施工方案(如交通困难地段临时施工道路、索道、索桥修筑等)应单独编制施工组织设计大纲。

对大跨越应单独编制施工组织设计大纲。

大跨越施工组织设计大纲内容包括大跨越规模,施工或永久水源、电源、通信设施配置,牵张场设置,施工及运行道路修筑情况,导地线架设、附件安装工程定额工期测算,跨江放线封航措施等。

四、概算书

初步设计概述包括以下主要内容。

1.编制说明

(1)工程概况。

应说明工程的设计依据、起点和终点、线路所经主要行政区、电压等级、导地线型号、回路数等情况。

（2）主要技术特征。

应说明线路路径长度、悬垂型杆塔数量、耐张型杆塔数量、采用基础类型、特殊的地基处理工程量、土石方工程量（尖峰、基面、风偏、基坑、接地）；应说明工程地形、地质比例、设计基本风速、设计覆冰、通信线路和重要通信干扰设施；应说明沿线交通运输地形、运输方式、运输距离等情况；应说明路径走廊状况、植被、林木、交叉跨越、厂矿房屋拆迁、矿产资源压覆、地下管线、线路改造等；应说明对投资影响较大的施工措施及主要材料指标。

（3）编制原则和依据。

应说明采用的工程量、指标、定额、人工费调整及材机费调整、装置性材料价格、地方材料价格、材料运输、编制年价差、特殊项目、建设场地征用及清理费等各种费用的取用原则和调整方法、计算依据。

1）工程量：应有提资单及计算依据。

2）说明所采用的《电网工程建设预算编制与计算标准》版本、年份。

3）概算定额、预算定额：所采用的定额名称、版本、年份，采用补充定额、定额换算及调整应有说明，对定额人工费、材机调整应说明所执行的文件。

4）人工工资：应说明架空输电线路工程人工工资编制依据、人工工资调整系数及计算公式。

5）材料价格：应说明装置性材料价格采用的依据及价格水平年份、线路工程材料价格采用的依据，以及信息价格采用的时间和地区、国外进口材料价格的计算依据。

6）材料运输：应说明材料运输的计算依据、超距离运输的计算方法。

7）编制年价差：应说明材料价差的调整和计算方法。

8）特殊项目：应有技术方案和相关文件的支持，按概算要求编制。

9）建设场地征用及清理：应根据工程情况搜集和提供房屋（含厂矿）拆迁、林木砍伐等走廊清理费用赔偿标准及依据。

2. 概算表及附表、附件

1）初步设计概算的表格形式，执行《电网工程建设预算编制与计算标准》现行文件的规定。

2）概算表包括：概算编制说明书、架空输电工程概况及主要技术经济指标（表五丙）、架空输电工程总概算表（表一乙）、架空输电线路安装工程费用汇总概算表（表二乙）、架空输电线路单位工程概算表（表三丙）、输电线路辅助设施工程概算表（表三戊）、其他费用计算表（表四）、建设场地征用及清理费用计算表（表七）。

3）附表包括：综合地形增加系数计算表（附表一）、输电线路工程装置性材料统计表（附表二）、输电工程土石方量计算表（附表三）、输电工程工地运输重量计算表（附表四）、输电工程工地运输工程量计算表(附表五)、输电工程杆塔分类一览表(附表六)。

4)初步设计概算附件包括:建设期贷款利息计算表、编制年价差计算表、勘测设计费计算表、可行性研究与概算投资对比表、特殊项目的依据性文件。

3.投资分析

应对工程初步设计概算与可行性研究估算投资进行简要的比较分析,阐述其主要增减原因,较可行性研究有规模上变化的应另行论述。分析线路输电线路工程投资合理性及控制投资措施。

第四节 施工图设计

《110 kV～750 kV架空输电线路施工图设计内容深度规定》(DL/T 5463－2012)规定,施工图设计应包括图纸目录、卷册总目录、设计说明书、设计图纸及附件。图纸目录图号通常宜先列新绘制图纸(说明),后列选用的标准图和套用图纸。

一、施工图设计总说明书

每个单项工程应编制施工图设计总说明书,施工图设计总说明书应包括如下内容。

(一)总述

1.工程概况

简要说明本工程名称、起讫点、线路长度、通过行政区,地形、地貌、沿线海拔等工程情况及勘测设计里程碑。

2.设计依据

1)项目立项批文,初步设计评审意见及勘测设计合同等。
2)建设单位的合同要求。
3)执行的主要技术文件、标准、规程及规范。
4)执行的强制性条文及执行情况说明。
5)科研试验及咨询意见:说明科研试验和咨询意见的名称、编号、主要结论及应用情况。
6)有关的协议文件。

3.设计规模和范围

设计范围包括从某一变电站至另一变电站的全部或部分线路本体设计,对通信和信号线路的危险和干扰影响的保护设计,施工组织设计,编制预算(如合同有要求),确定运行组织设计的附属设施等。

4.初步设计评审意见的执行情况

1)关于执行初步设计的情况。

2)对初步设计修改及评审意见处理的情况说明:在施工图设计中,因某些原因不能执行初步设计和评审意见,重大问题应有甲方意见并说明处理结果;一般问题要说明变化的理由和结论意见。

5.强制性条文执行情况

6.建设、设计、监理、施工及运行单位

7.主要技术经济指标

1)主要技术特性:应分项说明线路名称、起讫点、电压等级、回路数、导地线型号、线路长度、曲折系数、输送容量、中性点接地方式、沿线地形地貌、气象区划分、污区划分、杆塔基础形式、导地线换位及主要交叉跨越次数等;列表说明杆塔型式及数量。

2)主要经济指标:应列表说明各冰区、风区和全线的线路长度、平均档距、平均耐张段长度、每公里杆塔数量;导线、地线、杆塔钢材、基础钢材、挂线金具、接地钢材、间隔棒、防振锤、绝缘子、混凝土等材料的单位公里指标;房屋拆迁及树木砍伐指标。

(二)线路路径

1.两端变电站出线

应说明线路从变电站第几间隔出线,进入变电站第几间隔,并说明相序配合及进出线走廊规划、终端塔布置等情况。

2.线路路径

1)应说明线路起讫点、走向,经过的地区、市、县名称及线路长度,曲折系数,线路路径情况。

2)应列表说明线路跨越铁路、公路、河流、电力线(分电压等级统计)、通信广播线、重要管道、林场等障碍物的次数或长度,列出障碍物的拆迁量。

3)应说明沿线的行政区域划分、地形、地貌、地质、水文气象情况及海拔高度范围;说明沿线有无不良地质地带等。

4)应说明线路施工运行条件,铁路、公路交通情况等。

3.路径协议

1)应说明复核和补充路径协议的情况。

2)应说明核实路径协议中的相关要求及落实和闭环情况,避免相关部门在施工期间提出异议,造成被动局面。

3)说明线路路径在终勘定位后，线路路径方案报送至地方政府、规划部门及其他相关协议单位取得对方回复或备案情况。

4)对于风景区、保护区、矿区、跨越河流等敏感区域，应说明核对环评报告中的相关要求和开展专项评估的情况，确保设计路径与环评、压矿等批复的路径完全一致。

5)应说明铁路、高速公路等跨越协议的落实情况，确保跨越方案不出现颠覆性意见。

(三)设计气象条件

应说明最高气温、最低气温、基本风速、覆冰、安装、平均气温、雷电过电压、操作过电压等组合的气温、风速和冰厚的设计取值情况，年平均雷暴日数、冰密度及风压系数的设计取值情况，气象区划分情况，微气象的相关说明。若气象条件与初设发生变化，应重点说明(见表16-4-1)。

表16-4-1 工程气象条件一览表

气象条件	气温/℃	风速/(m·s⁻¹)	冰厚/mm	备 注
最低气温				
平均气温				
基本风速				
覆冰				
最高气温				
安装				
雷电过电压				
内过电压				
雷暴日数				
冰的密度				

(四)导线和地线

应说明导线和地线(含 OPGW)的型号、导线分裂根数及排列方式，设计安全系数、最大使用应力、平均运行应力，导地线因悬挂点应力放松情况，导线和地线(含 OPGW)机械物理特性表，导地线蠕变伸长的处理方法，等等。

(五)绝缘配合

1)应说明全线污区划分、盐密取值及爬电比距取值。

2)应说明绝缘子主要尺寸及机电特性。

3)绝缘子片数：应说明直线和耐张导线绝缘子串在不同的海拔、污区、冰区，各型绝缘子的片(支)数。

4)塔头空气间隙：分别说明工频电压、操作过电压、雷电过电压及带电检修在不同海拔高度时的最小空气间隙和相应的设计风速。

(六)防雷和接地

1)应简述本线路工程的防雷措施。

2)应说明地线架设根数、地线对边导线的保护角、不同土壤电阻率下允许的工频接地电阻值及接地装置型式等。

3)接地装置选配原则及相关要求。

4)应说明对接地及接地射线敷设有特殊要求的塔号及具体要求。

(七)导、地线防护措施

应说明导地线防微风振动和导线防次档距振荡的措施,防振锤、阻尼线、间隔棒的型号及安装原则和安装说明等。

(八)导线和地线换位(相)

1)说明线路换位(相)方式、换位次数及长度等情况。

2)说明地线换位及接地、分段绝缘的情况,统一规定分段绝缘的要求及绝缘间隙取值。

(九)绝缘子和金具

应说明导地线绝缘子和金具串各种工况下的安全系数,串型适用条件及选择的主要标准金具型号和非标准金具使用情况。

(十)对邻近通信线路和无线电设施的电磁影响及其保护

应说明对邻近的通信线路和无线电设施的电磁影响情况以及采取的保护措施。

(十一)杆塔和基础

1.杆塔

1)应列表(见表16-4-2)说明采用的杆塔型式设计条件、使用条件及注意事项。

表16-4-2　杆塔使用条件表

序号	塔型名称	使用条件				呼高范围/m	备注
		水平档距/m	垂直档距/m	代表档距/m	转角度数/(°)		

2)杆塔结构设计说明:

a.杆塔设计采用的方法和使用的分析软件。

b.杆塔的荷载主要计算原则及设计工况。

c.杆塔设计时稀有气象条件的验算工况。

d. 杆塔的主要特点。

e. 杆塔设计时采用的特殊结构。

f. 长短腿塔型最小和最大的接腿级差。

3）杆塔防松防御措施。

4）杆塔登塔措施及设置具体要求。

5）标志牌设置要求及多回路色标要求。

6）接地孔设置具体要求。

7）杆塔防腐措施。

8）杆塔材料要求：

a. 杆塔采用的材料型式（角钢、钢管或其他材料）、规格范围。

b. 杆塔用钢材材质标准及满足的规范。

c. 连接螺栓的材质标准及满足的规范。

9）杆塔加工及施工要求：

a. 应说明执行的杆塔验收规范。

b. 应提出杆塔加工、焊接的要求。

c. 应说明立杆塔架线的限制条件。

d. 应给出不对称悬垂转角杆塔、耐张转角杆塔及终端杆塔的预偏参考值及预偏方向。

e. 必要时可提出其他杆塔施工要求。

2. 基础

1）地质概况：

a. 地形地貌（对线路沿线地形地貌进行简要概述）。

b. 塔基地质（对线路沿线地质进行简要概述）。

c. 地震设防烈度（对线路沿线地震设防烈度进行简要介绍）。

d. 地下水（线路沿线地下水对基础的影响、腐蚀性）。

2）基础设计说明：

a. 各种基础型式的特点及适用范围。

b. 各种基础型式基础的代号说明。

c. 其他必要的设计说明。

3）杆塔与基础的连接

基础采用的连接方式（地脚螺栓、插入角钢、偏心设置等）。

4）基础材料要求：

a. 插入角钢及底脚螺栓的材料标准及满足的规范。

b. 基础用钢材的材料标准及满足的规范。

c. 基础用混凝土强度等级及满足的规范。

5)基础加工及施工要求：

a.基础施工及验收遵循的规程、规范。

b.塔基复测要求。

c.基坑开挖及回填要求。

d.基础根开校验的要求。

e.转角杆塔内角侧基础顶面的预偏要求。

f.边坡保护及要求。

g.弃土堆放原则。

h.塔位的排水处理要求。

i.特殊基础型式的施工要求。

j.其他必要的说明。

(十二)对地距离及交叉跨越

1)对地及交叉跨越距离。

2)线路电磁场环境限值标准。

3)房屋拆迁原则及相关说明。

4)线路沿线林木分布情况,树种及自然生长高度,通过林区高跨和砍伐的原则,林木砍伐相关说明。

(十三)附属设施

1)应说明运行维护巡视站的建筑面积、运行及管理交通工具、设备配置及备品备件。

2)应说明需修筑的巡检站位置及规模、线路巡视便道位置、长度及实施方案。

3)应有关于线路运行维护的通信设施说明。

(十四)环境保护

应说明执行国家环境保护、水土保持和生态环境等相关法律、法规的情况及保护环境的措施。

(十五)劳动安全和工业卫生

应根据国家规定的有关防火、防爆、防尘、防毒及劳动安全与卫生等的规定,结合工程实际情况,提出必要的防火、防爆、防尘、防毒及防坠落、防电磁感应电压等安全措施及注意事项。

(十六)施工、运行注意事项

应根据施工、运行有关规程、规范、导则、标准化工艺的规定,并结合工程实际,分电气和结构专业分别提出施工、运行的注意事项,以便施工、运行准确理解设计意图,强化法制、安全和环境保护的意识,提高工程建设质量和运行水平。

(十七)附图

1.线路路径图

1)全线路径方案图一般应有 1:25 万(1:50 万)及 1:5 万两种比例。

2)图中应标出两端变电站的实际平面位置。

3)图中应标出与线路走向有关的规划区、厂矿设施、自然保护区及新修公路等。

4)图中应标出与本线路平行和跨越的主要高压输电线路的路径、名称、电压。

5)标出与线路有关的铁路、高速、重要公路的路径和名称。

6)图中应标出污区、冰区、风区划分情况及前后标段情况。

7)图中应标出转角位置、转角号及对应杆塔号。线路穿越城市规划区,当城建部门有要求时,应列表给出线路转角的坐标。

8)图中应标出指北针及新增标示的图例。

2.变电站进出线平面图

变电站进出线平面布置图应标注本线路所占间隔、终端杆塔位置、相序、进出线与门构及相邻进出线的关系等。

3.杆塔型式一览图

应画出全线使用杆塔的单线图,注明杆塔的名称、使用条件、尺寸及特征数据、钢材耗量等。

4.基础一览图

应画出全线使用的主要基础型式图,并注明每种基础型式的名称、主要尺寸范围,并列表给出基础材料的主要指标。

5.线路走廊拥挤地带的平面图

图上应注明线路路径及杆塔位、杆塔号、杆塔型、线路两侧的规划区、自然保护区、厂矿设施、建筑物等的位置(坐标)及名称,图纸比例可根据实际情况确定。

6.特殊图纸(必要时提供)

可根据工程实际情况提供需要的图纸(如路径协议附图等),图纸内容应能明确表达设计意图。

(十八)附件

应将作为设计依据的相关批复、上级和其他单位的重要文件、初步设计评审意见、重要的会议记录、路径协议文件等资料编制成附件,成为设计文件的一部分。

二、平断面定位图及塔位明细表

(一)平断面定位图

1. 平断面定位图中应表达的设计内容和深度

1)要求平断面图严格按测量技术规程制图,平面图表示范围应为中心线两侧各 75 m;

2)应在断面图上标识通航河流最高洪水位或通航水位,在一般地区标识 5 年一遇水位;

3)一般地段应逐档画出最大弧垂的地面线,对铁路、高速公路、通航河流(2 级及以上)等重要跨越,应画实际悬点高的最大弧垂线并标注相应气象条件。

4)图上应标注杆塔号、杆塔型式、定位高差(或施工基面)、杆塔位高程、杆塔位置、档距、耐张段长度及代表档距。

5)图中交叉跨越信息标注信息要完整,比如电力线名称、电压;通信线要标明等级及交叉角度;

6)对于风偏紧张地区应绘制风偏断面,边线和风偏的断面开方处,应注明开方范围及所开土石方量。

7)拆迁的电力线、弱电线、公路等应在图上注明。

8)耐张绝缘子倒挂宜说明或用不同耐张杆塔符号加以区别。

9)凡与跨越协议有关的铁路、高速公路等重要跨越,应注明跨越处的里程、杆塔号及交叉角度。

10)对于林区平面图中应标示树种、密度、现状高度、林区边界等信息;如需砍伐需在断面图中明确。

11)气象分区应在图中相应位置注明。

12)每张平断面定位图宜在塔位上分幅。

13)必要时,给出重要跨越平断面定位分图。

14)应编写平断面定位图目录。

2. 平断面定位图设计的计算要求

1)采用计算机软件排位时,所采用的软件必须经过有效鉴定。

2)应在测量专业提供的平断面图上,按照初步设计审定的气象条件、导地线型号、杆塔使用条件、对地及交叉跨越距离等设计原则进行优化排位。

3)应计算对地及交叉跨越距离和开方量,并落实对电力线、弱电线及公路等的改迁。

(二)杆塔位明细表

1. 塔位明细表中应表达的设计内容和深度

杆塔位明细表卷册可分为卷册说明、分册说明及杆塔位明细表,其编排形式可作适当调整,应包括下述内容。

(1)卷册说明。

卷册说明应简要说明全工程主要设计原则、对下文内容表达方式的约定、各项设计细节依据的基本原则。

1)工程概况:主要包括线路起讫点、线路长度、行政区、回路数、沿线海拔高度、设计气象条件、导地线使用情况、地形划分、风区划分、污区划分、杆塔空号,以及标段划分情况、前后标段分界杆塔的设计单位、标段分界杆塔的施工分工等。

2)绘图表示线路前进方向、左右侧定义及基础 A、B、C、D 腿的布置。

3)说明塔位高程所属高程系统、定位高差(或施工基面)的具体含义,约定杆塔位中心桩位移的表示方法,说明现场桩位是否已进行位移等。

4)说明明细表中杆塔累距、档距、耐张段长度及规律档距、杆塔位移、基面调整值的单位。

5)防振锤和间隔棒安装:对防振锤和间隔棒的型号和安装原则进行说明。

6)导地线型号及适用区段:列表说明导线、地线型号、实际安全系数、适用区段和导地线放松段情况等。

7)导、地线接头:说明导、地线不允许接头的原则。

8)绝缘子金具串安装:说明导、地线绝缘子金具串配置的原则及代号表示方法。

9)接地装置:说明接地装置配置及敷设的原则和注意事项。

10)林木砍伐:说明沿线树种的自然生长高度,线路通过林区采取高跨或砍伐的原则。

施工运行注意事项:

· 列出"施工图总说明及附图"中施工运行注意事项与本册图纸有关的内容。

· 说明接地装置、金具串图、房屋拆迁、树木砍伐对应的卷册。

· 说明导、地线绝缘子金具串配置的原则及代号表示方法。

· 说明耐张绝缘子串倒挂情况

· 其他必要的说明事项。

(2)分册说明。

分册说明应针对本分册塔位明细表的设计情况进行说明。

1)概述:说明本分册所属线路段的起讫点、长度、回路数、地形情况、设计气象条件、污区划分等。

2)导地线型号及适用区段:列表说明导线、地线(含 OPGW)型号,实际安全系数,适用区段和导地线放松段情况,等等。

3)主要交叉跨越:列表说明主要交叉跨越次数及处理情况,导线、跳线对地距离及风偏开土石方量,房屋拆迁量,等等。

4)列表说明本分册所属线路段使用的杆塔型式和数量。

5)针对本分册的施工运行注意事项。

6)其他必要的说明。

(3)杆塔位明细表。

应列表说明以下内容：

1)设计风速与设计覆冰厚。

2)序号、杆塔号、杆塔位点、杆塔型及呼称高度、杆塔位桩顶高程及定位高差(或施工基面)。

3)档距、耐张段长与代表档距、转角度数与中心桩位移。

4)接地装置代号、导线绝缘子串(代号、串数)、地线绝缘子串(代号、串数)、导线防振锤数量、导地线防振锤数量、间隔棒数量等。

5)交叉跨越名称、次数(含拟建重要交叉跨越和预留通道情况)及相应走廊迁改处理信息,明确档内是否有房屋拆迁、树木砍伐。

6)明细表的导线放松、耐张绝缘子串倒挂、污区划分、导地线不允许接头、标段分界塔的施工分工、接地装置敷设、对地距离及风偏开方、导线施工弧垂误差、杆塔号空号等需要说明的问题,应在本页说明中说明。本页说明的内容也可编入分册说明。

7)对于线下大棚,应提出有效接地,并在本卷册增加相关说明或图纸。

2.杆塔位明细表的计算内容及要求

1)所采用的计算机软件必须经过有效鉴定。

2)应按照初步设计原则编制定位手册及定位校核曲线(表)。

3)输入数据和输出结果应整理成册。

4)定位校核曲线(表)计算应包括杆塔使用条件、K 值、导地线悬点应力、直线及小转角塔绝缘子串摇摆角、绝缘子金具串强度、耐张绝缘子串倒挂、悬垂角、导地线上拔及地面电场强度分布等。

三、机电施工图及绝缘子串组装图

机电施工图及绝缘子串组装图应包括:导地线力学特性曲线及架线曲线(或表)、绝缘子串及金具组装图、换位及跳线、接地装置图、导地线防振及间隔棒安装等。

(一)导地线力学特性曲线及架线曲线(或表)

1.卷册说明

1)应说明本分册线路的起讫点、长度、回路数、设计气象条件等。

2)应列表说明导线、地线(含 OPGW)型号、安全系数、适用区段。

2.导地线力学特性曲线图(或表)

(1)图纸。

1)应包括力学特性曲线及弧垂特性曲线两部分。

2)导、地线特性曲线应绘制最低气温、平均气温、最大风速(应注明计算的线条实际高度及最大风速)、覆冰、最高气温、安装、外过有风、外过无风、内过电压等工况的力学特性曲线。

3)导线特性曲线应绘制最大弧垂(覆冰或高温弧垂较大者)及外过无风的弧垂特性曲线(表)。

4)地线特性曲线应绘制外过无风的弧垂特性曲线(表)。

5)当有验算气象条件时,应绘制验算条件的导线及地线特性曲线(表)。

6)图上应标明临界档距。

7)图上应标明物理特性表与单位比载表。物理特性表应包括截面积、计算外径、弹性模量、线膨胀系数、计算拉断力、最大使用张力与平均运行张力。单位比载表应包括自重、冰重、风荷载及综合荷载等。

8)图上应标明气象参数。

(2)计算要求。

1)非标导地线参数应采用中标厂家提供的准确参数。

2)应分别计算工程涉及的各气象区导地线特性。

3)应分别计算同一气象区下不同安全系数的导地线特性。

3. 导地线架线曲线图(或表)

(1)图纸。

1)架线曲线(或表)可绘制不同代表档距下的架线弧垂或百米架线弧垂。

2)架线曲线(或表)应绘制从最低气温(考虑降温)到最高气温,每隔5~10℃的架线数据。

3)图纸上应标明降温度数。

4)图(或表)上应注明观测档弧垂换算公式。

(2)计算要求。

1)非标导地线参数应采用中标厂家提供的准确参数。

2)应分别计算工程涉及的各气象区导地线架线曲线(或表)。

3)应分别计算同一气象区下不同安全系数的导地线架线曲线(或表)。

4)应计算不同温度、不同代表档距下的弧垂和张力,计算温度(要考虑降温从最低气温到最高气温,每隔5~10℃计算一组数据)。

5)国标导地线应按设计技术规程规定降温后进行计算,非标导地线应根据厂家提供的蠕变特性数据来确定降温度数。

4. 孤立档架线表

(1)图纸。

1)包括架线及竣工验收弧垂。

2)孤立档还应在安装表上标明允许的过牵引长度。

(2)计算要求。

1)当孤立档档距较小时,应分别计算架线及竣工验收弧垂。

2)孤立档的弧垂应力计算应考虑过牵引的问题。过牵引长度按照相关规定考虑。

3)进出线档放线弧垂计算时,应考虑导线上集中荷载对弧垂的影响。

5.连续倾斜档线夹安装位置调整表

(1)图纸。

1)在可能的架线温度范围内,宜每隔 5～10℃ 绘制一组观测弧垂和悬垂线夹安装位置调整值。

2)应给出耐张段杆塔号、代表档距、架线气温,各档档距及其观测弧垂与每基悬垂型杆塔上悬垂线夹安装位置调整值,并画图示意调整值正、负号所代表的偏移方向。

3)在图上应标明:"当施工放线段与实际耐张段不一致时,施工单位应重新计算连续倾斜档线夹安装位置调整表,并根据计算结果进行调整。"

4)图上应标明降温度数。

(2)计算要求。

1)应计算各档的观测弧垂及每基悬垂型杆塔上悬垂线夹安装位置的调整值。

2)计算中采用的应力应考虑塑性伸长的影响(即采用降温后的应力)。

3)计算温度宜在可能的架线温度范围内,每隔 5～10℃ 计算一组观测弧垂和悬垂线夹安装位置调整值。

(二) 绝缘子串及金具组装图

1.绝缘子串及金具组装图应包含如下图纸

1)满足工程电气、机械要求的不同导线绝缘子串型式(包括不同的绝缘子串型式、吨位、联数、挂点数和长度,导线悬垂 I 串、V 串、L 串、下垂式及上扛式等,跳线串,导线正、倒挂耐张串、进出线档耐张串)。

2)不同型式的地线金具串。

3)可能的非标金具元件加工图。

4)耐张串长度调整表(水平排列的多联耐张绝缘子串)。

2.设计内容及深度

1)应画出绝缘子金具串的正视图,多联绝缘子串还应有其他方向视图。

2)多分裂导线耐张串,应画出引流板安装示意图。

3)多分裂导线耐张串,应标明各子导线金具连接顺序。

4)应注明各元件主要连接尺寸及总尺寸。

5)应给出该串材料表:包括元件名称、型号、图号、数量、单位重量,并给出绝缘子串或金具串总重量。

6)应注明允许荷重及控制元件。

7)带绝缘子的地线金具串,应标明绝缘间隙的安装方向。

8)应注明安装工艺上的注意事项与特殊要求。

9)必要时,应出非标金具元件(主要指连接金具)加工图:

a.应按照每个需加工的金具分别出图。

b.图中应有金具加工的细部尺寸,应标明金具的材质、强度和重量。

c.应有必要的加工要求和说明。

10)导线耐张串长度调整表:

a.表中分别列出耐张转角杆塔的塔型式、转角度数、绝缘子串补偿长度。

b.应标明补偿采用的金具名称、型号,还应画出简图并写出说明,说明图中符号的意义、施工注意事项和技术要求。

11)应说明采用的标准工艺。

3.跳线安装图

跳线安装图包括耐张杆塔跳线安装示意图、跳线安装表、刚性跳线组装图和非定型金具零件加工图等,应满足以下深度要求。

1)应用三维或两个不同视图表现不同侧跳线的安装布置方式。

2)图中应注明不同位置的电气间隙要求,并画图示意。

3)图中应注明跳线串安装偏角要求。

4)图中应注明注意事项等安装说明。

5)跳线安装表:

a.应逐基进行耐张杆塔跳线计算。

b.给出杆塔号、杆塔型式、转角值、跳线施工弧垂及其允许施工误差(如三相不同,则应分别给出),并给出跳线的参考线长。

c.如需要加跳线绝缘子串,则应在表中注明杆塔号及相别。

d.表上应用图示意施工弧垂和跳线对杆塔横担或对绝缘子串上接地的最近点的间隙要求。

e.画出简图,示意各种跳线方式中跳线间隔棒的安装方法,包括安装尺寸及跳线间隔棒的安装数量。

f.对于刚性跳线,跳线除满足各工况电气要求外还宜外形美观。表中应给出施工弧垂、参考线长、钢(铝)管长度、配重、斜拉杆长度等。

6)刚性跳线组装图:

a.宜根据需要绘制不同相别的刚性跳线组装图。

b.图中应标明钢(铝)管长度范围。

c.图中应标明钢（铝）管与跳线绝缘子串、爬梯的连接方式及位置。

d.应标明配重安装数量及位置。

7）应说明采用的标准工艺。

4.接地装置图

1）接地装置配置应根据不同地形、土壤电阻率来确定，并根据塔位周边设施确定敷设方式。

2）宜逐基测量土壤电阻率。

3）应标明每种接地装置的各部尺寸、埋深要求、材料规格、数量及土方量，并注明适用的土壤电阻率范围和验收时的工频电阻要求值。

4）应注明每种接地装置适用的塔型与地区。

5）应注明施工时对接地体和接地电阻的规定、允许变动的内容与范围，以及施工工艺上的注意事项和具体要求。

6）如有利用杆塔的自然接地时，则应具体注明适用的杆塔号、杆塔型，并应注明验收时的工频电阻要求值，如达不到要求值，则应补加人工接地。

7）采用降阻剂、接地模块或其他措施降低接地电阻时，应标明技术要求和施工安装方法。

8）对于强腐蚀地段应采用相应的防腐措施。

9）应说明采用的标准工艺。

5.导地线防振及间隔棒安装

导地线防振及间隔棒安装设计内容可放在明细表中或独立成图。

（1）导、地线防振。

1）防振锤安装距离。

2）用图示意直线杆塔和耐张杆塔上的安装距离（从线夹出口算起），并应分别标明各个防振锤的安装距离。

3）采用特殊型式的防振锤时，应说明防振锤的安装方法。

4）采用其他防振方案时，应有相应的说明。

5）应说明采用的标准工艺。

（2）间隔棒安装。

1）相关安装原则要求说明（含不对称安装、最大平均次档距限值、特殊地段的最大平均次档距限值、安装误差标准、间隔棒型式等）。

2）根据不同的档距范围给出间隔棒安装距离表（按次档距和线长）及一档中每相安装导线间隔棒的数量。

3）应说明采用的标准工艺。

四、杆塔结构图

1）杆塔结构图应包括设计说明、设计图纸和计算书。

2）杆塔设计前应根据初步设计塔型规划情况明确各类杆塔技术条件，主要包括：

a.塔头尺寸：地线支架高度、线间距离、电气间隙圆图和地线保护角等。

b.呼称高度、导地线挂线高度及挂线方式。

c.杆塔荷载条件。

d.转角塔的转角度数、横担设置及跳线方式。

e.长短腿级差及最大高差。

f.新技术的采用和推广要求。

g.新结构的设计计算原则和方法。

h.套用通用（典型）设计和重复利用工程图纸的要求。

3．杆塔计算书

1）采用人工计算的结构计算书，应给出计算简图、荷载取值的计算或说明；内容宜完整、清楚，计算步骤要条理分明，引用数据有可靠依据，采用计算图表及不常用的计算公式，应注明其出处。

2）采用计算机程序计算时，应在计算书中注明所采用的计算程序名称、代号、版本及编制单位，计算程序必须经过有效鉴定，输入信息和输出结果应整理成册。

3）计算内容应包括：杆塔计算统一要求（确定计算工况、风振系数、选材原则等）、风荷载计算、构件受力计算、构件选材计算、辅助材结构计算、导地线挂点和节点计算、塔脚板（法兰）计算、螺栓的选择计算、构件规格调整后复核验算、基础作用力计算等。绘制计算成果司令图作为施工图制图的依据。

4）套用杆塔应满足电气间隙和各种荷载作用下的杆塔的强度、稳定和刚度要求。应掌握套用杆塔的原始设计条件，并按现行规程、规定进行全面校核验算，校核计算内容作为结构计算书的一部分。

4．杆塔设计图纸

1）杆塔制图应满足《输电线路杆塔制图和构造规定》（DL/T 5442—2020）的要求。

2）杆塔图宜采用 1 号或小于 1 号的图幅，同册图纸宜以一种规格的图幅为主，避免大小图幅混杂使用。

3）在设计图纸中，所有涉及数量的数字，应采用阿拉伯数字，计量单位应符合《中华人民共和国法定计量单位》的规定。图纸上标注的尺寸，应以 mm 为单位。

4）总图：绘出杆塔单线图，并标注出杆塔主要尺寸以及安装的分段编号及尺寸，用材料汇总表列出材料类别、钢号、规格、数量（包括安装的分段材料量）。在总图中应标注脚钉安装的位置及转角塔的转角方向。总图应由电气专业会签。

5）分段结构图：

a.绘出单线控制尺寸图、正侧面展开图、隔面俯视图、复杂节点的大样图、接头断面图以及本段与相应段的连接方式。

b.用材料明细表标明构件的编号、规格、长度、数量及重量，材料明细表还应包括螺栓、脚钉、垫圈的级别、规格、符号、数量及重量和备注栏。

c.采用特殊钢种的部件,应醒目标示所用钢种的代号。

d.导地线挂线点应依据电气金具连接图设置,并由电气专业会签。

e.根据施工和检修时设备安装的需要,预留安装孔。

5.杆塔设计和加工说明

对每一种(类)杆塔型式应编写一份结构设计说明或对一个工程所涉及的杆塔编写一份统一的结构设计和加工说明。说明应包括但不限于以下内容:

1)杆塔加工的方法和应遵守的规程、规范及规定的名称编号。

2)构件材料:钢材牌号和质量等级及所对应的产品标准,必要时提出其他特殊要求。角钢构件应有角钢准距表和边距、端距的要求。

3)焊接方法及材料:各种钢材的焊接方法及所采用的焊接要求。

4)螺栓材料:注明螺栓种类、性能等级及螺栓规格表。

5)构件及螺栓防腐措施。

6)其他加工、安装要求。

7)应说明采用的标准工艺。

五、基础施工图

基础施工图应包括基础设计说明、基础根开表、基础明细表、基础图、计算书。

(一)基础施工说明

每个单项工程应编制基础施工说明,其可独立成图也可与基础明细表合并编写。说明内容应包括沿线地形地貌、水文、地质概况,基础型式、种类和采用新技术的基础型式特点及要求,基础材料种类及等级,基面开方和放坡要求,基础内外边坡要求,基础开挖和回填要求,基础浇注与养护要求,不良地质条件地段的地基和基础处理措施,基础工程验收标准,采用的标准工艺,基础施工和运行注意事项,等等。涉及特殊施工工艺的基础型式应与施工单位配合编写施工组织方案。

(二)基础根开表

基础根开表应表达全线杆塔根开、基础根开、地脚螺栓根开和规格等基础安装数据。

(三)基础明细表

基础明细表应包括杆塔编号、杆塔塔型及呼称高度、转角度数、基础型式、基础代号(图号)。山区线路还应包括定位高差(降基值)、长短腿配置、简要地质描述、基础防护措施、处理方案等。编制一杆塔一图的工程可不再编制基础明细表。

(四)一杆塔一图

特高压输电线路应编制一杆塔一图,图中应表达塔位的地形、塔基断面、接腿布置、地层岩土特性(简要描述)以及杆塔编号、杆塔塔型及呼称高度、接腿配置、基础根开、基础规格、基础防护措施、基础与杆塔的连接参数等内容。

（五）基础图

（1）预制基础：应包括平、立、剖面及配筋图，外形尺寸，铁件制造图，埋置深度，材料表和必要的施工说明。

（2）普通现浇基础：应包括基础平面布置图，基础平、立、剖面图，配筋详图，外形尺寸，埋置深度，地脚螺栓或插入角钢定位尺寸，材料表，必要的施工说明。

（3）桩基础：应包括基础平面布置图，基础平、立、剖面图，配筋详图，承台详图及桩与承台的连接构造详图，外形尺寸，埋置深度，地脚螺栓或插入角钢定位尺寸，锚固件加工图，材料表，必要的施工说明。

（4）特殊基础型式可参照普通现浇基础施工图的内容编制。

（5）护坡、排水沟等防护设施施工图可包括平、立、剖面图，配筋图，外形尺寸，埋置深度，材料表，必要的施工说明等。

（六）基础计算书

（1）应注明采用的规程、规范和规定，采用的计算软件应注明软件名称及版本号，人工计算的计算书应注明所采用主要计算公式的出处。

（2）应有水文、地质资料报告的分析结果。

（3）计算内容应包括上拔稳定计算，基础下压稳定、倾覆稳定计算，基础强度计算，地基计算，底脚螺栓、插入角钢计算等。特殊的基础型式计算还应满足相应的规程、规范。

（4）选用典型设计或重复利用图纸时，应进行复核验算。

六、通信保护施工图

1）设计文件应包括设计说明、设备材料表、图纸及相关计算书。

2）通信保护设计说明应包括但不限于以下内容：

a.简要说明架空输电线路系统中性点接地情况、与电信线路及无线电设施接近情况及结论。

b.说明设计原则及依据，包括设计（计算方法、允许标准）所依据的规程、规定及通信部门提供的相关参数，单相接地短路电流曲线、大地导电率数值及架空输电线路与电信线路及无线电设施相对位置图的来源。

c.说明对初步设计审查意见的执行情况及补充初步设计未提及的问题。

d.提出受影响通信线、导航台、雷达、差转台等设施的计算结果和保护措施。

e.应列出设备材料表。

3）通信保护设计图纸应包括输电线路与电信线路相对位置及放电器配置图、单相接地短路电流曲线、放电器安装图、接地装置图及其他保护装置安装图（根据工程实际需要）。

a.架空输电线路与电信线路、无线电设施相对位置及放电器配置图。应按电信线路分别出图，图中应包含下列内容：①输电线路路径位置及主要村镇位置；②电信线路路径位置、起讫点、所属单位、杆面型式、明线与电缆接续点及无线电设施位置；③影响计算的分段编号及长度、接近距离、接近段到电力线两端电源的距离；④大地导电率分段值；⑤如需安装放电器时，应在相对位置图的电信线路上标出安装放电器的位置，并进行编号。在图上列表标明电信线的杆面型式，电信线的线质及线径、线数，安装放电器位置，放电器的个数及编号，接地电阻要求值和接地装置型式。

b.单相接地短路电流曲线。应绘制工程短路电流曲线及有关非故障线路的短路电流曲线。

c.放电器安装图。应标明放电器安装的材料、型号规格、数量、尺寸及安装方法等。

d.接地装置图。应标明各种型式接地装置的接地电阻、各部尺寸、埋深、材料规格与数量、土石方量、安装工艺上的注意事项与具体要求。

4)通信保护设计计算。计算内容应包括：互感系数计算、纵电动势计算、终端效应计算、对地电压计算、放电器配置及干扰影响计算等。

七、OPGW(ADSS)施工图

(一)设计说明

1)说明设计依据及范围，具体内容：简要说明线路名称、线路长度、导地线型号、气象条件、沿线地形等工程概况；说明光缆架设位置；应列表说明光缆设计气象条件、光纤参数、光缆型号、结构和参数，以及热稳定校核的结论等。

2)说明地线、光缆接地或绝缘方式及换位情况；说明光缆安全系数、最大使用张力及其防振措施；提出 OPGW[ADSS，全介质自承式(All Dielectric Self-supporting)]光缆架线明细表，内容包括有关塔号、档距及光缆盘号、盘长、接头位置、接头处杆塔型式、金具及防振装置配置等。

3)对于 ADSS 光缆则需说明在杆塔的悬挂点位置，以及对杆塔的影响和采取的相应措施。

4)说明光缆施工过应注意的事项，并应说明金具串、引下线、接头盒、余缆架的安装位置及防振装置(如防振锤、防振鞭)的安装数量，以及 ADSS 光缆对交叉跨越的校核情况和处理措施。列出设备材料表。

(二)光缆设计图纸内容及深度要求

应提出光缆力学特性曲线、光缆架线曲线、孤立档架线表、分流地线及光缆换位示意图、悬垂/耐张金具串安装示意图、防振装置安装示意图、ADSS 杆塔上挂点示意图、接头盒安装示意图、余缆架安装示意图、接头盒结构示意图、余缆架结构示意图、引下线夹结构示意图、护线条结构示意图、OPGW(ADSS)光缆结构图及物理特性参数表、耐张杆塔引下线及跳线安装示意图，以及站内光缆引下示意图。

1)光缆力学特性曲线(表)。应包括特性曲线(表)及弧垂特性曲线(表)两部分，具体内容有：绘制最低气温、平均气温、最大风速、覆冰、最高气温、安装、雷电过电压(有风)、雷电过电压(无风)、内过电压等工况的力学特性曲线(表)；绘制最大弧垂(覆冰或高温弧垂较大者)及雷电过电压(无风)的弧垂特性曲线(表)。当有验算气象条件时，应绘制验算条件的光缆力学特性曲线(表)。图上还应标明临界档距、物理特性表与单位比载表。物理特性表应包括截面积、计算外径、弹性模量、线膨胀系数、计算拉断力。单位比载表应包括自重、冰重、风荷载及综合荷载等。

2)光缆架线曲线(表)。架线曲线(表)应绘制不同代表档距下的架线弧垂或百米架线弧垂。从安装气温(考虑降温)到最高气温,每隔5~10℃的架线数据,绘(列)出一条架线曲线(表),图纸上尚应标明降温值,观测档弧垂换算公式。

3)孤立档架线表。应绘出施工架线及竣工验收弧垂。施工架线表上应说明允许的过牵引长度。

4)分流地线及光缆换位示意图。图中应说明换位段长度、各换位杆塔号和杆塔型式,以及分流地线和光缆换位方式示意图。

5)悬垂/耐张线夹安装示意图。图上应标明各元件主要连接尺寸及总尺寸,以及内绞丝、外绞丝尺寸。图上所列材料表应包括各串型元件名称、型号、数量、材质、单位质量及金具串总质量,图上尚应注明线夹整串强度及线夹握力、适用光缆直径等。

6)防振装置安装示意图。应用图示意直线塔和耐张塔上每个防振装置的安装位置,注明防振装置安装原则和安装要求。

7) ADSS 光缆杆塔上挂点示意图。应在图上标明每种塔型上 ADSS 光缆的挂点位置。

8)接头盒、余缆架安装示意图。应注明杆塔上接头盒、余缆架的安装方式及离地面的高度;应注明引下夹具的安装间距及引下位置,并应说明其他需要注意的事项。

9)接头盒、余缆架、引下线夹、护线条及光缆的结构示意图。接头盒、余缆架、引下线夹、护线条、光缆等的结构图应用生产厂家提供的图纸,并在图上标明主要部件尺寸及具体型号的适用范围。护线条应注明单丝外径。光缆应标明结构及性能参数。

10)计算书。应包括光缆力学特性曲线(表)、架线曲线(表)、金具强度、防振装置安装及 ADSS 光缆对交叉跨越距离的校验等的计算。

八、设备材料表

1.编制说明

(1)工程概况。

应简述工程名称、起讫点、线路长度、回路数、电压等级、导地线型号、分裂导线情况、气象区划分及相应长度等。

(2)编制依据。

应说明材料统计的依据。

(3)全线杆塔型号及数量表。

宜按杆塔型式、呼称高度分别列出杆塔数量及总数量。

2.设备材料表

1)电气部分材料表一般按导线、地线、绝缘子、金具、接地钢材顺序分类统计,列出材料名称、型号、规格、数量。

2)结构部分材料表中,按杆塔型号、呼称高度、使用基数分别统计钢材量和其他材料量并提供总量;混凝土按标号分别提供方量及总量,钢材量提供总量。

3)材料表中应说明是否考虑了耗损量。

4)对耐张线夹、接续管等应说明是否考虑了试验量。

5)通信保护部分材料表根据防护措施设计,统计工程中使用的特殊和专用设备材料,如放电器、携带式保安器等设备材料的型号、名称和数量。

6)运行维护部分材料表根据相关设计,统计工程中需配备的交通工具、通信设备、检修工器具及备品,修筑巡检站及巡视便道。

九、线路走廊清理

1. 房屋拆迁

房屋包括民房、商铺、厂房、临建等。设计内容应包括房屋拆迁说明、房屋拆迁明细表以及房屋拆迁图。

(1)房屋拆迁说明。

1)说明房屋拆迁的原则及拆迁面积的计算方法。

2)说明所属地区的拆迁相关要求。

3)列表统计本标段不同房屋类型的拆迁量。

(2)房屋拆迁明细表。

应列表说明房屋分布平面图内有关房屋的详细情况,包括杆塔号、物权人姓名(或单位名称)、所在地、房屋所处位置离线路中心的距离和净空高度、房屋建材类别、分类房屋面积、夹层情况、是否拆迁等。若有必要,可绘制线路走廊内的房屋分布平面图及提供拆迁房屋的照片。

(3)房屋拆迁图。

房屋分布图应包含以下内容:

1)房屋属地:×省×市×乡×村×组。

2)房屋序号:如 FN0001-1(N0001-N0002 档 第1户)。

3)户主姓名:×××。

4)房屋结构:明确房屋类型,分为砖混、砖瓦、土瓦、木瓦、草房等。商业用房应特别注明。

5)主房楼层及面积:应考虑夹层、阁楼、地下室,隔热层等,具体计入比例按各省要求执行。

6)辅房楼层及面积:应考虑夹层、阁楼、地下室,隔热层等,具体计入比例按各省要求执行。

7)总面积。

8)最小偏距:房屋最近点距线路中心距离。

9)房屋拐点坐标。

10)处理意见:明确拆迁与否;注意考虑共墙,连体、连排房屋的整体拆迁问题。

11）备注：考虑附属设施，如水井、沼气池、水塔、晒坝、地基、门楼、院墙、挡土墙、地基、入户路等的拆迁。

12）平面图：250 m×150 m，包含房屋平面位置、编号、层高、结构、尺寸、偏距等信息，比例1:1000。

13）房屋照片：应能反映房屋全貌。

14）应包括强制拆迁线。

各设计单位可根据自身情况设计房屋拆迁图格式，但应包含以上信息。

2. 其他障碍设施的拆迁

根据相关规范、路径协议，要求清理的障碍设施的名称、所属单位、规模、数量等，宜列入塔位明细表说明中。

3. 树木砍伐

本部分应包括图纸目录、卷册说明及树木砍伐示意图。根据初步设计确定的树木跨越和砍伐原则，结合现场定位情况进行树木砍伐设计。杆塔位及档中树木砍伐需填写"树木砍伐一览表"，砍伐树木超过50棵的需绘制"树木砍伐示意图"。

（1）卷册说明。

1）说明树木砍伐原则及不同树种的自然生长高度。

2）对树木分布情况、主要树种、自然生长高度、成才砍伐高度、砍伐范围等进行搜资测量，并结合生产单位的运行经验，形成"树木砍伐一览表"。

表中应明确需要砍伐的树种、自然生长高度、塔位砍伐的面积及棵树，根据校核导线在最大风偏、高温下的净空距离和垂直距离提出档间不满足的树木面积及棵树，并表明砍伐的矩形区间，参照表16-4-3示例。

表 16-4-3　树木砍伐一览表

| 塔号 | 杆塔位置 | 树　种 | 生长高度 m | 塔位砍伐 | | 档间砍伐里程/m | 档间砍伐 | | | 备注 |
				面积	棵数		面积 mm²	宽度 m	数量	
1	J1	果树、杉树	6~12			160~210	450	40		
2	J2	松树、果树	4~8			240~300	500	50		
3	J3									
4	Z1-52	松树	8			800~840	1800			

（2）树木砍伐示意图。

1）树木清理中若砍伐量大于50棵的成片林需绘制林木砍伐示意图；

2）林木砍伐示意图可使用线路平断面图完成；

3）平面图上应结合导线高度、地面高程等因素标注需砍伐的范围，并注明树种、砍伐数量及砍伐面积。

各设计单位可根据自身情况设计树木砍伐示意图格式，但应包含以上信息。

十、工程地质报告

工程地质报告应说明以下各项内容：

1）勘察等级、执行标准、采用的勘探手段等。

2）杆塔位地基稳定性评价及范围,有无影响杆塔稳定性的不良地质条件及其危害程度。

3）沿线主要地层结构及其均匀性,以及各岩土层的物理力学性质。

4）地下水的埋藏情况、类型、水位变化幅度及规律,以及对杆塔及基础材料的腐蚀性。

5）地震基本烈度。

6）逐基（必要时逐腿）提供与设计要求相对应的地基承载力及变形计算参数,并对设计及施工应注意的问题提出建议,主要包括塔位的地形地貌及地下水情况,各岩土层的物理力学性质（如岩土名称、深度范围、岩土性质、状态、重度、凝聚力、内摩擦角、承载力特征值）,山区塔位还应提供覆盖层的厚度、岩石的风化程度和坚硬程度、岩石等的抗剪强度及防护措施。

7）必要时,说明冻土深度、矿产分布情况等。

十一、水文气息报告

（一）气象部分

对可研和初步设计的气象报告进行整理,补充施工图阶段沿线对微气象区的调查结论,明确气象分段情况和特殊段的设计要求,主要内容包括：

1）工程概况、沿线区域地理环境概况、沿线气象台站概况、主要参考依据及资料说明。

2）主要气候特点、相对湿度、雾、日照、降水、沿线风向分析。

3）对线路沿线微气象区进行调查,分析是否存在微气象区,对存在的微气象区提出应对措施。

4）沿线气温概况、设计气温的取值。

5）复核沿线最大风速情况,确定全线风区划分。

6）复核沿线覆冰天气、邻近区域冰雪事故及已有运行线路设计覆冰厚度和运行情况,确定设计覆冰厚度及冰区划分。

7）必要时,提供稀有风速和覆冰的验算条件。

8）设计雷暴日数。

9）设计气象条件组合及适用区段。

（二）水文部分

对可研和初步设计的水文报告进行整理,补充施工图阶段对沿线水文的调查结论。主要内容包括：

1）说明对线路有影响的河流、水库（含规划的）等水利设施进行复查的情况。提供流域面积、各种洪水位、最大洪峰流量、最高船桅高等水文资料,并对河流、水库附近杆塔位的稳定性及施工图设计的注意事项提出建议。

2)列表明确施工图阶段所跨越的河流、水库,并明确跨越点的杆塔号、跨越导线净空距离、杆塔位距堤坝的距离,以及是否满足相关部门协议要求。

3)若需在水中立杆塔,应提供水位、流速、冲刷深度及漂浮物等资料。

4)跨越河流、水库等水利设施的有关路径协议。

甲方有要求时,应按甲方要求提供水文气象报告,并单独成册;甲方无要求时,可在施工图总说明相关章节中简述水文气象条件。

十二、预算书

预算内容及深度如下。

(一)工程概况

工程概况主要包括路径起讫点、电压等级、路径长度、回路数、曲折系数、设计气象条件(风速和覆冰厚度)、地形地貌、导地线型号、杆塔型式及数量、基础型式及数量、土质分类、运输方式及运输距离、主要经济指标等。

(二)编制原则和依据

编制原则和依据主要包括:

1)初步设计批复文件。

2)工程量。依据施工图设计说明、施工图图纸及主要设备材料表提出工程的工程量。

3)预算定额。说明所采用的定额名称、版本及年份。采用补充定额及定额换算和调整时应有说明。

4)项目划分及费用标准。说明所依据的项目划分及费用标准的名称、版本、年份,以及上述标准中没有明确规定的费用的编制依据。

5)人工工资。说明所采用的定额人工工资单价及相关人工工资调整文件。

6)材料价格。说明装置性材料价格的取定依据及价格水平年份,本工程材料招标价格、信息价格采用的时间和地区,国外进口材料价格的计算依据等。

7)编制年价差。按编制年水平调整材料价差。定额人工费、材机调整应说明所执行的文件。

8)建设场地征用及清理。说明建设场地征用、租用及拆迁赔偿所执行的相关政策文件、规定和计算依据等。

9)特殊项目。应有技术方案和相关文件的支持,按本编制原则和依据要求的深度编制施工图预算。

10)价差预备费。说明价格上涨指数及依据,预算编制水平年至开工年时间间隔、工程建设周期和建设资金计划等。

11)建设期贷款利息。说明资金来源、工程建设周期和建设资金计划、贷款利率等。

12)其他有关说明。说明预算编制中存在的其他问题。

13)投资分析。对工程施工图预算与初步设计概算投资进行简要分析、比较,阐述投资增减原因。

(三)预算表及附表应考虑的主要问题

1)施工图预算的表格形式及分类,按《电网工程建设预算编制与计算标准》现行文件的规定执行。

2)预算表。应包括总预算表(表一乙)、输电线路安装工程费用汇总预算表(表二乙)、输电线路单位工程预算表(表二丙)、输电线路辅助设施工程预算表(表三戊)、其他费用预算表(表四)、建设场地征用及清理费预算表(表七)。

3)附表。应包括编制年价差计算表、综合地形增加系数计算表(附表)、输电线路工程装置性材料统计表(附表二)、输电线路工程土石方量计算表(附表二)、输电线路工程工地运输质量计算表(附表四)、输电线路工程工地运输工程量计算表(附表五)、输电线路工程杆塔分类一览表(附表六)。此外,尚应包括为清晰完整表达施工图中的各种工程量所补充的工程量统计、计算表格等。

(四)工程量计算原则

工程量计算应以定额规定及定额主管部门颁发的工程量计算规则为准,严格按照审定的施工图计算工程量。

十三、大跨越线路设计

大跨越线路设计与一般线路设计步骤基本一致。具体内容参考《110 kV～750 kV 架空输电线路施工图设计深度规定》(DL/T 5463—2012),此处不再重复阐述。

参 考 文 献

[1] 中国电力工程顾问集团有限公司,中国能源建设集团规划设计有限公司.电力工程设计手册:架空输电线路设计[M].北京:中国电力出版社,2019.

[2] 李博之.高压架空输电线路施工技术手册:架线工程计算部分[M].2版.北京:中国电力出版社,1998.

[3] 周振山.高压架空送电线路机械计算[M].北京:水利电力出版社,1984.

[4] 孟隧民,孔伟,唐波.架空输电线路设计[M].2版.北京:中国电力出版社,2015.

[5] 陈祥和,刘在国,肖琦.输电杆塔及基础设计[M].3版.北京:中国电力出版社,2020.

[6] 国家电网公司交流建设分公司.架空输电线路施工工艺通用技术手册[M].北京:中国电力出版社,2011.

[7] 国家电网公司运维检修部.输电线路六防工作手册:防冰害:上册[M].北京:中国电力出版社,2015.

[8] 国家电网公司运维检修部.输电线路六防工作手册:防雷害[M].北京:中国电力出版社,2015.